"十二五"普通高等教育本科国家级规划教材
普通高等教育农业农村部"十三五"规划教材
全国高等农林院校"十三五"规划教材

土壤污染与防治

第四版

洪坚平　主编

中国农业出版社

北　京

图书在版编目（CIP）数据

土壤污染与防治／洪坚平主编 . —4 版 . —北京：
中国农业出版社，2019.12（2021.6 重印）
十二五"普通高等教育本科国家级规划教材　普通高
等教育农业农村部"十三五"规划教材　全国高等农林院
校"十三五"规划教材
ISBN 978-7-109-26074-0

Ⅰ . ①土… 　Ⅱ . ①洪… 　Ⅲ . ①土壤污染－污染防治－
高等学校－教材 　Ⅳ . ①X53

中国版本图书馆 CIP 数据核字（2019）第 246178 号

土壤污染与防治
TURANG WURAN YU FANGZHI

中国农业出版社出版
地址：北京市朝阳区麦子店街 18 号楼
邮编：100125
责任编辑：李国忠
版式设计：杜　然　责任校对：周丽芳
印刷：中农印务有限公司
版次：1996 年 5 月第 1 版　2019 年 12 月第 4 版
印次：2021 年 6 月第 4 版北京第 2 次印刷
发行：新华书店北京发行所
开本：787mm×1092mm　1/16
印张：19
字数：440 千字
定价：43.50 元

第四版编写人员

主　编　洪坚平（山西农业大学）

副主编　王　果（福建农业大学）

　　　　张乃明（云南农业大学）

　　　　樊文华（山西农业大学）

参　编　（按姓氏笔画排序）

　　　　王改玲（山西农业大学）

　　　　代静玉（南京农业大学）

　　　　伍　钧（四川农业大学）

　　　　关　松（吉林农业大学）

　　　　李成亮（山东农业大学）

　　　　张广才（沈阳农业大学）

　　　　罗　斯（湖南农业大学）

　　　　窦　森（吉林农业大学）

第一版编写人员

主　编　林成谷（山西农业大学）

副主编　王广寿（华南农业大学）

参　编　吴启堂（华南农业大学）

　　　　　王志亚（山西农业大学）

　　　　　杨振强（天津农学院）

主审人　顾方乔（天津农业环保监测科学研究所）

审稿人　赵景逵（山西农业大学）

第二版编写人员

主　编　洪坚平（山西农业大学）

副主编　林大仪（山西农业大学）

　　　　王　果（福建农林大学）

　　　　关连珠（沈阳农业大学）

参　编　窦　森（吉林农业大学）

　　　　谢文明（吉林农业大学）

　　　　张　民（山东农业大学）

　　　　伍　钧（四川农业大学）

　　　　张乃明（云南农业大学）

　　　　曾清如（湖南农业大学）

　　　　代静玉（南京农业大学）

　　　　樊文华（山西农业大学）

审稿人　骆永明（中国科学院南京土壤研究所）

第三版编写人员

主　编　洪坚平（山西农业大学）

副主编　王　果（福建农林大学）

关连珠（沈阳农业大学）

樊文华（山西农业大学）

参　编（按姓氏笔画排序）

王改玲（山西农业大学）

代静玉（南京农业大学）

伍　钧（四川农业大学）

张　民（山东农业大学）

张乃明（云南农业大学）

曾清如（湖南农业大学）

谢文明（吉林农业大学）

窦　森（吉林农业大学）

审稿人　骆永明（中国科学院南京土壤研究所）

第四版前言

在当今世界，人类继续面临人口-资源-环境-粮食尖锐矛盾，人类赖以生存的土壤质量好坏对人类生命健康与安全和整个社会的稳定与发展具有战略性意义。2016年，环境保护部和国土资源部联合发布《全国土壤污染状况调查公报》。调查结果显示，全国土壤环境状况总体不容乐观，部分地区土壤污染较重，耕地土壤环境质量堪忧，工矿业废弃地土壤环境问题突出。土壤污染已经成为限制我国农产品品质和社会经济可持续发展的重大障碍之一，进行土壤污染防治与修复，成为当今资源环境科学的热点领域。

本教材是根据"十二五""十三五"国家级规划教材建设的精神，以及2010年出版的第三版《土壤污染与防治》经过9年全国30多所院校的本科生、研究生的使用，在广泛征求教材编写老师与使用院校老师学生的意见与建议后进行修订。

本次修订，在第三版的内容和结构的基础上，补充了近年来国内外土壤污染与防治的理论、方法、科学研究和教学研究的最新成果，增加了第十二章土壤环境保护政策法规，使其尽量满足21世纪资源环境学科及生态学教学科研的要求。

本教材的编写老师分别来自国内农业高等院校，他们长期从事教学及科研工作，有着较为丰富的理论基础和实践经验，在本教材的编写上，力求参阅最新国内外在土壤污染与防治理论、方法、科学研究的教材、专著和其他文献的最新成果。在内容安排上既注重基础理论，又努力反映学科发展的前沿动态。

本教材共12章。第一章由洪坚平编写，第二章由李成亮编写，第三章由罗斯编写，第四章由窦森和关松编写，第五章由樊文华编写，第六章由伍钧编写，第七章由张乃明编写，第八章由代静玉编写，第九章由张广才编写，第十章由王果编写，第十一章由王改玲编写，第十二章由张乃明编写。

本教材在最初的编写和出版过程中，承蒙骆永明研究员极大关怀，对全书进行了仔细的审阅修改，得到了编写老师所在院校有关领导、师生的关心和支持。中国农业出版社始终给了极大的支持，对全书的编写提出了很多宝贵的意见，并提出了具体的修改建议，对此表示衷心的感谢。

本教材可以作为资源环境科学领域的大专院校学生以及生产、科研单位的人员参考用书。

编写组
2019年8月

第一版前言

由于工矿业"三废"的超标排放，农药化肥用量剧增，乡镇企业排放量的增加，污灌面积的扩大，土壤污染日益严重，不仅影响到农作物的生长发育，也影响林草植物的正常生长，特别是在粮食、果蔬、畜产品中农药和重金属的含量超标影响人类的健康，成为生物环境恶化的重要威胁。目前对环境污染的注意和防治主要集中在大气和水体，而对土壤污染的隐蔽性、持久性、稳定性和危害性还认识不够。土壤污染既恶化农业环境，又破坏土壤资源，降低土壤肥力，是影响人类生存和子孙后代的公害。为了引起社会对土壤污染的重视并积极采取相应的防治措施，同时也为土壤科学工作者和有关的科技人员提供关于土壤污染的来源、防治的理论和措施、改善农业环境的知识和技能，拓宽农业院校学生的知识面，更有效地为农业现代化作贡献，经 1988 年 12 月全国高等农业院校教材指导委员会第一次全体会议审批，决定由山西农业大学林成谷主编《土壤污染与防治》教材，纳入农科本科"八五"教材计划。

参加编写人员有华南农业大学王广寿教授、吴启堂副教授、天津农学院杨振强讲师、山西农业大学林成谷教授、王志亚副教授。

本书除绪言外分为七章，绪言中简要阐述土壤是自然环境的重要组成部分，由于土壤资源和能源的不合理开发利用以及工业"三废"的超标排放导致土壤的污染和恶化，同时介绍环境科学的概念和农业环境保护的政策和任务，防治土壤污染、保护土壤资源是当前不可忽视的环境问题。第一章扼要介绍环境科学的基础理论。环境科学是建立在研究环境与生物的关系及其生态学基础而发展起来的，环境与生物共同构成生态系统，通过生态系统中生产、消费和分解使物质和能量不断循环保持生态系统的平衡关系，为生物的生存发展创造出良好的生态环境。当环境污染超过生物的自净能力，以及生态平衡遭受破坏，特别是土壤受到污染以后，无论是农作物的产量、品质还是对人畜的健康和生命均将受到影响和威胁。生态学为保持和恢复生态平衡，创建适合生物生存发展的良好环境提供了理论基础。第二章介绍环境污染所发生的各种危害，简要介绍当今世界和我国环境污染的现状，污染物在人体中毒害的机制、转化和危害的各种症状。同时简要介绍主要污染物对农作物、畜牧业、水产及果林的危害情况。明确不保持良好的环境，不重视污染的防治将对人类带来无穷的后患。第三章主要介绍污染土壤的污染源、污染物及污染源对土壤污染的评价。扼要介绍主要污染物及其来源的工业污染源、农业污染源和交通运输，在工业污染源排放的污染物中重金属污染土壤所带来的危害最为严重，农业污染源主要介绍了化肥、农药、塑膜及污水灌溉，并对污灌进行了评价。为了掌握不同污染源对环境的危害程度，明确防治重点，有目的地分清缓急进行监测和治理，对污染源进行必要的评价。第四章系统介绍土壤的理化生物性状与污染物吸收、转化等的关系，重点介绍了主要重金属化合物、农药、化肥、除草剂及塑料制品在土壤中的转化和残留，为治理土壤污染提供理论及实践依据。第五章主要论述土壤资源的保护，土壤资源是人类赖以生存和发展的生产资料，保护土壤资源不受破坏是十分紧迫的问题。本章着重论述了土壤资源遭受破坏的现状，包括耕地减少，植被破坏，水土流失，草原退化，沙化严重，盐渍化有待控制，特别是污染面积日益扩大等都是使土壤资源遭受破坏有待积极治理的严重问题，合理利用保护土壤资源，珍惜每寸国土是当务之急。第六章重点介绍防治土壤污染的途径和措施。首先是控制"三废"的超标排放，积极进行污水处理，加强污灌的监测和管理，其次是控制和合理使用化肥农药，消除农用塑膜的残留，特别是要充分发挥土壤本身的净化作用，通过施用化学物质，施用有机肥，调整耕作制和耕作措施使污染物毒害得以减轻和消除。最后一章主要介绍土壤环境质量评价。扼要阐明环境质量的定量指标、污染物确定、污染等级划分及防治土壤污染、发展生产的意见。

根据我国土壤污染的现状和前景，本书内容及所涉范围可以基本上满足高等农业院校各类专业扩大知识面增加专业技能的要求，还可作为中等学校、有关生产单位和科研单位的参考用书。本书尽量争取做到能反映当前土壤污染的实际，但土壤污染涉及范围极为广泛，它不仅与农、林、牧、园艺、水产关系密切，而且是保健、卫生、医疗、食品、加工等部门极为关注的问题，有关研究工作正在大力开展，在收集和编写中肯定存在疏漏和错误，热忱希望读者及时指出，以便在教学实践中加以纠正。

本书在编写过程中得到有关院校党政领导的关怀和支持，并得到有关专家的帮助，使本书得以完成，特此表示谢意。

林成谷

1994 年 7 月

第二版前言

土壤是自然环境重要的组成部分,是人类赖以生存的、最重要的可再生自然资源和永恒的生产资料,是人类从事农业生产以达到自身生存繁衍和社会发展的重要物质基础。由于土壤形成过程极为缓慢,要形成 18～25 cm 的耕层土壤估计需要 2 000～8 500 年之久。因此,土壤资源一旦受到污染和其他人为干扰而被破坏,则难以在很短的时间里恢复,从而对人类生存带来严重的威胁,因此欲使土壤能传万代、造福子孙而不毁于一旦,我们必须深刻理解保护土壤,防治土壤污染的重要性。

本教材是在 1988 年 12 月经全国高等农业院校教材指导委员会审批,1989 年由山西农业大学林成谷教授主编的“八五”规划教材《土壤污染与防治》的基础上,根据全国“十五”规划教材建设的精神修订的。

新版的《土壤污染与防治》继承了原教材理论联系生产实际的特色,将原书的章节重新组合编写成十一章。第一章由山西农业大学洪坚平编写,第二章由山东农业大学张民编写,第三章由湖南农业大学曾清如编写,第四章由吉林农业大学窦森和谢文明编写,第五章由山西农业大学樊文华编写,第六章由四川农业大学伍钧编写,第七章由云南农业大学张乃明编写,第八章由南京农业大学代静玉编写,第九章由沈阳农业大学关连珠编写,第十章由福建农林大学王果编写,第十一章由山西农业大学林大仪编写。

本书的参编者均长期从事土壤与环境科学的教学科研工作,他们不仅具有坚实的基础理论,而且在长期的科学研究工作中取得了大量的研究经验和科研成果。在编写时参考了大量近 10 年国内外在土壤污染与防治理论、方法、科学研究和教学研究方面的重要文献和最新成果。

新版的《土壤污染与防治》在内容和结构上做了大的调整,每章加入了本章摘要、思考题、主要参考文献,使其尽量满足 21 世纪教学科研的要求。

本书在编写过程中受到了骆永明研究员的关心和支持,并提出了宝贵而重要的修改意见。中国农业出版社从该书的编写至出版始终给予了极大的支持,对此表示衷心的感谢。

本书内容全面,资料丰富,结构合理,适合高等、中等院校环境类专业的学生及生产、科研单位的技术人员参考。

编写组
2005 年 3 月

第三版前言

21世纪人类继续面临人口、资源、环境与粮食的尖锐矛盾。人类赖以生存的土壤质量好坏对人类生命健康与安全和整个社会的稳定与发展具有战略性意义。我国的土壤污染与防治的情况不容乐观。重金属污染土壤，农药化肥过度施用使污染土壤的面积超过千万公顷，直接关系到农产品的安全。一些地区的土壤污染已经引起地下水污染，土壤污染已经成为限制我国农产品质量和社会经济可持续发展的重大障碍之一。耕地农田迫切需要保护，进行土壤污染防治与修复，成为当今资源环境科学的热点领域。

本教材是根据"十一五"国家级规划教材建设的精神进行第三次修订的。2005年出版的《土壤污染与防治》（第二版）经过全国多所院校的本科生、研究生的使用，反映良好，在广泛征求教材编写老师与使用院校老师学生的意见与建议后进行本次修订。

本书的编写老师来自国内农业高等院校，他们长期从事教学及科研工作，有着较为丰富的理论基础和实践经验，在本教材的修订过程中，参阅了大量教材、专著和其他文献，力求反映国内外在土壤污染与防治的理论、方法、科学研究的最新成果。在内容安排上既注重基础理论，又努力反映学科发展的前沿动态。

本书共十一章。编写分工是：第一章由洪坚平编写，第二章由张民编写，第三章由曾清如编写，第四章由窦森和谢文明编写，第五章由樊文华编写，第六章由伍钧编写，第七章由张乃明编写，第八章由代静玉编写，第九章由关连珠编写，第十章由王果编写，第十一章由王改玲编写。

本书在编写和出版过程中，承蒙骆永明研究员极大关怀，对全书进行了仔细的审阅修改，得到了编写老师所在院校领导和师生的关心与支持。中国农业出版社的领导和编辑始终给了极大的支持，并对全书的编写提出了很多宝贵的意见，并参与了修改，对此表示衷心的感谢。

本书可以作为农林高、中等院校、生产、科研单位的人员参考用书。

编写组

2010 年 12 月

目　　录

第一章　绪　论

本章提要　本章介绍土壤污染概念、土壤污染与防治发展简史、土壤污染的现状、土壤污染的危害，详细阐述土壤污染与土壤生态系统的关系、土壤污染防治与农业可持续发展以及土壤污染与防治研究的内容与任务。

第一节　土壤污染及其危害

一、土壤圈与土壤

（一）土壤圈

围绕地球表面土壤组成的土壤圈处于地球各圈层的界面，是自然环境要素的中心环节，它处于水圈、大气圈、生物圈和岩石圈的中心位置，是地球各圈层（水、气、生物等）中最活跃、最富生命力的圈层之一，具有独特的功能和特性。土壤圈的特性包括：永恒的物质迁移与能量交换；最活跃与最丰富的生命力；"记忆块"与"基因库"；时空变异与限制性；资源的再生、利用与保护等。土壤圈的功能包括：支持与调节生物过程与养分循环（对生物圈）；影响大气组成和水平衡，释放温室气体（对大气圈）；影响降水分配与平衡（对水圈）；影响土壤发生与地质循环（对岩石圈）等。土壤圈的作用在于通过土壤圈与其他圈层的物质交换影响全球变化，通过人为活动对土壤圈的强烈作用对人类生存及环境变化起重要影响。当今世界进行的"全球变化"及"全球土壤变化"研究，就是以土壤圈及地球各圈层间密切相关为出发点的。

土壤圈是地球系统的重要组成部分，既是地球系统的产物，又是地球系统的支持者；它支持和调节生物圈中的生物过程，提供植物生长的必要条件；它作为地球的皮肤，对岩石圈有一定的保护作用，而它的性质又受到岩石圈的影响。

（二）土壤

《中国农业百科全书·土壤卷》指出：土壤是地球陆地表面能生长绿色植物的疏松层。其厚度以数厘米至 $2\sim3$ m 不等。土壤与成土母质的本质区别在于它具有肥力，即具有不断地为植物生长提供并协调营养条件和环境条件的能力。

土壤是成土母质在一定水热条件和生物的作用下，经过一系列物理作用、化学作用和生物化学作用而形成的。并随着时间的推移，形成土壤腐殖质，黏土矿物发育成层次分明的土壤剖面，变成具有肥力特性的自然体——土壤。

从生态学的观点看，土壤是物质的分解者（主要是土壤微生物）的栖息场所，是物质循环的主要环节。土壤作为一种重要的自然资源，是人类赖以生存的基础；土壤作为作物载体，它的环境质量直接关系到农产品安全，对人民身体健康影响深远。从环境污染的观点看，土壤既是污染的场所，也是缓和及减少污染的场所。由于土壤承担着 $50\%\sim90\%$ 的来自不同污染源的污染负荷，了解这些污染物在土壤中的迁移转化归宿及调控，对保证大气质量和水质量，对调控整体环境以及作物品质和人体健康至关重要。

据统计，世界投资少而产量较高的土壤只占总耕地面积的 40%，其余 60% 是低产高消耗的类型。不少土壤学家强调，保持与有效利用世界土壤资源是一个长期的战略任务。

二、国内外土壤污染与防治概况

当土壤中含有害物质过多，超过土壤的自净能力时，就会引起土壤的组成、结构和功能发生变化，土壤微生物活动受到抑制，有害物质或其分解产物在土壤中逐渐积累，通过"土壤→植物→人体"，或通过"土壤→水→人体"间接被人体吸收，达到危害人体健康的程度，或者对生态系统造成危害，这就是土壤污染。随着工业、城市污染的加剧和农用化学物质种类、数量的增加，土壤重金属污染日益严重。目前，全世界平均每年约排放 $1.5×10^4$ t 汞、$3.4×10^6$ t 铜、$5.0×10^6$ t 铅、$1.5×10^7$ t 锰、$1.0×10^6$ t 镍。许多污染物的降解转化都与土壤有密切的联系，对土壤的影响巨大，可见土壤污染防治任重而道远。

（一）国外土壤污染与防治概况

1. 日本 日本是世界上最早发现土壤污染的国家，也是污染较为严重的国家之一。这要追溯到 1877 年，日本枥木县发生了足尾铜矿山公害事件。采矿废水、废气、废渣大量倾入环境，使河流污染，山林荒秃，农田毁坏。20 世纪 50—60 年代是日本战后经济腾飞时期。由于片面追求工业和经济的发展，加之当时对环境问题缺乏应有的认识，1955 年至 20 世纪 70 年代初，在日本曾出现了一系列由环境问题所导致的污染公害事件。在日本富山县神通川流域曾出现过一种称为"痛痛病"的怪病。其症状表现为周身剧烈疼痛，甚至连呼吸都要忍受巨大的痛苦。后来的研究证实，这种所谓的"痛痛病"实际上是由镉污染引起的。其主要原因是当地居民长期食用被镉污染的大米"镉米"。到 1972 年，这一公害事件造成 280 多人患病，导致 81 人死亡，直接受害者则人数更多，赔偿的经济损失也超过 20 多亿日元（1989 年的价格），至今，还有人不断提出起诉和索赔的要求。1975 年在东京地区频繁爆发大量六价铬污染土壤事件。城市型土壤污染不断涌现，城市用地的土壤重金属等污染问题变得突出起来。资料显示，1974—2003 年，日本累计查明的土壤污染物超出环境省《土壤污染相关的环境基准》设置的标准的事例已经达到了 1 458 件，这使日本成为世界上土壤污染危害最为严重的国家之一。

2. 美国 拉夫运河位于纽约州，靠近尼亚加拉大瀑布，是 19 世纪为修建水电站挖成的一条运河，20 世纪 40 年代干涸被废弃。1942 年，美国一家电化学公司购买了这条大约 1 000 m 长的废弃运河，当作垃圾仓库来倾倒大量工业废物，持续了 11 年。1953 年，这条充满各种有毒废物的运河被公司填埋覆盖好后转赠给当地的教育机构。此后，纽约市政府在这片土地上陆续开发了房地产，盖起了大量住宅和一所学校。从 1977 年开始，这里的居民不断发生各种怪病，孕妇流产、儿童夭折、婴儿畸形、癫痫、直肠出血等病症也频频发生。1987 年，这里的地面开始渗出一种黑色液体，经检验，其中含有氯仿、三氯酚、二溴甲烷等多种有毒物质，对人体健康会产生极大的危害。这个著名的"拉夫运河污染事件"使世界开始认识到土壤污染的巨大危害，促使美国设立"超级基金"治理污染。

3. 土壤修复 国际上土壤修复产业可以追溯到 20 世纪 70 年代。随着工业化和城市化发展的步伐，粗放的环境安全管理模式、无序的工业废水排放或泄漏及矿渣的堆放，对各国土壤造成严重污染。在土壤修复产业发展初期，世界各国纷纷通过立法等手段，防治土壤污染。

修复土壤污染技术的发展大致分为两个阶段。第一阶段，在欧洲、日本和美国一般都采用化学、物理的方法来治理污染土壤，这种技术所需要的费用是很昂贵的，且效果并非很好。现在已进入第二个阶段，正在开发一种比较经济的修复技术，即利用自然修复技术，起到生物降解和形态转化的作用。针对有机污染土壤的修复技术，用植物、细菌和真菌联合加速有机物的降解；针对无机污染土壤的修复技术，利用植物修复可以把一部分重金属从土壤中带走。还有一种方法，在土壤中加入一些化学物质，降低重金属的生物有效性。当然，对于重金属污染严重的土壤只能挖走或进行土壤的冲洗和清洁，这样的技术费用就比较高。

（二）我国土壤污染与防治概况

环境保护部自 2005 年 4 月至 2013 年 12 月开展了历时 8 年的调查。这是首次进行的全国性土壤污染普查。2016 年，环境保护部和国土资源部联合发布《全国土壤污染状况调查公报》。调查结果显示，全国土壤环境状况总体不容乐观，部分地区土壤污染较重，耕地土壤环境质量堪忧，工矿业废弃地土壤环境问题突出。全国土壤总的点位超标率为 16.1%，其中轻微、轻度、中度和重度污染点位比例分别为 11.2%、2.3%、1.5% 和 1.1%。

从污染类型看，以无机型为主，有机型次之，复合型污染比重较小，无机污染物超标点位数占全部超标点位的 82.8%。

从污染物超标情况看，镉、汞、砷、铜、铅、铬、锌和镍 8 种无机污染物点位超标率分别为 7.0%、1.6%、2.7%、2.1%、1.5%、1.1%、0.9% 和 4.8%；六六六、滴滴涕和多环芳烃 3 类有机污染物点位超标率分别为 0.5%、1.9% 和 1.4%。

从土地利用类型来看，耕地、林地和草地土壤点位超标率分别为 19.4%、10% 和 10.4%。南方土壤污染重于北方，长江三角洲、珠江三角洲、东北老工业基地等部分区域土壤污染问题较为突出，西南、中南地区土壤重金属超标范围较大。

以下几组数据特别值得关注。在调查的 690 家重污染企业用地及周边土壤点位中，超标点位占 36.3%，主要涉及黑色金属、有色金属、皮革制品、造纸、石油煤炭、化工医药、化纤橡塑、矿物制品、金属制品、电力等行业。调查的工业废弃地中超标点位占 34.9%，工业园区中超标点位占 29.4%。在调查的 188 处固体废物处理处置场地中，超标点位占 21.3%，以无机污染为主，垃圾焚烧和填埋场有机污染严重。调查的采油区中超标点位占 23.6%，矿区中超标点位占 33.4%，55 个污水灌溉区中有 39 个存在土壤污染，267 条干线公路两侧的 1 578 个土壤点位中超标点位占 20.3%。调查结果显示，以镉、汞、砷、铜、铅、铬、锌和镍 8 种重金属为主的无机污染物的超标点位，占了全部超标点位的 82.8%，其中又以镉污染占大头，达到 7%。镉的含量在全国范围内普遍增加，在西南地区和沿海地区增幅超过 50%，在华北、东北和西部地区增加 10%～40%。

我国土壤污染与防治研究经历了 4 个典型时期。20 世纪 70 年代只研究了以农药为主的有机物造成的土壤污染、底泥重金属污染和污灌对农田系统带来的影响。80 年代开始土壤背景值和环境容量研究工作，这个时期的研究成果得到系统化和理论化，为土壤质量评价及土壤污染控制奠定了基础。进入 90 年代，我国开始了土壤污染物迁移转化等动态规律的研究、土壤污染物相互关系的研究、土壤质量及土壤环境质量标准与土壤环境质量评价研究、农业土壤环境复合污染控制研究、非点源污染研究。从 2006 年开始全国土壤污染调查，进入土壤污染修复技术与生态修复的研究。

正如科技部 973 项目首席科学家、中国科学院南京土壤研究所土壤与环境生物修复研究中心主任骆永明研究员在第二届土壤污染和修复国际会议中介绍的，"我国经历了从简单的挖走→填埋→化学治理，到现在的生物治理，用植物吸收有毒重金属，用微生物降解土壤中的农药、石油及其他有机污染物，基本上和国际同步"。

中国科学院南京土壤研究所土壤与环境生物修复研究中心正在开展重金属、持久性有机物及其复合污染土壤的风险评估与基准，污染土壤的植物、微生物修复及环境友好材料的强化修复，土壤的自然修复机制及长江三角洲区域土壤环境质量变化及其预测等方面的研究，并取得了一定的成效。

三、土壤污染的危害

2004 年 4 月 27 日世界卫生组织发表的一份公告指出，空气、土壤、水及其他环境污染导致全球每年 300 万 5 岁以下的儿童死亡。国际土壤修复专业委员会主席、英国洛桑研究所的 Steve McGroth 教授在 2004 年 11 月第二届土壤污染和修复国际会议中介绍，从全球来看，土壤污染都在增加。有些污染物移动性很差，会停留在土壤中，并随着时间推移而不断积累，另外一些污染物移动性很强，会在全球迁移，因此土壤污染应是一个全球性的问题。

（一）土壤污染危害的特点

1. 隐蔽性和滞后性　土壤污染具有隐蔽性和滞后性。大气污染、水污染和固体废物污染等问题一般都比较直观，通过感官就能发现。而土壤污染则不同，它往往要通过对土壤样品的分析化验和对农作物的残留检测，甚至通过研究对人畜健康状况的影响才能确定。因此土壤污染从产生污染到出现问题通常会滞后较长的时间。例如日本的"痛痛病"经过了10～20 年之后才被人们所认识。

2. 积累性和地域性　污染物在土壤环境中并不像在水体和大气中那样容易扩散和稀释，因此容易不断积累而达到很高的浓度，从而使土壤环境污染具有很强的积累性和地域性特点。

3. 不可逆性和长期性　污染物进入土壤环境后，自身在土壤中迁移、转化，同时与复杂的土壤组成物质发生一系列吸附、置换、结合作用，其中许多为不可逆过程，污染物最终形成难溶化合物沉积在土壤中。多数有机化学污染物质需要一个较长的降解时间，被某些重金属污染后的土壤可能需要 100～200 年的时间才能够逐渐恢复。所以土壤一旦遭到污染，就极难恢复。例如 1966 年冬至 1977 年春沈阳-抚顺污水灌溉区发生的污染，经过 10 多年的艰苦努力，采用了各种措施，才逐步恢复其部分生产力。

4. 周期长和难治理性　土壤污染很难治理。如果大气和水体受到污染，切断污染源之后通过稀释作用和自净化作用也有可能使污染问题不断减轻直至消除，但是积累在污染土壤中的难降解污染物则很难靠稀释作用和自净化作用来消除。土壤污染一旦发生，仅仅依靠切断污染源的方法则往往很难恢复，有时要靠换土、淋洗土壤等方法才能解决问题，其他治理技术可能见效较慢。因此治理污染土壤通常成本较高，治理周期较长。

污染后才进行治理让很多地方付出了巨大代价。北京化工二厂作为房地产开发区，修复费用高达 7 亿元；杭州一个农药厂修复费用为 1.7 亿元；武汉赫山农药厂滴滴涕和六六六农药超标，修复成本达到 2.8 亿元。

（二）土壤污染危害导致严重的直接经济损失

对于各种土壤污染造成的经济损失，目前尚缺乏系统的调查资料。

对于农药和有机物污染、放射性污染、病原菌污染等其他类型的土壤污染所导致的经济损失，目前尚难以估计。但是这些类型的污染问题在我国确实存在，有些可能很严重。例如我国天津蓟运河畔的农田，曾因引灌三氯乙醛污染的河水而导致数千公顷（数万亩）小麦受害。

（三）土壤污染导致生物产量和品质不断下降

土壤污染直接危害农作物的产量和品质。农作物基本都生长在土壤上，如果土壤已被污染，污染物就通过植物的吸收作用进入植物体内，并可长期积累富集，当含量达到一定数量时，就会影响作物的产量和品质。有研究表明，我国大多数城市近郊土壤都受到了不同程度的污染，有些地方粮食、蔬菜、水果等食物中镉、铬、砷、铅等重金属含量超标和接近临界值。

值得注意的是，东南沿海地区部分土壤也出现具有内分泌干扰作用的多环芳烃、多氯联苯、塑料增塑剂、农药甚至二噁英等复合污染高风险区，浓度高达数百微克每千克，土壤中强致癌物质苯并芘的超标率已达 $3.5\% \sim 6.2\%$，蚕豆和蒜苗等蔬菜可食部分的毒害物质菲浓度高达 $300~\mu g/kg$ 以上，鱼、鸡、鸭等体内高含多氯联苯、多环芳烃及二噁英等环境激素物质。上述农产品安全问题在全国其他一些地方也存在，说明我国土壤污染退化带来的食物安全问题已经到了相当严重的地步。

土壤污染造成的农业损失主要可分成 3 类：①土壤污染物危害农作物的正常生长和发育，导致产量下降，但不影响品质；②农作物吸收土壤中的污染物质而使收获部分品质下降，但不影响产量；③土壤污染不仅导致农作物产量下降，而且也使收获部分品质下降。一般说来，几种类型中，第③种情况较为多见。植物的根部吸收积累量最大，茎部次之，果实及种子内最少。但是经过长时间的积累富集，种子中的绝对含量也不可小觑。加之人类不仅食用农产品果实和种子，还食用某些农产品（蔬菜）的根和茎，所以其危害就可想而知了。土壤环境污染除影响农产品的卫生品质外，也明显地影响农作物的其他品质。

（四）土壤污染对生物体健康的危害

土壤污染对生物体的危害主要是指土壤中收容的有机废物或含毒废物过多，影响或超过了土壤的自净能力，从而在卫生学上和流行病学上产生了有害影响。

污染物在被污染的土壤中迁移转化进而影响人体的健康，主要是通过大气、水、土壤、植物、食物链途径；土壤动物和土壤微生物则直接从污染的土壤中吸收有害物质，这些有害物质通过土壤动物和土壤微生物参与食物链最终将进入人类食物链，所以土壤是污染物进入人类食物链的主要环节。作为人类主要食物来源的粮食、蔬菜和畜牧产品都直接或间接来自土壤，污染物在土壤中的富集必然引起食物污染，危害人体的健康。土壤污染对人体健康的影响很复杂，大多是间接的长期慢性影响。

1. 重金属污染的影响

（1）重金属污染对农作物的影响 对人体健康的影响的研究表明，土壤和粮食污染与一些地区居民肝大之间有明显的关系。

工业废水和生活污水如不加处理而直接用于农田灌溉，土壤中积累的有害重金属的量和种类就会越来越多，通过食物链或污染饮用水进入人体，给人体健康造成危害。镉、铬、锰、镍等重金属还能在人体的不同部位引起癌症。而且重金属在土壤中不分解，即使不再受到污染仍然浓度较高。

（2）砷和氟污染的影响　在生产过磷酸钙工厂的周围，土壤中砷和氟的含量显著增高。天然水中含微量的砷，水中含砷量升高，除地质因素外，主要是工业废水和农药所致。砷化物可从呼吸道、食物或皮肤接触进入人体。砷化物能抑制酶的活性，干扰人体代谢过程，使中枢神经系统发生紊乱，导致毛细血管扩张，并有致癌的可能，砷还会诱发畸胎。

（3）铅污染的影响　铅是一种重要的神经毒物。低浓度的铅就能损伤神经系统的许多功能，但主要是影响儿童的智力发育。正常人智商为 $80\sim120$。视觉反应时可以反映儿童中枢神经发育成熟及对事物反应速度的快慢。用这两项指标对不同血铅水平的儿童作测定，结果表明，随着儿童体内血铅浓度的增加，儿童的智商相应降低，也就是说，血铅浓度高的，智力发育差。儿童血铅含量小于 $0.8\ \mu mol/L$ 时，平均智商为 109，视觉反应时为 $0.58\ ms$；而当血铅含量大于 $2.5\ \mu mol/L$ 时，智商就降到 72，视觉反应时延长到 $0.72\ ms$。国外研究表明，土壤铅含量大于 $100\ mg/kg$ 时，儿童血铅含量大于 $100\ \mu g/L$。土壤铅已经成为儿童铅暴露的主要来源。儿童的血铅含量与智商（IQ）显著相关，当血铅含量为 $300\sim400\ \mu g/L$ 时，智商降低 $4\sim6$ 分，并伴有认知功能和心理行为的改变。国际化学安全特别行动组分析了儿童血铅含量与智商的关系，血铅含量每增加 $100\ \mu g/L$，智商就平均降低 $1\sim3$ 分，儿童血铅含量增加第一个 $100\ \mu g/L$ 时其智商平均下降 11.7 个百分点，以后每增加 $100\ \mu g/L$ 智商平均下降 5.5 个百分点。此外，儿童在发育早期严重铅中毒引起的智力和脑功能损伤是不可逆的。

（4）汞污染的影响　汞毒害主要有以下几个方面。

①引起急性中毒。多数汞中毒病例是由于短时间内大量吸入高浓度的热汞蒸气几小时后引起，主要是急性间质性肺炎与支气管炎。吸入浓度高与时间长者病情严重。

②引起慢性中毒。施用含有机汞的农药后，农作物含有残毒，引起食用者慢性中毒，主要影响神经系统和生殖系统。或者是由于长期吸入金属汞蒸气引起，最先出现一般性神衰弱症状，例如轻度头昏头痛、健忘、多梦等植物神经系统紊乱现象。

③有机汞影响人体内分泌和免疫功能，使人体抵抗力下降，以及肾脏受到损害。

④沉积在土壤中，毒害动植物。

2. 有机污染物的影响　环境化学和环境生物毒理学的研究表明，有一些有机污染物在环境中降解过程缓慢，具有生物积累性，可通过食物链富集放大，而且毒性强，具有致癌、致畸和致突变作用，这类污染物被称为持久性有机污染物（POP）。2004 年发现，20 年前已禁用的农药滴滴涕在人类母乳中还能检出。据介绍，这些有机污染物具有亲脂性，残留在土壤中，可被蚯蚓吸收。小鸟、青蛙等动物再吃蚯蚓，使有机污染物通过食物链积累、放大，对人体健康十分有害。可见其持久残留的危害。这类化合物还对人体的内分泌系统有着潜在的威胁，导致男性的睾丸癌和精子数降低、生殖功能异常、新生儿性别比例失调、女性的乳腺癌、青春期提前等，不仅对个体产生危害，而且对其后代造成永久性的影响。

城市污泥和污水中的主要有机污染物的多环芳烃（PAH，已成为美国、俄罗斯、日本及欧洲联盟环境优先污染物）、农药、畜禽有机废物中的兽药残留等许多化学物质，随着废物的农业利用，成为新的土壤有机污染物。其中对人体影响较大的兽药及药物添加剂主要是抗生素类。这类化学物质大量长期施入土壤后的环境效应和通过食物链对人体健康的影响还没有引起重视。土壤中高浓度的多环芳烃，特别是高环多环芳烃对当地人群特别是儿童有较强的致癌作用。

人类很可能在暴露于大量持久性有机污染物后产生多种多样的反应。例如暴露于四氯二苯并-p-二噁英（TCDD）者，在生物化学和生理学方面会产生一些微妙的变化，例如影响脂蛋白脂肪酶和低密度脂蛋白受体。二噁英类化学物质对机体代谢的影响主要体现在：高脂血症（高甘油三酯和高胆固醇）、进行性衰竭、细胞葡萄糖摄取减少。这些发现和从动物实验中所了解到的情况表明，暴露于持久性有机污染物对人类的新陈代谢、发育和生殖功能等会产生潜在的有害影响。持久性有机污染物的人体暴露与癌症发病率之间存在着一定的联系。从平均摄入量来说，人类目前所承受二噁英类化合物暴露的背景毒性当量（toxic equivalency，TEQ）水平在 $3\sim6$ pg/（kg·d）。

磺胺类抗生素破坏微生态平衡，对土壤生物甚至人体都可能产生毒性效应。二噁英具有强致癌性，土壤中高浓度的二噁英对当地人群具有较大的健康风险。

人类暴露于持久性有机污染物的最大危险可能高达 $1\times10^{-4}\sim1\times10^{-3}$（危险因子为 1×10^{-6}，即 100 万名受暴露者中增加 1 例癌症）。

3. 土壤病原体污染的影响　土壤病原体包括肠道致病菌、肠道寄生虫（蛔虫卵）、钩端螺旋体、炭疽杆菌、破伤风杆菌、肉毒杆菌、霉菌和病毒等。被病原体污染的土壤能传播伤寒、副伤寒、痢疾、病毒性肝炎等传染病，病原体主要来自人畜粪便、垃圾、生活污水、医院污水等。用未经无害化处理的人畜粪便、垃圾作肥料，或直接用生活污水灌溉农田，都会使土壤受到病原体的污染。这些病原体能在土壤中生存较长时间，例如痢疾杆菌能在土壤中生存 $22\sim142$ d，结核杆菌能在土壤中生存 1 年左右，蛔虫卵能在土壤中生存 $315\sim420$ d，沙门氏菌能在土壤中生存 $35\sim70$ d。人体排出含有病原体的粪便可通过施肥或污水灌溉而污染土壤。在这种被污染的土壤中种植的蔬菜瓜果也会受到污染，人生吃这些受到污染的蔬菜瓜果后就有可能被病原体感染，饮用被污染的水源也会引起疾病。例如伤寒、痢疾等肠道传染病都可因土壤污染，通过食物或污染水源而引起疾病流行。人与受污染的土壤接触也会感染得病。

结核病人的痰液含有大量结核杆菌，如果随地吐痰，就会污染土壤；水分蒸发后，结核杆菌在干燥而细小的土壤颗粒上还能生存很长时间。这些带菌的土壤颗粒随风进入空气，人呼吸带菌空气就会感染结核病。

有些人畜共患的传染病也可通过土壤传染给人。例如患钩端螺旋体病的牛、羊、猪、马等，可通过粪尿中的病原体污染土壤。这些钩端螺旋体在中性或弱碱性的土壤中能存活几周，并可通过黏膜、伤口或被浸软的皮肤侵入人体而致病。炭疽杆菌芽孢在土壤中能存活几年甚至几十年；破伤风杆菌、气性坏疽杆菌、肉毒杆菌等病原体，也能形成芽孢，长期在土壤中生存。破伤风杆菌、气性坏疽杆菌来自感染的动物粪便，特别是马粪。人们受外伤后，伤口被泥土污染，特别是深的穿刺伤口，很容易感染破伤风或气性坏疽病。此外，被有机废物污染的土壤，是蚊蝇滋生和鼠类繁殖的场所，而蚊蝇和鼠类又是许多传染病的媒介。因此被有机废物污染的土壤，在流行病学上被视为特别危险的物质。

4. 放射性物质污染的影响　放射性废物主要来自核爆炸的大气散落物，以及工业、科研和医疗机构产生的液体或固体放射性废物。它们释放出来的放射性物质进入土壤，能在土壤中积累，形成潜在的威胁。由核裂变产生的两个重要的长半衰期放射性元素是^{90}Sr（半衰期为28年）和^{137}Cs（半衰期为30年）。空气中的放射性^{90}Sr可被雨水带入土壤中。因此土壤中含^{90}Sr的浓度常与当地降水量呈正相关。此外，^{90}Sr还吸附于土壤的表层，经雨水冲刷也将随泥土流入水体。^{137}Cs在土壤中吸附得更为牢固。有些植物能积累^{137}Cs，因此高浓度的放射性^{137}Cs能随这些植物进入人体。当土壤被病原体、有毒化学物质和放射性物质污染后，便能传播疾病，引起中毒和诱发癌症。

土壤被放射性物质污染后，通过放射性衰变，能产生α射线、β射线、γ射线。这些射线能穿透人体组织，使机体的一些组织细胞死亡。这些射线对机体既可造成外照射损伤，又可通过饮食或呼吸进入人体，造成人体内照射损伤，使受害者头昏、疲乏无力、脱发、白细胞减少或增多，发生癌变等。

（五）土壤污染危害生态环境

1. 土壤污染对水质的影响　土地受到污染后，重金属含量较高的污染表土以及土壤中可溶性污染物容易在水力作用下，被淋洗进入水体中，引起地下水污染、生态系统退化等其他次生生态环境问题。另一些悬浮物及其所吸持的污染物，可随地表径流迁移，造成地表水的污染。

农业面源污染是最为重要且分布最为广泛的面源污染。三峡大坝库区1990年的统计资料表明，90％的悬浮物来自农田径流，氮磷大部分来源于农田径流。北方地区地下水污染严重。土壤污染不但直接表现于土壤生产力的下降，而且也通过以土壤为起点的土壤、植物、动物、人体之间的链，使某些微量和超微量的有害污染物在农产品中富集起来，其浓度可以成千上万倍地增加，从而会对植物和人类产生严重的危害。例如任意堆放的含毒废渣以及被农药等有毒化学物质污染的土壤，通过雨水的冲刷、携带和下渗，会污染水源，进而伤害人类的健康。

农药、肥料在降雨、灌溉条件下，在土壤中的迁移转化，可导致水体污染和富营养化，成为水体污染的祸患。我国化肥消费量约占世界用肥量的1/3。但是我国肥料利用率与世界发达国家的肥料利用率有较大差距，其中氮肥利用率要低20～30个百分点，磷肥和钾肥的利用率要低3～20个百分点。肥料利用率低，不仅增加了农业生产成本，加重了农业面源污染，而且增加了化肥用量，不利于节能减排。农田生态系统中仅化肥氮的淋洗和径流损失量每年就有约1.74×10^6 t，长江、黄河和珠江每年输出的溶解态无机氮达9.75×10^5 t，是造成近海赤潮的主要污染源。

2. 土壤污染对大气质量的影响　土壤环境受到污染后，含重金属浓度较高的污染表土容易在风力的作用下进入到大气环境中，将污染土壤吹扬到远离污染源的地方，扩大了污染面，导致大气污染、生态系统退化等其他次生生态环境问题。例如滴滴涕是一种持久性有机污染物，可在全球迁移循环，在空气中一般从低纬度流入高纬度，然后沉积于土壤，或汇于江河水流。就土壤污染程度而言，北极和南极可能是全球最严重的地方。一个地方会通过空气、水把滴滴涕等污染物带到它的"下游"，西藏也发现了滴滴涕的输入，有可能来自邻近的国家。可见土壤污染又成为大气污染的来源。

又据报道，北京市的大气扬尘中，有一半来源于地表。地表的污染物质可能在风的作用下，作为扬尘进入大气环境中，而汞等重金属则直接以气态或甲基化形式进入大气环境，并进一步通过呼吸作用进入人体。这个过程对人体健康的影响可能类似于食用受污染的食物。

因此美国、英国、德国、澳大利亚、瑞典、荷兰等国家的科学家已注意到，城市的土壤污染对人体健康也有直接影响。由于城市人口密度大，而城市的土壤污染问题又比较普遍，因此国际上及我国对城市土壤污染问题开始予以高度重视，主要研究以土壤质量为目标的土壤污染发生机制、土壤质量安全调控和土壤净化功能。

另外，污染土壤的有机废物还容易腐败分解，散发出恶臭，污染空气。有机废物或有毒化学物质又能阻塞土壤孔隙，破坏土壤结构，影响土壤的自净能力；有时还能使土壤处于潮湿污秽状态，影响空气质量。

3. 土壤污染对耕地质量的影响　我国耕地土壤点位污染物超标率为 19.4%，镉、镍、铜、砷、汞、铅、滴滴涕（双对氯苯基三氯乙烷）和多环芳烃成为罪魁祸首。作为百姓"米袋子""菜篮子"的耕地土壤正在受到越来越多的污染，甚至威胁到人们每天食用的蔬菜、水果、粮食这些"舌尖上的安全"。或许这些污染并不像烟囱中冒的黑烟、河流里流的污水那么直观，但它们的确就在我们身边。

第二节　土壤污染防治与农业可持续发展

一、土壤生态系统与土壤污染

（一）土壤生态系统

陆地生态系统包括地上和地下两个部分，包含地上部分生物（植物、动物等）与地下部分生物（土壤生物）。地下生态系统就是指地下部分中土壤和各种生物所组成的土壤生态系统。

中国科学院土壤研究所研究员朱永官解释为，"地下生态系统就是我们脚下这片土壤，土壤可以说是地球的皮肤，如果没有了这层皮肤的支撑和辅助，地上的植物就没有赖以生存的根源了。在我们地球的陆地生态系统中，地上部分生物与地下部分生物在群落和生态系统水平上是相互作用着的，并深刻影响着陆地生态系统的结构与功能。例如在加拿大的森林生态系统遭到了破坏之后，他们的科学家想把它修复到原来的面貌，但怎么做也不成功，最后研究发现，是土壤的内部结构以及其中的微生物发生了变化，致使原有的陆地生态系统发生了改变。所以说，地下生态系统对整个地球环境的影响是很大的。"

长期以来，地上与地下两部分生态系统通常被分别研究，并且对土壤生物多样性及其与植物群落相互作用的研究一直以来是生态学研究中的薄弱环节。土壤生态系统曾经是一个不被人们关注的角落。现在讲的生态学基本上是地上的，虽然世界上对生态系统的研究有上百年的历史，但对地下生态系统的研究现在才刚刚开始。进入 20 世纪 90 年代以后，对于隐藏在我们脚下这片土地中地下生态系统的研究，渐渐引起了世界科学界的关注。2004 年 6 月 11 日，国际著名刊物《科学》出版了专刊《土壤，最后的前沿》，以唤起各国政府及科学界对土壤生态研究的关注。

（二）土壤污染

由于土壤是一个开放的系统，土壤系统以大气、水体、生物等自然因素和人类活动作为环境，和环境之间相互联系、相互作用，这种相互联系和相互作用是通过土壤系统与环境间的物质和能量的交换过程来实现的。物质和能量由环境向土壤系统输入，引起土壤系统状态的变化；由土壤系统向环境输出，引起环境状态的变化。在土壤污染发生过程中，人类从自然界获取资源和能源，经过加工、调配、消费，最终再以"三废"形式直接或通过大气、水体和生物向土壤系统排放。当输入的物质数量超过土壤容量和自净能力时，土壤系统中某些物质（污染物）破坏了原来的平衡，引起土壤系统状态的变化，发生土壤污染。而污染的土壤系统向环境输出物质和能量，引起大气、水体和生物的污染，从而使环境发生变化，造成环境质量下降，造成环境污染。土壤受环境的影响，同时也影响着环境，而这种影响的性质、规模和程度，都随着人类利用和改造自然的广度和深度而变化。例如污染物以沉降方式通过大气进入土壤，或以污灌或施用污泥方式通过地表水进入土壤，造成土壤污染，而土壤中的污染物经挥发、渗透过程又重新进入大气和地下水中，造成大气和地下水的污染。这种循环周而复始，加上土壤污染自身就是环境污染，所以土壤污染引起并加速环境污染。

（三）污染土壤的修复

令人遗憾的是，世界范围内至今仍然没有完全成熟的污染土壤修复技术，更没有高效的处理工艺与设备。虽然污染土壤修复的研究已成为当前国内外的热点科学问题和前沿领域，但是现有的各种污染土壤修复技术，无论是化学修复，还是植物修复，甚至是微生物修复，都有一定的适用范围的限制，并存在或多或少的其他问题，其中有些甚至是难以克服的技术难点。要解决这些技术难点，要走出目前研究的困境和误区，要在生态安全的前提下从技术概念进行整体意义上的创新和技术再造，就必须把防治土壤污染与土壤生态系统联系起来。中国科学院南京土壤研究所土壤与环境生物修复研究中心骆永明提出了土壤修复的方法。首先是发挥土壤自身功能，使污染物进行转化。只有这样才能把污染土壤修复技术应用到实际，才能对土壤资源进行保护和利用，污染土壤修复的科学研究和实际工作才能进入一个新的发展阶段。

二、土壤污染防治与农业可持续发展

1991 年在荷兰召开的国际农业与环境会议上，国际粮食及农业组织（FAO）把农业可持续发展确定为"采取某种使用和维护自然资源的方式，实行技术变革和体制改革，以确保当代人类及其后代对农产品的需求得到满足，这种可持续的农业能永续利用土地、水和动植物的遗传资源，是一种环境永不退化、技术上应用恰当、经济上能维持下去、社会能够接受的农业。"

《中国 21 世纪议程》对我国农业可持续发展进一步明确为：保持农业生产率稳定增长，提高食物生产和保障食物安全，发展农村经济，增加农民收入，改变农村贫困落后状况，保护和改善农业生态环境，合理、永续地利用自然资源，特别是生物资源和可再生资源，以满足逐年增长的国民经济发展和人民生活的需要。

2017 年孟伟院士介绍，中国工程院关于全国土壤环境保护与污染防治战略咨询项目研究报告显示，我国土壤质量在不断下降，我国农业生产中土壤的贡献率为 $50\% \sim 60\%$，比 40 年前下降 10%，比西方国家至少要低 $10 \sim 20$ 个百分点。

中国工程院院士、北京林业大学教授林伟伦告诉记者，我国粮食产量占世界的 16%，化肥用量占全世界的 31%，每公顷用量是世界平均用量的 4 倍，过量的化肥很快被水冲到地下，影响土壤的营养平衡。而我国每年 1.8×10^6 t 的农药用量，有效利用率不足 30%，多种农药造成了土壤污染，甚至使病虫害的抗药性增强。不断加剧的农药使用，对环境、土地、粮食和食品残留带来非常严重的问题。农药的超量使用，使得农药残留超标率和检出率很高；化肥的过量使用，已使粮食增产出现了边际负效应。农药和化肥的过量使用同时给土壤和水资源造成严重破坏。这样不仅污染了农业生态环境，造成资源恶化，制约了农村经济的发展，而且严重影响了农业的可持续发展。土壤污染已经严重影响农业可持续发展，土壤污染必须得到有效控制。

第三节 土壤污染与防治研究的内容与任务

一、无机污染物、放射性污染物等在土壤中迁移转化等动态规律的研究

土壤中外来无机污染物（例如重金属污染物）、放射性污染物和酸雨污染的化学行为及在土壤中的持留、释放与运动的研究，以及重金属元素等无机污染物在生物体富集规律的研究，为防治土壤重金属污染提供有重要意义的依据，是土壤污染与防治研究的关键内容。

二、有机污染物在土壤中迁移转化等动态规律的研究

了解有机污染物中化肥在在土壤中迁移转化等动态规律，对于控制因非点源污染所导致的湖泊与海洋的富营养化，以及土壤淋滤导致的地下水的硝酸盐与亚硝酸盐的污染有着重要的意义。对农药等其他有机污染物在土壤中的迁移转化和降解、土壤的生产功能、调节功能、自净功能、载体功能及生态毒理的研究更为重要。

需要特别注意的是土壤复合污染的研究，因为这种污染可能是当今经济快速发展地区陆地表层环境污染的主要特征和发展趋势，成为我国经济支柱地区急需解决的现实环境问题之一。因此开展这些地区土壤复合污染来源的成因分析、风险评估、生物修复具有重要的科学意义和实际意义。

三、病原微生物的污染与防治

土壤是微生物的大本营，许多传染病均可通过土壤传播。很多病原微生物在土壤中能存活几个星期甚至更长时间，并可通过黏膜、伤口或被浸软的皮肤侵入人体，使人致病。此外，被有机废物污染的土壤，是蚊蝇滋生和鼠类繁殖的场所，而蚊蝇和鼠类又是许多传染病的媒介。因此被病原微生物及有机废物污染的土壤，以及这些污染物在土壤中转化等动态规律，在卫生医学上需加以重视、研究。

四、土壤环境背景值与土壤环境容量及质量评价研究

土壤环境背景值是监测区域环境变化、评价土壤污染和土壤环境影响的重要指标和基础资料。土壤环境容量是土地处理系统中对污水净化能力、指定处理单元的水负荷、灌水量、重金属化学容量等数值计算的依据。由于土壤环境质量标准确定与污染物质的种类形态有关，还与其他诸多因素（例如土壤类型土壤理化性质等）有关，因此需要了解土壤环境质量标准，积极开展土壤环境质量评价研究，区域土壤污染风险评价与安全区划，控制土壤污染发生。

五、土壤污染的修复与利用技术的研究

近年来开发的污染土壤治理技术主要有物理修复技术、化学修复技术和生物修复技术。

其中生物修复技术具有成本低、处理效果好、环境影响小、无二次污染等优点，被认为最有发展前景。但在另一方面，由于污染物质的种类繁多、土壤生态系统的复杂性以及环境条件的千变万化，使得生物修复技术的应用受到极大的限制。往往在一个地点有效的修复技术在另一个地点不起作用。因此这些影响因素的确定和消除成为决定生物修复技术效果的关键。目前，国外在生物修复技术的应用及影响因素方面开展了广泛的研究并取得了一些进展。我国在这方面的研究尚处于起步阶段。

（一）物理修复技术研究

1. 工程措施　工程措施主要包括客土、换土、深耕翻土等措施。通过客土、换土可以降低原有土壤中重金属的含量，深耕翻土与污染土混合，可以降低或稀释土壤中重金属的含量，减少重金属对土壤-植物系统产生的毒害，从而使农产品达到食品卫生标准。

2. 物理化学修复

（1）电动修复　电动修复是通过电流的作用，在电场的作用下，土壤中的重金属离子（例如铅、镉、铬、锌等）和部分无机离子以电渗透和电迁移的方式向电极移动，然后进行集中收集处理。

（2）电热修复　电热修复是利用高频电压产生电磁波，产生热能，对土壤进行加热，使污染物从土壤颗粒内解吸出来，从而加快一些易挥发性重金属离子从土壤中分离，从而达到修复的目的。

（3）土壤淋洗　土壤淋洗是利用淋洗液把土壤固相中的重金属转移到土壤液相中去，再把富含重金属的废水进一步回收处理的土壤修复技术。该技术的关键是寻找一种既能提取各种形态的重金属，又不破坏土壤结构的淋洗液。目前，用于淋洗土壤的淋洗液包括有机酸、无机酸、碱、盐、螯合剂等。土壤淋洗以柱淋洗或堆积淋洗更为实际和经济，这对该修复技术的商业化具有一定的促进作用。

（二）生物修复技术的研究

生物修复技术实际上就是利用自然修复技术，利用土壤中的生物进行污染土壤的复合修复，包括以下内容。

1. 微生物修复技术研究　由于自然的生物修复过程一般较慢，难于实际应用，因而生物修复技术是在人为促进条件下的工程化生物修复。利用土壤中天然的微生物资源或人为投加目的菌株，甚至用人工构建的特异降解功能菌投加到各污染土壤中，用植物、细菌、真菌联合加速有机物的降解。降解过程可以通过改变土壤理化条件（温度、湿度、pH、通气、营养添加等）来完成，去除土壤中各种有毒有害的有机污染物，也可以利用微生物降低土壤中重金属的毒性；微生物可以吸附积累重金属；微生物可以改变根际微环境，从而提高植物对重金属的吸收、挥发或固定效率，将滞留的污染物快速降解和转化成无害的物质，使土壤恢复其天然功能。目前，微生物修复技术方法主要有原位修复技术、异位修复技术和原位-异位修复技术3种。

2. 植物修复技术研究

（1）超积累植物筛选与培育　超积累植物是在重金属胁迫条件下的一种适应性突变体，往往生长缓慢，生物量低，气候环境适应性差，具有很强的富集专一性。因此筛选、培育吸收能力强，同时能吸收多种重金属元素，且生物量大的植物是植物修复的一项重要任务。

（2）分子生物学和基因工程技术的应用　随着分子生物学技术的迅猛发展，将筛选、培育出的超积累植物和微生物基因，导入生物量大、生长速度快、适应性强的植物中已成为可能。因此利用分子生物学技术提高植物修复的实用性方面将取得突破性进展。

（3）生物修复综合技术的研究　重金属污染土壤的修复是一个系统工程，单一的修复技术很难达到预期效果，必须以植物修复为主，辅以化学、微生物及农业生态措施，才能提高植物修复的综合效率。因此生物修复综合技术将是今后重金属污染土壤修复技术的主要研究方向。

（4）植物修复的通常途径　①通过植物根系生长分泌物对有机污染物降解，以及植物生长的作用改变重金属在土壤中的化学形态，使重金属固定，降低其在土壤中的移动性和生物可利用性。②通过植物吸收、挥发，达到对重金属的削减、净化和去除的目的。

按照修复作用的过程和机制的不同，植物修复技术可分为 4 类：植物提取、植物挥发、植物稳定和根系过滤。

（三）化学修复技术研究

可利用经济有效的石灰、沸石、碳酸钙、磷酸盐、硅酸盐等不同改良剂，通过对重金属的吸附、氧化还原、拮抗或沉淀作用，降低重金属的生物有效性。

（四）农业生态修复研究

1. 农艺修复措施　农艺修复措施包括改变耕作制度、调整作物品种、种植不进入食物链的植物、选择能降低土壤重金属污染的化肥、增施能够固定重金属的有机肥等，旨在提高土壤环境容量，降低土壤重金属污染。

2. 生态修复　生态修复措施包括调节土壤水分、土壤养分、土壤 pH、土壤氧化还原状况、温度、湿度等生态因子，选择抗污染农作物品种，将污染的土壤改为非农业用地等，实现对污染物所处环境介质的调控。

复习思考题

1. 简述国内外土壤污染与防治的发展简史以及现状。
2. 可从哪几方面理解土壤污染对人类的危害？
3. 怎样理解土壤污染的防治与农业可持续发展的关系？
4. 简述土壤污染防治研究的内容、任务与措施。

第二章 土壤污染

本章提要 本章阐述土壤污染、土壤环境背景值、土壤的自净作用和环境容量的概念，介绍土壤污染物的种类和土壤污染源；根据土壤环境主要污染物的来源和土壤环境污染的途径，论述土壤环境污染的发生类型；阐明土壤的物质组成、基本理化性质、土壤生物活性等土壤性状与污染物转化的关系。

农业生态环境中，土壤是连接自然环境中无机界与有机界、生物界与非生物界的重要枢纽。在正常情况下，物质和能量在环境和土壤之间不断进行交换、转化、迁移和积累，处于一定的动态平衡状态中，不会发生土壤环境的污染。但是如果人类的各种活动产生的污染物通过各种途径输入土壤，其数量和速度超过土壤自净作用的限度，就会打破土壤环境的自然动态平衡，从而导致土壤酸化、板结，土壤性质变劣；或者抑制土壤微生物的区系组成与生命活动，降低土壤酶活性，引起土壤营养物质的转化和能量活动受阻；并因污染物的迁移转化而引起作物减产，农产品品质降低，通过食物链进一步影响鱼类和野生动物、畜禽的生长发育和人体健康。

人类的生存，一方面受自然环境的制约，另一方面又在不断地影响和改变着外界环境。人类通过生产活动从自然界取得各种自然资源和能源，最终再以"三废"形式排入环境，使环境遭受污染。工业"三废"中的污染物质直接或间接通过大气、水体和生物向土壤输入；为了提高农产品的产量，过多地施用化肥、农药，以及污灌、施用污泥和垃圾等，都可能使土壤遭受污染。由于土壤的组成、结构、功能、特性以及在自然生态系统中的特殊地位和作用，使土壤污染比大气污染、水体污染复杂得多。对大气污染、水污染的研究绝不能代替对土壤污染的研究。

研究土壤污染及其防治的重要意义在于：土壤-植物系统具有转化、储存太阳能为生物化学能的功能，但当它一旦通过不同途径被污染，它的生物生产量就会受到影响，严重者将丧失生产力，而且难以治理。再者，土壤中积累的污染物质可以向大气、水体、生物体内迁移，降低农副产品的生物学品质，直接或间接地危害人类的健康。

土壤污染的影响直接涉及人类的各种主要食物来源，与人类的生活和健康的关系极为密切。因此研究土壤污染的发生，污染物在土壤中的迁移、转化、降解、残留，以及土壤污染的控制和消除，对保护人类环境来说具有十分重要的意义。

第一节 土壤污染概述

一、土壤污染的概念

目前对土壤污染的定义存在不同的看法。一种看法认为，由人类的活动向土壤添加有害物质，此时土壤即受到了污染。此定义的关键是存在有可鉴别的人为添加污染物，可视为"绝对性"定义。另一种是以特定的参照数据来加以判断的，以土壤背景值加 2 倍标准差为临界值，如果超过此值，则认为该土壤已被污染，可视为"相对性"定义。第三种定义是不但要看含量的增加，还要看后果，即当输入土壤的污染物超过土壤的自净能力，或污染物在土壤中积累量超过土壤基准量，从而给生态系统造成了危害，此时才能被称为污染，这可视为"相对性"定义。显然，在现阶段采用第三种定义更具有实际意义。

土壤污染不但直接表现于土壤生产力的下降，而且也通过以土壤为起点的土壤、植物、动物、人体之间的生态链，通过生物积累或生物放大作用使某些微量和超微量的有害污染物在农产品中富集起来，其浓度可以成千上万倍地增加，从而对植物和人类产生严重的危害。

土壤污染还能危害其他环境要素。例如土壤中可溶性污染物可被淋洗到地下水，致使地下水污染；另一些悬浮物及其所吸持的污染物，可随地表径流迁移，造成地表水的污染。而风可将挥发性污染物、污染土壤或空气中的细小颗粒吹扬到远离污染源的地方，甚至达到南极或北极的地方，扩大污染范围。所以土壤污染又成为水污染和大气污染的来源。

土壤既是污染物的载体，又是污染物的天然净化场所。进入土壤的污染物，能与土壤物质和土壤生物发生极其复杂的反应，包括物理反应、化学反应和生物反应。在这一系列反应中，有些污染物在土壤中蓄积起来，有些被转化而降低或消除了其活度和毒性，特别是微生物的降解作用可使某些有机污染物从土壤中彻底消失。所以土壤是净化水质和截留各种固体废物的天然净化剂。

但量变有时会导致质变，当污染物进入量超过土壤的天然净化能力时，就导致土壤污染，有时甚至达到极为严重的程度。尤其是对于重金属元素和一些人工合成的有机农药，土壤尚不能充分发挥其天然净化功能。

目前土壤污染的定义各异，但归结其共同点。可以说，土壤污染就是人为因素有意或无意地将对人类本身和其他生命体有害的物质施加到土壤中，使其某种成分的含量超过土壤自净能力或者明显高于土壤环境基准或土壤环境标准，并引起土壤环境质量恶化的现象。

全国科学技术名词审定委员会给出的定义为：土壤污染（soil pollution）是指对人类及动植物有害的化学物质经人类活动进入土壤，其积累数量和速度超过土壤净化能力的现象。

《中国农业百科全书·土壤卷》给出的定义为：土壤污染（soil pollution）是指人为活动将对人类本身和其他生命体有害的物质施加到土壤中，致使某种有害成分的含量明显高于土壤原有含量，而引起土壤环境质量恶化的现象。

二、土壤污染的过程

（一）土壤污染的形成

土壤环境中污染物的输入和积累与土壤环境的自净作用是两个相反而又同时进行的对立统一的过程，在正常情况下，二者处于一定的动态平衡状态。在这种平衡状态下，土壤环境是不会发生污染的。但是如果人类的各种活动产生的污染物质，通过各种途径输入土壤（包括施入土壤的肥料、农药），其数量和速度超过了土壤环境的自净作用的限度，打破了污染物在土壤环境中的自然动态平衡，使污染物的积累过程占优势，可导致土壤环境正常功能的失调和土壤质量的下降；或者土壤生态发生明显变异，导致土壤微生物区系（种类、数量和活性）的变化，土壤酶活性的减小；同时，由于土壤环境中污染物的迁移转化，引起大气、水体和生物的污染，并通过食物链，最终影响人类的健康，这种现象属于土壤环境污染。

（二）土壤污染过程的特点

1. 土壤污染本身的特点　土壤污染具有渐进性、长期性、隐蔽性和复杂性的特点。它对动物和人体的危害则往往通过农作物（包括粮食、蔬菜、水果、牧草）即通过食物链逐级积累危害。因为土壤污染不像大气污染、水体污染易被人直接觉察，所以人们往往身处其害而不知其所害。20 世纪 60 年代，发生在日本富山县的"镉米"事件曾轰动一时，这绝不是孤立的、局部的公害事例，而是给人类的一个深刻教训。

2. 土壤污染的原因　土壤污染与土壤退化的其他类型不同。土壤沙化（沙漠化和荒漠化）、土水流失、土壤盐渍化和次生盐渍化、土壤潜育化等是由于人为因素和自然因素共同作用的结果，而土壤污染除极少数突发性自然灾害（例如火山爆发）外，主要是人类活动造成的。随着人类社会对土地要求的不断扩展，人类在开发、利用土壤，向土壤高强度索取的同时，向土壤排放的废物（污染物）的种类和数量也日益增加。当今人类活动的范围和强度对土壤环境的影响可与自然的作用相比较，有的甚至比后者更大。土壤污染就是人类谋求自身经济发展的副产物。

3. 土壤污染与其他环境要素污染的关系　在地球自然系统中，大气、水体和土壤等自然地理要素的联系是一种自然过程的结果，是相互影响，互相制约的。土壤污染绝不是孤立的，它受大气污染、水体污染的影响。土壤作为各种污染物的最终聚集地。据报道，大气和水体中污染物的 90% 以上，最终沉积在土壤中。反过来，污染土壤也将导致空气或水体的污染，例如过量施用氮素肥料的土壤，可能因硝态氮（NO_3^--N）随渗滤水进入地下水，引起地下水中的硝态氮含量超标，而水稻土痕量气体（CH_4、NO_x）的释放，被认为是温室效应气体的主要来源之一。

第二节　土壤污染与自净

一、土壤环境背景值

（一）土壤环境背景值的概念

土壤环境背景值是指未受或少受人类活动（特别是人为污染）影响的土壤环境本身的化学元素组成及其含量。它是诸成土因素综合作用下成土过程的产物，所以实质上是各自然成土因素（包括时间因素）的函数。由于成土环境条件仍在持续不断地发展和演变，特别是人类社会的不断发展，科学技术和生产水平不断提高，人类对自然环境的影响也随之不断地增强和扩展，目前已难于找到绝对不受人类活动影响的土壤。因此现在所获得的土壤环境背景值也只能是尽可能不受或少受人类活动影响的数值。因而所谓土壤环境背景值只是代表土壤环境发展中一个历史阶段的、相对意义上的数值，并不是确定不变的数值。

（二）土壤环境背景值的研究

土壤背景值的研究大约始于 20 世纪 70 年代，它是随着环境污染的出现而发展起来的。美国、英国、加拿大、日本等国已做了较大规模的研究。例如美国在 1975 年就提出了美国大陆岩石、沉积物、土壤、植物及蔬菜的元素化学背景值；Mills（1975）和 Frank（1976）分别列出了加拿大曼尼巴省和安大略省土壤中若干元素的背景值；日本（1978）报告了水稻土元素的背景值。我国在 20 世纪 70 年代后期也开始了土壤背景值的研究工作，先后开展了北京、南京、广州、重庆以及华北平原、东北平原、松辽平原、黄淮海平原、西北黄土、西南红黄壤等的土壤和农作物的背景值研究，同时还开展了土壤背景值的应用及环境容量的同步研究，这是我国土壤背景值研究有别于其他国家的主要方面。

（三）研究土壤环境背景值的意义

研究土壤环境背景值具有重要的实践意义，具体表现在以下几个方面。

①土壤环境背景值是土壤环境质量评价，特别是土壤污染综合评价的基本依据。例如评价土壤环境质量、划分质量等级或评价土壤是否已发生污染、划分污染等级，均必须以区域土壤环境背景值作为对比的基础和评价的标准，并用于判断土壤环境质量状况和污染程度，以制定防治土壤污染的措施，以及进而作为土壤环境质量预测和调控的基本依据。

②土壤环境背景值是研究和确定土壤环境容量，制定土壤环境标准的基本数据。

③土壤环境背景值也是研究污染的单质和化合物在土壤环境中化学行为的依据，因污染物进入土壤环境之后的组成、数量、形态和分布变化，都需要与环境背景值比较才能加以分析和判断。

④在土地利用及其规划，研究土壤生态、施肥、污水灌溉、种植业规划，提高农林牧副业生产水平和产品品质，进行食品卫生、环境医学研究时，土壤环境背景值也是重要的参比数据。

总之，土壤环境背景值不仅是土壤环境学，也是环境科学基础研究之一，是区域土壤环境质量评价、土壤污染态势预测预报、土壤环境容量计算、土壤环境质量基准或标准的确定、土壤环境中的元素迁移与转化的研究内容，以及制定国民经济发展规划等多方面工作的基础数据。

二、土壤自净作用

土壤自净作用是指在自然因素作用下，通过土壤自身的作用，使污染物在土壤环境中的数量、浓度或形态发生变化，活性、毒性降低的过程。土壤环境都有一定的缓冲作用和强大的自然净化作用，土壤自净作用对维持土壤生态平衡起重要的作用。正是由于土壤具有这种特殊功能，少量有机污染物进入土壤后，经生物化学降解就可降低其活性或变为无毒物质；进入土壤的重金属元素通过吸附、沉淀、配合（络合和螯合）、氧化还原等化学作用可变为不溶性化合物，使得某些重金属元素暂时退出生物循环，脱离食物链。按其作用机制的不同，土壤自净作用可划分为物理自净作用、物理化学自净作用、化学自净作用和生物化学自净作用等4个方面。

（一）物理自净作用

土壤是一个多相的疏松多孔体，犹如天然的大过滤器。固相中的各类胶态物质——土壤胶体具有很强的表面吸附能力。因而进入土壤中的难溶性固体污染物可被土壤机械阻留。可溶性污染物可被土壤水分稀释，减弱毒性，或被土壤固相表面吸附（指物理吸附），但也可能随水迁移至地表水或地下水层，特别是那些呈负吸附的污染物（例如硝酸盐、亚硝酸盐），以及呈中性分子态和阴离子形态存在的某些农药等，随水迁移的可能性更大。某些污染物可转化成气态物质在土壤孔隙中迁移、扩散，以至迁移入大气。这些自净作用都是一些物理过程，因此统称为物理自净作用。

物理自净作用只能使污染物在土壤中的浓度降低，而不能从整个自然环境中消除，其实质只是污染物的迁移。某些有机污染物可通过挥发、扩散方式进入大气。挥发和扩散过程主要决定于蒸气压、浓度梯度和温度。土壤中的农药向大气的迁移，是大气中农药污染的重要来源之一。水迁移则与土壤颗粒组成、吸附容量密切相关，如果污染物大量迁移入地表水或地下水层，将造成水源的污染。同时，难溶性固体污染物在土壤中被机械阻留，是污染物在土壤中的积累过程，产生潜在的威胁。

（二）物理化学自净作用

所谓土壤环境的物理化学自净作用，是指污染物的阳离子、阴离子与土壤胶体上原来吸附的阳离子、阴离子之间的离子交换吸附作用。此种自净作用为可逆的离子交换反应，且服从质量作用定律（同时，此种自净作用也是土壤环境缓冲作用的重要机制）。其自净能力的大小可用土壤阳离子交换量或阴离子交换量的大小来衡量。污染物的阳离子、阴离子被交换吸附到土壤胶体上，可降低土壤溶液中这些离子的浓（活）度，相对减轻有害离子对植物生长的不利影响。由于一般土壤中带负电荷的胶体较多，因此一般土壤对阳离子或带正电荷的污染物的自净能力较强，而对阴离子型污染物的作用较弱。当污水中污染物离子浓度不大时，经过土壤的物理化学自净以后，就能得到很好的净化效果。增加土壤中胶体的含量，特别是有机胶体的含量，可以相应提高土壤的物理化学自净能力。此外，土壤 pH 升高，有利于对污染物的阳离子进行净化；土壤 pH 降低，则有利于对污染物阴离子进行净化。对于不同的阳离子、阴离子，其相对交换能力大的，被土壤物理化学净化的可能性也就较大。但是土壤物理化学自净作用也只能使污染物在土壤溶液中的离子浓（活）度降低，相对地减轻危害，并没有从根本上将污染物从土壤环境中消除。例如利用城市污水灌溉，只是使污染物从水体迁移入土体，对水体起到了很好的净化作用。然而经交换吸附到土壤胶体上的污染物离子，还可以被其他相对交换能力更大的，或浓度较大的其他离子交换下来，重新转移到土壤溶液中去，又恢复原来的毒性、活性。所以说物理化学自净作用只是暂时性的、不稳定的。同时，对土壤本身来说，则是污染物在土壤环境中的积累过程，将产生严重的潜在威胁。

（三）化学自净作用

污染物进入土壤以后，可能发生一系列化学反应，例如凝聚与沉淀反应、氧化还原反应、络合-螯合反应、酸碱中和反应、同晶置换反应、水解反应、分解反应和化合反应，以及由太阳辐射能和紫外线等能流引起的光化学降解作用等。通过这些化学反应，或者使污染物转化成难溶性、难解离性物质，使危害程度和毒性降低，或者分解为无毒物质或营养物质，这些自净作用统称为化学自净作用。酸碱反应和氧化还原反应在土壤自净过程中也起着主要作用，许多重金属在碱性土壤中容易沉淀。在还原条件下，大部分重金属离子能与 S^{2-} 离子形成难溶性硫化物沉淀，从而降低污染物的毒性。

土壤环境化学自净作用的反应机制很复杂，影响因素也较多，不同的污染物有着不同的反应过程。那些性质稳定的化合物，例如多氯联苯、稠环芳烃、有机氯农药，以及塑料、橡胶等合成材料，则难以在土壤中被化学净化。重金属在土壤中只能发生凝聚沉淀反应、氧化还原反应、络合-螯合反应、同晶置换反应，而不能被彻底降解。当然，发生上述反应后，重金属在土壤环境中的迁移方向可能发生改变。例如富里酸与重金属形成可溶性的螯合物，则在土壤中随水迁移的可能性增大。

（四）生物化学自净作用

土壤有机污染物在微生物及其酶作用下，通过生物降解，被分解为简单的无机物而消散的过程称为生物化学自净作用。土壤生物（土壤微生物、土壤动物）对污染物的吸收、降解、分解和转化过程与作物对污染物的生物性吸收、迁移和转化是土壤环境系统中两个最重要的物质与能量的迁移转化过程，也是土壤的最重要的自净功能。土壤自净作用的强弱取决于生物自净作用，而生物自净作用的大小又决定于土壤生物和作物的生物学特性。从自净机制看，生物化学自净是真正的自净。但不同化学结构的物质，在土壤中的降解历程不同。污染物在土壤中的半衰期长短悬殊，其中有的降解中间产物的毒性可能比母体更大。

由于土壤中的微生物种类繁多，各种有机污染物在不同条件下的分解形式是多种多样的。主要有氧化还原反应、水解反应、脱烃反应、脱卤反应、芳环羟基化和异构化、环破裂等过程，并最终转变为对生物无毒性的残留物和二氧化碳（CO_2）。一些无机污染物也可在土壤微生物的参与下发生一系列化学变化而降低活性和毒性。但是微生物不能净化重金属污染，甚至能使重金属在土体中富集，这是重金属成为土壤环境的最危险污染物的根本原因。

土壤环境中的污染物，被生长在土壤中的植物所吸收、降解，并或随茎叶、种子而离开土壤，或者为土壤中的蚯蚓等软体动物所食用，污水中的病原菌被某些微生物所吞食等，都属于土壤环境的生物自净作用。因此选育栽培对某种污染物吸收、降解能力特别强的植物，或应用具有特殊功能的微生物及其他生物体，也是提高土壤环境生物自净能力的重要措施。

总之，土壤的自净作用是各种化学过程共同作用、互相影响的结果，其过程互相交错，其强度的总和构成了土壤环境容量的基础。尽管土壤环境具有上述多种自净作用，而且也可通过多种措施来提高土壤环境的自净能力。但是土壤自净能力是有一定限度的，这就涉及土壤环境容量问题。

三、土壤环境容量

环境容量是环境的基本属性和特征。通过对环境容量的研究，不但在理论上可以促进环境地学（环境地质学、环境地球化学、土壤环境学、污染气象学等）、环境化学、环境工程、生态学等多学科的交叉与渗透，而且在实践中可作为制定环境标准、污染物排放标准、污泥施用与污水灌溉量与浓度标准，以及区域污染物的控制与管理的重要依据，并对工农业合理布局和发展规模做出判断，以利于区域环境资源的综合开发利用和环境管理规划的制定，达到既发展经济，又能发挥环境自净能力，保证区域环境系统处于良性循环状态的目的。

（一）环境容量

环境容量是指在一定条件下环境对污染物的最大容纳量。它最早来源于国际人口生态学界给世界人口容量所下的定义："世界对于人类的容量，是在不损害生物圈或不耗尽可合理利用的不可更新资源的条件下，世界资源在长期稳定状态的基础上供养人口数量的大小。"随着环境污染问题的日益扩展和日趋严重，为防止和控制环境污染问题，随即提出了环境容量的概念。环境学者曾从不同角度给环境容量以多种定义，如有人认为"环境容量是指某环境单元所允许承纳的污染物的最大数量"，同时指出"它是一个变量，包括两个组成部分：基本环境容量（或称为差值容量）和变动环境容量（或称为同化容量）。前者可通过拟定的环境标准减去环境本底值求得，后者是该环境的自净能力"。

过去对污染物的控制，多按一定的容许浓度标准加以限制，但这种标准只限制了其排放容许浓度，而没有限制其排放数量。因此污染源排放的污染物浓度虽未超过控制标准，但排放量若过大，仍会造成环境的严重污染。故在环境污染控制与管理中，除需控制污染物排放的容许浓度外，还要把排放的总量限制在一定数量内。因而有关学者将环境容量定义为：

"在人类生存和自然生态不致受害的前提下，某一环境单元（或要素）所能容纳污染物的最大负荷量"。

由上可知，确定环境容量的关键是拟定环境容纳污染物的最大容许量，其前提条件是人与生态环境不致受害。

（二）土壤环境容量

所谓土壤环境容量则可从上述环境容量的定义延伸为："系指土壤环境单元所容许承纳的污染物的最大数量或负荷量"。由定义可知，土壤环境容量实际上是土壤污染起始值和最大负荷值之间的差值。若以土壤环境标准作为土壤环境容量的最大允许值，则该土壤环境容量的计算值，便是土壤环境标准值减去背景值（或本底值），即上述土壤环境的基本容量。但在尚未制定土壤环境标准的情况下，环境学工作者往往通过土壤环境污染的生态效应试验研究来拟定土壤环境所允许容纳污染物的最大限值——土壤的环境基准含量，这个量值（即土壤环境基准减去土壤背景值），有人称之为土壤环境的静容量，相当于土壤环境的基本容量。

土壤环境的静容量虽然反映了污染物生态效应所容许的最大容纳量，但尚未考虑和顾及土壤环境的自净作用与缓冲性能，也即外源污染物进入土壤后的积累过程中，还要受土壤的环境地球化学背景与迁移转化过程的影响和制约，例如污染物的输入与输出、吸附与解吸、固定与溶解、积累与降解等，这些过程都处在动态变化中，其结果都能影响污染物在土壤环境中的最大容纳量。因而目前的环境学界认为，土壤环境静容量加上这部分土壤的动态净化量，方为土壤的全部环境容量或土壤环境的动容量。

土壤环境容量的研究正朝着强调其环境系统与生态系统效应的更为综合的方向发展。据其最新进展，将土壤环境容量定义为："一定土壤环境单元、在一定时限内，遵循环境质量标准，既维持土壤生态系统的正常结构与功能，保证农产品的生物学产量与品质，又不使环境系统污染时，土壤环境所能容纳污染物的最大负荷量"。

研究土壤环境容量的目的是控制进入土壤的污染物数量。因此它可以在土壤质量评价以及制定"三废"农田排放标准、灌溉水质标准、污泥施用标准、微量元素累计施用量等方面发挥作用。土壤环境容量充分体现了区域环境特征，是实现污染物总量控制的重要基础。在此基础上，人们可充分利用土壤环境的纳污能力，经济合理地制定污染物总量控制规划。

土壤元素背景值与土壤环境容量的研究是土壤环境现状及其演变研究的重要内容。对土壤环境现状的研究十分重要，因为这是检验过去和预测未来土壤环境演化的基础资料，也是判断土壤中化学物质的行为与环境质量的必要的基础数据，它包括土壤和植物的元素背景值、有机化合物的类型与含量、动物区系、微生物种群及活性等生物多样性资料、对外源污染物的负载容量等。在原始资料大量积累的基础上，建立土壤环境资料的数据库，以保证研究资料的系统性、完整性、准确性和可比性。并在此基础上，使其发展成一个实用的、具有数据检索、环境质量模拟和评价、环境规划和决策辅助功能的国家土壤环境信息系统，从而使土壤环境管理工作逐步科学化、程序化和规范化。

第三节　土壤污染物种类与污染源

通过各种途径输入土壤环境中的物质种类十分繁多，有的是有益的，有的是有害的；有的在少量时是有益的，而在多量时是有害的；有的虽无益，但也无害。输入土壤环境中的足以影响土壤环境正常功能、降低作物产量和生物学品质、有害于人体健康的那些物质，统称为土壤环境污染物。其中主要是指城乡工矿企业所排放的对人体、生物体有害的"三废"物质，以及化学农药、病原微生物等。土壤环境主要污染物见表2-1。

表 2-1　土壤环境主要污染物

污染物种类			主要来源
无机污染物	重金属	汞（Hg）	制烧碱、汞化物生产等工业废水和污泥、含汞农药、汞蒸气
		镉（Cd）	冶炼、电镀、染料等工业废水、污泥和废气，肥料杂质
		铜（Cu）	冶炼、铜制品生产等废水、废渣和污泥，含铜农药
		锌（Zn）	冶炼、镀锌、纺织等工业废水和污泥、废渣，含锌农药、磷肥
		铅（Pb）	颜料、冶炼等工业废水、汽油防爆燃烧排气、农药
		铬（Cr）	冶炼、电镀、制革、印染等工业废水和污泥
		镍（Ni）	冶炼、电镀、炼油、染料等工业废水和污泥
		砷（As）	硫酸、化肥、农药、医药、玻璃等工业废水、废气、农药
		硒（Se）	电子、电器、油漆、墨水等工业的排放物
	放射性元素	铯（^{137}Cs）	原子能、核动力、同位素生产等工业废水、废渣，核爆炸
		锶（^{90}Sr）	原子能、核动力、同位素生产等工业废水、废渣，核爆炸
	其他	氟（F）	冶炼、氟硅酸钠、磷酸和磷肥等工业废水、废气，肥料
		盐、碱	纸浆、纤维、化学等工业废水
		酸	硫酸、石油化工、酸洗、电镀等工业废水、大气酸沉降
有机污染物	有机农药		农药生产和施用
	酚		炼焦、炼油、合成苯酚、橡胶、化肥、农药等工业废水
	氰化物		电镀、冶金、印染等工业废水，肥料
	苯并（a）芘		石油、炼焦等工业废水、废气
	石油		石油开采、炼油、输油管道漏油
	有机洗涤剂		城市污水、机械工业污水
	有害微生物		厩肥、城市污水、污泥、垃圾
	多氯联苯类		人工合成品及其生产工业废气、废水
	有机悬浮物及含氮物质		城市污水、食品、纤维、纸浆业废水

一、无机污染物

污染土壤环境的无机物，主要有重金属（汞、镉、铅、铬、铜、锌和镍，以及类金属砷和硒等），还有放射性元素（^{137}Cs、^{90}Sr 等）、氟、酸、碱、盐等。其中尤以重金属和放射性元素的污染危害最为严重，因为这些污染物都具有潜在威胁，而且一旦污染了土壤，就难以彻底消除，并较易被植物吸收，通过食物链而进入人体，危及人类的健康。

二、有机污染物

污染土壤环境的有机物，主要有人工合成的有机农药、酚类物质、氰化物、石油、稠环芳烃、洗涤剂，以及有害微生物、高浓度耗氧有机物等。其中有机氯农药、有机汞制剂、稠环芳烃等性质稳定不易分解的有机物，在土壤环境中易积累，造成污染危害。

三、固体废物与放射性污染物

（一）固体废物

固体废物有工业废渣、污泥、城市（医院）垃圾等多种来源。城市生活污水处理厂的污泥，可作为肥料使用。但如混入含有害物质的工业废水或工业废水处理厂的污泥，施入农田，势必造成土壤污染。一些城市都把大量垃圾施入农田，由于垃圾中含有大量煤灰、砖瓦碎块、玻璃、塑料甚至重金属等，如果长期施用，土壤的理化性质就会逐步遭到破坏，重金属等有害成分积累增多。

（二）放射性污染物

放射性污染物可对人畜产生放射病，能致畸、致突变、致癌。随着原子能工业的发展，核技术在工业、农业、医学广泛应用，核泄漏甚至核战争的潜在威胁，使放射性污染物对土壤环境的污染受到人们的关注。土壤中含有天然存在的放射性核素，例如^{40}K、^{87}Rb、^{14}C 等。放射性核裂变尘埃产生的^{90}Sr 和^{137}Cs 在土壤中有很强的稳定性，半衰期分别为 28 年和 30 年。磷、钾矿往往含放射性核素，它们可随化肥进入土壤，通过食物链被人体摄取。磷矿石中主要有铀、钍、镭等天然放射性元素。实验测得其总 α 放射强度平均为 1.554 Bq/g（4.2 $\times 10^{-11}$ Ci/g），成品磷肥的总 α 放射强度平均为 3.219 Bq/g（8.7$\times 10^{-11}$ Ci/g）。对全国 22 个矿的磷矿石测定结果表明，含^{238}U 0.13～1 000 μg/g，多数为 10～154 μg/g，最高含量为 1.2 mg/g。我国食品标准规定，^{238}U 和^{226}Ra 的限制浓度为 100 μg/kg，相当于^{238}U 2.52 Bq/kg（68$\times 10^{-12}$ Ci/kg）和^{226}Ra 2.59 Bq/kg（70$\times 10^{-12}$ Ci/kg）。钾盐矿中放射性核素主要是^{40}K，其半衰期为 1.26$\times 10^9$年，主要辐射 γ 射线和 β 射线。

四、土壤环境污染源

（一）土壤环境污染与土壤功能的关系

由表 2-1 可知土壤环境污染物的来源极其广泛，这是与土壤环境在生物圈中所处的特殊地位和功能密切相关联的，主要表现在以下几个方面。

①人类把土壤作为农业生产的劳动对象和获得生命能源的生产基地。为了提高农产品的数量和品质，每年都不可避免地要将大量的化肥、有机肥、化学农药施入土壤，从而带入某些重金属、病原微生物、农药本身及其分解残留物。同时，还有许多污染物随农田灌溉用水、降水输入土壤。利用未经任何处理的或虽经处理而未达排放标准的城市生活污水和工矿企业废水直接灌溉农田，是土壤有毒物质的重要来源。

②土壤历来就是作为废物（生活垃圾、工矿业废渣、污泥、污水等）的堆放、处置与处理场所，而使大量有机污染物和无机污染物随之进入土壤，这是造成土壤环境污染的重要途径和污染来源。

③由于土壤环境是个开放系统，土壤与其他环境要素之间不断地进行着物质与能量的交换，因大气、水体或生物体中污染物质的迁移转化而进入土壤，使土壤环境随之遭受二次污染，这也是土壤环境污染的重要来源。例如工矿企业所排放的气体污染物，先污染了大气，又可在重力作用下，或随雨、雪降落于土壤中。

(二) 土壤环境污染源

以上这几类污染是由人类活动而产生的，统称人为污染源。根据人为污染物的来源不同，又可大致分为工业污染源、农业污染源和生活污染源。

1. 工业污染源　工业污染源就是指工矿企业排放的废水、废气和废渣，即"三废"。一般直接由工业"三废"引起的土壤环境污染仅限于工业区周围数十千米范围内，属点源污染 (point source pollution，PSP)。点源污染指有固定排放点的污染源造成的污染，这种污染形式具有排污点位集中、污染范围呈局部性等特征。工业"三废"引起的大面积土壤污染往往是间接的，并经长期作用使污染物在土壤环境中积累而造成。例如将废渣、污泥等作为肥料施入农田，或由于大气污染、水体污染所引起的土壤环境二次污染等。

2. 农业污染源　农业污染源主要是指由于农业生产本身的需要，而施入土壤的化学农药、化肥、有机肥，以及残留于土壤中的农用地膜等，一般属于面源污染。面源污染 (non-point source pollution，NSP) 是相对于点源污染而言的，指溶解的和固体的污染物从非特定的地点，在降水（或融雪）冲刷作用下，通过径流过程而汇入受纳水体（包括河流、湖泊、水库、海湾等）并引起水体的富营养化或其他形式的污染。美国《清洁水法修正案》对面源污染的定义为：污染物以广域的、分散的、微量的形式进入地表水或地下水体。这里的微量是指污染物的浓度通常较点源污染低，历时较长，但面源污染的总负荷却是非常巨大的。面源污染与区域的降水、水文过程密切相关，与点源污染相比，有以下几个显著特点。

(1) 形成的随机性　因为面源污染主要受水文循环过程（主要为降水和降水形成的径流过程）的影响和支配，还与土壤结构、农作物类型、气候、地质地貌等密切相关。由于降水的随机性，因而其形成的径流具有随机性，由此决定了面源污染的产生必然有随机性。

(2) 危害的滞后性　农药和化肥的施用对农田造成的影响通常在使用较长一段时间后才会表现出来。农田中的农药和化肥使用造成的污染，在很大程度上与降水和径流密切相关，同时也与农药和化肥的施用量有关。施肥后立即降雨，造成的面源污染就会十分严重。此外，农药和化肥在农田存在时间长短也决定形成面源污染滞后期的长短。通常，一次农药和化肥的使用所造成的面源污染将是长期的。

(3) 影响因子的复杂性　影响面源污染的因子复杂多样。以农业面源污染为例，农药和化肥的施用是面源污染的主要来源，但不同的施用量、不同的施用方式，在不同的农作物类型、不同的作物生长季节、不同的土壤性质和不同的降雨条件下，所产生面源污染的途径和产生量是不同的。

(4) 存在的广泛性　随着科技的进步和经济的发展，人工合成的影响自然环境质量的化学物质逐年增多，在地球表层广泛分布，随着径流进入水体的污染物遍地可见，所产生的对生态环境的影响将深远和广泛。

3. 生活污染源　生活污染源指人类生活产生的污染物发生源，例如生活废水、生活垃圾等，其中城市和人口密集的居住区是人类消费活动集中地，是主要的生活污染源。

第四节　土壤污染类型

根据土壤环境主要污染物的来源和土壤环境污染的途径，可把土壤污染的类型归纳为水质污染型、大气污染型、固体废物污染型、农业污染型和综（复）合污染型几种。

一、水质污染型

水质污染型污染源主要是工业废水、城市生活污水和受污染的地面水体。据报道，在日本曾由受污染的地面水体所造成的土壤污染占土壤污染总面积的80%，而且绝大多数是由污水灌溉造成的。利用经过预处理的城市生活污水或某些工业废水进行农田灌溉，如果使用得当，一般可有增产效果，因为这些污水中含有许多植物生长所需要的营养元素。同时，节省了灌溉用水，并且使污水得到了土壤的净化，减少了治理污水的费用等。但因为城市生活污水和工矿企业废水中还含有许多有毒有害的物质，成分相当复杂。若这些污水、废水直接输入农田，就有可能造成土壤环境的严重污染。

经由水体污染所造成的土壤环境污染，其分布特点是：由于污染物质大多以污水灌溉形式从地表进入土体，所以污染物一般集中于土壤表层。但是随着污水灌溉时间的延长，某些污染物质可随水自土体上部向下部迁移，以至达到地下水层。这是土壤环境污染的最主要发生类型。它的特点是沿已被污染的河流或干渠呈树枝状或呈片状分布。

二、大气污染型

大气污染型土壤环境污染物质来自被污染的大气。经由大气的污染而引起的土壤环境污染，主要表现在以下几个方面。

①工业或民用煤的燃烧所排放出的废气中含有大量的酸性气体，如二氧化硫（SO_2）、二氧化氮（NO_2）等。据 Lisk 报道，煤含有铈（Ce）、铬（Cr）、铅（Pb）、汞（Hg）、钛（Ti）等金属，石油含有相当量的汞（0.02~30 mg/kg）。这类燃料在燃烧时，部分悬浮颗粒和挥发金属随烟尘进入大气，其中10%~30%沉降在距排放源十几千米的范围内。据估计全世界每年约有1 600 t汞是通过煤和其他化石燃料燃烧而排放到大气中的。例如在比利时，每年从大气进入每公顷土壤的重金属量就有250 g铅、19 g镉、15 g砷、3 750 g锌。汽车尾气中的铅化合物、氮氧化物（NO_x）等，经降水、降尘而输入土壤。

②工业废气中的重金属主要来源于能源、运输、冶金和建筑材料生产产生的气体和粉尘。例如含铅、镉、锌、铁、锰等的微粒，经降尘而落入土壤。除汞以外，重金属基本上是以气溶胶的形态进入大气，经过自然沉降和降水进入土壤。运输，特别是汽车运输对大气和土壤造成严重污染，主要以铅、锌、镉、铬、铜等污染为主，来自含铅汽油的燃烧和汽车轮胎磨损产生的粉尘。据有关材料报道，汽车排放的尾气中含铅多达20~50 $\mu g/L$，它们呈条带状分布，因距离公路、铁路、城市中心的远近及交通量的大小有明显的差异。有研究发现在公路两侧50 m处，每月每平方米积累的易溶性污染物为4~40 g。进入环境的强弱顺序为铜、铅、钴、铁和锌。在宁杭公路南京段，道路两侧的土壤形成铅、铬、钴污染带，且沿公路延长方向分布，污染强度自公路向两侧减弱。经自然沉降和雨淋沉降进入土壤的重金属污染，与重工业发达程度、城市人口密度、土地利用率、交通发达程度有直接关系。距城市越近，污染的程度就越重，污染强弱顺序为：城市＞郊区＞农村。

③炼铝厂、磷肥厂、砖瓦窑厂、氰化物生产厂等排放的含氟废气，一方面可直接影响周围农作物，另一方面可造成土壤的氟污染。

④原子能工业、核武器的大气层试验，产生的放射性物质，随降水降尘而进入土壤，对土壤环境产生放射性污染。

由大气污染所造成的土壤环境污染，其特点是以大气污染源为中心呈椭圆状或条带状分布，长轴与主风向相同。其污染面积和扩散距离，取决于污染物质的性质、排放量以及排放形式。例如西欧和中欧工业区采用高烟囱排放，二氧化硫（SO_2）等酸性物质可扩散到北欧斯堪的那维亚半岛，使该地区土壤酸化。而汽车尾气是低空排放，只对公路两旁的土壤产生污染危害。

大气污染型土壤的污染物质主要集中于土壤表层（0～5 cm），耕作土壤则集中于耕层（0～20 cm）。

三、固体废物污染型

固体废物系指被丢弃的固体状物质和泥状物质，包括工矿业废渣、污泥、城市垃圾等。在土壤表面堆放或处理、处置固体废物、废渣，不仅占用大量土地，而且可通过大气扩散或降水淋滤（在日晒、水洗条件下，重金属极易移动，并以辐射状、漏斗状向周围土壤、水体扩散）使周围地区的土壤受到污染，所以称为固体废物污染型。其污染特征属点源性质，主要是造成土壤环境的重金属污染，以及油类、病原菌和某些有毒有害有机物的污染。

例如沈阳冶炼厂冶炼锌的过程中产生的矿渣主要含锌和镉。这些矿渣自 1971 年起开始堆放在一个洼地场所，其浸出液中锌和镉含量分别达 6.6 g/L 和 75 mg/L，目前重金属污染物已扩散到离堆放场 700 m 以外的范围，其浓度呈同心圆状分布。对武汉市垃圾堆放场、杭州市铬渣堆放区附近土壤中重金属含量的研究发现，这些区域土壤中镉、汞、铬、铜、锌、铅、砷等重金属的含量均高于当地土壤背景值。

一些固体废物被直接或被加工为肥料施入土壤，造成土壤重金属污染。例如随着我国畜牧生产的发展，产生大量的畜禽粪便及动物加工废物，这类农业固体废物中含有植物所需的氮、磷、钾和有机质，同时由于在饲料中添加了一定量的重金属盐类，因此这类固体废物中含有一定量的重金属元素，施入土壤后增加了土壤中锌、锰等的含量。磷石膏属于化肥工业废物，由于其含有一定量的正磷酸以及不同形态的含磷化合物，并可以改良酸性土壤，故而被大量施入土壤，造成了土壤中铬、铅、锰、砷含量增加。当含磷钢渣作为磷源被施入土壤时，土壤中出现铬积累。

随着工业的发展以及城镇建设的加快，污水处理正在不断加强。2015 年我国有 1 943 座城市污水处理厂，日处理能力达 1.41×10^8 t。由于污泥含有较高的有机质和氮、磷养分而被施入土壤，使土壤成为污泥处理的主要场所。一般来说，污泥中铬、铅、铜、锌、砷极易超过控制标准。施用燕山石化污泥 1 年后，北京褐土中汞和镉含量分别达到 0.94 mg/kg 和 0.22 mg/kg。许多研究指出，污泥的施用可使土壤重金属含量有不同程度的增加。其增加的幅度与污泥中的重金属含量、污泥的施用量及土壤管理有关。

通过风的传播，固体废物的污染范围会扩大，土壤中重金属的含量随着距污染源的距离增大而降低。例如大冶冶炼厂每年排放数千吨粉尘，污染了大冶县大量农田，直径 20 km 范围内土壤中铬、锌、铅、镉的含量均大大高于背景值。

四、农业污染型

所谓农业污染型是指由于农业生产的需要而不断地施用化肥、农药、城市垃圾堆肥、厩肥、污泥等所引起的土壤环境污染。其中主要污染物质是化学农药和污泥中的重金属。例如随着消毒种子进入每公顷土壤的汞为 6～9 g。在农业地区，特别是在西方国家的家庭园林中，由于经常施用含砷农药，土壤中砷的残留量明显增加，如美国的密歇根州土壤中砷含量达到 112 mg/kg。杀真菌农药常含有铜和锌，当被大量地用于果树和温室作物时，常会造成土壤中铜和锌积累。例如在莫尔达维亚，在葡萄生长季节喷施 5～12 次波尔多液或类似的制剂，每年有 6 000～8 000 t 铜被施入 5 000 hm^2 土地。化肥既是植物生长发育必需营养元素的给源，又因为过量施用而成为环境污染因子。

农业污染型土壤污染的程度与污染物质的种类、主要成分，以及施药、施肥制度等有关。肥料中重金属含量一般是磷肥＞复合肥＞钾肥＞氮肥。马耀华等对上海地区菜园土的研究发现，施肥后，镉含量从 0.13 mg/kg 上升到 0.32 mg/kg。美国橘园每年每公顷施磷量为 175 kg，36 年后土壤镉含量由 0.07 mg/kg 提高到 1.0 mg/kg。新西兰在同一地点施用磷肥 50 年后取土分析，土壤镉含量由 0.39 mg/kg 提高到 0.85 mg/kg。肥料中铬和砷元素含量较高，且土壤的环境含量较低，施肥能引起土壤中铬和砷的较快积累。近年来，地膜的大面积推广使用，造成了土壤的白色污染。由于地膜生产过程中加入了含有镉和铅的热稳定剂，会增加土壤重金属污染的风险。这些污染物质主要集中于表层或耕层，其分布比较广泛，属面源污染。

五、综（复）合污染型

必须指出，土壤环境污染的发生往往是多源性的。对于同一区域受污染的土壤，其污染源可能同时来自受污染的地面、水体和大气，或同时遭受重金属、固体废物以及农药、化肥等的污染。因此土壤环境的污染往往是综（复）合污染型的。但对于一个地区或区域的土壤来说，可能是以某种污染类型或某两种污染类型为主。

第五节　土壤性状与污染物的转化

一、土壤组成与污染物毒性

污染物进入土壤后，与各种土壤组分发生物理反应、化学反应和生物反应，主要包括吸附解吸、沉淀溶解、络合解络、同化矿化、降解转化等过程。这些过程与土壤污染物的有效浓度（毒性）和状态（水溶态、交换态为主）有紧密关系。一般认为，土壤中某污染物的水溶态或交换态有效浓度越高，其对生物的毒性越大，而专性吸附态、氧化物态或矿物固定态含量越高，则其毒性越小。

（一）黏土矿物对污染物毒性的影响

土壤中的黏土矿物（例如层状铝硅酸盐和氧化物）显著影响污染物吸附解吸行为及其毒性，铝硅酸盐可吸附重金属和离子态有机农药，氧化物可吸附氟、铝、砷、铬等含氧酸根的吸附（尤其是专性吸附），这些都可对污染物起到固定或暂时失活的减毒作用。氧化物对重金属的专性吸附与氧化物的交换量无关。专性吸附可显著降低重金属的生物毒性。重金属浓度低时，专性吸附量的比例较大。表 2-2 是不同土壤组分对重金属选择吸附和专性吸附的顺序。

表 2-2 土壤成分对重金属选择吸附和专性吸附排序

土壤成分	选择吸附和专性吸附排序
黏 粒	$Cr^{3+}>Cu^{2+}>Zn^{2+}\geqslant Cd^{2+}>Na^+$
土 壤	$Pb^{2+}>Cu^{2+}>Cd^{2+}>Zn^{2+}>Ca^{2+}$
泥炭土和灰化土	$Pb^{2+}>Cu^{2+}>Zn^{2+}\geqslant Cd^{2+}$
针铁矿	$Cu^{2+}>Pb^{2+}>Zn^{2+}>Co^{2+}>Cd^{2+}$
氧化铁凝胶	$Pb^{2+}>Cu^{2+}>Zn^{2+}>Ni^{2+}>Cd^{2+}>Co^{2+}>Sr^{2+}$
氧化铝凝胶	$Cu^{2+}>Pb^{2+}>Zn^{2+}>Ni^{2+}>Co^{2+}>Cd^{2+}>Sr^{2+}$
土壤有机质	$Fe^{2+}>Pb^{2+}>Ni^{2+}>Co^{2+}>Mn^{2+}>Zn^{2+}$
富里酸（pH 3.5）	$Cu^{2+}>Fe^{2+}>Ni^{2+}>Pb^{2+}>Co^{2+}>Ca^{2+}>Zn^{2+}>Mn^{2+}>Mg^{2+}$
富里酸（pH 5.0）	$Cu^{2+}>Pb^{2+}>Fe^{2+}>Ni^{2+}>Mn^{2+}=Co^{2+}>Ca^{2+}>Zn^{2+}>Mg^{2+}$
胡敏酸（pH 4）	$Zn^{2+}>Cu^{2+}>Pb^{2+}>Mn^{2+}>Fe^{3+}$
胡敏酸（pH 5）	$Zn^{2+}>Cu^{2+}>Pb^{2+}>Mn^{2+}>Fe^{3+}$
胡敏酸（pH 6）	$Zn^{2+}>Cu^{2+}>Pb^{2+}>Fe^{3+}>Mn^{2+}$
胡敏酸（pH 7）	$Zn^{2+}>Cu^{2+}>Pb^{2+}>Fe^{3+}>Mn^{2+}$
胡敏酸（pH 8）	$Pb^{2+}>Zn^{2+}>Fe^{3+}>Cu^{2+}\geqslant Mn^{2+}$
胡敏酸（pH 9）	$Pb^{2+}>Zn^{2+}>Fe^{3+}>Cu^{2+}\geqslant Mn^{2+}$
胡敏酸（pH 10）	$Zn^{2+}>Fe^{3+}>Cu^{2+}>Pb^{2+}\geqslant Mn^{2+}$

土壤铁铝氧化物是 F^- 的主要吸附剂。氧化物胶体表面与中心金属离子配位的碱性最强的 A 型羟基（$—OH_2^{-0.5}$ 或水合基 $—OH_2^{+0.5}$），可与 F^- 发生配位交换反应，从而降低氟的毒性。氧化物对 F^- 的最高吸附量是 SO_4^{2-} 或 Cl^- 的 3 倍，也高于其他阴离子（例如 PO_4^{3-}、AsO_3^{3-}、$Cr_2O_7^{2-}$ 等）。在吸附平衡溶液含 F^- 浓度相同时，$Al(OH)_3$ 胶体吸附氟量比埃洛石和高岭石高出数十倍甚至数百倍，这是富含铝的红黄壤中氟毒低、残留态氟易富集的原因。

Cu^{2+} 被黏土矿物吸附的顺序为高岭石＞伊利石＞蒙脱石。这是因为铜与硅酸盐表面的六配位进行专性吸附，且与矿物表面羟基密度及 pH 有关，而不直接取决于黏土矿物的阳离子交换量（CEC），但与盐基饱和度关系密切。不同类型矿物和氧化物对铜的吸附结合强度决定着土壤中被吸附铜的解吸难易（毒性）。用 1 mol/L NH_4Ac 或螯合剂作为解吸剂，发现吸附在蒙脱石上的 98% Cu^{2+} 能较快解吸，而专性吸附于铁、铝、锰的氧化物上的 Cu^{2+} "惰性"极强，在一般条件下难以被置换，相当部分 Cu^{2+} 不能被同价阳离子所交换，只有通过强烈的化学反应才能被活化而释放出来。

黏土矿物类型影响土壤对农药的吸附。农药被黏土矿物吸附后，其毒性大大降低。土壤对农药的吸附作用不仅影响农药的迁移，而且还减缓化学分解和生物降解速度，因而吸附量大时，其残留量也高。表 2-3 是不同类型黏土矿物和 pH 对一些除草剂吸附的影响。

表 2-3　不同类型黏土矿物和土壤 pH 对某些除草剂吸附量的影响

化合物	用量 (mg/hm²)	黏土	在溶液中的浓度（mg/kg）			吸附的比例（%）		
			pH			pH		
			5.5	6.5	7.3	5.5	6.5	7.3
DNC	4	伊利石	0.07	0.19	6.70	99.0	97.0	0
	4	高岭石	2.50	6.70	6.70	63.0	0	0
	4	蒙脱石	0.06	0.18	6.70	99.1	97.0	0
2,4-滴	4	伊利石	0.05	0.09	1.70	97.0	95.0	0
2,4,5-涕	4	蒙脱石	1.70	1.70	1.70	0	0	0
灭草隆	1	伊利石	0.07	0.07	0.08	96.0	96.0	95.0
敌草隆	1	蒙脱石	0.03	0.03	0.03	98.0	98.0	98.0
三嗪（trietazine）	1	伊利石	0.01	0.02	0.04	99.6	99.6	99.0
西玛津	1.5	高岭石	0.07	0.14	0.14	97.0	97.0	95.0

（二）有机质对重金属污染物毒性的影响

土壤中有机质组分对重金属污染物毒性的影响可通过静电吸附和络合（螯合）作用来实现。土壤有机质、富里酸、胡敏酸对重金属吸附的顺序见表 2-2。土壤有机质与重金属的吸附主要是通过其含氧功能基进行的。羧基和酚羟基是腐殖酸的两种主要含氧功能基，分别占功能基总量的 50% 和 30%，成为腐殖质-金属络合物的主要配位基。

在 2 价离子中，Cu^{2+} 与富里酸形成的络合物的稳定常数最大，是 Zn^{2+} 的 3 倍多。一些 2 价离子与富里酸形成的络合物的稳定性顺序（括号内数据为稳定常数）在 pH 3.5 时为 Cu^{2+} (5.78) $>Fe^{2+}$ (5.06) $>Ni^{2+}$ (3.47) $>Pb^{2+}$ (3.09) $>Co^{2+}$ (2.20) $>Ca^{2+}$ (2.04) $>$ Zn^{2+} (1.73) $>Mn^{2+}$ (1.47) $>Mg^{2+}$ (1.23)，在 pH 5.0 时为 Cu^{2+} (8.69) $>Pb^{2+}$ (6.13) $>Fe^{2+}$ (5.77) $>Ni^{2+}$ (4.14) $>Mn^{2+}$ (3.78) $>Co^{2+}$ (3.69) $>Ca^{2+}$ (2.92) $>$ Zn^{2+} (2.34) $>Mg^{2+}$ (2.09)。当土壤 pH 上升时，生成的络合物稳定性增强。

胡敏酸和富里酸可以与金属离子形成可溶性络合（螯合）物和不可溶性络合（螯合）物，是否可溶主要依赖于饱和度。富里酸金属离子络合物比胡敏酸金属离子络合物的溶解度大。这是因为前者酸度大且分子质量较小。金属离子也以种种方式影响腐殖质的溶解特性。当胡敏酸和富里酸溶于水中时，其—COOH 发生解离，由于带电基团的排斥作用，分子处于伸展状态；当外源金属离子进入时，电荷减少，分子收缩凝聚，导致溶解度降低。金属离子也能将胡敏酸和富里酸分子桥接起来成为长链状结构化合物。金属离子胡敏酸络合物在低金属/胡敏酸比例下，是水溶性的。但当链状结构增加，本身自由的—COOH 因金属离子 M^{2+} 的桥合作用而变为中性时，会发生沉淀絮凝。此外，该过程还受土壤中离子强度、pH、胡敏酸浓度等因素影响。

（三）有机质对农药等有机污染物的固定作用

土壤有机质对农药等有机污染物有强的亲和力，对有机污染物在土壤中的生物活性、残留、生物降解、迁移、蒸发等过程有重要的影响。土壤有机质是固定农药的最重要的土壤组分，其对农药的固定与腐殖物质官能团的数量、类型和空间排列密切相关，也与农药本身的性质有关。一般认为，极性有机污染物可以通过离子交换和质子化、氢键、范德华力、配位体交换、阳离子桥、水桥等各种不同机制与土壤有机质结合。对于非极性有机污染物可以通过分配、疏水性机制与之结合。

　　腐殖质是土壤有机质的主要成分，腐殖质分子中既有极性亲水基团，也有非极性疏水基团。可溶性腐殖质易与土壤中的农药结合，能增大农药从土壤向地下水的迁移潜力。富里酸有较小的分子质量和较高酸度，比胡敏酸更可溶，能更有效地促使农药和其他有机物质的迁移。腐殖质还能作为还原剂而改变农药的结构，这种改变因腐殖质中羧基、酚羟基、醇羟基、杂环、半醌等的存在而加强。一些有毒有机化合物与腐殖质结合后，可使其毒性降低或消失。

二、土壤酸碱性与污染物转化和毒性

　　土壤酸碱性通过影响组分和污染物的电荷特性以及沉淀溶解、吸附解吸和络合解络的平衡来改变污染物的毒性，土壤酸碱性还通过土壤微生物的活性间接改变污染物的毒性。

　　土壤溶液中的大多数金属元素（包括重金属）在酸性条件下以游离态或水化离子态存在，毒性较大，而在中性和碱性条件下易生成难溶性氢氧化物沉淀，毒性大为降低。

　　金属离子可与 OH^- 等阴离子生成沉淀，可用溶度积常数（K_{sp}）来估测。常见的金属离子与一些阴离子的溶度积常数见表 2-4。土壤酸碱性对阴离子和阳离子浓度有影响，pH 升高导致 OH^- 上升，使重金属离子的毒性（活度）大为降低。

表 2-4　某些重金属沉淀的溶度积常数（pK_{sp}，18～25 ℃）
（引自中南矿冶学院分析化学研究室等，1984）

	Cd	Co	Cr	Cu	Hg	Ni	Pb	Zn
AsO_4^{3-}	32.66	28.12	20.11	35.12		25.51	35.39	26.97
CN^-	8.0			19.49	39.3（1价）	22.5		12.59
CO_3^{2-}	11.28	9.98		9.63	16.05（1价）	6.87	13.13	10.84
CrO_4^{2-}	4.11			5.44	8.7（1价）		13.75	
$Fe(CN)_6^{4-}$	17.38	14.74		15.89		14.89	18.02	15.68
O^{2-}				14.7（1价）	25.4		65.5（4价）	53.96
OH^-（新）	13.55	14.8	30.2	19.89		14.7	14.93	16.5
OH^-（陈）	14.4	15.7				17.2		16.92
S^{2-}	26.10	20.4（α）		35.2	52.4（红）	18.5（α）	27.9	23.8（α）
		24.7（β）		47.6（1价）	51.8（黑）	24.0（β）	26.6	21.6（β）
PO_4^{3-}	32.6	34.7	17.0	36.9		30.3		32.04
HPO_4^{2-}		6.7			12.4		9.90	

注：未说明价数者为金属正常价态，Cr 为 3 价，其他为 2 价。

　　土壤酸碱性对土壤中金属离子的水解及其产物的组成和电荷有极大的影响。锌在 pH<7.7 时主要以 Zn^{2+} 存在，在 pH>7.7 时以 $ZnOH^+$ 为主，在 pH>9.11 时则以电中性的 $Zn(OH)_2^0$ 为主。在土壤 pH 范围内，$Zn(OH)_3^-$ 和 $Zn(OH)_4^{2-}$ 不会成为土壤溶液中的主要络合离子。对铅（Pb）来说，当 pH<8.0 时，溶液中以 Pb^{2+} 和 $Pb(OH)^+$ 占优势，其他形态的铅如 $Pb(OH)_3^-$、$Pb(OH)_2^0$、$Pb(OH)_4^{2-}$ 较少。对铜（Cu）而言，当 pH<6.9 时，溶液中

主要是 Cu^{2+}；pH>6.9 时，主要是 $Cu(OH)_2^0$，而 $Cu(OH)_3^-$、$Cu(OH)_4^{2-}$ 和 $Cu_2(OH)_2^{2+}$ 在土壤条件下一般不重要。

土壤酸碱性对有机污染物（例如有机农药）在土壤中的积累、转化、降解的影响主要表现：①pH不同，土壤微生物群落不同，影响土壤微生物对有机污染物的降解作用，进而改变有机污染物的毒性；②通过对土壤中进行的各项化学反应的干预作用而影响组分和污染物的电荷特性，改变二者的沉淀溶解、吸附解吸、配位解离平衡等，从而改变有机污染物的毒性。

土壤酸碱性也显著影响含氧酸根阴离子（例如铬、砷）在土壤溶液中的形态，影响它们的吸附、沉淀等特性。在中性和碱性条件下，Cr(Ⅲ) 可被沉淀为 $Cr(OH)_3$。在碱性条件下，由于 OH^- 的交换能力大，能使土壤中可溶性砷的比例显著增加，从而增加砷的生物毒性。

此外，有机污染物在土壤中的积累、转化、降解也受到土壤酸碱性的影响。例如在酸性条件下有机氯农药性质稳定，不易降解，只有在强碱性条件下才能加速代谢；持久性有机污染物五氯酚（PCP），在中性及碱性土壤环境中呈离子态，移动性大，易随水流失，而在酸性条件下呈分子态，易为土壤吸附而降解半衰期延长；有机磷和氨基甲酸酯农药虽然大部分在碱性环境中易于水解，但地亚农则更易于发生酸性水解反应。

三、土壤氧化还原状况与污染物转化和毒性

土壤氧化还原状况［用氧化还原电位（E_h）表示］是一个综合性指标，主要决定于土体内水气比例。但土壤中的微生物活动、易分解有机质含量、易氧化和易还原的无机物质的含量、植物根系的代谢作用及土壤 pH、表面状况等与土壤氧化还原状况关系密切，对污染物毒性有显著影响。

（一）有机污染物

热带、亚热带地区间歇性阵雨和干湿交替对厌氧细菌和好氧细菌的增殖均有利，比单纯的还原或氧化条件更有利于有机农药分子结构的降解，特别是有环状结构的农药（例如滴滴涕）的开环反应、地亚农的代谢产物嘧啶环的裂解等需要氧的参与。

有机氯农药大多数在还原环境下能加速代谢。例如六六六（六氯环己烷）在旱地土壤中分解很慢，在蜡状芽孢菌参与下，经脱氯反应后快速代谢为五氯环己烷中间体，后者再脱去氯化氢后生成四氯环己烯和少量氯苯类代谢物。分解滴滴涕（DDT）适宜的 E_h 为 $0\sim-250$ mV，艾氏剂也只有在 $E_h<-120$ mV 时才被快速降解。

（二）重金属

1. 硫的影响　土壤中大多数重金属污染元素是亲硫元素，在农田厌氧还原条件下易生成难溶性硫化物，降低了毒性和危害。土壤中低价硫 S^{2-} 来源于有机质的厌氧分解与硫酸盐的还原反应，水田土壤 E_h 低于 -150 mV 时，S^{2-} 生成量可达 200 mg/kg 土。当土壤转为氧化状态（例如落干或改旱）时，难溶硫化物逐渐转化为易溶硫酸盐，其生物毒性增加。

黏质土在添加镉（Cd）、磷（P）和锌（Zn）的情况下淹水 5～8 周后，可能存在 CdS。含镉量相同的同类土壤，若水稻在全期淹水种植，即使土壤含镉 100 mg/kg，糙米中镉含量也未达 1 mg/kg（镉食品卫生标准）；但若在幼穗形成前后水稻田落水搁田，则糙米含镉量可高达 5 mg/kg。这是因为在土壤淹水条件下，易形成 CdS，造成土壤中镉溶出量下降与 E_h 下降同时发生，所以降低了镉的毒性。

土壤中硫化物的形成，也能影响铜的活度。氧化还原度［在氧化还原反应过程中转移的电子作为一种反应物或生成物，其活度的负对数记作 pe。土壤的氧化还原状况在很大程度上还受 pH 的影响。因此土壤氧化还原状况可以用氧化还原度（pe＋pH）来表征。氧化还原度是土壤氧化还原强弱的指标，可以概括土壤氧化还原电位（E_h）和酸碱性（pH）两个彼此密切相关的因素］pe＋pH＞14.89 时，Cu^{2+} 受土壤胶体上吸附铜的丰度所控制。pe＋pH 每降低 1 个单位，Cu^{2+} 活度增加 1 个 lg 单位。pe＋pH 在 4.73～11.5 之间，磁铁矿控制铁的活度，pe＋pH 每降低 1 个单位，lg［Cu^{2+}］就降低 2/3 个 lg 单位，而 lg［Cu^+］则增加 1/3 个 lg 单位。

2. 对砷的影响 砷可以以－3、0、＋3 和＋5 这 4 种价态存在。其中 3 价砷比 5 价砷的毒性大几倍，甚至几十倍。在土壤溶液中，＋3 和＋5 价态砷对氧化还原状况相当敏感，根据 Nernst 方程，有

$$E_h=E_0+RT/nF（lg［氧化态］／［还原态］-mpH）$$

因此在酸性条件下，在 25 ℃时，As（Ⅴ）和 As（Ⅲ）互相转化的临界 E_h 可用下式估算。

$$E_h=0.059+0.029\ 51\ lg［H_3AsO_4］／［HAsO_2］-0.059\ pH$$

由上式可以看出，土壤氧化还原电位（E_h）不但决定于砷的标准氧化还原电位（E_0），而且还与 pH 和不同价态砷的浓度比有关。

热力学方法研究含砷矿物在土壤中的稳定性结果表明，在通气良好和碱性土壤中，$Ca_3(AsO_4)_2$ 是最稳定的含砷矿物，其次是 $Mn_3(AsO_4)_2$，后者在碱性和酸性环境中都可能形成。在还原（pe＋pH＜8）和酸性（pH＜6）土壤中，As（Ⅲ）氧化物和砷硫化物是稳定的。在还原性（pe＋pH＜8）溶液中，As（Ⅲ）离子丰富存在。砷气（AsH_3）只有在土壤溶液酸性很强，氧化还原电位极低时才产生。

氧化锰是土壤中普遍存在的金属氧化物之一，对 As（Ⅲ）具有一定的氧化能力。锰氧化物与砷的反应式为

$$2Mn(Ⅳ)O_2+H_3As(Ⅲ)O_3+H_2O=2Mn(Ⅲ)OOH+H_2As(Ⅴ)O_4^-+H^+$$
$$2Mn(Ⅲ)OOH+H_3As(Ⅲ)O_3+3H^+=2Mn(Ⅱ)(aq)+H_2As(Ⅴ)O_4^-+3H_2O$$

因此 δ-MnO_2 和 As（Ⅲ）的反应过程为溶液中的 As（Ⅲ）首先被吸附于 MnO_2 的表面，然后被其中 MnO_2 的氧化，伴随着的 Mn^{2+} 释放，氧化生成的 As（Ⅴ）从固体表面脱附进入溶液，进入溶液中的 As（Ⅴ）又被吸附到 MnO_2 表面进而被去除，实现了砷污染的原位修复。

3. 对铬的影响 铬也是变价元素，6 价铬毒性大于 3 价铬。土壤氧化还原状况对土壤铬的转化和毒性有很大影响。铬在土壤中通常以 4 种化学形态存在，2 种 3 价铬离子（即 Cr^{3+} 和 CrO_2^-）和 2 种 6 价离子（即 $Cr_2O_7^{2-}$ 和 CrO_4^{2-}）。它们在土壤中迁移转化主要受土壤 pH 和氧化还原电位的制约，另外，也受土壤有机质含量、无机胶体组成、土壤质地等的影响。3 价铬和 6 价铬在适当土壤环境下可相互转化，即

$$2Cr^{3+}+7H_2O=Cr_2O_7^{2-}+14H^++6e^-$$

由上式，根据 Nernst 方程式可得

$$E_h=E_0+\frac{0.059}{6}lg\frac{［Cr_2O_7^{2-}］［H^+］^{14}}{［Cr^{3+}］^2}$$

据此可根据不同土壤 pH 来估算 3 价铬和 6 价铬转变的土壤临界氧化还原电位（E_h）。根据计算结果，当土壤 pH 分别为 3、4、5、6、7、8、9、10 和 11 时，E_h 分别为 920 mV、779 mV、640 mV、504 mV、366 mV、352 mV、273 mV、194 mV 和 116 mV。

四、土壤质地和土体构型与污染物迁移和转化

（一）土壤质地的影响

土壤质地的差异，形成不同的土壤结构和通透性状，因而对环境污染物的截留、迁移、转化产生不同的效应。黏质土类，颗粒细小，含黏粒多，比表面面积大，黏重，大孔隙少，通气透水性差，能把水中的悬浮物阻留在土壤表层。由于黏土类富含黏粒，土壤物理性吸附、化学吸附及离子交换作用强，具有较强保肥保水性能，同时也把进入土壤中污染物质的有机分子和无机分子离子吸附到土粒表面保存起来，增加了污染物转移的难度。

土壤黏粒以 2：1 型蒙脱土为主的土壤吸附量大，被吸附的重金属呈较稳定状态。例如，表 2-5 表明 <0.001 mm 的黏粒含量从 13.4％增加到 56.4％，土壤汞含量的相对值从 1.00 增加到 2.72；而麦粒中汞的含量随土壤黏粒含量的增加而减少，麦粒中汞含量的相对值从 1.00 下降到痕量。

表 2-5　矿物黏粒的数量和汞的含量与迁移

（引自白瑛和张祖锡，1988）

土壤号	<0.001 mm 黏粒含量（％）	汞含量相对值	
		土壤	麦粒
1	13.4	1.00	1.00
2	28.4	1.90	0.95
3	34.5	2.60	0.65
4	56.4	2.72	痕量

研究表明，进入土壤的砷污染物，转化后的存在形态因土壤质地的不同而不同，对生物的毒性也不同。土壤质地愈细，黏粒愈多，转变成 5 价的被铁锰氧化物所包被的砷 O-As 的数量愈多，转化成水溶性砷 H_2O-As 愈少；而 3 价的 O-As 的转化率与黏粒含量关系不大。

在黏土中加入砂粒，相对减少黏粒含量，增加土壤通气孔隙，可以减少对污染物的分子吸附，提高淋溶的强度，促进污染物的转移，但可能引起的地下水污染。砂质土类，黏粒含量少，砂粒含量占优势，通气性、透水性强，分子吸附、化学吸附及交换作用弱，对进入土壤中的污染物吸附能力弱，保存的少，同时由于通气孔隙大，污染物容易随水淋溶、迁移。砂质土类的优点是污染物容易从土壤表层淋溶至下层，减轻表土污染物的数量和危害；缺点是有可能污染地下水，造成二次污染。研究结果表明，对同一施氮量，砂土类土壤淋失的氮素，远远大于壤质和黏质土类。因此对于砂土类，若常年施入氮肥，土壤深层会发生氮素（主要是硝酸盐）的积累，引起地下水污染。壤土，其性质介于黏土和砂土之间。其性状差异取决于壤土中砂粒和黏粒含量比例，黏粒含量多时性质偏于黏土类，砂粒含量多则偏于砂土类。

（二）土体构型的影响

土体构型又称为剖面构造，由上层和下土层的固相骨架垒合在一起，把上层和下层作为

一个整体来看，就是土体构型或剖面构造。它是质地、结构和孔隙度剖面造成的，其中主要是质地剖面所构成。土壤质地的层次组合主要是成土过程和母质沉积过程所致，而人为的影响甚小。土壤质地在剖面上分布不同，形成不同的土体构型，因而引起通气性、透水性差异，进而影响污染物在土体内的迁移转化过程。

自然土壤中淋溶土类的淀积层和农业土壤犁底层，由于黏粒、淀积物质多或犁底挤压，土层紧实通透性差，成为表层淋溶物质的接纳层，阻隔了可溶性及非可溶物质下移；在污染区，还会造成土壤污染物的富集。打破土壤黏土隔层和犁底层，可以增强土壤通透性，改善土壤水渗透强度和污染物向下部移动的条件。

五、土壤生物活性与污染物转化

生物（包括植物、动物和微生物）是土壤环境形成过程中最活跃，起决定性作用的因素。

（一）植物的作用

植物的作用表现在：①植物利用太阳能、水和二氧化碳进行光合作用并吸收矿质营养元素构成了有机体，死亡后回归大地，直接被分解转化，变成简单的可被植物利用的氮、磷、钾等矿质营养元素；或形成比较复杂的难以分解的腐殖质，成为土壤结构的胶结物质，腐殖质再被进一步分解亦可变成简单的物质，供植物吸收利用；②由于植物具有对营养元素的选择性吸收特性，通过庞大的根系使分散于土壤下部的营养元素相对集中积累到上部；③动植物残体形成的腐殖质与土粒结合形成良好的土壤结构，协调了土壤环境中的水、肥、气、热条件。因此母质中有了生物参与活动，才具有供应与协调植物营养的能力，并不断提高供应水平。

（二）土壤动物的作用

土壤动物作为生态系统物质循环中的重要分解者，在生态系统中起着重要的作用，一方面同化各种有用物质以建造其自身，另一方面又将其排泄产物归还到环境中不断地改造环境。它们同环境因子间存在相对稳定、密不可分的关系。土壤中数量庞大的各类动物，在切碎、搬动、消化动植物体过程中，起到拌和土壤、分解有机物料、形成土壤有机质的作用，能促进土壤形成，提高土壤环境质量。例如进化论者 C. 达尔文曾精辟地阐明了蚯蚓对土壤的影响：蚯蚓生长量大，一生中可吃进大量的有机质和矿物质并有相应的排泄物，形成团粒状结构；蚯蚓的机械翻动土壤，增加了土壤通气、透水性能，可改善土壤的物理性质。此外，蚯蚓自身通过富集作用，使有机污染物暂时储存在体内，在一定程度上降低了有机污染物的降解速率和环境毒性。

（三）土壤微生物的作用

微生物在土壤环境形成过程中起了重要的、决定性作用。这是因为土壤微生物分解有机质，释放营养元素；与此同时合成腐殖质，提高土壤的有机无机胶体含量，改善土壤物理化学性质；固氮微生物能固定大气中游离的氮素；化能细菌能分解、释放矿物中的元素，丰富土壤环境养分含量。

土壤微生物是污染物的"清洁工"。土壤微生物参与污染物的转化，在土壤自净过程及减轻污染物危害方面起着重要作用。例如氨化细菌对污水、污泥中蛋白质的降解、转化作用，可以较快地消除蛋白质分解过程产生的污秽气味。微生物对农药的降解可使土壤对农药进行彻底的净化。

土壤微生物学研究已成为环境土壤学的活跃领域。其中，根际微域中的微生物种群及活性的变化、污染物的根际效应及根际污染物快速微生物代谢消解等的研究尤为突出。根际是指植物根系活动的影响在物理性质、化学性质和生物学性质上不同于土体的动态微域，它是植物-土壤-微生物系统与环境交互作用的场所。根际有别于一般土体，由根分泌物提供的特定碳源及能源使根际微生物数量和活性明显增加，一般为非根际土壤的 $5\sim20$ 倍，最高可达 100 倍。而且，植物根的类型（主根、丛根、须根）、年龄、不同植物的根（例如有瘤或无瘤）、根毛的多少等，都可影响根际微生物对特定有机污染物的降解速率。例如有研究发现，^{14}C 标记五氯苯酚（PCP）在有冰草生长的土壤中的消失速度是无植物区的 3.5 倍；有研究结果表明，阿特拉津在植物根区土壤中的半衰期较无植物对照土壤缩短约 75%；许多研究证实，多种作物的根际都能提高三氯乙烯（TCE）的降解。根向根际分泌的低分子有机酸（例如乙酸、草酸、丙酸、丁酸等）可与汞、铬、铅、铜、锌等的离子进行配位反应，由此导致土壤中此类重金属的生物毒性增强或减弱。

根与土壤理化性质的不断变化，导致根际土壤结构和微生物环境也发生变化，从而使污染物的滞留与消解不同于非根际的一般土体。因此根际效应主动营造的土壤根际微生物种群及活性的变化，成为土壤重金属、有机农药等污染物根际快速消解的可能机制，并由此促使相关研究者对其进行深入探索，由此推动了环境土壤学、环境微生物学等相关学科的不断发展。

综上所述，土壤环境中的生物体系是土壤环境的重要组成成分和物质能量转化的重要因素。土壤生物是土壤形成、养分转化、物质迁移以及污染物的降解、转化、固定的重要参与者，主宰着土壤环境物理化学过程和生物化学过程（包括其特征和结果），土壤生物的活性在很大程度上影响污染物在土壤中的转化、降解和归宿。

复习思考题

1. 叙述土壤污染的定义，举例说明土壤污染的特点与危害。
2. 什么是土壤环境背景值？研究土壤环境背景值的意义是什么？
3. 什么是土壤的自净作用？举例说明土壤在环境中的作用与地位。
4. 叙述土壤污染物的种类和土壤污染类型。
5. 举例说明土壤矿物质组成和有机质含量对土壤污染物毒性的影响。
6. 叙述土壤基本理化性状和土壤生物活性与土壤污染物转化的关系。

第三章 金属和其他有害元素对土壤的污染

本章提要 本章在介绍重金属污染特征、重金属的存在形态和迁移转化过程的基础上，对土壤中几种主要的重金属（汞、镉、铅、铬和砷）、有害元素（氟、硒和硼）及氰（CN^-）的污染来源、在土壤中的行为及其生物效应进行系统和全面的阐述。此外，简要介绍土壤放射性污染及稀土污染。

第一节 土壤重金属污染

一、重金属污染物概述

在环境中，重金属污染物是一类常见的污染物，也是一类危害特别严重的污染物。1953年以来，在日本发生的"水俣病"和20世纪60年代在日本富山县发现的"骨痛病"，都是震惊世界的重金属污染的典型事例。我国重金属矿藏丰富，开采及利用广泛，其造成的环境污染也是一个非常突出的问题。

（一）重金属污染特征

1. 重金属的定义 关于重金属的定义现在有两种观点：①把相对密度大于4.0的金属称为重金属，这样在元素周期表上大约有60种元素属于重金属；也有人把相对密度大于5.0的金属称为重金属，这样大约可以列出45种元素为重金属；②把周期表中原子序数大于钙（20）者，即从钪（21）起均称为重金属。在环境污染方面所说的重金属实际上主要是指汞、镉、铅、铬和类金属砷等生物毒性显著的元素，在这些有毒元素中，以汞毒性最大，镉次之，铅、铬、砷也有相当毒害，俗称"五毒元素"。

2. 土壤重金属污染的来源 环境污染中重金属污染主要来自下面几个方面：①金属矿山的开采；②金属冶炼厂；③金属加工和金属化合物制造；④大量使用金属的企业和部门；⑤汽车尾气（排出铅）；⑥肥料和农药（带入砷、铅、锡、钼等）。

3. 土壤重金属污染的特点 土壤重金属污染的特点可以归纳为以下几点。

（1）重金属的形态多变 大多数重金属元素处于元素周期表中的过渡区，有较高的化学活性，能参与多种反应和过程。随环境的氧化还原状况、pH、配位体不同，重金属常有不同的价态、化合态和结合态。而且形态不同重金属的稳定性和毒性也不同。

（2）重金属容易在生物体内积累 各种生物对重金属都有较大的富集能力，其富集系数有时可高达几十倍至几十万倍，因此即使微量重金属的存在也可能构成污染的因素。有研究表明，若海水中含汞 0.000 1 mg/L，经浮游生物富集为 0.001～0.002 mg/kg，食浮游生物的小鱼富集到 0.2～0.5 mg/kg，最后大鱼吃小鱼富集到 1～5 mg/kg，最终浓缩了 10 000～50 000 倍。污染物经过食物链的放大作用，逐级在较高级的生物体内成千上万倍地富集起来，然后通过食物进入人体，在人体的某些器官中积累起来造成慢性中毒，影响人体健康。

（3）重金属不能被降解而消除　尽管重金属能参与各种物理化学过程，例如中和、沉淀、氧化还原、吸附、絮凝、凝聚等过程，但只能从一种形态转化为另一种形态，从甲地迁移到乙地，从浓度高的变成浓度低的等，无法从环境中彻底消除，这一点与有机污染物截然不同。

（二）土壤中重金属的形态、主要迁移转化过程及影响因素

1. 土壤中重金属的形态　由于土壤环境物质组成复杂，且重金属化合物化学性质各异，土壤中的重金属也有多种赋存形态。不同形态重金属的迁移转化过程不同，而且其生理活性和毒性均有差异。目前广泛使用的重金属形态分级方法是加拿大学者 Tessier 等于 1979 年提出的，他们根据不同浸提剂连续提取土壤的情况，将重金属形态分为：①水溶态（以去离子水提取）；②交换态或吸附交换态（以 1 mol/L $MgCl_2$ 溶液为提取剂）；③碳酸盐结合态〔以 1 mol/L NaAc-HAc（pH 5.0）缓冲溶液为浸提剂〕；④铁锰氧化物结合态（以 0.04 mol/L $NH_2OH \cdot HCl$ 溶液为浸提剂）；⑤有机结合态（以 0.02 mol/L HNO_3＋30％ H_2O_2 溶液为浸提剂）；⑥残留态（以 $HClO_4$-HF 消化）。重金属的各种形态之间可随着土壤或外界环境条件的改变而相互转化，并保持着动态平衡。其中以水溶态和交换态重金属的迁移转化能力最大，其活性、毒性和对植物的有效性也最大；而残留态重金属的迁移转化能力、活性和毒性最小；其他形态的重金属介于其间。

2. 土壤中重金属污染物的主要迁移转化过程　重金属在土壤中的物理迁移、物理化学迁移、化学迁移和生物迁移是其迁移转化的主要过程。

（1）物理迁移　物理迁移系指土壤溶液中的重金属离子或络合离子，或吸附于土壤矿物颗粒表面进行水迁移的过程，包括随土壤固体颗粒受风力作用进行机械搬运的风力迁移作用。

（2）物理化学迁移　物理化学迁移则主要指土壤中重金属的吸附和解吸作用，或吸附交换作用，也包括专性吸附作用。土壤中存在大量的无机、有机胶体，这些胶体对重金属的吸附能力强弱不一，如蒙脱石对重金属的吸附顺序为 $Pb^{2+}＞Cu^{2+}＞Ca^{2+}＞Ba^{2+}＞Mg^{2+}＞Hg^{2+}$，高岭石对重金属的吸附顺序为 $Hg^{2+}＞Cu^{2+}＞Pb^{2+}$。

（3）化学迁移　化学迁移则主要指重金属在土壤中的氧化、还原、中和、溶解、沉淀反应等。

（4）生物迁移　生物迁移包括动植物和微生物对土壤重金属的吸收及转化。

3. 影响因素　影响土壤吸附的因素有土壤胶体的种类、形态、pH、重金属离子的亲和力大小等。例如不同矿物胶体对 Cu^{2+} 的吸附能力大小次序为：氧化锰（68 300）＞氧化铁（8 010）＞海络石（810）＞伊利石（530）＞蒙脱石（370）＞高岭石（120）＞（括号内数字为最高吸附量，$\mu g/g$）。重金属离子在土壤溶液中的浓度，在很大程度上受吸附所控制。

土壤有机质对重金属的作用较复杂，一方面土壤有机质可与重金属进行络合、螯合反应，另一方面重金属可被有机胶体吸附。一般当重金属离子浓度较低时，以络合、螯合作用为主；而在高浓度时，则以吸附交换作用为主。实际上，土壤有机胶体对重金属离子的吸附交换作用和络合、螯合作用是同时存在的。

溶解和沉淀作用是重金属在土壤中的重要途径，实际上是重金属难溶电解质在土壤固相与液相之间的离子多相平衡。需根据溶度积一般原理，结合土壤环境介质 pH 和氧化还原电位（E_h）等的变化，研究和了解它们的一般迁移规律，从而对其进行控制。

二、汞污染

(一) 环境中的汞

1. 汞的理化性质　汞（俗称水银）是一种毒性较大的有色金属，在常温下是银白色发光的液体，且是室温下唯一的液体金属。汞的熔点低，具有较大的挥发性。汞是比较稳定的金属，在室温下不能被空气氧化，加热至沸腾才慢慢与氧作用生成氧化汞。汞在自然界以金属汞、无机汞和有机汞的形式存在，有机汞的毒性比金属汞、无机汞的毒性大。地壳中的汞99%以上处于分散状态，只有大约0.02%的汞集于汞矿物中。地壳中的汞主要有3种存在形式：硫化物形式的汞、游离态金属汞和以类质同象形式存在于其他矿物中的汞。含汞矿物主要有辰砂（HgS）及多晶体黑辰砂（HgS），还有硫汞锑矿（$HgS \cdot 2Sb_2S_3$）及黑黝铜矿 [$3(CuHg)S \cdot Sb_2S_3$] 等。除了汞矿物以外，一些普通矿物中也含有微量汞。

2. 土壤汞的含量　汞在世界土壤中的平均含量是0.10 mg/kg，范围值为0.03~0.30 mg/kg。我国土壤汞的背景值为0.040 mg/kg，范围值为0.006~0.272 mg/kg。贵州汞矿物周围的土壤含汞量为9.6~155.0 mg/kg。土壤含汞量高的地区，大多是汞矿区。我国41种主要土类汞的背景值存在差异（表3-1）。而且我国大多数土类汞背景值低于其他国家和地区的土壤汞背景值。与全国汞背景值相比较，低于全国土壤汞背景平均值的土类占有较大的比重，有31个土类，达73.17%，大部分土类低于全国土壤汞背景值或与之相接近。

表3-1　各土类与全国土壤汞背景值比较

类别	土壤及其背景值 (mg/kg)
极显著高于全国平均值的土类	石灰土 (0.131)、水稻土 (0.128)、黄壤 (0.086)、红壤 (0.069)、棕色针叶林土 (0.054)、黄棕壤 (0.044)、赤红壤 (0.044)
接近全国平均值的土类	娄土 (0.040)、棕壤 (0.039)、暗棕壤 (0.039)
极显著低于全国平均值的土类	白浆土 (0.033)、潮土 (0.033)、紫色土 (0.033)、灰色森林土 (0.033)、沼泽土 (0.032)、砖红壤 (0.031)、黑土 (0.030)、磷质石灰土 (0.029)、草甸土 (0.027)、褐土 (0.026)、燥红土 (0.024)、盐土 (0.023)、黑毡土 (0.023)、草毡土 (0.023)、绿洲土 (0.022)、黑钙土 (0.022)、灰褐土 (0.020)、栗钙土 (0.020)、巴嘎土 (0.020)、寒漠土 (0.020)、高山漠土 (0.019)、莎嘎土 (0.017)、灰钙土 (0.017)、黑垆土 (0.015)、碱土 (0.015)、棕钙土 (0.014)、绵土 (0.013)、灰棕漠土 (0.012)、风沙土 (0.011)、灰漠土 (0.010)、棕漠土 (0.009)

我国土壤汞背景值区域分异总的趋势是东南部>东北部>西部和西北部。石灰土、水稻土的汞背景值最高，石灰土偏高是由石灰岩土风化特性的影响造成的，而水稻土偏高主要是由于长期施用化肥和农药及灌溉等农业生产活动带入一部分汞进入土壤中，增加了土壤汞含量。土壤有机质对汞的亲和能力较强，表现为对汞元素的富集，因此有机质含量高的土壤，其汞背景值一般也较高。棕色针叶林土有机质含量高于灰色森林土，造成前者汞背景值高于后者；褐土的有机质含量较低，其汞背景值也较低。

汞在岩石圈、水圈、大气圈、生物圈和土壤圈之间不断进行迁移转化，构成一个大循环（图3-1）。

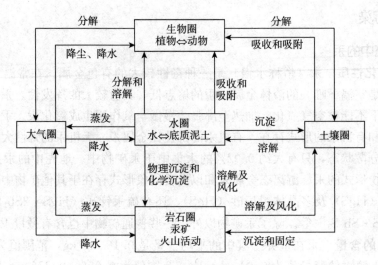

图 3-1　汞的生物地球化学循环

3. 土壤汞的来源　含汞岩石和矿物的物理化学风化是环境中汞的主要来源，此外还有大量汞通过火山喷发、间隙喷泉、地热流及采矿、冶炼和工农业生产等人为活动进入到生态环境。地球大气汞丰度为 $0.001 \sim 0.100\ \mu g/m^3$，未明显受汞污染地区大气系统中总汞丰度一般在 $1 \sim 10\ ng/m^3$。由于汞蒸发性很强，近工矿区大气系统中含汞丰度明显增加。我国天然河流、湖水含汞量在 $1.0\ \mu g/L$ 以下。由于人为活动频繁，使得进入生态环境的汞有所增加，干扰汞的自然循环，给整个汞的大循环体系造成了不可逆的影响，破坏了生态系统的动态平衡。

（二）汞在土壤中的形态及迁移转化

1. 土壤中汞的形态　土壤中的汞按其化学形态可分为金属汞、无机化合态汞和有机化合态汞。

（1）金属汞　土壤中金属汞的含量甚微，但很活泼。由于能以零价状态存在，汞在土壤中可以挥发，而且其挥发速度随着土壤温度的升高而加快。

（2）无机化合态汞　无机化合态汞有 $Hg(OH)_2$、$Hg(OH)_3^-$、$HgCl_2$、$HgCl_3^-$、$HgCl_4^-$、$HgSO_4$、$HgHPO_4$、HgO 和 HgS 等，其中 $Hg(OH)_3^-$、$HgCl_2$、$HgCl_3^-$、$HgCl_4^-$ 具有较高的溶解度，易随水迁移。而对于那些溶解度较低的无机态汞化合物植物难以吸收。

（3）有机化合态汞　有机化合态汞分为有机汞（如甲基汞、乙基汞等）和有机络合汞（富里酸结合态汞、胡敏酸结合态汞），植物能吸收有机汞，而被腐殖质络合的汞较难被植物吸收利用。土壤中的甲基汞毒性大，易被植物吸收，通过食物链在生物体逐级浓集，对生物和人体造成危害。土壤中汞的迁移转化过程见图 3-2。

2. 土壤中汞的迁移转化　进入土壤的汞大部分能迅速被土壤吸附或固定，主要是被土壤中的黏土矿物和有机质强烈吸附。土壤中吸附的汞一般积累在表层，并随土壤的深度增加而递减。这与表层土中有机质多，汞与有机质结合成螯合物后不易向下层移动有关。

影响土壤中汞的迁移的主要因素是土壤有机质含量、氧化还原条件、pH 等。1 价汞和 2 价汞离子之间可发生化学转化，$2Hg^+ \rightleftharpoons Hg^{2+} + Hg^0$，通过这个反应无机汞和有机汞都可以转化为金属汞。当土壤处于还原条件时，2 价汞可以被还原成 0 价的金属汞。而有机汞

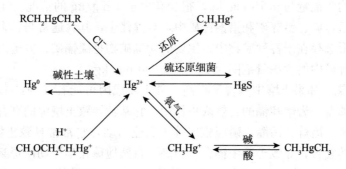

图 3-2 土壤系统中汞形态的相互转化

在有促还原的有机物的参与下，也能变成金属汞。如果是嫌气条件，土壤中的无机汞在某些微生物的作用下，或有甲基维生素 B_{12} 那样的化合物存在下，可转变为甲基汞或乙基汞化合物，土壤汞的可给量增大。相反，在氧化条件下，汞以稳定形态存在，使土壤汞的可给量降低，迁移能力减弱。在酸性环境中，土壤系统中汞的溶解度增大，因而加速了汞在土壤中的迁移。而在偏碱性环境中，由于汞的溶解度降低，土壤中汞不易发生迁移而在原地沉积。除了上述因素外，土壤类型对汞的挥发有明显的影响，汞的损失率是砂土＞壤土＞黏土。

（三）土壤汞的生物效应

1. 汞对人和其他动物的影响 人体可通过呼吸道、消化道、皮肤等途径吸收汞及其化合物。在水生食物链中，低等动物靠直接同化作用而同时摄取和浓集无机的和烷基化的汞化合物，较高的营养级依靠摄食这些动物体，形成生物放大。鱼类的浓缩因子为 5 000～100 000，当人食用这些积累汞的鱼后，可在人体内引起慢性中毒。汞的毒性以有机汞化合物毒性最大，其中又以甲基汞致病最为严重。日本水俣病的致病物质就是甲基汞。甲基汞有较高的化学稳定性，极易被肠道黏膜吸收，当摄入量超过排出量时，就会在体内积累。甲基汞一旦进入脑组织，其衰减是非常缓慢的，可引起神经系统的损伤、运动的失调等，严重时导致疯狂痉挛而死。甲基汞还能通过胎盘对胎儿产生较大的毒性。无机汞盐引起的急性中毒，主要表现为急性胃肠炎症状，例如恶心、呕吐、上腹疼痛及腹痛、腹泻等；慢性中毒主要表现为多梦、失眠、易兴奋等，还有手足震颤。

2. 汞对植物的影响 对大多数植物来讲，其体内汞背景含量为 0.01～0.20 mg/kg。而在汞矿附近生长的植物，含汞量可高达 0.5～3.5 mg/kg。汞是危害植物生长的元素之一，植物受汞毒害以后，表现为植株矮化，根系发育不良，植株的生长发育受到影响。受汞蒸气毒害的植物，叶片、茎、花瓣等可变成棕色或黑色，严重时还能使叶片和幼蕾脱落。不同植物对汞的吸收积累是不同的。一般来说，针叶植物吸收积累的汞大于落叶植物，蔬菜作物是根菜＞叶菜＞果菜。这种差异主要与不同植物的生理功能有关。植物的不同部位对汞的积累量也不同，其分布是根＞茎、叶＞籽实。

三、镉污染

（一）环境中的镉

1. 地壳中的镉 由于镉为分散元素，在岩浆作用中没有发生任何富集，因此在地壳中是以痕量元素形式出现的，其丰度甚微。一般来说，镉的地壳丰度（平均含量）为 0.2 mg/kg，各种火成岩中平均含镉量为 0.18 mg/kg，很少有大于 1 mg/kg 的情况。纯镉在自然界不存在，而通常存在于锌矿、铅锌矿和铅铜锌矿中，与锌伴生，其含通常与锌含量有关。环境中的镉主要以各种形态存在于各种矿物中，主要的含镉矿物是硫镉矿、方硫镉矿、镉氧化物和菱镉矿，各种闪锌矿中的含镉量范围为 500~18 500 mg/kg。

2. 土壤中的镉 如果土壤中镉含量很高，其主要成因可能有 3 种：①自然地球化学的运动，包括火山喷发、岩熔和镉的自然浓集作用，它常常导致土壤镉的高背景值；②人类生产活动，包括采矿、冶炼、污灌、磷肥施用等工农业活动，它常常导致土壤发生镉的污染；③上述两种作用的复合，导致土壤中镉含量很高。自然地球化学运动使得某地区土壤中镉含量很高（常常在 1.0 mg/kg 以上）的现象一般称为土壤高背景值；人为作用导致某地区土壤镉含量上升的现象称为污染。

镉在大气、土壤、水、上层岩石及动植物各系统中不断运动，从而构成一个完整的循环。在这个循环过程中，可以反映出镉元素地质大循环和生物小循环之间的平衡关系。其中，含镉矿物和岩石的风化，是一个生物土壤化学过程。在该过程中，镉主要以 Cd^{2+} 的可溶性化合物形态进入表生环境，进而形成一些络合离子，例如 $CdCl^+$、$CdCl_3^-$、$CdCl_4^{2-}$、$CdOH^+$、$Cd(OH)_3^-$、$CdHCO_3^+$、$Cd(HS)^+$、$Cd(OH)_4^{2-}$ 等。

此外，地壳中的镉还常常经火山喷发、岩熔、采矿、冶炼等途径进入生态环境。每年因采矿进入生态环境的镉为 $7.7×10^6$ kg。人为活动使地壳中镉进入生态环境的速度加快了，从而干扰了自然界镉的正常循环，给人类带来了形形色色的灾害。

我国主要土类镉的背景值呈现差异（表 3-2）。石灰土镉背景值最高，达到 0.332 mg/kg；水稻土的镉背景值也比较高，达到 0.115 mg/kg。镉背景值较低的土类主要是栗钙土、灰色森林土、砖红壤、赤红壤、风沙土和红壤，均在 0.060 mg/kg 以下，其他各土类镉的背景值与全国土壤镉的背景值相近。

上述分异的主要原因：砖红壤、赤红壤和红壤镉的背景值最低，一是由于其母质系花岗岩和红土为主，二是由于酸性淋溶作用，微量元素镉与其他盐基成分一起受到较强的淋失；石灰土和磷质石灰土镉的背景值最高，则与其特定的母岩、风化强度和钙离子的作用难以分开；水稻土有较高的镉背景值，主要与人类长期的农业活动（例如施用有机肥、磷肥等）有关。

表 3-2 我国各土类镉背景值的分异

类　别	土类及其背景值（mg/kg）
极显著高于全国平均值的土类	石灰土（0.332）、磷质石灰土（0.170）、绿洲土（0.122）、水稻土（0.115）、高山漠土（0.113）、灰褐土（0.104）、草毡土（0.096）、莎嘎土（0.094）、娄土（0.094）、棕钙土（0.094）、棕壤（0.093）、灰棕漠土（0.091）、绵土（0.091）、巴嘎土（0.090）、潮土（0.090）、白浆土（0.090）
显著高于全国平均值的土类	黑钙土（0.089）、棕漠土（0.086）、暗棕壤（0.084）、盐土（0.084）、碱土（0.083）、寒漠土（0.083）、紫色土（0.082）、褐土（0.081）
接近全国平均值的土类	沼泽土（0.080）、灰漠土（0.079）、棕壤（0.078）、黄棕壤（0.078）、黑毡土（0.075）、燥红壤（0.074）、草甸土（0.073）、黑土（0.072）、灰钙土（0.072）
极显著低于全国平均值的土类	黄壤（0.070）、栗钙土（0.057）、灰色森林土（0.051）、红壤（0.049）、风沙土（0.037）、砖红壤（0.034）、赤红壤（0.032）

（二）镉在土壤中的形态及迁移转化

1. 土壤中镉的形态　镉在土壤中一般以＋2 价形式存在，主要有水溶态、土壤吸附态、有机态和矿物态。

（1）水溶态镉　水溶态镉主要为离子态（Cd^{2+}）或络合物形式［例如 $CdCl_4^{2-}$、$Cd(NH_3)_2^{2+}$、$Cd(HS)_4^{2-}$］，这部分镉极易进入植物体中，对生物体是高度有效的。

（2）土壤吸附态镉　土壤吸附态镉通过静电吸力吸附于黏粒、有机颗粒和水合氧化物可交换负电荷点上，这部分的镉也易被生物吸收利用。

（3）有机态镉　有机态镉与有机成分起络合作用，形成螯合物或被有机物所束缚，主要是以腐殖酸-镉络合物形态存在。土壤有机质的含量和性质都会影响土壤中镉的形态及含量。据陈怀满（1983）研究，未解离羧基和酚羟基可能是腐殖酸-镉的主要结合位，该络合物的稳定性随腐殖酸芳构化程度的增加而增强。

（4）矿物态镉　土壤中矿物态镉主要有 CdS 和 $Cd_3(PO_4)_2$。由土壤中磷酸盐的浓度控制着土壤中镉磷酸矿物的形成及其溶解度，当土壤中 SO_4^{2-} 的浓度为 10^{-3} mol/L 时、pe＋pH＜4.74 时能够形成 CdS。同时与其他硫化物的存在也有关。

土壤中吸附态镉是植物主要的有效态、其活度大约为 10^{-7} mol/L，在 pH＞7.5 时，取决于 CO_3^{2-} 浓度，其镉的活度为 $CdCO_3$ 所控制。在 CO_2 的分压为 304 Pa 时，每增加 1 个 pH 单位，则 Cd^{2+} 的活度将降低 99%。

2. 土壤中镉的迁移转化　土壤镉形态受 pH、E_h、有机质、阳离子交换量等因子所制约。其中 pH 是影响土壤中镉迁移和转化的很重要因子。在酸性环境中，土壤中镉的溶解度增大，从而加速镉在土壤中的迁移和转化；相反，在偏碱性环境中，由于镉的溶解度减小，土壤中的镉不易发生迁移而在原地淀积。进入土壤中的镉可缓慢转化为不溶态或植物非有效态镉（图 3-3）。

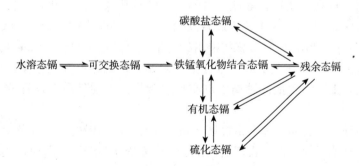

图 3-3　土壤系统中汞形态的相互转化

土壤中的镉主要积累于土壤表层，很少向下迁移。在沈阳张士灌区土壤中，经污灌进入土壤的镉 56.33% 积累于表层。当然，积累于土壤表层的镉由于降水的作用，可溶态部分随水流动很可能发生水平迁移，产生次生污染。

（三）土壤镉的生物效应

1. 镉对人和其他动物的影响　镉作为一种严重污染性元素，表现在人体中的镉都是在出生后由外界环境摄取而积累于体内的。长期食用受镉污染地区中生长的大米会引起慢性中毒，从而损害人体健康，20 世纪 60 年代在日本富山县出现的"骨痛病"，就是震惊世界的金属镉污染的典型事例；我国沈阳市郊张士灌区的镉污染对周围居民的身体健康也造成了严重的影响。镉对人体健康的影响表现在抑制许多酶的活性，刺激人体胃肠系统，致使食欲不振，导致人体食物摄入量（日食量）下降，使人体质量减小；影响骨的钙质代谢，使骨质软化、变形或骨折；积累于肾脏、肝脏和动脉中，导致尿蛋白症、糖尿病和水肿病；诱发骨癌、直肠癌、食管癌和胃肠癌；使睾丸坏死，影响生殖功能；造成流产、新生儿畸形和死亡；导致贫血症或高血压的发生。关于镉污染对一般动物的危害，用含镉 0.01 mg/kg 和 0.05 mg/kg 的水饲养 10 cm 长的鲤鱼，分别经过 50 d 和 30 d 后，发现鲤鱼有脊椎变曲的情形，而养在含铜、锌和铅等的水中的鲤鱼就没有这种现象。进一步用 X 射线透视变形鱼脊椎骨，发现有空洞现象。而用含镉的饲料喂养大鼠，它们体内钙的排泄量大于摄取量，有的甚至超过了 30%，且形成类似人类"骨痛病"的症状。如此即证明了镉的危害主要是由于对动物骨骼中钙的置换，造成骨脱钙，使得骨变形及软化。可见，镉对于动物的生长和发育均有抑制作用。

2. 镉对植物的影响 土壤中的镉与其他元素（锌、铅、铜等）相比，以更低浓度对植物产生毒害作用。这种毒害作用主要与植物种类及土壤含镉量有关。一般地，水稻生长受阻时，植物组织中镉的临界浓度约为 10 mg/kg。大麦镉的临界组织浓度为 14~16 mg/kg。谷类作物镉的毒害症状一般类似于缺铁的萎黄病（chlorosis）。除萎黄病外，植物受镉毒害还表现为枯斑（necrosis）、萎蔫（wilting）、叶片产生红棕色斑块和茎生长受阻。

四、铅污染

（一）环境中的铅

1. 地壳中的铅 铅（Pb）是自然界常见的元素之一，是一种蓝色或银灰色的软金属，属于亲硫元素，也具有亲氧性。在自然界很少发现纯金属铅，多以硫化物形式（例如 PbS、$5PbS \cdot 2Pb_2S_2$ 等）存在，还有硫酸盐、磷酸盐、砷酸盐及少数氧化物。铅在地壳中的平均丰度为 12.5 mg/kg。主要岩类中，火成岩及变质岩铅含量范围为 10~20 mg/kg，磷灰岩的铅含量可超过 100 mg/kg，深海沉积物中铅的含量，可高达 100~200 mg/kg。

2. 土壤中的铅 岩石在风化成土过程中，大部分铅仍保留在土壤中，无污染土壤中的铅来自成土母质，土壤铅含量都稍高于母质母岩含量。不同母质上发育的土壤铅含量差异显著。

（1）人类活动也可引起土壤中铅含量升高 人类活动对铅的区域性及全球性生物地球化学循环的影响比其他任何一种元素都明显得多。研究资料表明，在北极近代冰层中铅的含量比史前期高 10~100 倍，即使在南极，现代铅的沉积速度也比工业革命前高 2~5 倍。特别是工业城市的土壤，铅的污染更明显。国外某些大城市土壤中铅的含量高达 5 000 mg/kg，而在一些冶炼厂、矿山附近土壤铅含量可高达百分之几。今日世界上已很难找到土壤中铅含量未受人类活动影响的一片"净土"。为和土壤成土过程中保留在土壤中的母质原生铅区别，对于通过尘埃沉降及各种污染途径进入土壤中的铅称为土壤中的外源铅。土壤中的原生铅和外源铅均参加生物地球化学循环（图 3-4）。

由图 3-4 可以看出，大气传输和沉降是土壤外源铅的主要传输途径。空气中铅通过远程传输和近程沉降进入土壤。空气中铅人为来源比自然来源要高 1~2 个数量级，而汽油废油燃烧排放在人为来源中要占一半以上。近年来，国内外对汽车废气排放对土壤铅含量的影响研究得较多。研究表明，路旁土壤中铅含量和车流量呈显著正相关，在城市高车流量地区，汽车尾气对土壤的铅污染不亚于污灌区，而前者发生在人口密集区，其危害更为严重。

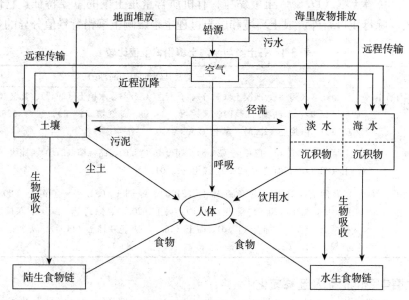

图 3-4　铅的生物地球化学循环

金属冶炼厂高烟囱排放高浓度的铅尘可形成区域性土壤严重污染，即使在进行了现代排放控制的冶炼厂，也可在下风向较远地方观测到土壤铅含量升高。据报道，在离某冶炼厂中心 2 km 外，空气中铅浓度仍超过国家空气质量标准允许含量 15 倍，在距冶炼厂 1 km 外的土壤中铅含量达 100～2 890 mg/kg，为 50 km 外对照区土壤铅含量的 2～47 倍。

污水灌溉是外源铅进入土壤的另一个主要途径。由于不合理的污水灌溉可形成大面积土壤污染，我国污灌土地面积已达数百万公顷。表 3-3 表明了湖南某污灌区的土壤铅污染情况。该灌区利用矿区污水灌溉已达 20 年之久，污染严重区土壤铅含量比背景区高出 100 多倍。

表 3-3　湖南某污灌区土壤铅含量（mg/kg）

区　号	土壤铅含量范围	平均含量
1	1 728～3 674	3 612
2	1 263～1 650	1 349
3	100～862	480
4	710～1 200	1 025
背景区	19～28.5	23.4

（2）我国主要土类间铅背景值分异明显　背景值由磷质石灰土的 1.40 mg/kg 到燥红壤的 39.8 mg/kg，变幅达 38.4 mg/kg。37 个土类中，铅背景值显著小于全国土壤平均背景值的土类占 51.2%。含量范围在 25.3～39.8 mg/kg 的黑土、砖红壤、赤红壤、红壤、黄壤、燥红壤、黄棕壤、石灰土、紫色土、寒漠土、黑毡土、白浆土和水稻土的铅含量极显著于全国平均背景值（26.0 mg/kg）。其他土类的铅含量多在 1.4～22.1 mg/kg，均显著低于全国

平均背景值（表3-4）。不同土类的铅背景值表现出以下顺序：农作土壤（27.4）＞高山土壤（25.1）、森林红壤（25.0）、岩成土壤（24.6）＞水成土壤（21.7）、草原土壤（20.5）、盐碱土（20.4）＞荒漠土壤（17.8）。土壤黏粒、有机质含量是土壤的重要特征，它们和土壤铅含量密切相关。除母质母岩外，成土环境和成土过程也是影响土壤铅背景值分异的重要因素。

表 3-4　各土类与全国土壤铅背景值比较

类　别	土类及其背景值（mg/kg）
显著、极显著高于全国平均值	燥红壤（39.8）、寒漠土（34.7）、石灰土（32.2）、水稻土（29.2）、黄壤（27.5）、黑毡土（27.3）、赤红壤（27.1）、黄棕壤（26.6）、砖红壤（26.6）、红壤（26.3）、紫色土（26.0）、白浆土（25.5）、黑土（25.3）
接近全国平均值	草毡土（25.1）、巴嘎土（24.8）、莎嘎土（24.0）、暗棕壤（24.0）、棕壤（23.9）、沼泽土（22.1）、高山漠土（22.0）、搂土（22.0）
极显著低于全国平均值	草甸土（21.9）、棕色森林土（21.3）、绿洲土（21.2）、黑钙土（20.9）、灰褐土（20.8）、盐土（20.6）、潮土（20.5）、褐土（20.0）、棕钙土（19.4）、灰棕漠土（17.7）、棕漠土（17.5）、绵土（17.0）、碱土（16.4）、灰色森林土（14.3）、风沙土（13.9）、磷质石灰土（1.4）

（二）土壤中铅的形态及迁移转化

1. 土壤中铅的形态　土壤中的无机铅多以 2 价态难溶性化合物存在，例如 $Pb(OH)_2$、$PbCO_3$ 和 $Pb_3(PO_4)_2$，而水溶性铅含量极低。这是由于土壤阴离子 PO_4^{3-}、CO_3^{2-}、OH^- 等可与 Pb^{2+} 形成溶解度很小的正盐、复盐及碱式盐；黏土矿物对铅进行阳离子交换性吸附和直接通过共价键或配位键结合于固体表面；土壤有机质的—SH、—NH_2 基团与 Pb^{2+} 形成稳定的络合物。被化学吸附的铅很难解吸，植物不易吸收。土壤溶液中的阴离子除了无机铅外，还含有少量可多至 4 个 Pb—C 键的有机铅，主要来源于沉降在土壤中的未充分燃烧的汽油添加剂（铅的烷基化合物）。

2. 土壤中铅的迁移转化　成土母质在风化过程中，因富集铅的矿物（例如钾长石及火成岩、变质岩的云母等）大多数抗风化能力较强，铅不易释放出来，风化残留铅多存在于土壤黏土级部分。土壤中铅的形态、可提取性、溶解度、矿物平衡、吸附和解吸行为等受多种因素的影响。

由于铅在土壤中迁移能力弱，沉积在土壤中的外源铅大多数停留在土壤表层，随深度增加而急剧降低，在 20 cm 以下就趋于自然水平。铅在污染土壤表层的水平分布随污染方式而异。污灌区入水口处土壤铅含量最高，沿水流方向含量逐渐下降，等浓度线密度在入水口附近最大，随流经距离而很快变小。在公路两侧受汽车尾气影响的铅污染土地，沿公路两侧呈带形分布，土壤铅含量由高而低，在离公路 200～300 m 即接近自然本底水平。

（三）土壤铅的生物效应

1. 铅对人的影响　由于职业病或偶然性铅中毒事件不时发生，故对铅引起的急性中毒或慢性中毒已进行广泛研究。小剂量的铅吸收产生精神障碍，血铅含量＞35 μg/100mL 时，神经传输速度减慢。我国对冶炼厂、电瓶厂有铅接触史的工人调查表明，工人吸收铅后表现出记忆衰退、容易疲劳、头昏、睡眠障碍等症状；铅中毒可引起动脉高血压和肾功能不全的并发症；在铅摄入量很高时，临床表现的贫血症被用作对接触铅的职业工人体检的一项监测指标。普遍认为儿童和胎儿对铅最敏感，受害最严重，铅对儿童的智力发育产生不良影响。在某冶炼厂附近，血铅含量在 $40\sim80\ \mu g/100mL$ 范围的儿童智商减少 4~5 个点。牙齿铅含量愈高的儿童，学习愈是心不在焉，容易冲动，天赋差；铅也和一系列精神运动缺陷相联系，例如左右定向问题、语言抽象表达能力差等。这可能与小儿的代谢和排泄功能未完善、血脑屏障未成熟、中枢神经相对脆弱以及铅在儿童胃肠道较易吸收等有关。

2. 铅对作物的影响　铅对作物的影响主要表现在作物的产量和品质上。低浓度的铅可对某些植物表现出刺激作用，而高浓度的铅除在作物可食部分产生残毒外，还表现为使幼苗萎缩、生长缓慢、产量下降甚至绝收。在利用作物生态效应研究土壤重金属最大允许含量时，一般采用产量降低 10% 或可食部分超过食品卫生标准时土壤铅的含量作为依据。

不同作物对铅的吸收和受影响程度也不同。作物对铅的抗性相对顺序为小麦＞水稻＞大豆。试验表明，大豆减产 10% 时，土壤铅含量为 240 mg/kg，而土壤铅含量直到 1 000 mg/kg 对水稻生长和产量均无明显影响，小麦在土壤铅含量大于 3 000 mg/kg 时生长和产量仍然正常。不同土壤的铅临界值不一样，草甸棕壤大豆减产 10% 对应土壤铅为 500 mg/kg，红壤性水稻土铅含量 700 mg/kg 时水稻减产 10%，而母质为千枚岩的水稻土上水稻减产 10% 的土壤铅含量大于 1 051 mg/kg。

作物吸收的铅 90% 以上滞留在根部，其积累量顺序为根＞茎、叶＞籽实，呈由下向上骤减，反映出铅在土壤中对植物的有效性及移动能力均低。作物对铅的吸收量与加入铅的浓度及作物种类均有关。作物对铅的吸收量大多数低于 0.3%，99.7% 以上的外源铅仍残留在土壤内。蔬菜对铅的吸收积累作用很强，污灌蔬菜盆栽模拟试验表明，可食部分平均积累量的次序为白菜＞萝卜＞莴苣。叶菜类含铅量最高，土壤铅含量增加 1 mg/kg 时，白菜心叶铅含量增加 0.26 mg/kg，比禾谷类作物高 2~3 个数量级。

五、铬污染

(一) 环境中的铬

1. 地壳中的铬　自然界不存在铬的单质，铬通常与二氧化硅、氧化铁、氧化镁等结合。地壳中所有的岩石中均有铬的存在，其含量比钴 (Co)、锌 (Zn)、铜 (Cu)、钼 (Mo)、铅 (Pb)、镍 (Ni) 和镉 (Cd) 都要高，但铬的矿物不超过 10 种，分为氧化物、氢氧化物、硫化物和硅酸盐等几大类。主要有铬铁矿 $Fe[Cr_2O_4]$、铬铅矿 $Pb[CrO_4]$、黄钾铬石 $K_2[CrO_4]$、钙铬石 $Ca[CrO_4]$、磷铬铜矿 $Pb_2Cu[CrO_4](PO_4)(OH)$、锌铬铅矿 $Pb_5Zn[CrO_4]_3(SiO_4)F_2$。铬酸盐矿物具有鲜明的颜色，$Cr^{2+}$ 一般为紫色，Cr^{3+} 为绿色，Cr^{6+} 呈浅蓝色，硬度一般为 2~3，密度一般为 $2\sim3\ g/cm^3$，含铅铬盐的密度可达 $5.5\sim6.5\ g/cm^3$。

2. 土壤中的铬　世界范围内土壤铬的背景值为 70 mg/kg，含量范围为 5~1 500 mg/kg。我国土壤铬元素背景值为 57.3 mg/kg，变幅为 17.4~118.8 mg/kg。土壤中铬的含量取决于母质及生物、气候、土壤有机质含量等条件。各类成土母质是土壤铬的主要来源，因此影响土壤中铬含量高低差异的主要原因是母质的不同。母岩中铬含量在火成岩中是超基性岩＞基性岩＞中性岩＞酸性岩，土壤中铬含量的分布也大致有相同的趋势。对发育在不同母质岩上的土壤进行测定表明，蛇纹岩上发育的土壤铬含量高达 3 000 mg/kg，橄榄岩发育的土壤铬含量为 300 mg/kg，花岗片麻岩发育的土壤铬含量为 200 mg/kg，石英云母片岩发育的土壤铬含量为 150 mg/kg，花岗岩发育的土壤铬含量仅为 5 mg/kg。

（二）土壤中铬的形态及迁移转化

1. 土壤中铬的形态　铬是一种变价元素，在自然界以不同价态出现，在通常土壤 pH 和氧化还原状况（E_h）的范围内，铬的最重要的氧化态是 Cr(Ⅲ) 和 Cr(Ⅵ)，而 Cr(Ⅲ) 又是最稳定的形态。水溶液中 Cr(Ⅲ) 的形态以 Cr^{3+}、$Cr(OH)^{2+}$、$Cr(OH)_3^0$ 和 $Cr(OH)_4^-$ 为主，在 pH$<$3.6 时以 Cr^{3+} 为主，而在 pH$>$11.5 时则以 $Cr(OH)_4^-$ 为主。在微酸性至碱性范围内，Cr(Ⅲ) 以无定形 $Cr(OH)_3$ 沉淀态存在；而当存在 Fe^{3+} 时，则形成（Fe，Cr）$(OH)_3$ 固溶体。Cr(Ⅵ) 在水溶液中的形态主要为 $HCrO_4^-$、CrO_4^{2-} 和 $Cr_2O_7^{2-}$，在 pH$>$6.5 时以 CrO_4^{2-} 为主，而在 pH$<$6.5 时则以 $HCrO_4^-$ 为主，在酸性条件并存在高浓度 Cr(Ⅵ) 时，可形成 $Cr_2O_7^{2-}$。在 pH 8～9 的碱土和氧化能力较强的新鲜土壤中，6 价铬多以 CrO_4^{2-} 离子态存在。6 价铬有很强的活性，其化合物可以随水自由移动，并有更大的毒性。

2. 土壤中铬的迁移转化　土壤体系中铬的迁移转化非常复杂，既有不同价态的相互转化，也有水-土介质中的迁移。Cr(Ⅲ) 进入土壤体系后主要有 3 个转化过程：①Cr(Ⅲ) 与羟基形成氢氧化物沉淀，K_{sp} 为 6.7×10^{-31}；②土壤胶体、有机质对 Cr(Ⅲ) 吸附、络合；③Cr(Ⅲ) 被土壤中的氧化锰等氧化为 Cr(Ⅳ)。

在土壤溶液中，当 pH$>$4 时，Cr(Ⅲ) 溶解度明显降低；当 pH$=$5.5 时，铬开始沉淀；当 pH$>$5.5 时，$Cr(OH)_3$ 的溶解度最低。在土壤中，大部分有机质参与铬复合物的形成，氢氧化铁和氢氧化铝也是铬的良好吸附体。土壤对 Cr(Ⅲ) 的吸附还与黏土矿物类型有关，蒙脱石对 Cr(Ⅲ) 的吸附能力最大，高岭石最小。在硅铝氧八面体中，由于 Cr 与 Al 与原子的半径非常接近（Cr 为 0.65 nm，Al 为 0.57 nm），因此黏土矿物中 Cr^{3+} 的吸附是由 Al^{3+} 的同晶体取代造成的，在水云母类的蛭石和黑云母中也有类似现象。在好氧条件下，Cr(Ⅲ) 容易被氧化成 Cr(Ⅵ)，3 价和 4 价锰是常见的氧化剂和电子受体，在中性和酸性溶液中 MnO_2 对 Cr(Ⅲ) 的氧化速度相近。在 pH 为 6.8～8.5 时，3 价铬转化为 6 价铬的反应为

$$2Cr(OH)_2^+ + 1.5O_2 + H_2O \longrightarrow 2CrO_4^{2-} + 6H^+$$

不同形态的 Cr(Ⅲ) 在土壤中被氧化的能力是有差别的，有机络合 Cr(Ⅲ) 易于被氧化。而随着 pH 的增高，Cr(Ⅲ) 被氧化的能力降低；Cr(Ⅲ) 的浓度增加，土壤中 Cr(Ⅵ) 形成的数量减少。

在一定条件下土壤中的 Cr(Ⅵ) 和 Cr(Ⅲ) 可相互转化。Cr(Ⅵ) 进入土壤体系后主要发生以下几个转化过程：土壤胶体吸附 Cr(Ⅵ)，使之从溶液转入土壤固体表面；Cr(Ⅵ) 与土壤组分反应，形成难溶物；Cr(Ⅵ) 被土壤有机质还原成 Cr(Ⅲ)。Cr(Ⅵ) 在土壤中的还原受土壤有机质含量、pH 等的影响。在土壤有机质等还原物质的作用下，Cr(Ⅵ) 很容易被还原成 Cr(Ⅲ)，且随 pH 的升高，有机质对 Cr(Ⅵ) 的还原作用增强。土壤对 Cr(Ⅵ) 吸附量的大小顺序是红壤$>$黄棕壤$>$黑土$>$娄土。黏土矿物对 Cr(Ⅵ) 的吸附能力为三水铝石$>$针铁矿$>$二氧化锰$>$高岭石$>$蒙脱石，土壤吸附量随 pH、有机质的增高而减少；阴离子对 Cr(Ⅵ) 的吸附存在着竞争作用而有较大影响，影响大小顺序为 HPO_4^{2-}、$H_2PO_4^-$$>$$WO_4^-$$>$$SO_4^{2-}$$>$$Cl^-$、$NO_3^-$。氧化铁和氢氧化铁的存在使 Cr(Ⅵ) 迁移能力减弱。

土壤与底泥中的铬可分为水溶态、交换态、碳酸盐结合态、铁锰氧化物结合态、有机结合态、沉淀态和残渣态 7 种形态。土壤中的铬主要以残渣态、沉淀态和有机结合态存在。土壤中大部分铬与矿物牢固结合，因而土壤中水溶性铬含量非常低，一般难以测出；交换态铬

（1 mol/L NH₄Ac 提取）含量也很低，一般＜0.5 mg/kg，约为总铬的 0.5%。pH 对土壤中铬的形态有明显的影响，pH 降低时，水溶性和交换态铬含量显著增加。在吸附或吸附-沉淀区域内（pH 在 4～6 或以下）吸附的铬较易被提取出来，而在稳定沉淀区域（pH＞6），Cr（Ⅲ）容易形成稳定沉淀态，难以被水和乙酸铵（NH₄Ac）所提取，所以在高 pH 的条件下，残渣态铬含量也有所增加。

（三）铬对人体及生态环境的影响

1. 人体缺铬的危害　人体缺乏铬会抑制胰岛素的活性，影响胰岛素正常的生理功能，使糖和脂肪的代谢受阻，扰乱蛋白质的代谢，造成角膜损伤、血糖过多和糖尿病、心血管疾病等。据研究，人体对铬的适当摄入量为 0.06～0.26 mg/d。美国和欧洲许多国家糖尿病患者甚多，动脉硬化病也较亚洲、非洲和拉丁美洲地区为多，其主要原因就是铬缺乏。

2. 铬的毒性　铬的毒性主要是 Cr(Ⅵ) 引起的，主要表现在引起呼吸道疾病、胃肠道疾病、皮肤损伤等，此外 Cr(Ⅵ) 有致癌作用。Cr(Ⅲ) 对鱼的毒性表现为当鱼受到 Cr(Ⅲ) 刺激时，分泌出大量黏液与 Cr(Ⅲ) 黏合，从而减少这些离子通过皮肤的扩散，腮部分泌的黏液与 Cr(Ⅲ) 混凝，危害腮组织，从而干扰呼吸功能，使鱼窒息而死。

3. 铬对作物的危害　过量铬会抑制作物生长，高浓度的铬不仅本身产生危害，而且会干扰植物对其他必需元素的吸收和运输。Cr(Ⅵ) 能干扰植物中的铁代谢，产生失绿病。铬对植物的危害主要发生在根部，其直观症状是根部功能受抑，生长缓慢，叶卷曲、褪色。不同作物铬的耐受能力是不同的，对高浓度 Cr(Ⅲ) 耐受能力较强的有水稻、大麦、玉米、大豆和燕麦；对高浓度 Cr(Ⅵ) 耐受性强的有水稻和大麦。但低浓度的铬能刺激作物的生长，如在土壤中加 5 mg/kg 的铬可提高葡萄的产量，施用醋酸铬对胡萝卜、大麦、扁豆、黄瓜、小麦的生长都有益。

4. 铬对土壤生化代谢有影响　铬可抑制土壤纤维素的分解。当 Cr(Ⅵ) 含量为 5 mg/kg 时，将抑制分解率的 36%；当含量大于 40 mg/kg 时，纤维素分解在短时间内将全部受到抑制。Cr(Ⅵ) 明显地抑制土壤的呼吸作用，呼吸峰随 Cr(Ⅵ) 含量增高而降低，Cr(Ⅵ) 含量大于 100 mg/kg 时，短时间内将不出现明显的呼吸峰。Cr(Ⅵ) 能抑制土壤中磷酸酯酶等酶的活性，从而影响氮、磷的转化。铬能影响硝化作用，当 Cr(Ⅵ) 含量为 40 mg/kg 时，硝化作用几乎全部受到抑制。

六、砷污染

（一）环境中的砷

1. 砷的理化性质　砷的熔点为 817 ℃，相对密度为 5.78，是一种准金属，其理化性质和环境行为与重金属多有相似之处，故讨论重金属时往往包括砷。砷是变价元素，在自然界可以以 0 价（As）、−3 价（例如 AsH₃）、+3 价（例如 As₂O₃）和 +5 价（例如 Na₃AsO₄）存在，以后两种居多。在一般土壤环境中，砷往往以 +3 和 +5 两种价态为主存在。

2. 土壤砷的来源

（1）地壳　地壳中各种岩石矿物砷是土壤砷的主要天然来源。含砷矿物可分为 3 大类：①硫化物，例如雄黄（AsS）、雌黄（As₂S₂），以及硫砷铁矿（FeAsS，即毒砂，是含砷量最高、分布最广泛的砷矿）；②氧化物及含氧酸砷矿物，例如砒霜（As₂O₃，即白砷矿）、毒

铁石 $[Fe_2(AsO_4)(OH)_3 \cdot 5H_2O]$、毒石 $[Ca_4(AsO_4)_2 \cdot H_2O]$、砷灰石 $[Ca_6(AsO_4)_3F]$、砷铋 $(BiAsO_4)$、砷锌矿 $[Zn_3(AsO_4)_2]$；③金属砷化物，例如砷锑铋矿 $(SbBiAs)$、砷铁镍矿 $(NiFeAs_2)$、砷铜银矿 $[(CuAg)_4As_3]$ 等。

（2）人类活动　人类活动，尤其是工农业生产中含砷废物的排放和砷化物的应用，是土壤砷的另一个重要来源。

①含砷矿石的开采和冶炼将大量砷引入环境：在矿石焙烧或冶炼中，含砷蒸气在空气中氧化成 As_2O_3，可凝结成固体颗粒，在空气中散布，最终进入土壤和水体。

②含砷原料的应用：由于砷化物被大量用于多种工业部门，如在冶金工业中作为添加剂，在制革工业中作为脱毛剂，在木材工业中作为木材防腐剂，在玻璃工业中用砷化物脱色，在颜料工业中用砷化物生产巴黎绿 $[Cu(CH_2COOH)_2 \cdot 3Cu(AsO_2)_2]$ 等。这些工业企业在生产过程中将排放大量的砷，进入土壤，污染环境。

③含砷农药的使用：含砷农药在施用过程中，砷可能直接或间接大量进入土壤。在各种人为活动中，这是促使砷进入土壤最重要、最直接的途径。据美国调查，未施过含砷农药的土壤，含砷量极少超过 10 mg/kg，而重复施用含砷农药的土壤，砷含量可高达 2 000 mg/kg 以上。

④煤的燃烧：由于煤的含砷量一般较高，燃煤可向大气中排放大量的砷。例如以烟雾闻名的伦敦，其大气中的砷含量为 $0.04\sim0.14$ $\mu g/m^3$，布拉格上空为 0.56 $\mu g/m^3$，在炼钢厂周围上空为 1.4 $\mu g/m^3$，热电站附近大气砷含量甚至高达 20 $\mu g/m^3$，大气中的砷相当部分将最终进入土壤。

3. 地壳和土壤砷含量　地壳含砷量为 $1.5\sim2.0$ mg/kg。世界土壤砷含量在 $0.1\sim40.0$ mg/kg，平均含量为 6 mg/kg。我国土壤砷元素环境背景值为 9.6mg/kg，其含量范围为 $2.5\sim33.5$ mg/kg，最高含量达 626 mg/kg。我国土壤砷背景值区域分异总的趋势是东部、东南部低于西部，这种分布特点与我国区域性的生物、气候因素有关。土壤砷高背景值异常除发生在自然的原生环境外，在大量使用含砷农药的国家和地区亦较为广泛。人为施入土壤的砷，往往比自然条件下土壤原来含有的砷高数倍、数十倍甚至数百倍。

4. 砷的地质大循环　砷从岩石圈经风化作用而释放到自然界，绝大部分将首先进入土壤，参与各种过程，再转移到生物、大气和水等圈层，部分砷最终进入海洋，沉积固结成岩石，并进行岩石→土壤→岩石的地质大循环。在当前砷循环中，风化作用与沉积作用大体处于平衡状态。

5. 砷的生物小循环　砷在地质大循环基础上进行的土壤→植物→动物→土壤间的循环，是砷的生物小循环，实质是砷的生物土壤化学过程。生物对砷的富集作用极为显著。一般砷主要分布在土壤剖面中的 A 层，且往往与腐殖质的含量呈正相关。生物的富集作用也发生在海洋和沉积物中。海水中砷的含量为 $0.05\sim5$ $\mu g/L$，海洋植物中砷的含量为 $1\sim12$ mg/kg，海洋动物中砷的含量通常为 $0.1\sim50$ mg/kg。而沉积物中生物富集作用表现最为突出的是煤。生物在砷的迁移和转化过程中也有重要作用。在一些转化过程中，例如亚砷酸盐氧化成砷酸盐，有机体的存在能起催化作用，促进转化过程的发生。而在另一些变化中，例如甲基化作用，只有在有机体存在时才可以发生。由于生物对砷的蓄积、迁移和转化过程发挥了积极作用，使分散在地壳中的砷，通过含砷矿物岩石的风化，逐渐转移、富集到地壳表层的土壤之中，促进砷参与土壤的物理过程、化学过程和生物学过程，使无机砷与有机砷得以相互联结，土壤成为无机砷与有机砷相互转化的纽带，推动了砷的生物小循环。

（二）土壤中砷的形态和迁移转化

土壤中砷的形态可分为水溶态、离子吸附态或结合态、有机结合态和气态。一般土壤中水溶态砷极少。不同土类，离子吸附态砷的含量差别很大，个别土类，离子吸附态砷占有相当高的比例，主要由于土壤离子吸附态砷深受 pH 与氧化还原电位（E_h）变化影响。当土壤氧化还原电位（E_h）降低，pH 升高时，砷的可溶性显著增大。离子吸附态或结合态砷被土壤吸附并与铁、铝、钙等离子结合成复杂的难溶性砷化物，这部分砷为非水溶性，其中以固定态砷为主，而交换态砷较少。用磷酸盐、柠檬酸盐及其他各种浸出剂，浸提吸附于土壤中的砷，发现被吸附的砷中，约有 1/3 处于交换态，其余则为固定态，即为铁铝氧化物或钙化物的复合物。在我国土壤类型中，一般在钙质土壤中与钙结合的砷占优势，在酸性土壤中与铁铝结合的砷占优势。铁型砷（Fe-As）的含量比铝型砷（Al-As）含量高，其中氢氧化铁对砷的吸附力为氢氧化铝的 2 倍以上。砷在土壤中的运动与磷相似，特别是在酸性土壤中，吸附固定的砷和磷都强烈地转化为铁和铝的结合态。但磷的吸附量比砷大，磷置换砷的能力较强，磷对铝的亲和力也比砷大。因此一般土壤中磷比砷更易被土壤吸附，磷的吸附由于土壤胶体的铁和铝引起，而砷主要由于铁吸附。

在一般的 pH 和氧化还原电位（E_h）范围内，砷主要以 As^{3+} 和 As^{5+} 存在。水溶态砷多为 AsO_4^{3-}、$HAsO_4^{2-}$、$H_2AsO_4^-$、AsO_3^{3-}、$H_2AsO_4^-$ 等阴离子形式。其含量常低于 1 mg/kg，只占总砷含量的 5%～10%。在旱地土壤或干土中以砷酸为主，而水淹没状态下，随着氧化还原电位（E_h）的降低，亚砷酸盐比例增加。据研究，在氧化体系中（pH<8），则以亚砷酸盐（$HAsO_2$）占优势，砷酸在水中的溶解速度和溶解度均比亚砷酸大，更易被土壤吸附。当砷酸与亚砷酸共存时，亚砷酸多存于土壤溶液中，而土壤中的砷由于在氧化状态下多变为砷酸而被土壤固定，使其在土壤固相中增加。水田加氧化铁能显著减少溶液中的砷，其原因一方面是由于砷和氧化铁结合为难溶态，另一方面则由于使亚砷酸氧化为砷酸而被土壤吸附。在水稻栽培试验中，氧化还原电位（E_h）在 50 mV 以下时，砷的毒害表现显著。因此认为一般水田土壤在氧化还原电位 100 mV 左右就有存在亚砷酸的可能性。除土壤氧化还原电位变化以外，土壤中砷酸和亚砷酸的相互转化还与微生物的活动有关。有人将 *Bacillus ursenoxydans* 在含有 1% 的亚砷酸培养基中生长，能把亚砷酸氧化成砷酸。

在大多数土壤中，砷主要以无机态存在，但在某些森林土壤中，无机砷仅占总砷的 30%～40%，说明有相当多的砷是有机结合态的，许多土壤可能存在甲基胂。有人研究发现，砷酸盐是最主要的含砷成分，但大多数土壤样品含有二甲基次胂酸盐（水稻土中含量为 4～69 $\mu g/kg$，旱地或果园土中含量为 2～7 $\mu g/kg$）和一甲基胂酸盐（水稻土中含量为 5～88 $\mu g/kg$，旱地或果园土壤中含量为 7 $\mu g/kg$ 以下）。

土壤中的砷移动较差，土壤黏粒含量愈高，砷的移动速度愈低，有人研究二甲基胂酸钠通过供试土壤表层移动的速度，在壤质砂土中最快，在细砂壤土中最慢。

（三）土壤砷的生物效应

1. 砷对人和其他动物的影响　砷主要通过食物和饮水进入人和其他动物体内。高浓度 As^{3+} 可使中枢神经系统和末梢神经系统功能紊乱，形成多发性神经炎，其症状是肢体感觉异常，有麻木、刺激痛、灼痛、压痛感，进而表现为肌无力、行走困难、运动失调。As^{3+}

还可使血管中枢及外围小血管麻痹，急性中毒还可使血管扩张、血压下降、腹腔内脏充血、水肿，可使心脏扩张，引起充血性心衰，并致畸、致突变或致癌。As^{3+} 还可以与 Se^{4+} 一样取代蛋白质中的硫，从而引起体内硫代谢障碍，使含有大量硫的角质素分解或死亡，其症状是掌跖部皮肤增厚、角化过度、皮肤代谢障碍、毛发脱落。砷的生物化学作用及其毒性，主要由于砷与酶蛋白质中的巯基（—SH）、胱氨酸和半胱氨酸含硫氨基酸的氨基（—NH）有很强的亲和力，其中，As^{3+} 的亲和力最大，而 As^{5+} 较小，所以 As^{3+} 的毒性也最大。

2. 砷对植物的影响 砷是植物强烈吸收积累的元素。砷对植物的毒害主要是阻碍植物体内水分和养分的输送，其症状是，最初叶片卷起或枯萎，然后是阻碍根部发展，显著地抑制生长，进而破坏根及叶的组织，植物枯死。砷害症状不仅仅决定于砷的数量，而且因不同植物而异。多年生植物中，桃树砷害症状是叶片边缘或叶脉间呈褐色，以至红色斑点，不久，斑点部分枯死，叶缘呈锯齿状出现空穴，最后落叶。柑橘树砷害症状是叶脉生黄化病。苹果若从树皮发生急性砷害，树皮或木质部变色，叶片产生斑点。水稻砷害症状是抑制茎叶分蘖，植株矮化，叶色浓绿，根系发育不良，根呈褐色，抽穗迟、不成熟。小麦的砷害症状类似于水稻，但比水稻的抗砷要大得多。扁豆砷害症状是叶片边缘组织坏疽，根软弱、带红色，砷浓度高时，粗根呈暗红色，组织破坏。一般来说，As^{3+} 的易迁移性、活性和毒性都远高于 As^{5+}。

适量砷可以促进植物生长。据盆栽试验，施砷 $5\sim10$ mg/kg，水稻生长良好。有人施用适量的 $Ca_3(AsO_4)_2$ 使小麦、玉米、棉花、大豆增产；施用 $Pb_3(AsO_4)_2$ 可降低果实酸度，起到优化品种的作用；适量砷还可刺激马铃薯、豌豆和萝卜的生长。

第二节 土壤非金属污染

一、氟污染

（一）环境中的氟
1. 土壤中氟的来源
（1）天然源 土壤环境中氟的主要来源为天然源。岩石经过风化以后，特别是在一些潮湿的气候条件下，常使包含于岩石中的氟很容易溶解并转移到土壤中，所以土壤中氟元素主要来源于地壳的岩石圈。成土母质导致地球表面不同区域的不同类型土壤含氟量的地域差异。我国西北各地土壤氟的背景含量一般较高，主要是由于西北地区干旱少雨，风化、淋溶程度较弱，氟不易迁移，土壤含氟高。东南沿海各地土壤氟的背景值低，主要是由于土壤淋溶作用强，酸度大，土壤氟容易迁移淋失，含量较低。由此可见，我国氟元素土壤背景值的区域分布，除母岩、母质的影响外，主要受气候因素及有关的土壤理化性质和氟本身的化学地理行为作用的影响，大致从西北向东南，由高至低，形成梯级变化趋势。并且正好与降水量由东南向西北内陆逐渐减少的规律相关，恰好说明气候影响的重要性。

（2）火山喷发 火山喷发也是土壤中氟的天然来源。火山喷发时，埋藏在地壳深处的氟化物被剧烈地喷射出来，一部分含氟的气体和尘埃随巨大的喷流腾入高空，经重力作用沉降或随降水重新回到地表，其中一部分直接进入土壤，另一部分含氟的大块碎屑物质，则直接大量地积累在火山附近地区，掺入或掩盖原来的表土，后又经过风化，将其固定的氟释放出来。

（3）大气沉降 大气中的氟沉降，也成为土壤氟的一个重要来源。火山喷发物中的气态物质、工厂排出的废气、海水蒸发和挥发性氟化物的挥发以及地面尘土飞扬等，都是大气中氟的来源。进入大气中的氟，多以气溶胶状态存在于空中，且不断地进行扩散，从而与大气中其他各物质组分充分混合，或由于本身的重力作用沉降，或由于降水过程被淋洗，回到地表，进入土壤。

（4）人类活动 土壤中的氟，除了天然的来源外，人类各种生产活动中排放的含氟废物也成了土壤中氟的来源。在农业生产中，磷肥的施用和含氟农药（例如氟化钠、氟硅酸钠等）的施用，成为土壤氟人为来源的主要因素。在工业生产中，采矿、化工、冶金、陶瓷、水泥、石油、砖瓦、钢铁、磷肥等生产过程，排放出大量的氟气体、液体和废渣，也将直接或间接进入土壤。一个年产 1.0×10^6 t 铁矿的烧结厂，每年产生的氟废物量达 960 t；一个年产 1.0×10^5 t 的电解铝厂，每天向大气排 5.5 t 氟化物。这些都是土壤中氟的人工来源。

2. 环境中氟的循环

（1）氟的地质大循环 岩石圈中的氟元素，经风化作用后，进入到土壤圈、水圈和生物圈，参与其中的各种变化过程，最终又通过沉积作用，固结成岩，这种变化过程不断进行，从而完成岩石→土壤→水→岩石的地质大循环（图 3-5）。

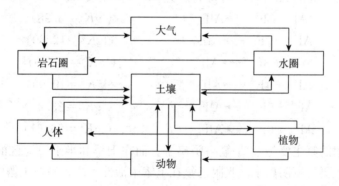

图 3-5 氟的生物地球化学循环

（2）氟的生物小循环 在土壤圈与生物圈中，氟元素又经历如下的生物小循环过程：土壤→植物（动物）→土壤。其中土壤是氟自然循环的中心环节，是连接无机态和有机态的纽带。火山活动加剧了循环速度和强度，这是因为火山喷发物含氟浓度高，多为活性最强的 HF 和 SiF_4 气体氟化物，一般氟化氢占气体的 10%，甚至达 30%，并且波及范围广，持续影响时间长。生物在氟的循环中发挥了巨大作用。氟从地壳深处的含氟矿物，经火山活动等过程逐渐转移到地壳表层，经风化作用成为成土母质。在成土过程中，不断转移到土壤中，而生长在土壤上的植物，经过生命活动，使氟从分散到集中，最终以各种形态富集在土壤表层。同时生物通过自身的生命活动，将土壤中含有的氟化物转化为简单氟化物，使其进入江河、湖泊、海洋等水体，而后大部分又为生物吸收，进入氟的再循环过程。由此来看，生物既是土壤氟富集的参与者，又为其自身对氟的重新利用和氟的再循环创造了条件。

（二）土壤中氟的形态及迁移转化

1. 土壤中氟的形态 土壤中氟的存在形态极为复杂，主要包括：水溶态氟、吸附态氟离子和分子、固体的氟化物和氟矿石颗粒等。水溶态氟主要包括 F^-、HF_2^-、$H_2F_4^{2-}$、

$H_3F_4^-$、AlF_6^{3-}、FeF_6^{3-} 等。土壤水溶性氟与地下水氟污染有直接关系，在 pH 6.5～8.5 范围内，土壤 pH 每上升 0.5 单位，水溶性氟含量增加 0.4～0.5 mg/kg。对于高度发育的土壤而言，吸附态氟占较大的比重。氟离子在土壤中，易被土壤黏土矿物和其他一些有机无机复合胶体吸附。对 F^- 的吸附是通过和黏土矿物上的 OH^- 的交换而实现的；对金属-氟络合阳离子（例如 AlF^{2+}、AlF_2^+）是通过土壤中的阴离子交换而吸附。由大气环境而来的氟有水溶性的简单粒子化合物，也含有氟的粉尘微粒，还有氟硅酸、氢氟酸。由地表径流和地下水带进土壤环境中的氟则主要为可溶态氟化物，同时还有由生命有机体死亡分解后释放出来的氟以氟化物的形式进入土壤。在造岩矿物及次生矿物中，氟主要以络阴离子的形式存在，并形成大量独立的氟矿物，不同的岩石中氟含量的差异，取决于氟的地球化学特性和地球化学过程。环境污染中常见的氟存在形式有氟化氢（HF）、四氟化硅（SiF_4）、氟硅酸（H_2SiF_6）、氟化钙（CaF_2）、氟镁石（MgF_2）、氟铝石（$AlF_3 \cdot 3H_2O$）、冰晶石（Na_3AlF_6）、氟磷灰石 [$Ca_{10}(PO_4)_6F_2$] 等。氟化物的重要特征是在酸性环境中和钛、锆、铝等多价阳离子形成络合物，而在碱性环境中多呈离子状态。

2. 土壤中氟的迁移转化 一般而言，在热带亚热带红壤、黄壤等酸性、富铝化土壤中，由于存在着大量的游离的 Al^{3+}，氟阴离子会发生以下配位反应。

$$Al^{3+} + F^- \longrightarrow AlF^{2+} \qquad (\lg K^0 = 6.98)$$

$$Al^{3+} + 2F^- \longrightarrow AlF_2^+ \qquad (\lg K^0 = 12.60)$$

$$Al^{3+} + 3F^- \longrightarrow AlF_3^0 \qquad (\lg K^0 = 12.65)$$

$$Al^{3+} + 4F^- \longrightarrow AlF_4^- \qquad (\lg K^0 = 19.03)$$

$$Al^{3+} + 5F^- \longrightarrow AlF_5^{-} \qquad (\lg K^0 = 23.45)$$

$$Al^{3+} + 6F^- \longrightarrow AlF_6^{3-} \qquad (\lg K^0 = 26.61)$$

这时土壤吸附的氟主要是金属-氟络阴离子。而在干旱和半干旱地区的石灰性土壤、盐碱土，吸附的氟主要是氟阴离子。吸附态氟在土壤中活性不高，易在土壤中积累。但如果淋溶作用强烈，也能被淋失。以氟化物的形式存在于土壤中的氟，有些是易溶的，另一些则是难溶性的。易溶态氟化物进入土壤溶液后，又与土壤溶液中的其他成分形成某种络合物或络离子。在湿润地带和地下水位较高的地区，土壤溶液中氟化物含量较高，但是当土壤溶液中的氟化物达到绝对饱和时，以氟盐的形式淀积于土壤中。土壤可溶态氟的存在形态与土壤 pH、Ca^{2+}、Al^{3+} 的存在均有密切关系。

土壤中另一部分难溶性氟化物多以矿物微粒形式存在于土壤之中，并成为土壤的组成部分。一般以氟化钙（CaF_2）作为土壤中难溶性氟化物的代表形态，不同的土壤 pH 和土壤中有些相关元素的存在，对难溶性氟化物的影响较大。在热带和亚热带富铝化作用强烈的酸性土壤中，一方面 CaF_2 在酸析作用下，溶解度大大提高；另一方面，土壤溶液中存在大量的 Al^{3+} 会很快和 F^- 形成络合体而随水迁移，同时，如果土壤中有大量的 Ca^{2+} 存在，则土壤中的氟被积累下来。

土壤中简单氟化物及其与 Al、Si、Fe、Ca、Mg 等形成的络合物的迁移能力大小顺序为 $ZnF_2 \cdot H_2O > AlF_3 > CuF_3 > PbF_2 > SnF_2 > MgF_2 \approx CuSiF_6 > NaF > Na_2SiF_6 > K_2SiF_6 > Na_3(AlF_6) > Ca_5(PO_4)_3F > BaSiF_6$。所有这些参与迁移的氟化物，部分最终进入海洋，部分进入湖泊。

（三）土壤中氟的生物效应

1. 氟对人和其他动物的影响

（1）氟过多的影响　环境中氟含量过多会导致地方性氟病的流行，我国地方性氟病分布区主要是：干旱、半干旱富钙地球化学环境中苏打盐化氟富集区；半干旱富盐的地球化学环境中，海陆交替相地层的氟聚集地带，主要是指北部沿海的滨海盐渍土地区高氟地下水氟毒病区；半湿润富铁地球化学环境中酸性土壤氟聚集区。局部富氟地区，可分为两类，一类在国内若干富氟地区，与当地有较高的含氟背景值并同时具备氟富集和活化环境地球化学条件有关；另一类是工业"三废"造成的局部高氟地区，例如冶炼工业、化肥工业等。

氟是人体必需的元素，适量的氟可以促进牙齿和骨骼的钙化。但人体对氟的需求量的范围比较窄，一般认为当机体摄入氟超过 4 mg/d 时，就会导致氟的积蓄中毒，主要表现为：骨质发生病变、骨质破坏、堆积、骨质软化、骨外膜赘骨增生、韧带钙化、骨质疏松，随之而来的肌肉萎缩，机体变形。另外，氟化物抑制酶系统，使心脏功能下降，末梢血管扩张，造成急性心脏循环功能衰减，最后死亡。

牛、马、驴等牲畜受到氟的毒害之后关节肿大、变形、扫蹄、跛行、趴窝、骨质松脆、易骨折；奶牛表现为产奶量低。不同品种的动物对氟具有不同的抗性，家畜对氟敏感的有牛、绵羊和山羊。进入动物体内的氟约 95% 分布在牙齿、骨骼、羽毛、毛和角中，较少量分布于肌肉和神经组织中。

（2）氟缺乏的影响　氟缺乏引起的人类地方病［例如龋齿、骨质松脆（易发生髋骨骨折）］也较普遍，主要分布于土壤元素强烈淋溶地区，例如美国东部地区、欧洲、南美亚马孙河流域、我国华南沿海、东南亚及澳大利亚东南部地区。我国缺氟地区主要分布于华南沿海的铁铝土区，黑龙江东部山区的硅铝土区、天山山地的硅铝土带也有分布。

2. 氟对作物的影响　土壤中氟含量过多，会对植物产生危害，轻则抑制生长发育，重则出现明显毒害病症，具体表现为干物质积累量少、产量降低、分蘖少、成穗率低、光合组织受损伤，出现叶间坏死，叶片褪色变为红褐色。向土壤中施 H_2SiF_6，小苍兰杂交种沿着叶缘和在叶尖出现坏死区域，施含氟（F）1.0%～1.6% 的磷肥亦出现类似症状。氟对植物生长的效应决定于供给氟化物的形态和剂量。在 10 mg/kg 的剂量时，CaF_2 对豌豆、燕麦、大麦、马铃薯和萝卜的产量无负效应或正效应；但在 100 mg/kg 时，CaF_2 是有毒的。对氟敏感的植物有唐菖蒲、葡萄等。氟对植物体的致病机制主要表现为：氟进入植物体之后，通过导管向叶缘和叶尖转移并积累。进入叶片的氟与组织内的钙发生反应，生成难溶性氟化钙等物质而沉淀，这些含氟物质达到一定量时，就会干扰酶的作用，阻碍代谢机能，破坏叶绿体和原生质，引起质壁分离和细胞萎缩，最后失水而干燥。

二、硒污染

（一）环境中的硒

1. 地壳中的硒　硒在地壳中处于分散状态，在岩浆的主要结晶过程中，硒未发生富集。硒绝大部分都分散到硫化物的矿物中，主要有方硒锌矿（ZnSeS）、方硒钴矿（Co_3Se_4）、硒铜铁矿（$CuFeSe_2$）、硒铜银矿（$Cu_2Se \cdot Ag_2Se$）、硒碲铜矿（CuTeSe）、氧硒矿（SeO_4）等。在矿物中，硒与其他元素相结合的形式可形成简单的硒化物（阴离子呈 Se^{2-}）、复杂的硒化物（阴离子呈 Se_2^{2-}）和硒盐（硒与半金属元素结合成络阴离子团，再与金属离子结合）

3 种类型。硒很容易进入硫化物的结晶格架，只有在硫化物浓度明显降低的情况下，才较稀少地形成硒的独立矿物。最富含硒的矿物是镍、钴、铜的某些硫化物和铅、铋的某些硫盐，含硒较少的有磁黄铁矿和闪锌矿。

2. 土壤中硒的来源

（1）岩石矿物　土壤中的硒主要来源于各种岩石矿物。地壳中几乎所有的物质均含有不等量的硒，其丰度为 0.05～0.09 mg/kg，岩石圈的平均含量为 0.14 mg/kg。各母质类型中，以火山喷发物和石灰岩母质的土壤硒背景值最高；风沙母质土壤硒背景值最低，主要由于风沙中沙粒含硒矿物少，又难以风化释放、吸附作用微弱，故硒含量最低。沉积岩类型中，以石灰岩土壤的硒背景值最高，紫色砂岩的土壤最低；而各种火成岩土壤硒背景值则很相近。从各母质、母岩类型的土壤硒背景值比较，则以松散母质类型的土壤含硒最高，其次为沉积岩，火成岩类最低。在火山喷发活动的产物中硒是典型元素，在一定的条件下能达到极高的含量。例如里巴利岛的火山硫中含硒达 18%，有时高达 90.5%。另外，由于有机质岩作为还原剂易于将硒自循环水中析出，因此一般煤中硒含量很高，例如我国恩施地区的石煤平均含硒 329 mg/kg。

（2）人类活动　人类活动，特别是工业生产中废物的排放，也是土壤硒的重要来源。向大气排放的硒大部分来自燃煤动力工业，其次为玻璃工业和矿石焙烧工业，主要由于煤和碳质页岩中含硒一般较高。大气中的硒大部分降落在工业城市附近的土壤中，因此工业燃煤是土壤中硒的主要间接来源。

3. 我国土壤硒背景值的区域分异　我国东南沿海及长江以南的水稻土、红壤、黄壤、赤红壤和石灰土含硒量较高。北方黄土高原及其毗邻地区的风沙土、绵土、黑垆土、栗钙土和灰钙土含硒量较低。总的趋势是：东南地区各土类硒元素背景值较高，西北地区各主要土类硒元素背景值较低，形成从东南到西北地区连续降低的硒土壤背景值带。土壤硒的含量明显受地带性因素影响，处在低纬地带的红壤、赤红壤，往往是高温、高湿气候，风化强烈，黏土矿物主要为高岭石和氧化铁、铝，对硒的吸持力较强，故红壤、赤红壤硒背景值最高；而处于中纬度和高纬度地带的各土壤类型，因热量、降水量渐减，风化作用减弱，高岭石逐渐减少，蛭石、蒙脱石逐渐增加，而后二者吸附硒的能力小，故这两个土类硒背景值最低。

4. 土壤硒的地质大循环　硒自固结的岩石圈经风化作用释放到自然界，首先绝大部分参与土壤中各种过程，再进入生物圈、大气圈和水圈，部分最终进入海洋中的硒，沉积固结成岩而进行岩石→土壤→岩石的地质大循环。

5. 土壤硒的生物小循环　土壤硒在进行地质大循环的基础上也进行土壤→植物→动物→土壤的生物小循环，其中生物发挥了巨大的作用。首先，硒从地壳深处的含硒矿物，逐渐转移到地壳表层的土壤之中，并从无机硒向有机硒转化，最终以各种形态的硒富集在土壤表层。其次，硒从土壤向其他自然体迁移转化的过程，土壤微生物将土壤中生物有机残体和腐殖质的含硒有机化合物和部分无机硒，部分转化为气态硒逸入大气，部分转化为水溶性硒进入江河、湖、海等水体，而大部分又为生物吸收进入硒的再循环。可见生物既是土壤硒富集的主要参与者，又为其本身对硒的重新利用和硒的再循环创造了条件。

（二）硒在土壤中的形态和迁移转化

1. 土壤硒的形态　土壤中硒有多种价态，包括单质硒、硒化物、亚硒酸盐、硒酸盐、有机态硒和挥发硒等。硒的化合形态对人的毒性最强，其中以亚硒酸盐最大，其次为硒酸盐，单质硒毒性最小。一般来说，单质硒在土壤中含量极低，很不活泼，不溶于水，植物难以吸收。而土壤中的亚硒酸盐和硒酸盐，经细菌、真菌等微生物和藻类的还原作用也可形成单质硒。硒化物大多难溶于水，是普遍存在于半干旱地区土壤中的形态，由于其难溶于水，植物难以吸收。硒酸盐是硒的最高氧化态化合物，可溶于水，能被植物吸收，通常在干旱、通气或在碱性条件下，土壤水溶态硒多为硒酸盐形态，而在中性、酸性土壤中，硒酸盐则很少。亚硒酸盐是土壤中硒的主要形态，占 40% 以上，也是植物吸收土壤无机硒的主要形态。土壤中有机态硒化物在土壤硒的含量中占有相当大的比例，主要来自生物体的分解产物及其合成物，是土壤有效硒的主要来源。其中与胡敏酸络合的硒为不溶态，植物难以吸收，与富里酸络合的硒为可溶态，易为植物吸收。挥发态硒是指土壤微生物可使部分无机硒和有机硒转化成气态烷基硒化物挥发而散失到大气中。例如在嫌气条件下，土壤微生物可将单质硒、亚硒酸盐、硒酸盐和硒胱氨酸转化为硒化氢，碱性条件和有碳源加入可促进气态二甲基硒化物的生成。总之，土壤中硒的各种形态在一定条件下可相互转化，从而改变土壤中硒的运动速度和方向，影响其有效性。

2. 土壤硒的迁移转化　铁（Fe）、铝（Al）、锰（Mn）的氧化物及其矿物是控制我国酸性土壤硒的主要因子。钙（Ca）、镁（Mg）、钾（K）的化合物及其相应矿物是控制碱性土壤非闭蓄性硒的主导因子，而闭蓄性硒则主要由铁、铝、锰的氧化物及其相应矿物所控制。黏土矿物中，特别是高岭石、水铝矿和氧化铁铝吸持硒的能力强，各黏土矿物吸持硒的能力，一般是氧化铁＞高岭石＞蛭石＞蒙脱石。氧化铁不仅通过表面的交换反应吸附 SeO_3^{2-}，同时 SeO_3^{2-} 还与黏土矿物分解的铁形成复合物发生沉淀反应，因而吸持硒的能力最强。土壤有机质与土壤硒在数量上关系密切，一般土壤有机质含量高时土壤中的全硒也高，但有机质与有效硒的关系则决定于有机质分解的程度，如果有机质未完全分解，就可降低土壤硒的有效性。土壤的某些化学性质和元素组成也影响土壤中硒元素迁移转化。磷（P）、硅（Si）不仅以络阴离子的形式参与土壤硒的固定和影响植物对硒的吸收利用，并且以化合物或矿物的形式参与硒的循环。我国低硒带土壤中可利用态硒主要为钙、镁、钾等的化合物或其矿物所控制。当土壤溶液呈酸性到中性时，土壤硒的有效性最低，随土壤 pH 增加，硒的有效性提高。土壤氧化还原状态（E_h）也影响土壤硒的价态变化：在氧化条件下，单质硒或硒化物可被氧化为 SeO_3^{2-} 或 SeO_4^{2-}，而有机态硒分解后产生的 H_2Se，也可经氧化而成 SeO_3^{2-} 或 SeO_4^{2-}，从而提高土壤硒的有效性；在还原条件下，嫌气微生物可使氧化态硒还原为硒化物，使硒的有效性降低。

（三）土壤硒的生物效应

1. 土壤硒对人和其他动物的影响

（1）硒对人的影响　硒是人和其他动物必需的营养元素，一旦缺乏便容易使人体引起病症。但硒的作用范围很窄，过量的硒易引起中毒。我国规定，饮用水及地面水中硒含量不得超过 0.010 mg/L，动物饲料中硒含量不得超过 3 mg/kg。在土壤硒高背景值区，人体吸收硒过量而中毒的现象较为常见，例如我国湖北恩施地区曾发生硒中毒，其中毒症状是脱发、脱甲，部分病人出现皮肤症状，重病区少数病人出现神经症状，可能还有牙齿损害。

在土壤硒低背景值区，例如我国从东北到西南的低硒土壤带，广泛发生克山病，其主要症状有心脏扩大、心功能失代偿、心源性休克或心力衰竭、心律失常、心动过速或过缓，其特点是发病急、死亡率高。同时在这一低硒土壤带内，还伴有大骨节病，其症状表现为四肢关节对称性增粗、变形、屈伸困难和四肢肌肉萎缩，严重者可出现短指（趾）、短肢畸形、导致终生残废。

人体摄入硒的数量，主要决定于食物的含硒量，土壤硒背景值高、发生硒中毒区，粮食、蔬菜中的含硒量远高于正常区；土壤硒背景值低、发生硒缺乏区，粮食、蔬菜中的含硒量则明显低于正常区。

（2）硒对其他动物的影响　马、牛、羊、猪等牲畜吸收硒过多，会出现食欲不振、停止生长、蹄变畸形、体毛脱落和关节发炎等症状，如治疗不及时，终至死亡。发生急性中毒时，出现中枢神经系统损伤的各种症状，最后麻痹而死。

动物吸收硒过少则会发生发育不良，一般多发生在幼龄家畜，常见症状是四肢僵硬、肌肉无力、不愿走动或不能站立，有心肌营养不良现象，可出现突然死亡，生病的牛犊可突然发生精神沉郁和突然死亡。时间较长的可出现呼吸困难、呕吐和腹泻，还可能出现麻痹和轻瘫。

2. 土壤硒对植物的影响　土壤中的硒一般是植物体中硒的主要来源，植物体的硒含量通常为 0.02～1.00 mg/kg。但在土壤硒高背景区，植物含硒量一般在 2 mg/kg 以上，少数植物硒含量很高，例如黄芪属植物，可积累硒到数千毫克每千克。而在土壤硒低背景区，植物含硒量一般在 0.05 mg/kg 以下，国外一些地区牧草中硒含量只有 0.02 mg/kg 或更低。外源硒对植物生长抑制或毒害作用很强，例如盆栽试验中，播种前施 0.2～10.0 mg/kg 的硒（硒酸钠）于土壤中，最低剂量的硒也对小麦、豌豆、芥菜表现毒害；施 5 mg/kg 的硒，豇豆生长就受抑制，产量减少。

三、氰化物污染

（一）环境中的氰化物

环境中氰化物往往是人类活动所引起。其主要来源于工业企业排放含氰废水，例如电镀废水、焦炉和高炉的煤气洗涤与冷却水、某些选矿废水和化工废水以及有机玻璃制造、农药等工业（表 3-5）。

表 3-5　含氰化物的一些主要工业污染源

污染源	并存污染物	备注
有色选矿、冶炼	黄药、各种金属离子、硫化物等	加入氰化物作为抑制剂及分离剂，钼、铅、锌矿浮选排水含氰化物 4～10 mg/L，黄金选矿厂废液含氰化物可达数千毫克每升
铁合金淬火	我国淬火剂为大量氰化钾与亚硝酸钠，国外使用氰化物加碳酸钠和氯化钠	间断性排放，冲击性高浓度氰化物，有时可达 80～120 mg/L
电镀淋洗排水、电解作业、金属着色	不同类型车间含有不同金属（铜、锌、铬、镍、银、金等）、酸、碳酸盐、有机物，电解产生过氧化氢	可能有铜、锌氰络合物协同效应的毒性，含氰为 25～500 mg/L
炼焦、煤气生产、火力发电、水幕除尘废水	焦油、酚、甲醛、二甲苯等有机物以及硫化物、碳酸盐、亚硫酸盐等和少量金属离子	炼焦厂废水含硫氰酸盐 500 mg/L 左右，水幕除尘含氰化物 30 mg/L 左右，含大量碳酸盐的废水不能用氢氧化钠固定，而要用氢氧化钙

（续）

污染源	并存污染物	备注
化工化肥、制药、咖啡生产、农药生产	酚类、各种有机物	
照相制版、电影洗片	铁氰络合物、海波、亚硫酸盐、米吐尔等	在阳光照射的明沟中，铁氰化物将分解为氰化物
石油化工、塑料纤维素、合成有机玻璃等	硫化物、甲醛、油脂、肼、亚硝酸盐、各种有机物	每生产 1 t 丙烯腈，排出废水含 110～120 kg氰化物，每生产1 t乙腈排出50～100 kg 氰化物

（二）氰化物的形态及迁移转化

1. 氰化物的形态　环境中的氰化物包括无机氰化物和有机氰化物。

（1）无机氰化物　无机氰化物可区分为简单氰化物和络合氰化物。常见简单氰化物有氰化钾、氰化钠、氢氰酸等。络合氰化物有 $[Zn(CN)_4]^{2-}$、$[Cd(CN)_4]^{2-}$、$[Ag(CN)_2]^-$、$[Ni(CN)_4]^{2-}$、$[Cu(CN)_4]^{2-}$、$[Co(CN)_6]^{3-}$、$[Fe(CN)_6]^{3-}$、$[Fe(CN)_6]^{4-}$ 等。络合氰化物的毒性比简单氰化物小，然而络合氰化物在环境中的稳定性不尽相同，且受 pH、气温和光照等因素影响而离解为毒性强的简单氰化物，如在 pH 5 左右，温度接近 40 ℃时，锌氰络合物可以完全离解成 CN^-。曾有报道，即使较为稳定的铁氰络合物，在阳光曝晒下，亦可离解而释放出简单氰化物。

（2）有机氰化物　有机氰化物由氰基通过单键与另外的碳原子结合而成。视结合方式的不同，有机氰化物可分类为腈（C—CN）和异腈（C—NC），相应的，氰基可被称为腈基（—CN）或异腈基（—NC）。

2. 氰化物的迁移转化　氰化物在环境中的稳定性变化很大，取决于其化学形态、浓度、温度及其他化学成分的特性。当环境呈酸性，且充分曝气时，大部分氢氰酸呈气态转入大气中。大部分氰离子与溶液中二氧化碳作用，可生成气态氢氰酸（$CN^- + CO_2 + H_2O \longrightarrow HCN\uparrow + HCO_3^-$），这部分氰离子占90%。小部分氰离子在微生物的参与下，氧化分解生成铵离子与碳酸根，这种自净能力只占 10%，且这种氧化过程，需要 pH 大于 7，并与氧气、温度和曝气等因素有关。

在较高温度和光照的条件下，亚铁氰化物可分解生成氢氰酸。先是亚铁氰化物被氧化成高铁氰化物，而后再转化为氢氧化铁和单纯可溶性氰化物与氢氰酸的混合物，即

$$4Fe(CN)_6^{4-} + O_2 + 2H_2O = 4Fe(CN)_6^{3-} + 4OH^-$$

$$4Fe(CN)_6^{3-} + 12H_2O = 4Fe(OH)_3\downarrow + 12HCN + 12CN^-$$

总反应为

$$4Fe(CN)_6^{4-} + O_2 + 14H_2O = 4Fe(OH)_3\downarrow + 12HCN + 12CN^- + 4OH^-$$

试验表明，当起始的亚铁氰化物的浓度为 56 mg/L 时，单纯氰化物浓度可达 0.4 mg/L，这个数字超出了允许的水平，从而意味着含铁氰化物在某些条件下，也可能造成毒害。

微生物可从氰中取得碳、氮养料，有的微生物甚至以它作为唯一的碳源和氮源。分解氰化物的微生物有：诺卡氏菌、腐皮镰霉、木霉、假单胞菌等，其分解机制为

$$HCN \xrightarrow{H_2O} \underset{\text{甲酰胺}}{HCONH_2} \xrightarrow{H_2O} HCOOH+NH_3$$

（进一步氧化）

$$CO_2$$

（三）氰化物的生物效应

1. 氰化物对人的影响　口服氰化物，可在胃内解离成氢氰酸，迅速被吸收到血液中。在血液中，氢氰酸可以立即直接与红细胞中的细胞色素氧化酶相结合，从而使其功能受到抑制，这是由于氰基与氧化型细胞色素氧化酶（Fe^{3+}）结合，阻碍其被还原为还原型细胞色素氧化酶（Fe^{2+}），因而使生物体内的氧化还原反应不能进行，造成细胞窒息、组织缺氧。由于中枢神经系统对缺氧特别敏感，也由于氰化物在类脂中的溶解度比较大，所以中枢神经系统首先受到危害，尤其是呼吸中枢更为敏感。呼吸衰竭乃是氰化物急性中毒致死的主要原因。氰化物慢性中毒的现象极为罕见，发生慢性中毒的病人有头痛、呕吐、头晕、甲状腺肿大等症状。长期接触，则发生帕金森综合征，这是由病人的神经系统受损所致。

2. 氰化物对鱼类的影响　氰化物对鱼类有很大的毒性，表3-6所列为从各种资料中汇集的对鱼类的急性毒性报告。影响氰化物对鱼类毒性作用的因素包括鱼种、鱼龄、水温、溶解氧、pH、中毒时间长短等。

表3-6　氰化物对鱼类急性毒性试验结果

鱼的种类	观察指标	氰化物浓度（mg/L）	鱼的种类	观察指标	氰化物浓度（mg/L）
鲢	安全浓度	0.32	鲦	最小致死量（4 d）	0.2
鲫和鲩	致死量	0.15～0.20	河鳟	死亡（5～6 d）	0.05
鲫	最小致死量	0.2	鳟	死亡（5 d）	0.05
鲃	半数致死量	0.39	虹鳟	中毒（翻肚，3 d）	0.07
白扬鱼	最小致死量（4 d）	0.06	大翻车鱼	存活（4 d）	0.40

3. 氰化物对作物的影响　当使用含氰量很高的水灌溉时（有的含氰量可高达每升数十毫克乃至数百毫克），其对农作物的生长及收成没有明显的不良影响，但废水灌区的农作物含氰量却增加。

四、硼污染

（一）环境中的硼

1. 土壤中硼的来源

（1）成土母质母岩　土壤中的硼主要来自成土母质母岩。火成岩中，依超基性岩、基性岩到中性岩和酸性岩的顺序，硼的含量不断增加。由于硼及其化合物的可溶性，海水容易富集硼，故海相沉积物中含硼较多，其形成的岩石硼含量可高达 500 mg/kg 或更多。页岩中的硼以钙镁的硼酸盐或铁铝的化合物等形态存在，易于溶解，对植物的有效性较高。石灰岩中硼含量较低，且随岩石形成时代变新而降低。

（2）施肥　硼肥的农田施用是主要的人为来源。最常用的硼肥是硼砂（含 B 11％）和四硼酸钠（含 B 14％），而硼酸（含 B 17％）由于价格昂贵而很少使用。施用的化肥中也含有硼，含量从痕量到几百微克每克。与其他微量元素相似，磷矿石及其制成品磷肥含硼量最高，钾肥次之，氮肥中含量甚微。

（3）城市污肥　城市污泥中的硼是土壤硼的另一来源。由于硼酸和过硼酸盐具有缓冲、软化和漂白作用，因此被广泛应用于洗涤剂等制造业，这些硼最终会进入废水和污泥中。污泥中硼含量与工业门类、现代化水平、居民生活水准、污泥处理水平等有关。硼通常有向污泥中富集的趋势，然而当污泥施入土壤时，硼一般不会在植物组织中大量积累。

（4）煤类农用　煤类农用是土壤中硼的又一来源。煤中富含硼，一般为 50 mg/kg，褐煤可高达 500 mg/kg。煤燃烧后形成的煤渣、飞灰和烟中富集有高浓度的硼，其平均含量克拉克值大于 100，丰度为 10～600 mg/kg。因此飞灰农用既可改良土壤结构，又可提供各种养分，然而其所含的硼、钼和硒常超过植物的忍耐值，限制了其在农田的大量使用。

2. 植物硼中毒的来源　易引起植物硼中毒的土壤有海相沉积物发育的土壤、干旱区土壤（例如盐碱土）、近代沉积物发育的土壤、过度施用硼肥或用富硼的水灌溉的土壤、受现代工业污染的土壤。

3. 硼的地质大循环　硼参与了地质大循环。矿物风化释出的硼最初以硼酸或硼酸盐的形态进入土壤，部分为土壤动物和微生物吸收，成为其有机体的结构成分。部分则为土壤铁铝氧化物、黏土矿物和有机质吸附固定，或者与硼离子的沉淀剂钙镁离子形成低溶解度的硼酸钙镁。还有部分随含有硫酸盐或氯化物的河水流入海洋。

（二）土壤中硼的形态和迁移转化

1. 土壤中硼的形态　土壤中的硼分为水溶态、有机态、吸附态和矿物晶格态 4 种。

（1）水溶态硼　水溶态硼包括土壤溶液中的硼酸和各种可溶于水的硼酸盐，例如 BO_2^-、$B_4O_7^{2-}$、BO_3^- 和 $B(OH)_4^-$，平均含量为 0.1～2.0 mg/kg，一般占土壤全硼含量的 0.1％～5％。土壤水溶态硼含量依土壤类型而变，干旱和半干旱地区高达 20 mg/kg，占全硼含量的 5％～16％，在高盐化地区的土壤甚至可达 80％。含硼矿物风化后，硼以硼酸根阴离子（BO_3^-）或未游离的硼酸分子 [$B(OH)_3$] 进入土壤溶液。盐土的水溶态硼含量很高，占全硼含量的比例也大。而湿润多雨地区水溶态硼含量较低，占土壤全硼含量的比例也小。硼酸在土壤溶液中的活性受几种竞争反应的暂时性平衡所控制，这些反应包括表面交换、专性键合、晶格渗透、沉淀反应、硼复合体的形成。在酸性土壤溶液中硼的主要形态是 $B(OH)_3$，其次为 $B(OH)_4^-$。$H_2BO_3^-$ 和 $B_4O_7^{2-}$ 只存在于 pH＞7 的土壤溶液中。在 pH＞9.2 的碱性土壤，则以 $B(OH)_4^-$ 为主。土壤水溶态硼含量与 pH、有机质含量、质地等有关。当 pH 升高时，土壤水溶态硼减少，但是干旱地区土壤，特别是盐碱土，尽管土壤 pH 较高，但是由于雨水少，淋溶作用弱，水溶态硼含量往往很高。

（2）有机态硼　土壤有机质络合或吸附的硼量随土壤有机质含量同步增长，硼对 α-羟基脂肪酸和芳香族化合物的邻位二羟基衍生物具有亲和力，有机质络合硼量与其二醇基密切相关。硼可与糖（如微生物分解土壤多糖产物、甘露醇及多元醇）结合成稳定的化合物，也可与有机酸络合成含有 2 个羟基的化合物。这种形态的硼经微生物分解后，方能为植物吸收利用，可见微生物对有机态硼的有效化起着十分重要的作用。

（3）吸附态硼　吸附态硼系指黏土矿物、铁铝氧化物和有机质表面吸附或共沉淀的硼。

土壤对硼吸附的机制包括：阴离子交换、硼酸与氧化物共沉淀、硼酸离子或分子的吸附、与有机质络合。土壤吸附硼的主要位置有：无定形和晶形氧化物（例如三水铝石）、黏土矿物（特别是云母类物质）、氢氧化镁、有机质。对层状硅酸盐而言，硼的吸附主要归功于其表面包被的氧化物而不是 Si—O 和 Al—O 键。对于纯黏土矿物，硼的吸附发生在黏粒破损的边缘而不是层面。

（4）矿物晶格态硼　土壤中的黏土矿物或多或少含有硼，例如云母、伊利石和海洛石的含硼量为 $100\sim200$ mg/kg，蒙脱石和高岭石含硼量为 $21\sim35$ mg/kg。硼能够替代黏土矿物晶格中的 Al^{3+} 或 Si^{4+} 而进入硅酸盐，因此土壤中含有许多种含硼硅酸盐矿物，其中最重要的是电气石和斧石。但是由于硼与铝离子半径间的差异较大，因此当硼替代铝后，硅酸盐矿物不如原来的矿物稳定。硅酸盐晶格中的硼不易释放出来，是植物无效态硼，此种硼在土壤中占有很大比例。

2. 土壤中硼的可给性　土壤中硼的可给性与土壤 pH 呈负相关。在 pH $3\sim5$ 时，氢氧化铝吸硼量显著提高，pH $9\sim11$ 时明显下降，在 pH $6\sim9$ 时逐渐降低，在 pH $6\sim7$ 时达到峰值。这种变化规律主要是由于固相表面的 OH^- 量随 pH 变化所致。低 pH 时，固体表面质子化程度低，吸硼量较少。随着 pH 升高，质子化程度不断提高，而此时 OH^- 浓度仍然较低，故吸硼量迅速增加。有机质最大吸硼量出现在 pH $6\sim8$，pH<6 时，pH 对有机质吸附硼的影响甚小。由此可见，土壤最大吸附硼的 pH 一般出现在 $7\sim11$。土壤供给植物硼的最佳 pH 是 $4.7\sim6.3$，植物缺硼往往出现在 pH>7.0 的碱性土壤。

土壤中铁、铝和镁氧化物吸附硼的能力很强。新鲜的铁铝氧化物能够吸附大量的硼，这种效应同时随 pH 升高而增加。氧化物中水合氧化铝的吸附量大于氧化铁，二者最大吸硼分别出现在 pH 7.0 和 pH 8.5。pH>8 或 pH>9 时，由于 OH^- 的竞争或者水合氧化物带负电荷与硼酸离子相斥或者吸附剂-氧化物发生溶解（例如 Al^{3+} 的形成），都将减少硼的吸附。黏土矿物对硼的吸附能力为：伊利石>蒙脱石>高岭石。在同一浓度的溶液中，各种黏土矿物对硼的吸附容量，伊利石为 $20\sim40$ mg/kg，高岭石为 4.5 mg/kg，蒙脱石为 3.3 mg/kg。黏土矿物颗粒越细，暴露的边角就越多，所吸附的硼量就越高。黏土矿物吸附硼量与铁铝氧化物相比要小得多，即氢氧化铝的 OH^- 或 OH^- 和硼酸分子或离子的亲和力远大于黏土矿物的 OH^-。

3. 土壤中硼的迁移　硼是微量元素中移动性最大的元素。硼在土壤剖面中的分布常随着有机质的分布而变化，腐殖质多的表层土中含硼量亦多。60 cm 以下土壤与上层相比，硼丰度下降 32%。

（三）土壤硼的生物效应

1. 动物硼中毒　硼过量时，动物瘤胃内纤毛虫数迅速减少，瘤胃代谢紊乱，胃蛋白酶和胰蛋白酶的活性降低，胃肠运动机能紊乱，肠内血液循环障碍，病畜便秘与腹泻交替发生，尿中混有黏液和血液、咳嗽、呼吸困难，严重时出现持续性腹泻，渐进性脱水，腹围紧缩，两侧腹壁塌陷，拱背。

2. 植物缺硼症状　一般以 15 mg/kg 作为植物缺硼的临界值。典型的缺硼症状是顶端生长受阻，侧芽繁茂呈丛状或簇状，植株生长畸形；开花结实不正常，花粉畸形，蕾、花和子房易脱落。严重缺硼时见蕾不见花不见果，即便有果也是阴荚秕粒多，花期延长。缺硼时，叶片变厚、畸形和变脆，叶柄和茎秆上部变粗、破裂，储藏组织褪色、腐烂。果树缺硼时，果实畸形、失色。油菜缺硼时，心叶卷曲，叶肉变厚，茎有褐色的坏死斑，根呈黄褐色，细根少，主根肿大，生长点死亡，花少、易脱落，花序早衰，结实少或不结实。小麦缺硼时，雄蕊发育不良，花药瘦小、空瘪，开裂而无法散粉，花粉少且畸形，不饱满；子房横向膨胀，不能受精。

3. 植物硼中毒　植物硼含量大于 200 mg/kg 时，就会出现硼中毒的症状。小麦硼中毒时叶片首先出现失绿，随后叶缘和叶尖逐渐变黄、坏死，生长点呈烧焦状，茎生长受阻，花衰败，根生长减弱，有时叶脉出现失绿。急性硼中毒导致落叶，植株最终死亡。不同植物对硼的忍耐力有明显差异，水稻为 100 mg/kg，葡萄为 135～376 mg/kg，大麦为 219～1 111 mg/kg，玉米为 1 007～4 800 mg/kg，棉花为 140 mg/kg。高耐硼植物能把潜在毒性的硼限制在植物的特定部位，例如茎秆部分。

第三节　土壤放射性污染

一、放射性污染概述

放射性铀最早由法国科学家贝克勒尔于 1886 年发现，随后几年中一些科学家又陆续发现了其他天然放射性核素。地球上放射性主要有两个来源：天然和人工的，天然放射性核素（例如 ^{40}K、^{232}Th、^{235}U 和 ^{238}U）在地球形成时就已存在，形成土壤放射性的本底值，这些天然放射性核素所造成的人体内照射剂量和外照射剂量都很低，对人类的生活没有表现出什么不良影响。但是随着核裂变的研究，核能日益成为世界上许多国家的主要能源之一；同时，核技术也在放射示踪和核医学等领域中发挥重要作用。和其他各种能源一样，核能的利用不可避免地给环境带来一定的负面影响。核武器试验的落下灰、核电站事故和正常废物的排放给环境注入了大量人工放射性核素。大量天然和人工放射性核素释放到地球表层对环境产生污染，对人类产生持久的辐射影响，这使有关放射性沉降物对环境的污染及防治问题引起了人类的密切关注。1986 年发生的苏联切尔诺贝利核电站的核泄漏是人类社会遭遇到的最严重核灾难，造成了严重的环境问题。目前，世界各地中高放射性核废料的处理仍然是一个悬而未决的问题。环境中主要的放射性核素如表 3-7 所示。

表 3-7　环境中主要的放射性核素

来源	放射性核素	半衰期	射线类型
天然、人工	^{3}H	12.28	β
天然	^{7}Be	53.44	β、γ
天然、人工	^{14}C	5 730	β
天然	^{40}K	1.28×10^{9}	β，γ
天然	^{87}Rb	4.73×10^{10}	β
天然	^{210}Pb	22.3	β、γ
天然	^{226}Ra	1 600	α
天然	^{232}Th	7.7×10^{4}	α
天然	^{234}U	2.45×10^{5}	α
天然	^{238}U	4.47×10^{10}	α

（续）

来源	放射性核素	半衰期	射线类型
人工	^{60}Co	5.27	β、γ
人工	^{63}Ni	100	β
人工	^{99}Sr	28.6×10^4	β
人工	^{99}Tc	2.13×10^5	β
人工	^{129}I	1.57×10^7	β
人工	^{134}Cs	2.06	β、γ
人工	^{137}Cs	30.2	β、γ
人工	^{238}Pu	87.75	α
人工	^{239}Pu	24 131	α
人工	^{241}Am	432.2	α

注：半衰期的单位，^7Be 为天（d），其余为年。

环境中人工放射性核素的主要来源是核装置的地上试验、核动力开发以及放射性同位素在国民经济各部门的应用。在核爆炸时，会把大量放射性物质散发到周围环境，从而造成水体、土壤、动物、植物的污染，最后通过生物循环而进入人体。核事故主要有民用核反应堆事故、军用核设施、核武器运输、卫星重返和辐射源丢失等。这些生产过程和核事故都有可能释放放射性污染物质，成为重要污染源。

在核事故情况下产生的放射性核素有许多种，它们的生物效应有很大差异。在生物循环中对动物、植物和人体有威胁的主要是长寿命的 ^{90}Sr 和 ^{137}Cs 两种放射性核素，它们的半衰期分别为 28 年和 30 年。^{90}Sr 在衰变时发射 β 射线，而 ^{137}Cs 在衰变时发射 β 射线和 γ 射线。^{90}Sr 在元素周期表中为第二族元素，与生物必需元素钙处在同一族中，容易参加生物循环。而且 ^{90}Sr 的核裂变产额高，通常占原子弹爆炸时产生的裂变产物的 $10\% \sim 20\%$。^{137}Cs 的化学性质与钾相似，往往与钾一起参加生物循环，并最后进入人体。^{137}Cs 一旦进入动物（包括人体）就很容易被吸收，并广泛分布在肌肉中。

二、土壤放射性污染物的迁移转化

放射性核素在土壤中的迁移是影响核素在土壤-植物系统中的去向、对环境造成长期影响的主要因子。放射性核素在土壤中的移动性主要决定于核素与土壤组成成分的相互作用，例如黏土矿物、有机质和微生物。核素在土壤中的化学反应主要有：配位沉淀、氧化还原和吸附（固定）解吸等。铯（Cs）容易被非膨胀性层状硅酸盐吸附（例如伊利石和云母）2：1型黏土矿物的破损边组织对铯有较强的专性吸附。矿质土壤对铯的固定通常比有机质土壤来得快，但是土壤对铯真正的固定能力却不仅取决于非膨胀性层状硅酸盐含量，还与土壤钾素状况有关，因为钾可以诱导矿物层间的塌陷，从而将铯固定在黏土矿物中。

核素可以通过与土壤胶体的结合而一起移动，过滤核弹试验区地下水（即去除水中的胶体）可以明显降低水溶液中的放射性检出，其中铕（Eu）和钚（Pu）的去除率达 99%，钴（Co）的去除率达 91%，铯（Cs）的去除率达 95%。在通常情况下，沉降在土壤中的放射性落下灰绝大部分都在土壤表层。落在土壤中的 ^{90}Sr 是带正电的阳离子，它在土壤、植物中的行为与营养元素钙的行为相似。^{90}Sr 在土壤中的活动性很大，吸附和解吸附都比较容易，它在土壤中主要是参加离子代换吸附过程，因此在很大程度上与土壤的吸收容量、盐基饱和度、阳离子组成等有关。在土壤中代换性形态的 ^{90}Sr 占土壤中 ^{90}Sr 总量的 55％以上。在栽培小麦的土壤中，有 22％左右的 ^{90}Sr 会随着灌水由土壤表层向下层移动。

^{90}Sr 在各层土壤中的活度是较为均匀地降低的，它在土壤中的移动性主要靠代换反应。首先被上层的非放射性土壤吸附，然后被解吸入溶液，又重新被下一层非放射性土壤吸附，再解吸下来。这种吸附→解吸→再吸附的结果使 ^{90}Sr 沿土柱的分布比较均匀。用硝酸钙溶液解吸时，发现 ^{90}Sr 很容易被解吸下来。而 ^{137}Cs 则主要集中在土壤表层，在土壤中的移动性很小，吸附非常牢固，虽然一部分也参加离子代换吸附过程，但一部分则被土壤牢牢地固定着，很难用中性盐溶液等把它解吸出来。20 世纪 50—60 年代大约 500 次原子弹、氢弹大气层试验，沉积的 ^{137}Cs 每年只向下移动几毫米。当把相当于 120 个土柱孔体积的 ^{137}Cs 溶液通过土柱后，滤液的 ^{137}Cs 活度仅为原溶液活度的 0.4％，即 99.6％的 ^{137}Cs 都被土柱吸附。^{137}Cs 在这种条件下表现为完全不解吸。在相同的试验条件下，当 ^{90}Sr 向下层土壤移动的份额达到 22％时，仅有 1％的 ^{137}Cs 随灌水向下层土壤移动，表明 ^{137}Cs 的活动性比 ^{90}Sr 要小得多。同样，土壤中代换性 ^{137}Cs 所占比例也比 ^{90}Sr 小得多，它仅占土壤中 ^{137}Cs 总量的 2.8％左右。

三、土壤放射性污染物的生物效应

（一）土壤放射性污染物的化学毒性和放射毒性

放射性核素对生物体的毒性既有化学的，又有放射性的，因为环境中放射性核素的物理浓度通常较低，故其化学毒性并不重要。而离子化辐射则是放射性核素的主要毒性，即放射性毒性。用来评价放射性核素辐射污染的指标主要有放射性物质总量、放射性核素的物理半衰期、放射性核素射线的能量、吸收剂量或有效剂量。

当一个生物体系受到内部或外部放射性的辐照后，生物体内可产生自由基或其他活性分子。这些化学产物继而可以和细胞中重要的分子发生反应而对生物体的正常功能和活性产生负作用。电离辐射的影响大概包括生长发育和生殖的异常、遗传变异、生命周期缩短、癌变等，当辐射剂量过多时可以导致死亡。

（二）土壤放射性污染物对人和其他动物的影响

1. 诱发肿瘤　经大剂量的电离辐射作用后，经一定潜伏期出现了各种组织的肿瘤。一般肿瘤发病率随剂量率或积累剂量的增加而增加。人体遭到电离辐射的长期作用也发生肿瘤或白血病。在人群中，对广岛和长崎原子弹受害者、用 X 射线治疗的病人、受职业性照射的工人和母亲受照射的胎儿等观察发现，白血病的发病率随着照射剂量的增加而增加，如表 3-8 所示。根据组织剂量估计，全身照射 1×10^{-2} Sv，7～13 年间可使每百万人中发生 15～40 个白血病病人。由于体内蓄积放射性物质，提取 3.7×10^4 Bq 镭每百万人中每年可发生 22～33 个骨肿瘤病人。

表 3-8　广岛、长崎原子弹辐射的幸存者恶性肿瘤发病率（1957—1959 年）

距离爆炸中心 (m)	辐照剂量 (1×10^{-2} Sv)	发病率（$\times 10^{-6}$）	
		白血病	其他癌症
1 500 以内	≥80	53	338

（续）

距离爆炸中心	辐照剂量	发病率（$\times 10^{-6}$）	
（m）	（1×10^{-2} Sv）	白血病	其他癌症
1 500～2 499	1～80	9	285
2 500 以上	≤ 1	8	262
市外	0	0	262

2. 致畸 放射污染对胚胎的效应取决于胚胎的发育阶段，家鼠妊娠的最初 2 d，对放射污染最敏感，极易使胚胎死亡。在器官形成期即家鼠妊娠第 7～13 d（相当于妇女妊娠 2～6 星期）受到照射时，新生胎儿更容易死亡和出现畸形。妊娠后期，胎儿对电离辐射的抵抗力增强，要致畸形或死亡需大剂量，在此剂量下母体也会死亡。由于妊娠初期，照射母体对胎儿影响特别敏感。因此国际放射性防护委员会建议，对妊娠妇女限制照射骨盆部位。

3. 破坏免疫系统 放射污染不仅能够诱发癌症，而且还破坏非特异性免疫机制，降低机体的防御能力，增加毛细血管、黏膜、皮肤和其他防御屏障的通透性，易并发感染，缩短寿命，导致死亡。这种现象已从用 2 Sv 照射家鼠的急性试验中得到证明，小剂量长期作用也能加速衰老而缩短寿命。

4. 引起突变 当生殖细胞受到照射时，基因可产生偶然性变化，这种现象称为突然变异，即突变。突变不能恢复，可以遗传给后代。突变的发生率（突变率）随某种化学或物理因素的增强而增高。许多试验表明，放射污染具有提高突变率的作用，生殖细胞照射的总剂量与诱发基因突变率之间呈直线关系。

（三）土壤放射性污染物对植物的影响

在核爆炸和核事故中产生的放射性微尘沉降在植物的表面，植物可以通过根外器官吸收其中的放射性核素，并将其随植株体内的物质一起运输转移到植株没有直接受污染的部位，造成农作物的放射性污染。植物对于不同核素的吸收有很大区别，并且植物的生育期也是影响植物吸收放射性核素的重要因素。植物对 ^{90}Sr 的吸收及在体内的转移较少，油菜对 ^{90}Sr 的吸收仅占施入量的 0.41％。植物对放射性核素的吸收与污染的时间有很大关系，若污染的时间是在小麦拔节期，小麦对 ^{137}Cs 的吸收占施入量的 38.1％；而孕穗期的小麦对 ^{137}Cs 的吸收要比拔节期吸收量大得多，其吸收量占施入量的 86.5％；成熟期小麦籽粒中的污染水平要比拔节期的小麦高 3 倍。上述情况说明，若放射性沉降污染发生在谷类作物生长后期，它对谷物的污染及产生对人类的危害比在作物生长前期发生污染所造成的危害要大。

在核事故或者核爆炸的初期，污染植物通过根系吸收放射性核素的量不大，大部分放射性物质都集中在土壤表面 0～1.5 cm 的土层中。随着雨水、灌溉等的淋洗，会有少量放射性物质逐渐下渗到根系密集的土层中，植物的污染也随之增大。土壤中的 ^{90}Sr 和 ^{137}Cs 被植物吸收以后在植株中的分配规律不同，^{90}Sr 在植株中的分配规律与钙相似，它主要积累在植物营养器官中，在叶子中是按叶序自上而下逐渐增加，基部老叶中 ^{90}Sr 的比活度要比旗叶高得多。^{90}Sr 在小麦植株地上部的分配是叶＞茎＞颖壳＞籽粒。而 ^{137}Cs 的分配规律确与钾相似，主要分配在植株幼茎、幼叶和繁殖器官中。春小麦穗部 ^{137}Cs 的积累量约占植株地上部总量的 57％，叶占 31％，茎占 12％。在小麦穗部的 ^{137}Cs 主要积累在颖壳中，籽粒中占的份额较少。

不同的作物对放射性核素的吸收积累能力区别很大。在相同的条件下，比较不同的植物对 ^{90} Sr 的吸收可以发现，不同种类的植物对 ^{90} Sr 的吸收和积累的能力有很大的差异。从表 3-9 中可以看到，葫芦科作物对于 ^{90} Sr 具有很高的浓集能力，可以大量地吸收土壤中的 ^{90} Sr。酸性土壤中 ^{90} Sr 在土壤-西葫芦系统中的转移系数还要高一些，可以达到 16.8。不同科的植物对 ^{90} Sr 的浓集能力排列次序为葫芦科＞荨麻科＞苋科＞茄科＞桑科＞豆科＞禾本科。在相同条件下，^{137} Cs 从土壤-植物系统的转移系数要比 ^{90} Sr 小得多。在北京褐土上种植春小麦获得 ^{137} Cs 从土壤-春小麦系统的转移系数为 0.05，比 ^{90} Sr 从土壤-春小麦系统的转移系数（1.2）低两个数量级。^{137} Cs 在土壤-植物系统中的转移系数排列次序为十字花科＞葫芦科＞藜科＞菊科＞茄科＞豆科＞禾本科。

表 3-9　^{90} Sr 在褐土-植物系统的转移系数

植物名称	科别	转移系数
春小麦	禾本科	1.2
柽麻	豆科	5.6
野大麻	桑科	6.8
茄子	茄科	6.9
向日葵	菊科	7.2
红苋菜	苋科	9.3
猪毛菜	藜科	9.4
苎麻	荨麻科	9.6
黄瓜	葫芦科	13.7
西葫芦	葫芦科	14

根系对核素的吸收主要与土壤溶液该核素的浓度、土壤溶液化学组成和植物的富集能力直接有关。钾可以有效地竞争根表面的铯（Cs）离子吸附位，因此增加溶液中钾离子的浓度可以有效地降低植物对铯的吸收。增加土壤溶液中 NO_3^- 的浓度可以降低菠菜叶片中 $^{99}TcO_4^-$ 的浓度，这种抑制作用很可能与 NO_3^- 和 $^{99}TcO_4^-$ 之间在根系吸收过程中的竞争作用有关。土壤溶液中的磷酸根可以有效地抑制植物对铀的吸收。溶液中铀的形态主要受 pH 影响，而铀形态对植物吸收有很大的关系。在 pH 5 时，UO_2^{2+} 是主要形态，这种形态的铀易被植物吸收；当 pH<5 时，土壤中铀的生物有效性非常低，很难被植物吸收。

第四节　土壤稀土污染

一、稀土污染物概述

稀土元素（REE）是 15 个镧系元素和钪（Sc）、钇（Y）的总称，镧系元素包括镧（La）、铈（Ce）、镨（Pr）、钕（Nd）、钷（Pm）、钐（Sm）、铕（Eu）、钆（Gd）、铽（Tb）、镝（Dy）、钬（Ho）、铒（Er）、铥（Tm）、镱（Yb）和镥（Lu）。根据稀土元素在岩石和矿物中的共生情况，将它们分为轻稀土（铈组，La、Ce、Pr、Nd、Sm、Eu）和重稀土（钇组，Gd、Tb、Dy、Ho、Er、Tm、Yb、Lu、Sc、Y），人们曾认为钷是自然界中不存在的人造元素，但后来在高品位的天然铀矿中发现有低含量钷存在。

随着稀土在农业（稀土微肥、饲料添加剂）、工业（各种稀土工业材料、稀土添加剂等）及现代生物医学上的广泛应用，稀土元素将不可避免地通过各种途径进入生物圈，进而影响人体。20 世纪 70 年代我国开始进行稀土农用，从此大量外源稀土被引入到环境中，这无疑使很多原来在地壳中处于相对稳定态的稀土变成易被生物利用的可溶态稀土。由于稀土对人或动物的致癌、致畸、致突变目前尚有争议以及稀土元素对蛋白质、酶的作用和影响等，因而稀土农用的成就和它带来的对环境问题的担忧，都同样令人瞩目。20 世纪 90 年代后期，稀土农用由叶面喷施方式逐渐转为以复合肥方式直接土施，单位面积稀土使用量比喷施增加了 1～3 倍，如此大量的稀土进入土壤，增加了稀土的环境压力。

二、稀土的农业利用

稀土作为良好的调节剂，可以提高植物生理活性。目前应用稀土作为农用化肥主要有：稀土碳酸氢铵多元复合肥、稀土有机肥、稀土药肥、稀土抗旱保水剂（旱地宝）和稀土种子包衣剂等多种品种。由于施用稀土化肥能够提高作物产量，在我国农业生产中大面积推广，目前我国农田施用稀土的面积已达每年 $3.3×10^6 ～ 4.7×10^6\ hm^2$，为国家增产粮、棉、豆、油等 $4.0×10^7 ～ 5.3×10^7\ kg$，直接经济效益为 10 亿～15 亿元，年消费稀土 1 100～1 200 t。除此之外，在动物养殖方面，稀土作为一种很好的生理激活剂，能促进动物对食入营养物质的利用和吸收；在动物体内能起到多种调节作用，通过使用稀土饲料添加剂，可以提高养殖对象的存活率，增强体质，增产和改善肉质，从而提高畜牧养殖的水平。随着稀土产品不断地与高科技相结合，"稀土转光膜技术"的产生和应用推广，有效地解决了紫外线抑制植物生长的这一疑难问题。由此可见，稀土在农业中的广泛应用，对农业生产发挥了积极作用。

三、稀土在土壤中的迁移转化

土壤中稀土离子的迁移是指离子在土壤和胶体体系中的动态扩散，它主要受到土壤中氧化还原电位、pH 的影响。此外，稀土在土壤中的迁移还与化学反应有关，当土壤中存在 F^-、CO_3^{2-}、HCO_3^-、Ac^- 等阴离子时，稀土与之发生化学反应形成配合物而产生迁移。研究表明，重稀土的配合能力大于轻稀土，因此重稀土在土壤中易淋失而轻稀土易产生沉积，土体中的轻稀土和重稀土便产生了分馏现象。在酸性条件下，稀土可随铁、锰迁移，并且解吸速率和扩散程度明显加快，从而加大了稀土向土壤剖面深层迁移，很容易造成土壤和地下水的污染。

在一定条件下，Ce^{3+} 在各种土壤中的扩散系数随着土壤水分含量和土壤温度的升高而增大，但是当土壤水分含量大于土壤饱和水量时，离子的扩散系数反而减小。由于各种土壤的移动性与土壤本身的理化性质存在一定差异，土壤对 Ce^{3+} 的吸附也存在差异，它在不同土壤中的移动性也就不同，其大小的次序为红壤＞黄土＞马肝土＞潮土＞黑土。

外源稀土进入环境后，能以不同的化学形态存在，其在土壤中的形态分布主要受吸附解吸、沉淀溶解、配位反应等多种过程制约，由于体系的总的变化是向着吉布斯自由能最低状态进行的，因此可以通过提高土壤的 pH 和碳酸盐、可溶性磷酸盐含量的方式，将外源稀土向稳定态转化，降低稀土的生物可利用性，从而达到减小稀土对环境影响的目的。

稀土在土壤中的迁移能力、生物效应和化学行为，主要取决于其存在形态。用潮土表层土壤种小麦试验，按 0 mg/kg、20 mg/kg、60 mg/kg 的等级处理加入混合硝酸稀土。当小麦分别在 1 叶心期（T_1）、2 叶心期（T_2）、3 叶心期（T_3）和分蘖期（T_4）时取样，用 Tessier 方法进行分级，得到稀土元素各种形态随时间的动态变化趋势（表 3-10）：可交换态稀土含量随小麦的生长明显减少，其中一部分被小麦吸收；锰铁氧化物结合态稀土含量显著增加，可交换态稀土还有一部分被铁锰氧化物吸附固定；碳酸盐结合态稀土含量也逐渐下降；有机物结合态稀土含量与残渣态稀土含量在小麦整个生长期比较稳定，没有随时间发生变化。因此稀土微肥只在施肥初期效果较好，而在拔节后期作物增长缓慢。其主要原因是，拔节前期，小麦生长旺盛，根系活力强，分泌大量有机酸使根系周围的土壤 pH 降低，铁锰氧化物表面活化，从而增强其对稀土离子的吸附能力。碳酸盐结合态与交换态的变化趋势相同，只是变化幅度小，生长前期因根系周围微域 pH 降低，导致碳酸盐结合态稀土分解而成为有效的交换态。

表 3-10　稀土元素在土壤中各种形态含量在小麦生长期内随时间的动态变化

形态	处理浓度 (mg/kg)	含量（mg/kg）			
		T_1	T_2	T_3	T_4
可交换态	0	15.14	14.46	12.42	10.34
	20	25.44	21.28	17.63	15.43
	60	48.92	39.24	30.24	27.63
碳酸盐结合态	0	28.45	28.04	27.08	26.04
	20	30.40	29.32	28.93	28.25
	60	32.40	30.89	29.01	26.78
铁锰氧化物结合态	0	3.90	4.04	4.64	6.24
	20	5.03	5.57	6.62	9.34
	60	6.47	6.83	8.01	10.28
有机物结合态	0	1.83	1.83	1.79	1.89
	20	1.81	1.85	1.87	1.85
	60	1.96	1.86	1.83	1.79
残渣态	0	99.33	99.45	99.85	100.32
	20	99.85	99.85	100.25	100.25
	60	100.26	99.23	100.11	100.78

稀土在土壤中不断地积累，含量也不断增加，通过降低土壤中的 pH，引起土壤酸化，使得养分离子大量淋失，以及土壤的结构和功能受到破坏，这不仅降低土壤养分有效性，引起土壤肥力的退化，而且造成土壤生态系统的进一步恶化。大量试验可以证明，稀土离子能置换土壤胶体表面吸附的 H^+ 和 Al^{3+}，从而导致土壤中的 H^+ 大量增加，土壤 pH 随之降低。由于在酸性条件下，稀土能够抑制土壤生物活性，微生物对有机氮的降解能有所减弱，也导致土壤中的磷等有效成分降低，即影响土壤养分的有效性。当镧（La）的含量超过 50 mg/kg（红壤）时，与对照相比，$LaCl_4$ 显著增加浸出液中 Ca^{2+}、Mg^2、K^+、Na^+ 的浓度。由此可见，长期使用稀土微肥可能造成土壤盐基离子的淋失而影响其理化性质。

四、稀土对土壤的污染与生物效应

（一）稀土污染

稀土属于中等毒物质。目前稀土对土壤环境造成污染的来源，主要是稀土微肥在农业上的大量使用而造成稀土的积累污染，除此之外，在离子型稀土矿区和长期施用污泥的土壤中，同样存在稀土含量很高的稀土污染。

酚类化合物是土壤中重要的、典型的有机污染物。通过稀土对酚类化合物的分解作用进行试验，研究显示，在培养1周时，土壤酚的分解作用随着镧的加入而降低，在10 mg/kg时达到显著降低水平；在培养4～10周时，土壤酚分解作用随镧含量升高而不断降低，在50 mg/kg时，又达到显著降低水平。由此可见，镧能够强烈地抑制酚在土壤中的分解，并随着浓度的升高，抑制作用不断增强。经过长期培养后，稀土元素降低了消除酚类有机污染物的降解能力，大量有害物质残留在土壤中，严重危害土壤生态环境，以及土壤养分的有效供应

（二）稀土的生物效应

1. 稀土调节作物的生理功能　稀土通过调节作物的生理功能，在一定条件下，对作物体内的生理生化反应起到了促进作用，促进了农作物的生长发育，但是这并不能说明稀土是作物生长所需的必要元素，从根本上无法取代氮、磷、钾化肥。水培试验表明，在一定浓度下，稀土可以增加作物叶绿素的含量，但是浓度在15 mg/kg以上时，稀土对叶绿素的形成起到了明显的抑制作用；高浓度下的镧，能够造成土壤中氮和磷的缺乏，长期作用下引起植物细胞生长缓慢，降低了土壤有效养分。通过水培试验还发现，超过30 mg/L的镧可使两个品种的油菜过氧化物酶（POD）的活性高于对照，并且随着喷施镧浓度的升高，过氧化物酶的活性越来越高，而且在喷施不同浓度的镧后，油菜中过氧化氢酶（CAT）的活性增加出现了两次峰值，超氧化物歧化酶（SOD）等酶的活性也高于对照。由于过氧化物酶、过氧化氢酶、超氧化物歧化酶、多酚氧化酶（PPO）等酶的活性能够反映植株抗病的能力，因而提高此类酶的活性，在很大程度上可以提高作物的抗病性，例如在干旱、高温、低温、盐渍等逆境环境中，作物适应生存能力明显增强。当镧浓度低于9 mg/L时，镧增加水稻叶中细胞分裂素（iPAS）和吲哚乙酸（IAA）含量。0.05 mg/L镧显著增加水稻叶片中赤霉素（GA）含量。与0.5 mg/L、0.75 mg/L、3 mg/L处理相比，9 mg/L镧处理水稻植株叶片中脱落酸（ABA）含量显著增加，当镧浓度大于9 mg/L时，镧增加水稻根中的脱落酸含量。

2. 稀土对作物种子萌发的影响　稀土元素对植物种子的萌发有特殊效应。用不同浓度的$CeCl_4$进行浸种处理，其中5～100 mg/kg的$CeCl_4$处理可提高小麦种子发芽率，其主要原因是稀土药剂能诱导种子体内产生酯酶同工酶，促进种子萌芽和幼苗根系生长，同时根系脱氢酶活性增强，能诱导幼苗产生超氧化物歧化酶（SOD），从而提高种子活力和幼苗发育。但当$CeCl_4$用量超过100 mg/kg时，幼苗生长受到抑制；当$CeCl_4$超过200 mg/kg时，可降低种子萌发时淀粉酶的活性。

3. 稀土对土壤微生物的影响　红壤中添加镧后，土壤微生物生物量碳明显降低，表明稀土对红壤微生物生物量碳有抑制作用，并随着浓度的升高，抑制作用增强。随着培养时间的延长，外源镧在土壤中有效性逐渐降低，使其对土壤微生物的毒害作用不断减弱，镧对于

土壤微生物生物量碳的抑制作用也有所降低。镧在低浓度下的刺激作用使植物同化的主要氮素形态硝态氮增加，由此提高作物产量，但是高浓度镧的抑制作用不仅降低了土壤硝态氮的供应速度和数量，而且降低了土壤供应氮素的能力。在研究镧对红壤无机磷转化影响的试验中，当镧浓度小于 100 mg/kg 时，土壤无机磷转化作用有少量增加，随着镧浓度的升高，磷转化作用不断降低；在 300 mg/kg 时达到显著降低水平，而在 1 000 mg/kg 时降低了14％。由此可知，低浓度镧对土壤磷转化作用有微弱的刺激作用，而高浓度对磷转化作用产生抑制作用，并随着浓度的升高，抑制作用不断增强，对作物生长产生不利影响。

稀土在农业生产中能够提高作物生理活性，但是大量使用稀土化肥，引起了土壤结构和化学性质的变化，土壤微生物及农作物也受到影响，进而产生显著的生态效应，引起一系列环境污染问题。当前的工作是按照生态学原理和生态经济规律，循序渐进地建立起经济效益、生态效益和社会效益协调提高的生态农业，从而促进经济发展，保持和改善生态环境，防止污染，维护生态平衡，提高农产品的安全性，使稀土资源在农业生产中能够被持久有序地利用，为人类的可持续发展打下有利基础。

复习思考题

1. 影响土壤吸附重金属的因素有哪些？
2. 讨论土壤镉污染的主要来源及对生物的毒性。
3. 土壤缺氟或氟过量对动物各有什么影响？
4. 为什么黏土矿物中高岭石吸持硒的能力大于蛭石和蒙脱石？
5. 试讨论稀土农用的利弊。
6. 植物缺硼和硼过量各有哪些症状？

第四章 有机污染物对土壤的污染

本章提要 随着现代化学工业兴起而产生的有机污染物除污染环境外，还会影响人类健康和动植物的正常生长，干扰或破坏生态平衡。本章主要介绍有机污染物的种类及来源；有机污染物在土壤中吸附、解吸、降解、代谢、迁移、吸收、残留、积累等环境行为。重点介绍农药的种类与性质，农药对土壤的污染，农药在土壤中的降解转化，农药残留对土壤环境和生物的危害以及食品安全的影响；多环芳烃的结构与毒性及其环境行为；多氯联苯的结构与毒性及其环境行为；石油污染物的组成、危害、降解及生物修复。通过本章学习，了解土壤有机污染物的种类、特点及对环境的影响。

第一节 有机污染物的种类及来源

有机污染物（organic pollutant）是指造成环境污染和对生态系统产生有害影响的有机化合物，可分为天然有机污染物和人工合成有机污染物两类。前者主要是由生物体的代谢活动及其他化学过程产生的，例如萜烯类、黄曲霉类等；后者是随现代化学工业的兴起而产生的，例如合成橡胶、塑料等。有机污染物除污染环境外，还会影响人类健康和动植物的正常生长，干扰或破坏生态平衡。有机污染物种类繁多，但是基本上都属于憎水性化合物，具有较强的亲脂性。这些物质在土壤中残留，被作物和土壤生物吸收后，通过食物链积累、放大，对人体健康十分有害。土壤污染具有复杂性、缓变性和面源污染的特点。有机污染物在土壤环境中通过复杂的环境行为进行吸附、解吸、降解代谢，可以通过挥发、淋滤、地表径流携带等方式进入其他环境体系中。土壤中的有机污染还是大气、水等环境污染的污染源。由于可能造成食物链、地下水和地表水污染，土壤中的有机污染物日益受到人们的关注。有机污染物可被作物吸收富集，污染食品和饲料；而一些水溶性有机污染物可随土壤水渗滤到地下水，使地下水受到污染；一些有机污染物可吸附于悬浮物随地表径流迁移造成地表水的污染，甚至渗入地下水；许多污染物能够挥发进入大气造成大气污染，所以土壤污染常常成为重要的二次污染源。二次污染指进入环境的一次污染物，受环境因素的影响发生物理变化、化学反应或被生物体作用，生成毒性比原来更强的污染物，对环境产生再次污染，危害人类健康和生态环境。

一、土壤中有机污染物的种类

由于土壤污染物的种类复杂，结构、形态、性质各异，而且越来越多的有机污染物被制造和使用，所以目前尚没有一个确定的标准来划分土壤中的有机污染物。只是根据各个学科的研究目的和研究方向来进行简单的归类和划分。通常包括以下几种划分方法。

（一）按毒性划分

有机物的性质从毒性上划分为有毒和无毒两种类型。有毒有机污染物主要包括苯及其衍生物、多环芳烃、有机农药、多氯联苯、石油污染物等。无毒的有机物主要包括容易分解的有机物，例如糖、蛋白质和脂肪等。

（二）按残留半衰期划分

根据在环境中残留半衰期划分，可将有机污染物分为持久性有机污染物（persistent organic pollutant，POP）和非持久性有机污染物。

1. 非持久性有机污染物　非持久性有机污染物是指进入环境中容易降解的有机污染物。

2. 持久性有机污染物　持久性有机污染物是指具有毒性、生物蓄积性和半挥发性，在环境中持久存在的，且能在大气环境中长距离迁移并沉积回地球的偏远极地地区，对人类健康和环境造成严重危害的有机污染物质。

根据国际上对持久性有机污染物的定义，这些物质必须符合下列条件：①在所释放和运输的环境中是持久的；②能蓄积在食物链中对有较高营养价值的生物造成影响；③进入环境后，经长距离迁移进入偏远的极地地区；④在相应环境浓度下，对接触该物质的生物造成有害或有毒效应。

1997年联合国环境规划署提出了需要采取国际管控的首批12种持久性有机污染物，包括艾氏剂、狄氏剂、异狄氏剂、滴滴涕、氯丹、六氯苯、灭蚁灵、毒杀芬、七氯、多氯联苯、二噁英和苯并呋喃，化学结构见图4-1。其中前9种是农药。多氯联苯是环境中危害极大的一类有毒物质，六六六（即六氯环己烷）极难降解，广泛用于石油、电子、涂料、农药等产品中。二噁英主要在造纸、除草剂生产和使用中及金属冶炼、垃圾焚烧过程中产生，可通过食物链的传递在人体组织中积累。这12类物质大多具有高急性毒性和水生生物毒性，其中有1种已被国际癌症研究机构确认为人体致癌物，7种为可能人体致癌物。它们在水体中半衰期大多在几十天至20年，个别长达100年；在土壤中半衰期大多在1～12年，个别

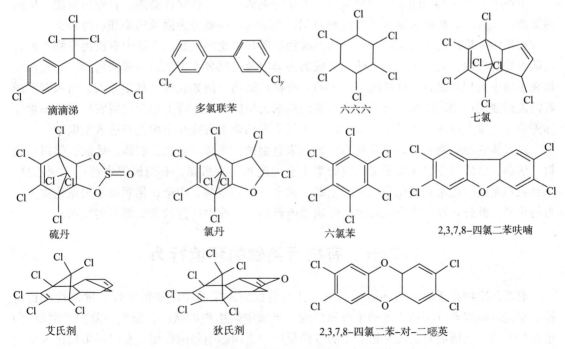

图4-1　部分持久性有机污染物的化学结构

长达 600 年，生物富集系数（bioconcentration factor，BCF）在 4 000~70 000。生物富集系数是指生物体中，污染物母体及其代谢物的浓度与水中该污染物母体及其代谢物的浓度的比值。比值越大，生物富集性就越高。2009 年 5 月，《关于持久性有机污染物的斯德哥尔摩公约》第四次缔约方大会正式通过了《新增列九种持久性有机污染物修正案》，将开蓬（十氯酮）、五氯苯、六溴代二苯（六溴联苯）、林丹、甲型六氯环己烷（α）、乙型六氯环己烷（β-六氯环己烷）、商用八溴二苯醚、全氟辛基磺酸及其盐类和全氟辛基磺酰氟等 9 种持久性有机污染物列入公约受控清单。2011 年 4 月，第五次缔约方大会通过了将硫丹（endosulfan）列入公约受控清单的决议，使公约受控持久性有机污染物增加至 22 种（臧文超，2013）。

（三）土壤中的主要有机污染物

土壤中的有机污染物种类繁多，具体来说对土壤影响较大的污染物主要有：苯及其衍生物，例如苯、苯酚、二甲苯、苯胺；有机氯、有机磷等农药，三氯乙醛；氰化物，包括氰化钠、氰化钾及氢氰酸；3,4-苯并(a)芘等多环芳烃；各种有机合成表面活性剂；农用化学品，主要包括化肥、农药、植物生长调节剂和农用塑料。

化肥应用对世界粮食和其他农产品的增长起着极其重要的作用。据估计，全世界粮食的增长有 62% 来自化肥。目前化肥仍在不断发展，由于用量过大，对土壤必然带来一定的影响。例如硝酸盐的积累，富营养化，非营养物质的积累，重金属的渗入，形成了对土壤的污染，不仅对作物带来不良影响，特别是通过食物影响人畜的健康。农药主要是指各种有机磷农药、有机氯农药、氨基甲酸酯农药等。

近年来各种石油及石油制品对土壤的污染也不容忽视。

二、土壤中有机污染物的来源

土壤中有机污染物的来源主要包括：工业污染源、交通运输污染源、农业污染源、生活污染源等。另外，根据污染源的数量和面积以及影响范围划分为面源污染和点源污染。

根据污染物质的来源又可以划分为一次污染源和二次污染源。土壤中有机污染物主要包括两方面的来源：人为生产加工使用造成的污染以及自然界产生从而形成的污染。有机污染物在土壤中的积累是在下列情况下产生的：有机污染物（例如农药）直接施入、污水灌溉或者污泥的使用；预定用来处理植物地上部的药剂大量沉降在土壤上；含残留农药的动植物遗体停留在土壤上或进入土壤中；随气流、大气尘埃及降水沉降在土壤上或进入土壤中。

从具体的污染物来看，苯及其衍生物，来自钢铁、炼焦、化肥、农药、炼油、塑料、染料、医药、合成橡胶以及离子交换树脂等工业的废水；有机氯、有机磷等农药，三氯乙醛，来自农药制造的废水；氰化物，来自电镀、黄金冶炼、塑料、印染、化肥及使用氰化物为原料的生产。此外，在生产有机玻璃、炼焦及电解银等行业中还排放含氢氰酸的废水。

第二节　有机污染物的环境行为

有机污染物在土壤中的环境行为是由其自身性质决定的，例如憎水性、挥发性和稳定性。但是环境因素（例如土壤的组成和结构、土壤中微生物的状况、温度、降雨及灌溉等）也会影响进入土壤的有机污染物发生的各种反应，进而影响降解作用。有机污染物进入土壤后，可能经历以下几个过程：①与土壤颗粒的吸附和解吸；②挥发和随土壤颗粒进入大气；

③渗滤至地下水或者随地表径流迁移至地表水中；④通过食物链在生物体内富集或被降解；⑤生物降解和非生物降解。其中吸附和解吸、渗滤、挥发和降解等过程对土壤中有机污染物的消失贡献较大。

土壤是环境污染物的重要载体，同时又是污染物的一个重要的自然净化场所。进入土壤的污染物，能够同土壤中的化学物质和土壤生物发生各种反应，产生降解作用。土壤污染的增加和去除，主要决定于污染物的输入量与土壤净化力之间的消长关系。当污染物输入量超过土壤净化能力时，就会导致土壤污染；反之则可以通过土壤的自净能力逐渐降解土壤中的污染物。

土壤有机污染物在土壤中的环境行为主要包括吸附、解吸、挥发、淋滤、降解残留、生物富集等。主要的影响因素包括有机污染物的特性（化学特性、水溶解度、蒸气压、吸附特性、光稳定性、生物可降解性等）、环境特性（温度、日照、降雨、湿度、灌溉方式和耕作方式）、土壤特性（土壤类型、有机质含量、氧化还原电位、水分含量、pH、离子交换能力等）。

一、有机污染物在土壤中的吸附和解吸

有机污染物在土壤中的吸附和解吸是污染物在环境中重要的分配过程之一，对环境行为有显著的影响，是研究有机污染物在土壤中的环境行为的基础。目前，有机污染物在土壤中的吸附和解吸研究主要集中在黏土矿物-水界面的吸附和解吸，以及它们在土壤腐殖物质中的吸附和解吸行为。有机污染物在土壤中吸附机制的研究是有机污染物环境行为研究的重要组成部分，通过吸附机制的研究可以了解有机污染物在土壤中吸附的主要类型、吸附的强弱以及可逆性，明确污染物在环境中的迁移、挥发、生物降解等环境行为。

土壤中的黏土矿物（clay）和腐殖酸（humic acid）是对农药吸附的两类最主要的活性组分。土壤对农药的吸附量还与土壤质地、黏土矿物类型和pH等有关。关于污染物在土壤活性组分上吸附机制的研究，国内外已有较多的报道。迄今为止，已发现的吸附机制主要有化学吸附（chemisorption）、物理吸附（physisorption）和离子交换（ion exchange），具体讲主要包括离子交换、氢键、电荷转移、共价键、范德华力、配体交换、疏水吸附和分配7种机制。

黏土矿物是农药的吸附剂。选取人工合成的无定形氧化铁纯矿物包被黑土和砖红壤后，采用批量平衡法研究表明，无定形氧化铁纯矿物对土壤中阿特拉津具有较强的吸附性能和较高的吸附非线性，两种土壤对阿特拉津的吸附能力（K_d）分别增加56.3%和43.8%，且对阿特拉津存在解吸迟滞效应（黄玉芬，2017）。

有机污染物的吸附行为与土壤有机质含量关系密切。通常土壤有机质含量被认为是影响农药在土壤中行为的最重要的参数。当大分子有机质含量达到百分之几以上时，土壤矿物表面就会被阻塞，不再起吸附作用。在这种情况下，农药与土壤的吸附量取决于土壤中有机质的种类和含量。

土壤中的有机质对于有机物的行为影响很大。土壤中的有机质可以分为两大类：非腐殖物质（未完全分解的植物和动物残体）和腐殖物质（程度不同地改变的或重新合成的产物）。近几十年来，由于示踪原子等先进技术的应用，对土壤有机质，特别是腐殖物质的形成转化、分布，其胶体和离子交换性质、功能、成土和与污染物的相互作用等，已研究得比较透

彻。土壤腐殖物质是经土壤微生物作用后，由多酚和多醌类物质聚合而成的含芳香环结构的、新形成的黄色至棕黑色的非晶形高分子有机化合物（黄昌勇，2013）。腐殖物质的成分因土壤的不同而有所不同，其主要成分是木质素蛋白质复合体，并和黏土矿物、微生物等结合在一起形成聚合体。根据腐殖物质在水、酸和碱中的溶解度通常可分成富里酸、胡敏酸和胡敏素。已经证明腐殖物质中存在羧基、酚羟基、乙醇羟基、羰基和甲基等基团。当农药有效成分含有相似的基团时容易与上述基团结合而形成残留。

有机质在农药吸附中的重要作用在许多试验中都已被证实。通过腐殖物质的吸附量远远超过其他土壤成分的吸附量。试验也已表明，腐殖酸对有机污染物的吸附作用超过其他土壤成分许多倍。已经证实，在生草-灰化土中，80%吸附态西玛津可与腐殖物质含量超过80%的黏粒结合。也已发现，土壤对污染物的吸附作用主要决定于土壤有机质，也就是决定于它的高分子相——胡敏酸和富里酸（占总吸附的74%）。通过 ^{14}C 同位素示踪技术标记唑菌酯，发现土壤有机质对唑菌酯结合残留的形成起着主要作用，有机质含量高的土壤中含有较高的结合残留量。而且，富里酸结合唑菌酯的 ^{14}C 放射性活度总是大于胡敏酸，在3种不同类型土壤中，分布在富里酸中的结合残留量分别占引入量的5.86%、9.13%和2.27%，在胡敏酸中的结合残留量分别占引入量的2.04%、6.76%和0.12%（杨题隆，2014）。腐殖酸组分胡敏酸和富里酸的分子结构特点也决定了其对亲水、疏水农药的吸附程度，与胡敏酸相比，富里酸含有较少的芳香族基团，但是多了些酸性基团，腐殖化程度较低，氧化程度较高，因而富里酸对疏水性农药（例如马拉硫磷、对硫磷、辛硫磷、甲基对硫磷、水胺硫磷、治螟磷、甲拌磷、喹硫磷和二嗪农）的吸附能力较弱，但这些疏水弱极性有机磷农药与芳香族的胡敏酸相互作用较强，因为富里酸中大量氧化饱和的官能团会抑制结合其他基团的能力（周瑜，2009）。但也有不同的学术声音，雷宏军等利用三维激发发射荧光光谱矩阵技术，结合荧光区域积分方法对天然土壤溶解性有机质进行定量化表征认为，土壤有机质的腐殖化程度对土壤中农药残留的影响较小，天然溶解性有机质组分对大多数有机氯农药在土壤中的环境行为影响较小，但对 γ-六六六（γ-HCH）、p，p′-滴滴伊等少数农药影响显著（雷宏军等，2015）。

为了明确土壤有机质在农药归宿中的作用，研究黏土矿物和腐殖物质的相互作用以及土壤中有机质在质和量上的差别具有重要意义。要区别有机质和黏土矿物在农药吸附中的作用是困难的，因为它们在土壤中常常以黏土-有机复合体的形式存在，而这些复合体与其单独的组成成分相比，具有很强的吸附活性。蒙脱石黏土矿物是土壤的重要组成部分，由于大比表面积、高阳离子交换量等结构特征，能够吸附多种类型的有机污染物。腐殖质-蒙脱石复合体比蒙脱石对多氯联苯具有更强的吸附能力，土壤有机质能够极大地促进蒙脱石对多氯联苯的吸附，归因于包裹在蒙脱石断面位置的有机质分子，通过限制水分子的进入而增大黏土层间的疏水性，从而增大蒙脱石对多氯联苯的吸附（王沛然，2015）。

有机污染物在土壤黏土矿物上的吸附主要决定于污染物与水、污染物与胶体和胶体与水的相互作用。对污染物的吸附作用的研究，最简单的方法是采用批量平衡法，通过测定水相和吸附相中的浓度，将吸附量与平衡浓度作图得到该温度下的吸附等温线（adsorption isotherm），即在相同温度下，单位质量的吸附剂的吸附容量与流体相中吸附质的分压或浓度的比值的变化规律。吸附等温线一般可分为3种类型：线性吸附等温线、Langmuir吸附等温线和向上弯曲的吸附等温线。

当以 $\lg c_s$（X 轴）和 $\lg c_w$（Y 轴）作图时（c_s 表示土壤吸附的有机物的浓度，mg/kg；c_w 表示水中有机物的浓度，mg/L），多数情况下溶液中有机物的吸附等温线都是线性的，即 Freundlich 吸附等温线，可表示为

$$\lg c_s = \lg K_d + n \lg c_w$$

或

$$c_s = K_d c_w^n$$

式中，K_d 和 n 是在一定温度下测定的常数。

然而，高吸附和低吸附的化合物的吸附等温线均不符合 Freundlich 方程，高吸附时所得到的吸附等温线几乎与纵轴平行，而在低吸附情形下形成吸附随浓度逐渐增加呈 S 型吸附等温线。

化合物由溶液吸附到固体上不仅仅是 Freundlich 或 Laugmuir 方程所描述的两种状态。通常包括 4 种类型的经验吸附等温线：L 型、S 型、C 型和 H 型，见图 4-2。L 型最普遍，代表吸附的最初状态，固体和溶质之间的亲和力相当高，当吸附位被填满时，溶质分子寻找孔隙位置的难度增大了。S 型表示协同吸附，即溶质分子在等温线起始部分浓度增加时，水分强烈地和溶质竞争吸附位。C 型代表溶液和吸附体表面之间划分均衡部分，表示当溶质被吸附时新位置变成有效的，吸附量总是和溶液浓度呈正比。H 型代表溶质和固体间的亲和力非常高，是十分罕见的。化合物在土壤中的吸附和解吸特性决定了这种物质在环境中的行为。

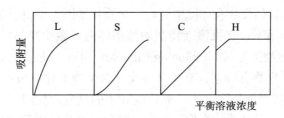

图 4-2 吸附等温线的类型

在污染物运移的诸多机制中，污染物在水相与固体颗粒间的吸附和解吸过程最为重要。天然土壤中，土壤颗粒常具有次级结构，例如团聚体或裂隙结构。即使在较干燥的情况下，由于小孔隙的毛管力作用，团聚体内的小孔隙都为静止的水所充满，而团聚体间的大孔隙则为流动相（水相、气相或水气共存）所占据。由于天然土壤的这种次级结构，污染物在水相与团聚体间的吸附过程不仅包括水与团聚体间大孔隙壁间的物质交换，而且还包括污染物在团聚体内小孔隙静止的水中的扩散过程。

长期以来，污染物在土壤中的吸附和解吸过程都被视为瞬时完成而达到平衡的，称为局部平衡假设（local equilibrium assumption）。近年来，越来越多的研究表明，非平衡吸附更具普遍意义，且关于非平衡吸附对污染物运移影响的定量研究已开展。Smith 等对被污染场地中的土壤水和土壤空气样品进行分析，发现土壤空气与土壤中的污染物浓度比值比根据局部平衡假设所得的预测值小 1～3 个数量级（彭胜等，2001）。造成以上实测值比预测值小的原因就是解吸速度较吸附速度慢，从而使相同时间内从固体颗粒表面释放到气相的污染物量小于由气相通过水相吸附到固体颗粒的污染物量。此外，农药施用后仍长期存在于土壤中，

有的时间长达十几年。这些都说明局部平衡假设是不成立的。

蒋新明和蔡道基（1987）以呋喃丹、甲基对硫磷和六六六3种农药，以及东北黑土、太湖水稻土和广东红壤3种类型的土壤进行了农药在土壤中吸附和解吸性能的比较试验。他们的试验结果表明，影响农药吸附与解吸的主要土壤因素为有机质含量。以呋喃丹为例，其吸附常数（y）与土壤有机质含量（x）的关系式为 $y=0.020\,5+0.442\,6x$。利用该方程式可预测呋喃丹在其他土壤中的吸附状况。农药在水体中的溶解度对吸附作用影响很大，其影响程度大于土壤性质的影响程度。

多数有机氯农药属于非离子化农药，仅微溶于水，其吸附量与疏水表面的积累呈比例，溶解度通常小于 1 mg/kg，例如滴滴涕的溶解度约为 0.001 mg/kg。在有机碳含量低的时候（0%～1%），有机质含量增加可提高滴滴涕的活性；原因是：在没有有机碳存在时，滴滴涕被矿物胶体吸附而使活性降低；当有机质含量增加时，有机质会优先占据吸附位点，使得滴滴涕活性提高。其他氯化烃的吸附、残留和钝化，也与土壤有机质含量关系密切。

二、有机污染物在土壤中的降解和代谢

（一）有机污染物在土壤中的降解

诸多因素同时控制着有机污染物的降解（degradation）过程，其中比较重要的因素包括化学、生物、光照、酸碱度、污染强度、营养物、氧化剂、表面活性剂、温度、湿度、土壤扰动状况。逐渐分解转变成为无毒物质的过程称为降解。有机污染物的降解又分非生物降解和生物降解两大类。有机污染物在环境中受光、热及化学因子作用引起的降解现象，称为非生物降解。在生物酶作用下，有机污染物在动植物体内或微生物体内外的降解即生物降解（biodegradation）。微生物降解（microbiological degradation）是指利用微生物降解有机物的生物降解过程，降解微生物有细菌、真菌和藻类。微生物矿化（microbiological mineralization）作用是指有机物被微生物降解为二氧化碳和水的过程。代谢（metabolism）是指有机物在生物体内，经过酶类及其他物质作用，发生变化，进行消化和排泄的过程。

有机污染物的降解在环境影响预测中是非常重要的。有机污染物母体及其降解物若能迅速被降解，就不会发生残留问题。

虽然在厌氧和好氧条件下多氯化合物都可以降解，但是在厌氧条件下降解速度更快。大量的研究都发现漫灌是消除土壤滴滴涕残留的一种手段，厌氧条件下，滴滴涕更容易降解。厌氧降解过程中，微生物会依靠含氧化合物（例如 SO_4^{2-}、CO_3^{2-} 和 NO_3^- 等）作为电子供体，还原脱氯，是有机氯农药厌氧降解最重要的步骤，即脱掉氯原子，同时给分子提供电子。例如滴滴涕和七氯在厌氧条件下发生脱氯还原反应，生成六氯代谢产物。但有机氯的初始浓度不同，降解率不同，当浓度超出某一数值时，还有可能会抑制脱氯反应（邱立萍，2017）。六六六（hexachloroethane，HCH）和滴滴涕在嫌气的淹水土壤中消解较快。好氧条件下，微生物对有机氯农药的降解包括如下几种反应方式：脱氯化氢、异构化、氧化等。尽管在好气条件下土壤中也有很多分解菌存在，但在好气的旱田条件下由于有机氯污染物被土壤吸附，生物活性降低，可长期残留。通常药剂在土壤中的分解要比在蒸馏水中的分解速度快得多。将土壤灭菌处理后，大部分土壤的分解速度明显受到抑制（表4-1）。

表 4-1　灭菌对土壤中农药的降解速度的影响

药剂	土壤条件	灭菌方式	分解速度比（不灭菌/灭菌）
林丹	旱田	高压蒸汽灭菌	2.6
	旱田	NaN₃	1.1
	淹水	高压蒸汽灭菌	>5
滴滴涕	淹水	高压蒸汽灭菌	>10
异狄氏剂	淹水	高压蒸汽灭菌	大约 2
	旱田	高压蒸汽灭菌	5.0
狄氏剂	旱田	环氧乙烷	1.0
七氯	淹水	高压蒸汽灭菌	大约 5

迄今为止，各国研究人员已从土壤、污泥、污水、天然水体、垃圾场和厩肥中分离得到降解不同农药的活性微生物。活性微生物主要以转化和矿化两种方式，通过胞内或胞外酶直接作用于周围环境中的农药。值得注意的是，尽管矿化作用是清除环境中农药污染的最佳方式，但目前的研究表明，自然界此类微生物的种类和数量还是相当缺乏的。然而转化作用却是相当普遍的，某个特定属种的微生物以共代谢的方式实现对农药的转化作用，并同环境中的其他微生物以共代谢的方式，最终将农药完全降解。

研究显示，滴滴涕的分解菌至少涉及 30 属，其中包括细菌、酵母、放线菌、真菌以及藻类等微生物。六六六在环境中的微生物代谢途径主要有两种：通过脱氯化氢变成五氯环己烯（PCCH）和脱氢、脱氯化氢反应变成四氯环己烯。代谢中可能还有多种其他中间产物，例如多氯苯或多氯酚。

目前多数微生物降解方面的研究仅局限于室内试验，真正推广应用的很少。研究发现，互生毛霉在试管内 2～4 d 可使滴滴涕降解，但是在田间试验中把真菌的孢子接种到被滴滴涕污染的土壤中时，真菌明显失去了降解滴滴涕的能力。方玲（2000）分别以有机氯农药六六六或滴滴涕为唯一碳源进行微生物的分离筛选，得到几种降解六六六和滴滴涕的菌株。田间试验结果显示这些菌株对滴滴涕和六六六的降解率仅为 50％左右。

环戊二烯类有机氯在土壤中的反应主要是双键部位的环氧化，这种反应可使艾氏剂转变成狄氏剂、异艾氏剂转变成异狄氏剂、七氯变成环氧七氯。这类反应可能由土壤中分离出来的多种真菌、细菌以及放线菌来参与。

（二）有机污染物在土壤中的代谢

常规环境条件下，能降解目标污染物的微生物数量少，且活性比较低，当添加某些营养物（包括碳源与能源性物质）或提供目标污染物降解过程所需因子时，有助于降解菌的生长，提高降解效率，也就是所说的共代谢（co-metabolism）。共代谢是指不与微生物生长相关联的有机物降解代谢，即微生物只能使有机物发生转化，而不能利用它们作为碳源和能量维持生长，必须补充其他可以利用的基质，微生物才能生长。

在共代谢降解过程中，微生物通过酶来降解某些能维持自身生长的物质，同时也降解了某些非微生物生长必需的物质。大量的研究显示，与有机氯农药降解有关的微生物并非某种特定菌种，通常是通过土壤中各种微生物的共代谢作用进行的。由于多环芳烃水溶性低，辛醇-水分配系数高，因此该类化合物易于从水中分配到生物体内、沉积层中。多环芳烃在土壤中有较高的稳定性，其苯环数与其生物可降解性明显呈负相关关系，很少有能直接降解高环数多环芳烃的微生物。研究表明，高分子多环芳烃的生物降解一般以共代谢方式开始。多环芳烃苯环的断开主要通过加氧酶的作用，加氧酶能把氧原子加到 C—C 键上形成 C—O 键，再经过加氢、脱水等作用而使 C—C 键断裂，苯环数减少。加氧酶分为单加氧酶和双加氧酶，它们的活性程度对多环芳烃的降解有很大影响。

环境中的多环芳烃降解缓慢的两个原因是：缺少微生物生长的合适碳源和多环芳烃化合物的有限的生物有效性。研究发现，将含有 16 种多环芳烃的土壤过筛后平衡 45 d 后，加入适量的水后可以使土壤中的多环芳烃的降解速度加快，可以达到原来的 3 倍。增加可溶性有机物后可以加速 4~6 环的多环芳烃的降解速度。多环芳烃的生物有效性会因为水的加入使土壤呈水饱和状态而提高，加入其他含碳的底物（比如某些与多环芳烃相类似的物质）可以降低多环芳烃的生物有效性。利用盆栽试验研究了土壤微生物对含有 6 种人为添加的多环芳烃混合物污染的土壤中多环芳烃的作用，两种土壤添加浓度为 10 mg/kg 和 100 mg/kg。土壤微生物的种群特性主要是通过土壤中微生物数量和呼吸强度进行评价，而土壤微生物的活度主要是通过脱氢酶和磷酸酯酶活度进行评价。分别在试验的第 0 d、15 d、30 d、60 d 和 90 d 取样，对土壤中多环芳烃的浓度和土壤微生物的各种指标进行了研究，结果表明，土壤溶液中多环芳烃的含量随土壤中脱氢酶活度的增加而减少。

三、有机污染物在土壤中的迁移和吸收

污染物的迁移（movement）是指污染物在环境中发生的空间位置的相对移动过程，可分为机械性迁移、物理-化学性和生物迁移。吸收（uptake）就是外源物质从一种介质相进入另一种介质相的现象。吸收的主要途径有自由扩散、协助扩散和主动运输 3 种。

土壤中有机污染物的迁移与吸收与它们的亲水性有关。有机污染物按照亲水性的强弱，通常分为亲水性有机污染物和憎水性有机污染物。憎水性有机污染物（hydrophobic organic pollutant）是指含有疏水性基团的有机污染物，它们在水中的溶解度很低，而很容易被土壤颗粒吸附。憎水性有机污染物是主要的有机污染物。亲水性有机污染物和憎水性有机污染物在土壤中的吸附有很大的区别，亲水性有机污染物进入土壤后被土壤吸附，其中溶解于土壤团粒之间的重力水中和存在于团粒内部复合体微粒间的毛管水中的部分在淋溶和重力作用下向深层土壤不断扩散，最终到达地下含水层，并可以随地下水流而迁移扩散。

持久性有机污染物多属于憎水性有机污染物，在水中的溶解度很低，易于被土壤中的有机-矿物复合体所吸附，土壤黏土矿物与大分子有机质（动植物残体、腐殖酸、胡敏素等）构成的复合体表面有许多基团，例如—OH、—COOH、—NH$_2$、—SO$_3$H、—SH 等，这些基团与憎水性污染物分子的相互作用，导致有机污染物被吸附在复合体表面。达到土壤颗粒的饱和吸附量后，还有一小部分以自由态存在于土壤团粒之间以及团粒的内部，在雨水、地表径流的淋溶作用以及自身的重力的作用，憎水性有机污染物以自由态、或与土壤中可溶性有机物形成胶体、或吸附于细微的胶粒表面向下渗透迁移，进入地下含水层中。一般情况下土壤底层为黏土层或者岩层等低渗透区，污染物受阻挡而降低了渗透的速率并在毛管力的作用下逐渐汇集，如果污染源的排放是连续的，那么在地下含水层底部憎水性污染物会汇集而出现非水相液体（non-aqueous phase liquid，NAPL），而成为地下水的二次污染源。当非水

相液体的密度大于水的密度时，污染物将穿过地表土壤及含水层到达隔水底板，即潜没在地下水中，并沿隔水底板横向扩展；当非水相液体密度小于水的密度时，污染物的垂向运移在地下水面受阻，而沿地下水面（主要在水的非饱和带）横向广泛扩展。非水相液体可被孔隙介质长期束缚，其可溶性成分还会逐渐扩散至地下水中，从而成为一种持久性污染源。

土壤中的有机污染物通常有以下几种存在状态：溶解于水、悬浮于水或吸附在土壤颗粒上。在土壤中有机污染物的最终去向包括向土壤系统外转移和系统内分解两种，以哪种为主因有机污染物的种类而异。有机污染物的植物吸收（plant uptake）途径有两种：根部的吸收和地上部的吸收，土壤中滴滴涕、六六六和氯丹的含量与 29 种蔬菜中的有机氯含量具有较强的相关性。研究表明，林丹很容易被作物吸收并转移到作物顶部，原因是它具有较高的水溶性，可以通过扩散到达根的表面并进入作物体内，然后随水分转移；而滴滴涕的挥发作用更重要。在以 0.5 mg/kg 剂量处理的土壤中七氯和滴滴涕等有机氯化合物的归宿研究中，结果显示七氯有 55％通过挥发消失，而滴滴涕有 43％被挥发，仅有 2％通过根部吸收。

另外，植物种类与农药的吸收量有很大的关系。研究表明，5 种不同品种的胡萝卜对艾氏剂、七氯的吸收差别很大。许多作物种子中的含油量可以影响有机氯的残留量，作物生长阶段也影响它们对有机氯的吸收量，不过不同品种影响程度不同。大豆在整个生长期间对有机氯的吸收量逐渐增高，到种子成熟时吸收减少。而棉花则在苗期吸收量最高，然后逐渐降低。据报道，作物从土壤中吸收残留农药的能力与作物种类有很大的关系，最容易吸收的是胡萝卜，其次是草莓、菠菜、萝卜、马铃薯等；水生生物从污水中吸收农药的能力要比陆生的植物从土壤中吸收农药的能力强得多。

许多关于土壤类型与植物对有机氯污染物吸收量的关系的研究发现，土壤有机质含量增加会导致作物对药剂的吸收量下降。研究显示，麦苗体内的有机氯残留浓度和栽种时土壤中的有机氯浓度呈正相关。不过也有资料表明，在含有 10 mg/kg 和 45 mg/kg 狄氏剂的土壤中生长的大豆种子中的狄氏剂的浓度，二者之间没有差别。对多氯联苯在稻田土壤和水稻间的转化进行的研究显示，稻米中的多氯联苯的含量不易受环境中多氯联苯浓度的影响，水稻的不同部位中多氯联苯的含量分配规律为叶＞稻壳＞秸秆＞稻米。稻米中的多氯联苯，可能主要来自大气沉降或土壤挥发而不是来自根部吸收转移。

与植物相比，无脊椎动物对污染土壤中农药的积累作用要强得多。溶解度低的物质（＜0.1 mg/L）一般具有较高的通过生物途径积累的能力。关于残留有机氯农药在无脊椎动物体内的积累的数据可参见表 4-2。

表 4-2　土壤中无脊椎动物体内的有机氯农药的含量

施药量 （3～18 kg/hm²）	农药含量（mg/kg，干物质量）			
	土壤	蚯蚓	蚯蚓	蜗牛
滴滴涕	0.08～5.40	10.3～36.7	1.1～54.9	0.32～0.38
滴滴伊	0.12～4.40	0.12～4.40	4.2～15.4	0.70～1.60
滴滴滴	0.01～5.60	2.6～14.0	0.8～18.7	0.83～1.68
狄氏剂	0.01～0.02	0.2～11.1	0.04～0.82	0.02～0.07
异狄氏剂	0.01～3.50	1.1～114.9	0.4～11.0	2.72

土壤中残留农药的最直接影响是，被作物吸取而使食品受到污染。已知影响土壤中残留

农药污染作物的因素有作物种类、土壤质地、有机质含量、土壤含水量等。砂质土壤与壤土相比较，前者对农药的吸附较弱，作物从中吸取农药也较易。土壤有机质含量高时，土壤吸附能力增强，作物吸取的农药也就较少（表 4-3）。

表 4-3 土壤和作物中残留有机氯农药的含量

杀虫剂	砂质土		泥炭土	
	土壤中含量 （mg/kg，干物质量）	胡萝卜中含量 （mg/kg，鲜物质量）	土壤中含量 （mg/kg，干物质量）	胡萝卜中含量 （mg/kg，鲜物质量）
六六六	0.095	0.0249	0.693	0.0225
七氯	0.066	0.0063	4.563	0.0170
狄氏剂	1.165	0.0455	8.563	0.0251
滴滴涕	4.650	0.0374	10.217	0.0265

土壤水分因为能够减弱土壤的吸附能力，可以增强作物对农药的吸取。作物被土壤中残留农药污染的途径，除从根部吸收外还可能因被雨水溅起而附着在作物表面，或因从土壤表面蒸发而凝集在作物表面上。

研究发现，植物体内残留性有机氯农药（organochlorine pesticide，OCP）的积累和土壤吸附农药的能力之间存在相关关系。土壤质地黏重、阳离子交换能力大和黏土矿物含量高这些因素都有利于土壤对农药的吸附。例如栽种在六六六含量为 0.713 mg/kg 的变性土上的玉米，其茎秆中六六六含量为 0.086 mg/kg，其籽粒中含量为 0.051 mg/kg；而栽种在六六六含量为 0.027 mg/kg 的砂质土的玉米，其茎秆和籽粒中六六六含量分别为 0.047 mg/kg 和 0.067 mg/kg。出现这种现象的原因是变性土中含有较多的黏土矿物（53.5%），因而具有较高的吸附农药的能力。对于栽种在轻质土壤上的玉米来说，籽实中六六六含量较茎秆中高。

四、有机污染物农药在土壤中的残留和积累

残留（residue）是指因使用农药而残留于土壤、人类食品或动物饲料中的农药母体化合物，还包括在毒理学上有意义的降解产物。积累（accumulation）的概念是指有机污染物的持久性，可定义为该化合物保持其分子完整性，以及通过在环境中运输和分配，维持其理化性质和功能特性的能力。化合物在土壤中是否容易降解，影响着它在某单一介质或相互作用的多介质中的停留时间。因此如果在介质中降解的速率超过它的输入速率，则不太可能在这种介质中达到较高的浓度水平。但如果生物吸收的速率高于化学分解的速率，或者这种化合物的扩散和移动的能力很弱，以致农药在小范围内集中，就会导致有机污染物残留。按照污染物在环境中的存在形式，可以将其划分为结合残留（bounded residue）、共轭残留（conjugated residue）和游离残留（free residue）3 种类型。其中结合残留是污染物的主要存在形式，共轭残留和游离的研究较少。加拿大的 Khan 于 1982 年提出："农药的结合残留是源于农药使用的，不能为农药残留分析通常所使用的萃取方法所萃取的，存在于环境样品中的化学物质。"Khan 的定义不足之处是没有限定常规的农药残留分析的内涵，故国际原子能利用委员会（IAPC）于 1986 年确定"用甲醇连续萃取 24 h 后仍残存于样品中的农药残留物为结合残留"。

研究表明，结合残留物既可以是农药母体化合物，也可以是其代谢产物。结合残留主要存在于样品的具有多种官能基团的网状结构组分中（例如土壤腐殖物质和植物木质素），结合残留物同环境样品的结合可能包括化学键合和吸附过程及物理镶嵌等作用。

在过去相当长时间，人们认为结合态农药是稳定的，不具有生物有效性，是有毒化合物的解毒途径之一，并习惯用溶剂萃取出的那部分农药（即游离态）残留量来衡量农药的持留性，但由于结合态农药的释放即农药从结合态转化为游离态而导致对环境的再次威胁，因此目前对化学农药的安全评价有可能低估土壤中农药的残留状况，并错误地评估农药的持留性或半衰期。

农药结合残留的分析方法主要包括：总燃烧法（total combustion method）、高温蒸馏技术（high temperature distillation，HTD）、强酸/碱水解（alkaline/acid hydrolysis）、溶剂萃取（solvent extraction）法等。

作物体内农药的残留性决定于农药成分的物理化学性质，其表现方式依施用农药的作物和施用方法而有不同。这就是说，农药施用后其残留量和数量变化，依作物种类和施用部位而有不同，也为农药的施用方法、施药量和施用时期所左右。自然，也与作物的栽培方法和气候条件有关。由此可见，影响农药残留量的因素是相当复杂的。

但在作物和施用方法都相同的情况下，残留量也因为农药的种类而有所不同，因此还要对各种农药的残留量的大小进行比较，选出残留性大的农药对其施用加以限制。另一方面，如果所施农药相同，作物的农药残留量则依施用方法和作物的收获时期而有不同，因此限制农药的使用和贯彻农药的安全使用以防止残留农药的危害是极为重要的。

农药在环境中是否会产生残留主要由农药的使用量、使用频率以及降解半衰期决定。当涉及残留问题时，就应考虑施药次数和环境因素，尤其是温度。鉴别主要代谢产物是必要的，有时候它们比母体化合物的毒性更强。

在一定时期反复使用某种农药，如果这期间该农药的残留率（r）一定，以药量 a 反复使用 n 次后的残留量 R 可以表示为

$$R=a\frac{r(1-r^n)}{1-r}\ (r<1)$$

如果无限制地反复施用，则 $r^n \to 0$，故 R 趋近于某一定值 $\frac{a \times r}{1-r}$。如果每年施用 1 次，1 年后残留率为 50%，即半衰期为 1 年时，残留量不会超过 1 次施用量，即

$$R\ (n \to \infty)=\frac{0.5a}{1-0.5}=a$$

如果农药的半衰期不到 1 年，则不必考虑土壤残留问题。但多数有机氯农药和其他半挥发性有机污染物的土壤半衰期都远大于 1 年，而且它们的正辛醇-水分配系数也较大，所以不但具有较强的残留性，而且极易在生物体内富集，从而造成严重的环境问题。

第三节　土壤的农药污染

据统计，世界农作物的病虫草害中约有 50 000 种真菌、1 800 种杂草和 1 500 种线虫，这些病虫草害使世界每年粮食减产约 50%，这相当于 750 亿美元的经济损失。施用化学农药是防治这些病虫草害的重要措施。20 世纪 90 年代以后，世界农药的年产量为 $2.0 \times 10^6 \sim$

2.5×10^6 t。2007 年我国的农药产量为 1.731×10^6 t（按有效成分计），比 2006 年增长 24.3%，超过美国成为世界第一农药生产大国。目前世界上生产的农药品种有近 500 种。农药作为一类有毒化学物质，它的施用在消灭病虫草害，提高作物产量的同时，也对环境及人畜、鸟类、有益昆虫及土壤微生物构成一定的威胁，尤其是稳定性强、残留期长的有机氯农药。

土壤是接受农药污染的主要场所。农药在土壤中的长期残留积累导致土壤环境发生改变和农作物产品中出现农药残留。20 世纪 60 年代广泛使用含汞、砷的农药，至今在我国部分地区仍在土壤中起着残留污染的作用。有机氯农药 1983 年被禁用后，其替代品种为有机磷、氨基甲酸酯及菊酯类农药等。这些农药在环境中较易于降解，从全国的施用情况看，尚未造成大面积的土壤污染，但在部分地区由于使用技术不当和施用量过大，也出现了土壤严重污染的情况。例如 20 世纪 90 年代，江苏省武进县对土壤检测的结果表明，其土壤中除草醚最高含量为 5.98 ng/g，最低为 0.16 ng/g，平均为 1.21 ng/g；绿麦隆最高含量为 0.466 ng/g，平均为 0.297 ng/g；甲胺磷检出率为 100%，平均含量为 0.141 ng/g，最高含量为 0.635 ng/g。这些农药的残留对环境、作物及人畜的健康危害极大，严重制约了农业的可持续发展。

一、农药的种类与性质

农药的品种很多，功能各异，按防治对象分，有杀虫剂、杀菌剂、除草剂、杀线虫剂、杀软体动物剂、杀鼠剂、植物生长调节剂等。农药的成分主要是有机物。农药施用后，只有 10%～30% 对农作物起保护作用，其余部分则进入大气、水和土壤。造成土壤农药污染的类型有有机氯、有机磷、氨基甲酸酯、苯氧羧酸等（张颖和伍钧，2012），这里介绍前两种。

（一）有机氯农药

有机氯农药的分子结构中含有 1 个或几个氯代衍生物，在农业生产上主要用作杀虫剂。有机氯农药化学性质稳定，残留高，在环境中不易分解，而且具有高生物富集性，通过食物链危害人畜健康，因而有机氯农药污染成为一个全球环境问题。几种典型的有机氯农药性质如下。

1. 滴滴涕　滴滴涕（DDT）化学名为双对氯苯基三氯乙烷，化学式为 $(ClC_6H_4)_2CH(CCl_3)$。滴滴涕几乎不溶于水，易溶于多数有机溶剂和油脂中，对空气、光和酸均稳定性。滴滴涕为 20 世纪上半叶防治农业病虫害、减轻疟疾、伤寒等蚊蝇传播的疾病危害起到了不小的作用，但在土壤中残留期长。

2. 林丹　林丹是六六六的异构体。六六六化学名为 1,2,3,4,5,6-六氯环己烷，是一种有机氯杀虫剂，因分子中含 6 个碳原子、6 个氢原子和 6 个氯原子而得名。工业产品为白色固体，是甲、乙、丙、丁等异构体的混合物。高丙体六六六含量在 99% 以上的六六六称为林丹。林丹的性质稳定，但遇碱易分解，在水中溶解度极微，可溶于有机溶剂；不易降解，在土壤和生物体内造成残留积累。

3. 氯丹　氯丹是广谱性杀虫剂，不溶于水，易溶于有机溶剂，在环境中比较稳定，遇碱性物质能分解失效。在杀虫浓度范围内，对植物无药害。

4. 毒杀芬　毒杀芬是一种杀虫剂，不溶于水，易溶于有机溶剂。人们以前将其用于农业和蚊虫的控制，现已被国家明令禁止使用。

（二）有机磷农药

有机磷农药是为取代有机氯农药而发展起来的。有机磷农药比有机氯农药容易降解，所以对自然环境的污染及对生态系统的危害和残留没有有机氯农药那么普遍和突出。但是有机磷农药毒性较高，大部分对生物体内胆碱酯酶有抑制作用。随着有机磷农药使用量的逐年增加，其对环境的污染以及对人体健康等问题已经引起各国的高度重视。

有机磷农药大部分是磷酸的酯类或酰胺类化合物，按结构可分为如下几类。

1. 磷酸酯　磷酸中 3 个羟基中的氢原子被有机基团置换所生成的化合物称为磷酸酯，例如敌敌畏、二溴磷等。

2. 硫代磷酸酯　硫代磷酸分子的氢原子被甲基等基团所置换而形成的化合物称为硫代磷酸酯，例如对硫磷、马拉硫磷、乐果等。

3. 膦酸酯和硫代膦酸酯　磷酸中 1 个羟基被有机基团置换，即在分子中形成 C—P 键，称为膦酸。如果膦酸中羟基的氢原子被有机基团取代，即形成膦酸酯。如果膦酸酯中的氧原子被硫原子取代，即为硫代膦酸酯，例如敌百虫。

4. 磷酰胺和硫代磷酰胺类　磷酸分子中羟基被氨基取代的化合物，为磷酰胺。而磷酰胺分子中的氧原子被硫原子所取代，即成为硫代磷酰胺，例如甲胺磷等。

二、农药污染土壤的途径

土壤中的农药主要来源于以下几个途径。

1. 施于土壤的农药　将农药直接施入土壤或以拌种、浸种和毒谷等形式施入土壤，包括一些除草剂、防治地下害虫的杀虫剂和拌种剂，后者为防治线虫和苗期病害与种子一起施入土壤，按此途径这些农药基本上全部进入土壤。

2. 施于作物的农药　向作物喷洒农药时，农药直接落到地面上或附着在作物上，经风吹雨淋落入土壤中，按此途径进入土壤的农药的比例与农药施用期、作物生物量或叶面积系数、农药剂型、喷药方法和风速等因素有关，其中与农作物的农药截留量的关系尤为密切。一般情况下，进入土壤的农药的比例在作物生长前期大于生长后期，农作物叶面积系数小的大于叶面积系数大的，颗粒剂大于粉剂，大的农药雾滴大于小的雾滴，静风大于有风。

3. 大气中悬浮的农药　大气中悬浮的农药颗粒或以气态形式存在，农药经雨水溶解和淋失，最后落到地面上。

4. 动植物残体中的农药　死亡动植物残体或灌溉水将农药带入土壤。

进入土壤中的农药，将发生被土壤胶粒及有机质吸附、随水分向四周移动（地表径流）或者向深层土壤移动（淋溶）、向大气挥发扩散、被作物吸收、被土壤和土壤微生物降解等一系列物理、化学过程。

三、农药在土壤中的移动性

土壤中的农药分布和移动性研究可以采用土壤淋滤装置，见图 4-3。土柱装好后用水淋溶，测定各层土壤中的农药分布情况。用水量可以参考降水量等气象条件。

农药在土壤中的迁移性还可以采用 Helling 的土壤薄层分析法，以农药在薄板上的比移值（R_f）来表示，即农药移动的速度与展开剂（水）移动速度之比，表达式为

比移值＝农药谱带的中心到原点的距离（cm）/展开剂前沿到原点的距离（cm）

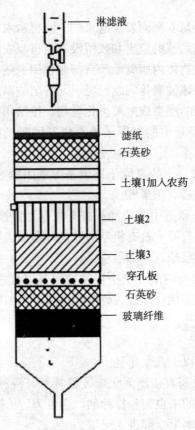

图 4-3　土壤淋滤装置

标注：淋滤液、滤纸、石英砂、土壤1加入农药、土壤2、土壤3、穿孔板、石英砂、玻璃纤维

原点就是在土壤薄层板上点加样本的位置，一般在玻璃板下端大约 2 cm 处，展开剂前沿是指展开剂移动的终止位置。根据 R_f 的大小，划分为 5 个等级，R_f 越大，表示其移动性能越强，反之越弱。

可以将土壤制成土壤薄层色谱板，将标记化合物在原点上点样后，将板以水展开，摄制放射自显影图，以 R_f 求出农药在土壤中的移动性。表 4-4 列出了一些农药在土壤中的移动性。

表 4-4　农药在土壤中的移动性

R_f	移动性能	农药品种
0.00～0.09	不移动	滴滴涕、毒杀芬、氯丹、艾氏剂、异狄氏剂、七氯、氟乐灵、百草枯、狄氏剂、代森锰
0.10～0.34	不易移动	敌稗、禾草特、扑草净、利谷隆
0.35～0.64	中等移动	莠去津、西玛津、甲草胺等
0.65～0.89	易移动	2甲4氯、杀草强、2,4-滴
0.90～1.00	极易移动	灭草平、麦草畏等

四、农药在土壤环境中的降解

农药在土壤中的降解作用主要有微生物降解、光化学降解、化学降解等方式。

（一）农药在土壤中的微生物降解

某些农药的有效成分能成为土壤微生物的氮源和碳源，这些土壤微生物可直接降解农药，或通过代谢过程中释放的酶类将农药进行降解。例如烟曲霉、焦曲霉、黄曲霉等真菌能将阿特拉津分解，烟曲霉还能参与西玛津的降解；黑曲霉、米曲霉等真菌能参与扑草津的降解，缠绕棒杆菌等土壤微生物能降解百草枯。到目前为止，国内外对滴滴涕（DDT）、滴滴滴（DDD）、艾氏剂、狄氏剂及林丹等有机氯农药的降解研究最多。

土壤微生物对有机农药的降解途径和机制主要为水解作用、脱氯作用、氧化作用、还原作用、脱烷基作用、环裂解作用等（王连生，2008）。

1. 水解作用　水解作用是微生物用来引发农药降解转化的第一个重要途径，这种反应可以在任何环境条件下进行，而且能够催化这种降解反应的酶都是固有酶（即总是存在），尽管它们的活性水平是可调节的。例如对氨基甲酸酯、有机磷和苯酰胺类具有醚、酯或酰胺键的农药的降解，有酯酶、酰胺酶、磷脂酶等水解酶参与。另外，非生物因子（例如 pH、温度等）也可引起这类农药水解。

2. 脱氯作用　有机氯农药滴滴涕（DDT）等化学性质稳定，在土壤中残留时间长，通过微生物作用脱氯，由滴滴涕形成滴滴滴（DDD），或是脱氢脱氯形成滴滴伊（DDE），而滴滴伊和滴滴滴都可进一步氧化为滴滴埃（DDA）。再如林丹，即高丙体六六六，经梭状芽孢杆菌和大肠杆菌作用，脱氯形成苯与一氯苯，其反应为

林丹　　　苯　　　一氯苯

3. 氧化作用　微生物降解有机化合物的另一途径是利用氧的亲电子特性氧化有机化合物，但是环境中绝大多数有机化合物不能直接被氧气（O_2）氧化，微生物通过含金属的酶（例如加氧酶）和像 NAD（P）H 这样的辅酶使氧转变成比较活泼的氧化剂。因此氧化作用是微生物降解农药的重要酶促反应，其中有多种形式，例如羟基化、脱羧基、β 氧化、脱氢、醚键开裂、环氧化、氧化偶联等。以羟基化为例，微生物转化农药的第一步往往引入羟基到农药分子中，结果这种有机化合物极性加强，易溶于水，就容易被微生物作用。例如绿色木霉和一种假单胞菌对马拉硫磷的降解（图 4-4）和高效好氧降解菌 GYP1 对 $2,2',4,4'$-四溴联苯醚（BDE-47）的降解（图 4-5）。GYP1 在对 BDE-47 的降解过程中，检测到 6-OH-BDE-47、5-OH-BDE-47、$4'$-OH-BDE-17 和 $2'$-OH-BDE-3 这 4 种羟基多溴联苯醚及 2,4-二溴苯酚（2,4-DBP）。GYP1 对 BDE-47 的好氧降解主要是通过羟基化过程完成，推测有 3 种降解路径：①BDE-47 直接接入羟基生成 6-OH-BDE-47 和 5-OH-BDE-47，随后 6-OH-BDE-47 和 5-OH-BDE-47 通过醚键断裂分解为 2,4-DBP；②BDE-47 通过醚键断裂直接分解为 2,4-DBP；③羟基取代溴原子并脱掉溴原子形成 $4'$-OH-BDE-17 和 $2'$-OH-BDE-3，随后 $4'$-OH-BDE-17 和 $2'$-OH-BDE-3 通过醚键断裂分解为 2,4-DBP；最后 2,4-DBP 被分解为 CO_2 和 H_2O。另外，羟基化过程在芳烃类化合物的生物降解中尤为重要，苯环的羟基化常常是苯环开裂和进一步分解的先决条件。

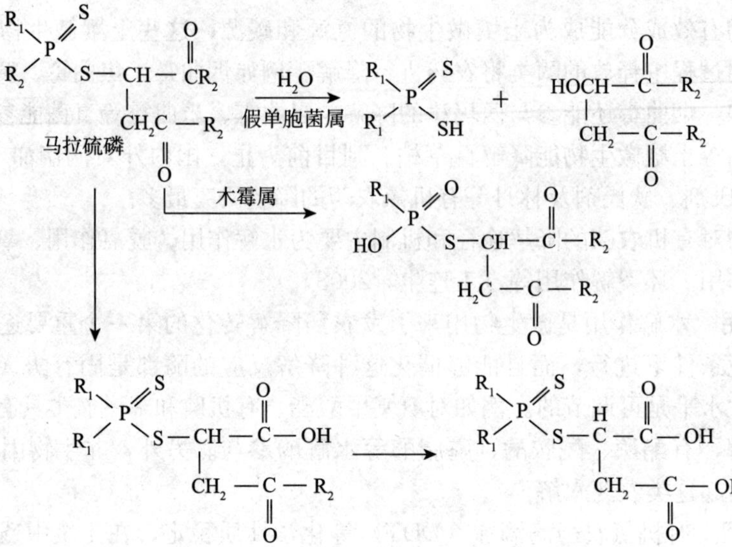

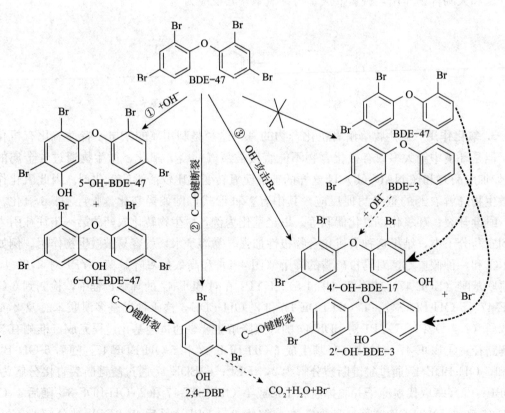

图 4-4 微生物对马拉硫磷的降解途径

（引自张颖和伍钧，2012）

图 4-5 高效好氧降解菌 GYP1 对 $2,2',4,4'$-四溴联苯醚的降解途径

（引自黄婷，2017）

4. 还原作用　还原反应是将电子转移到有机化合物的特定部位。微生物的还原反应在农药降解中非常普遍，例如把带硝基的农药还原成氨基衍生物，在氯代烷烃类农药滴滴涕、六六六的生物降解中发生还原性去氯反应。

5. 脱烷基作用　例如三氯苯农药大部分为除草剂，微生物常使其发生脱烷基作用。但是脱烷基作用不一定导致去毒作用，例如二烷基胺三氯苯形成的中间产物比它本身毒性还大，只有脱氨基和环破裂才转变为无毒物质。

6. 环裂解作用　许多土壤细菌和真菌都能使芳香环破裂，这是环状有机物在土壤中彻底降解的关键步骤。例如 2,4-滴（2,4-二氯苯氧乙酸，2,4-D）除草剂在无色杆菌作用下发生苯环破裂并彻底分解，反应过程为

在同类化合物中，影响其降解速度的是这些化合物取代基的种类、数量、位置，以及取代基分子大小的不同，取代基数量越多，取代基的分子越大，就越难分解。

（二）农药在土壤中的光化学降解

光化学降解指土壤表面接受太阳辐射能（包括紫外线）等能量而引起农药的分解作用。由于农药分子吸收光能，使分子具有过剩的能量而呈激发状态。这些过剩的能量可以通过荧光或热等形式释放出来，使化合物回到原来状态，但是这些能量也可产生光化学反应，使农药分子发生光分解、光氧化、光水解、光异构化等，其中，光分解反应是最重要的一种。由紫外线产生的能量足以使农药分子结构中 C—C 键和 C—H 键发生断裂，引起农药分子结构的转化，这可能是农药转化或消失的一个重要途径。例如使杀草快光解生成盐酸甲胺；使对硫磷经光解形成对氧磷、对硝基酚和硫己基对硫磷；3,4-二氯苯胺（DCA）生成 2-氯-5-氨基苯酚；五氯酚（PCP）先生成邻二羟基化合物、间二羟基化合物、对二羟基化合物，邻位产物再氧化成二元羧酸，并伴有开环；间位、对位产物在氧气（O_2）存在时氧化生成醌，随后发生开环，再进一步氧化成小分子，最终生成二氧化碳（CO_2）和氯离子（Cl^-）（图 4-6）。

（三）农药在土壤中的化学降解

化学降解以水解和氧化最为重要，水解是最重要的反应过程之一。有研究认为，在有机磷水解反应中，pH 和吸附是影响水解反应的重要因素，二嗪农在土壤中具有较强的水解作用，而且水解作用受到吸附催化。有机氯农药、均三氮苯类除草剂多发生水解；许多含硫农药在土壤中容易受到氧化而降解，例如萎锈灵能在土壤中氧化成它的亚砜，对硫磷能氧化成对氧磷，滴滴涕能氧化成滴滴滴（DDD）等。

农药在化学降解过程中可产生一系列降解产物，在一般情况下，降解产物的活性与毒性逐渐降低消失。但也有些农药降解产物的毒性与母体化合物相似或更高，例如涕灭威的降解产物涕灭威亚砜和涕灭威砜的毒性都很大，而且在环境中稳定性比母体化合物更强；又如杀虫脒在农药毒性分类中属于中等毒性（LD_{50} 为 178~220 mg/kg），但其代谢产物 4-氯邻甲基

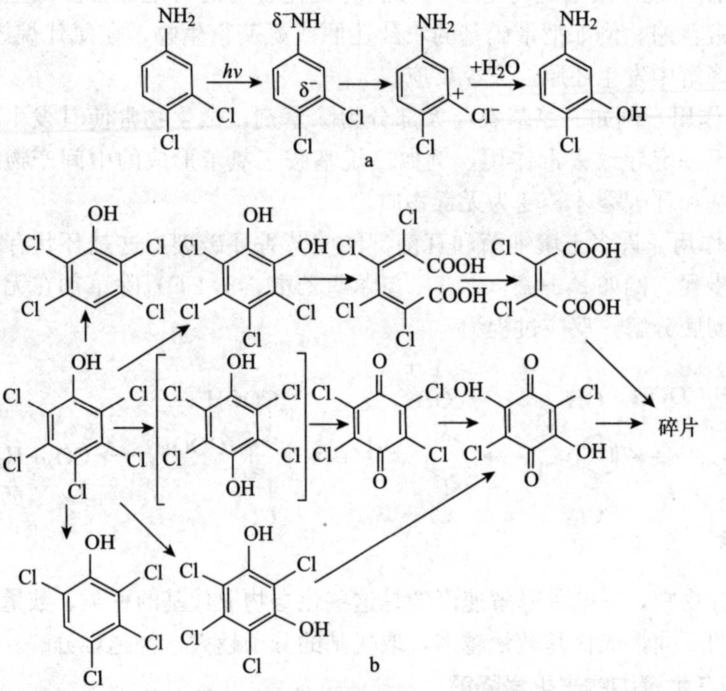

图 4-6 3,4-二氯苯胺（a）和五氯酚（b）的光化学降解机制

(引自王连生，2008)

苯胺的致癌性比母体化合物还高 10 倍（代谢产物和母体的致癌物作用剂量分别为 2 mg/kg 和 20 mg/kg），在慢性毒性试验中能使小鼠体内组织产生恶性血管瘤。故杀虫脒现已禁止使用。在农药的降解研究中，对有毒的降解产物，应同时研究其环境行为特征。

生成结合态农药是土壤中农药降解的特殊形式。结合态农药指的是那部分被常用有机溶剂反复萃取而不能提取出来的农药。结合态农药主要与土壤有机质相结合，其功能基团主要是—OH 和—COOH，物理吸附也起一定作用。与土壤有机质结合的残留占总结合态残留的 77.0%~93.0%，而在其他土壤组分中量很少。一些研究表明，土壤动物和植物吸收的结合态农药相当少，仅占总结合态量的 0.14%~5.10%，吸收的结合态农药大部分可转变为可被有机溶剂提取的形态。土壤中的结合态农药也可部分地矿化成二氧化碳（CO_2），但需时间很长。生成结合态农药一方面增加了农药在土壤中的残留时间，另一方面又降低了农药的活性、土壤中的移动性和被植物的吸收性。表 4-5 列出了一些农药的结合态残留水平，主要有有机磷类、拟除虫菊酯类和一些除草剂。

表 4-5 部分农药培养后结合态农药的比例

农药	土壤类型	有机质含量（%）	培养时间（d）	农药浓度（mg/kg）	结合态比例（%）
2,4-滴	砂壤	4.0	35	2	28
五氯酚	黏壤	2.3	24	10	45
敌稗	黏壤	4.1	25	6	73

（续）

农药	土壤类型	有机质含量 （%）	培养时间 （d）	农药浓度 （mg/kg）	结合态比例 （%）
氟乐灵	粉砂壤	1.5	360	10	50
西维因	黏土	3.3	32	2	32
氯氰菊酯	壤土	2.4	238	10	23
甲基对硫磷	砂壤	4.2	46	6	32
对硫磷	砂壤	4.7	7	4	26

农药进入土壤后经受一系列物理作用、物理化学作用、化学反应和生物化学反应，其数量和毒性不断下降。其影响因素很多，有农药本身的性质，也有天然因素和人工环境条件等。就土壤而言，降水量、灌溉条件、土壤初始含水量、土壤酸碱度、有机质含量、土壤黏粒组成，以及农药的分子结构、电荷特性及水溶性是影响农药迁移转化的主要因素。

各类农药在土壤中残留期长短的大致次序是：含重金属农药＞有机氯农药＞取代脲类、均三氮苯类和大部分磺酰脲类除草剂＞拟除虫菊酯农药＞氨基甲酸酯农药、有机磷农药。一些杂环类农药在土壤中的残留期也较短。

五、农药残留对土壤环境、微生物及农作物的危害

农药残留是指农药施用后在环境及生物体内残存时间与数量的行为特征，它主要决定于农药的降解性能，但也与农药的物理行为移动性有一定关系。农药残留期的长短一般用降解半衰期或消解半衰期表示。降解半衰期是农药在环境中受生物因素、化学因素、物理因素等的影响，分子结构遭受破坏，有半数的农药分子已改变了原有分子状态所需的时间。消解半衰期是指农药除农药的降解消失外，还包括农药在环境中通过扩散移动，离开了原施药区在内的农药的降解和移动总消失量达到一半时的时间。农药的降解又分为生物降解与非生物降解两大类，在生物酶作用下，农药在动植物体内或微生物体内外的降解属生物降解；农药在环境中受光、热及化学因子作用引起的降解现象，称为非生物降解。

（一）农药对土壤微生物群落的影响

研究发现，不同农药对微生物群落的影响不相同，同一种农药对不同种微生物类群影响也不同。例如 3 mg/kg 的二嗪农处理 180 d 后细菌和真菌数并没有改变，而放线菌增加了300 倍；5 mg/kg 甲拌磷处理使土壤细菌数量增加，而用椒菊酯处理则使细菌数量减少。

（二）农药对土壤硝化作用和氨化作用的影响

1. 氨化作用和硝化作用的概念　氨化作用（ammonolysis）是指自然界存在的有机氮化合物，经过各种微生物的分解作用，释放出氨的过程。硝化作用（nitrification）是指氨化作用所产生的氨以及土壤中的铵态氮，在有氧条件下，经过亚硝酸细菌和硝化细菌的作用，氧化成硝酸的过程。

2. 农药对土壤硝化作用的影响　氨化作用和硝化作用都必须在微生物的作用下才能完成。硝化作用对大多数农药都敏感，某些杀虫剂当按一定浓度使用时对硝化作用影响较小或没有影响，而另一些杀虫剂则会引起长期显著抑制作用。例如异丙基氯丙胺灵在 80 mg/kg 时完全抑制硝化作用，而灭草隆在 40 mg/kg 时硝化作用未受影响。张爱云等的研究结果表明，五

氯酚钠、克芜踪、氟乐灵、丁草胺和禾大壮 5 种除草剂分别施入太湖水稻土和东北黑土后，对硝化作用的抑制影响以在水稻土中较为明显。杀菌剂和熏蒸剂对硝化作用影响较大，例如代森锰和棉隆分别以 100 mg/kg 和 150 mg/kg 施入土壤时即可完全抑制硝化作用。不过，也有研究者认为，按田间常规用量施入大多数除草剂和杀虫剂对硝化作用没有明显的影响。

3. 农药对土壤氨化作用的影响　一般说来，除草剂和杀虫剂对氨化作用没有影响，而熏蒸剂消毒和施用杀菌剂通常会导致土壤中铵态氮的增加。在对矿化作用和硝化作用的比较研究中 Caseley 发现，10 mg/kg 的壮棉丹在 1 个多月的时间内完全抑制了硝化作用，而在 100 mg/kg 时对氨化作用却只有轻微影响。现在普遍认为氨化作用或矿化作用对化学物质的敏感性要比硝化作用小得多。

（三）农药对土壤呼吸作用的影响

部分农药对土壤微生物呼吸作用有明显的影响。Bartha 等的研究结果表明，高度持留的氯化烃类化合物对土壤呼吸作用的影响极小，氨基甲酸酯、环戊二烯、苯基脲和硫代氨基甲酸酯虽然持留性小，但却抑制呼吸作用和氨化作用。当土壤用常规用量的 2 甲 4 氯丙酸、茅草枯、毒莠定处理时，8 h 后二氧化碳的生成量就降低了 20%～30%，这表明了土壤微生物呼吸作用受到了抑制。具有这种抑制作用的农药还有杀菌剂敌克松及除草剂黄草灵、2,4-滴丙酸等。

（四）土壤农药对农作物的影响

土壤农药对作物的影响主要表现在两个方面，即土壤农药对农作物生长的影响和农作物从土壤中吸收农药而降低农产品产量和品质。其影响因素主要有以下 4 种。

1. 农药种类　水溶性农药容易被作物吸收，而脂溶性被土壤强烈吸附的农药不易被作物吸收。

2. 农药用量　作物从土壤中吸收农药的量与土壤中的农药量有关，一般是土壤浓度高的农药被作物吸收的药量也多，有时甚至呈线性关系。

3. 作物种类　不同作物吸收的药量是有差异的。研究表明，胡萝卜吸收农药的能力相当强，而萝卜、烟草、莴苣、菠菜等也具有较强的吸收能力。蔬菜从土壤中吸收农药的能力的一般顺序是根菜＞叶菜＞果菜。

4. 土壤性质　农作物易从砂质土中吸收农药，而从黏土和有机质土中吸收农药比较困难。

六、农药与食品安全

（一）农产品的农药污染

我国是农业大国，每年均有大面积的病虫害发生，需施用大量的农药进行病虫害防治，由此可挽回粮食损失 2.0×10^{10}～3.0×10^{10} kg。但农药过量和不当使用对农产品造成的污染也不可忽视。过量或不合理使用农药，可造成农产品中硝酸盐、亚硝酸盐、亚硝酸胺、重金属和其他有毒物质在农产品中的积累，造成动植物产品品质与安全性降低。

在我国，农药污染造成的农产品农药残留问题，影响了农产品的国际竞争力。例如我国苹果产量居世界第 1 位，但目前苹果出口量仅占生产总量的 1%左右，出口受阻的主要原因是农药残留超标。中国橙优质率为 3%左右，而美国、巴西等柑橘大国橙类的优质品率达 90%以上，其主要原因是中国橙的农药残留超标。我国加入世贸组织后，一些国家对我国出口的茶叶允许的农药残留指标比原来严格得多。农药残留已成为制约农产品品质的重要因素之一。

农药对农作物的污染程度与作物种类、土壤质地、有机质含量和土壤水分有关。砂质土要比壤土对农药的吸收弱，作物从中吸收农药较多。土壤水分可减弱土壤的吸附能力，从而增加作物对农药的吸收。根据日本各地对污染严重的有机氯农药进行的调查，马铃薯、胡萝卜等作物的地下部分被农药污染严重，大豆、花生等油料作物污染也较严重，而茄子、番茄、辣椒、白菜等茄果类、叶菜类一般污染较少。

（二）减少农药对农产品污染的措施

农药的使用一定要讲究科学，严格按照操作规程进行。农作物病虫害的防治，应采取化学防治和生物防治相结合的措施，利用抗病品种、间种套种、合理施用微肥及生长调节剂等来增强植物的抗病虫能力；使用昆虫天敌，施用生物农药，选择高效、低毒、低残留化学农药等多项措施，降低农药用量，减轻农药对农产品的污染；根据防治对象和农作物生长特点，选择合适的农药和施药方法（例如土壤处理、拌种、喷雾、喷粉、熏蒸等），利用合格的喷药器械，掌握最佳的防治时期，进行有效防治。施药时严格控制用药量和施药次数，特别是几种农药混合使用时注意浓度，确保农产品上农药残留量在有关允许标准之下。杜绝在蔬菜上使用剧毒、高毒农药，注意蔬菜采收时的安全间隔期。

第四节　土壤的多环芳烃污染

一、多环芳烃的结构和毒性

多环芳烃（polycyclic aromatic hydrocarbon，PAH）也称为多核芳烃，是指 2 个以上苯环以稠环形式相连的化合物，是环境中存在很广的有机污染物，其化学结构见图 4-7。多环芳烃一般可分为 2 大类：孤立多环芳烃和稠环多环芳烃，后者对人类具有更高的威胁。稠环多环芳烃是指苯环间互相以 2 个共同碳原子连接而成的多环芳香烃体系。具有环境意义的多环芳烃是从 2 个环（萘）到 7 个环（蔻），例如萘、蒽、菲、苯并（a）蒽、二苯并（a，h）蒽、苯并芘和蔻。迄今已经发现的多环芳烃有 200 多种，其中相当部分有致癌性，例如苯并(a)芘、苯并(a)蒽等，对人类危害较大。

3 环以上的多环芳烃大都是些无色或淡黄色的结晶，个别具深色。其熔点及沸点较高，所以蒸气压很低。溶液具有一定荧光，在光和氧的作用下很快分解变质，不仅理化性质改变，致癌力也有明显下降，所以必须置于深棕色瓶中并放在暗处保存。

苯并(a)芘〔benzo(a)pyrene，BaP〕化学式为 $C_{20}H_{12}$，是一种五环多环芳香烃类。苯并(a)芘作为多环芳烃的重要代表，是迄今为止被研究最多的化合物，但是它的全部代谢过程仍未完全清楚。图 4-8 中列出的是其中的最重要途径。首先，在 MO 的作用下在苯并（a）芘分子的某个双键部位导入一个氧原子，生成初级环氧化物（简称氧化物），然后经过分子自动重排成酚类化合物。到目前为止，鉴定出来的酚类化合物主要是 3-酚和 9-酚，此外，还有一定量的 1-酚和 7-酚。在生成 1-酚和 3-酚的过程中是否有环氧中间体的存在目前尚有疑点，因为没有找到相应的两种酶。但是已经有证据证实 3-酚来自 2,3-二氧化物。6-酚是否也来自环氧中间体，目前还不清楚，但已被鉴定出来的 1,6-二醌、3,6-二醌和 6,12-二醌已被证实是通过 6-酚和 6-氧自由基生成的。氧化物可以在微粒体氧化还原电位的作用下进一步代谢为二醇，或在 GSHT 的作用下生成谷胱甘肽轭合物。醌也能转化为谷胱甘肽轭合物。生成的谷胱甘肽轭合物再继续代谢为硫醇尿酸并由尿中排出。氧化物、二醇、酚和醌都是苯

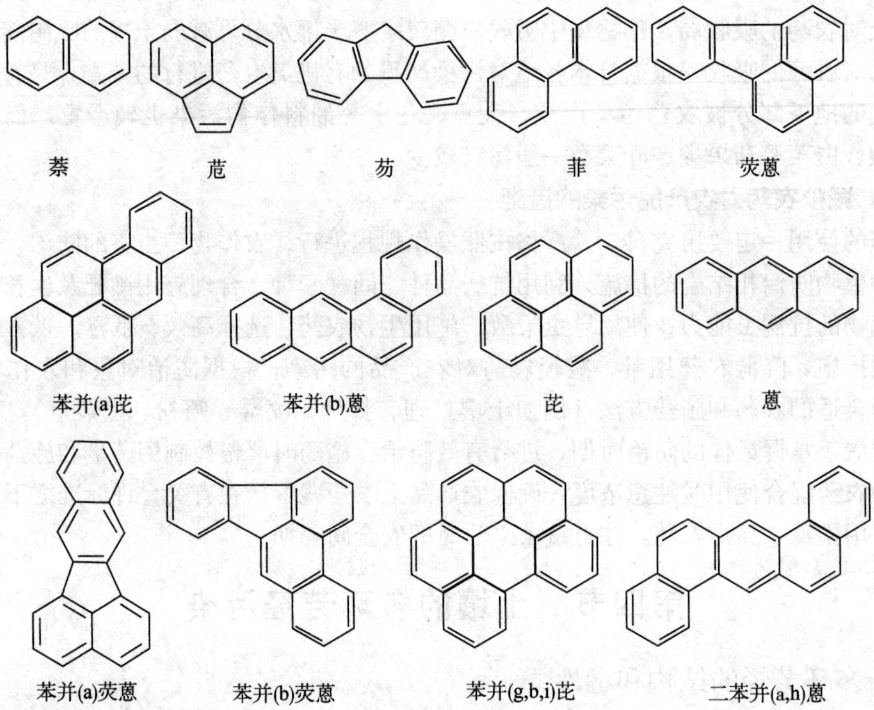

萘　　　　苊　　　　芴　　　　菲　　　　荧蒽

苯并(a)芘　　　苯并(b)蒽　　　芘　　　　蒽

苯并(a)荧蒽　　苯并(b)荧蒽　　苯并(g,b,i)芘　　二苯并(a,h)蒽

图 4-7　部分多环芳烃的化学结构

并（a）芘的初级代谢产物，这些初级代谢产物都可被继续代谢，如二醇可以在脱氢酶的作用下被脱氢为邻苯二酚；二醇、酚和醌也可在二磷酸尿核苷葡萄糖醛基转移酶的作用下与葡萄糖醛酸轭合，或在磺基转移酶的催化下与硫酸基轭合；酚和二醇又可再次成为 MO 的底物，在分子的其他部位被再氧化。于是出现了多种多样的初级和次级代谢产物。

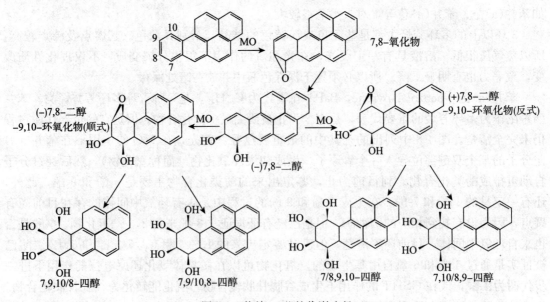

图 4-8　苯并(a)芘的代谢途径

在苯并(a)芘的各种代谢产物中，已证实有多种代谢产物可以与 DNA 发生共价结合。在初级环氧化物中，已证实的有：4,5-氧化物、7,8-氧化物和9,10-氧化物。酚也可在再代谢后与 DNA 结合，但具活性中间体尚未被鉴定出来，只有9-酚的代谢活性中间体已经知道，为9-羟基-4,5-氧化物。醌也可在酶的作用下转化为能与 DNA 结合的活性中间体，但目前还没有鉴定出来。在已知的苯并(a)芘的活性中间体中，7,8-氧化物和7,8-二醇特别受到重视，做了大量工作，因为最重要的终致癌性代谢产物7,8-二醇-9,10-环氧苯并(a)芘就是通过这两个活性中间体生成的。

苯并(a)芘被认为是环境材料中多环芳烃类化合物存在的典型代表，只要检测到多环芳烃，从来没发现过不存在苯并(a)芘的。在多环芳烃污染严重的环境中，芘是一个有代表性的多环芳烃类化合物，它在空气中的浓度和其他多环芳烃的浓度有很好的相关性。尿中的1-羟基芘是多环芳烃生物监测的一个有用指标，在职业环境、燃煤的城市和室内小煤炉采暖的环境中，用尿中1-羟基芘作为人体接触环境中多环芳烃的指标都获得较好的结果。因此用芘的代谢产物尿中1-羟基芘可间接推算人体摄入多环芳烃的量。赵振华等对人体接触多环芳烃的程度及尿中1-羟基芘作为人体接触多环芳烃指标的应用做过比较全面系统深入的研究，分析评价了警察、炊事员、清洁工、铝厂工人尿中1-羟基芘的含量及其与职业暴露的关系。研究结果表明，人吸入高浓度的多环芳烃后，其代表化合物芘的代谢产物1-羟基芘的7%～17%在24 h内由尿中排出。因此在饮食情况类似的情况下，由空气中多环芳烃污染所吸入的芘就可由尿中的1-羟基芘快速、灵敏地反映出来。

林建清等以鲈鱼胆汁中的1-羟基芘含量来指示水体中芘暴露水平，研究结果显示二者之间具有显著的相关性，相关系数可达0.999 5。

大量研究表明，多环芳烃与人类的某些癌症有着密切的关系。强烈致癌的多环芳烃大都是些含4～6个环的稠核化合物，本身并没有太大的化学活性，必须经过代谢酶的作用被活化后才能转化为在化学性质上活泼的化合物并与细胞内的 DNA 和 RNA 等大分子结合发挥它们的致癌作用。

多环芳烃对各种动物免疫体系影响的研究已有几十年历史，但迄今还没有完全搞清楚其作用机制。人们一直在努力研究多环芳烃对人体健康的影响及机制，试图找出多环芳烃的生物接触限值（biological exposure limit，BEL），已有一些关于空气中多环芳烃风险评价的报道，主要是根据大量实测数据，利用药物动力学公式推导出暴露多环芳烃的生物接触限值。

二、多环芳烃的环境行为

（一）多环芳烃的来源

多环芳烃的来源分为人为来源和自然来源。人为来源包括木材燃烧、汽车尾气、工业发电厂、焚化炉、煤石油天然气等化石燃料的燃烧、烟草等；自然来源主要包括火山爆发、森林大火等。有时候在一些煤焦油和石油产品的精炼过程中产生的一些残留成分中含有少量的带杂环原子（比如说含有1个或多个氮、氧或硫原子的）多环芳烃。

空气中的多环芳烃主要来自化石燃料的不完全燃烧、垃圾焚烧和煤焦油。人为来源是大气中多环芳烃的主要来源。在美国的高污染和工业化城区中，汽车尾气所排放的多环芳烃占总量的 35％。地表和地下水中的多环芳烃主要来自空气中多环芳烃的沉降、城市污水处理、木材处理厂和其他工业的污水排放、油田溅洒物、石油精炼等。

（二）多环芳烃的环境行为

多环芳烃进入到环境后，会在空气、水、土壤和沉积物中进行重新分配。近年来大量的文献都报道了这方面的研究成果。比较典型的例子包括多环芳烃在空气和悬浮颗粒相之间重新分配。

多环芳烃在环境中的行为大致相同，但是不同多环芳烃的理化性质差异较大。苯环的排列方式决定着其稳定性，非线性排列较线性排列稳定。多环芳烃在水中不易溶解，但是不同种类的多环芳烃的溶解度差异很大。通常可溶性随着苯环的数量的增多而减弱，挥发性也是随着苯环数量的增多而降低。并且在环境中的衰减量和苯环的数量呈现负相关。2 环和 3 环多环芳烃容易被生物降解，而 4 环、5 环和 6 环多环芳烃却很难生物降解。室内研究发现，2 环的多环芳烃在砂土中极易被降解，半衰期为 2 d；3 环的蒽和菲的半衰期分别为 13 d 和 134 d；而 4 环、5 环和 6 环多环芳烃的半衰期在 200 d 以上。

多环芳烃对土壤的污染主要在表土中富集。导致土壤中多环芳烃消失的因素有挥发作用、非生物降解作用和生物降解作用，其中生物降解作用为主要的作用。对 2 类土壤中的 14 种多环芳烃的研究发现，除了萘以及其取代物之外，多环芳烃的挥发性很低。

第五节　土壤的多氯联苯污染

一、多氯联苯的结构和毒性

（一）多氯联苯的结构

多氯联苯（polychlorinated biphenyl，PCB）又称为氯化联苯，是一类具有两个相连苯环结构的含氯化合物，由于这类物质具有许多优良的物理化学性质（例如高化学稳定性、高脂溶性、高度不燃性、高绝缘性、高黏性等），使其在工业上有广泛的用途。多氯联苯一般不直接用于农药，而是广泛用于变压器和电容器的绝缘油、蓄电池、复写纸、油墨、涂料、溶剂、润滑油、增塑剂、热载体、防火剂、黏合剂、燃料分散剂、植物生长延缓剂等。

联苯的氯化可以导致 1～10 个氢原子被氯取代；其结构通式为 $C_{12}H_{10-n}Cl_n$（$n=1$～10）。取代位的常规编号见图 4-9。尽管 Sissons 和 Welti（1971 年）证实联苯的直接氯化不能获得 3,5 位和 2,4,6 位的氯取代基，但是从理论上计算可以得到 209 种含氯量不同的联苯。在氯代芳香族化合物（aroclor）中含有 1～9 个氯取代基的多氯联苯的比例见表 4-6。对从环境中吸收多氯联苯的动物和人体组织样品的分析表明，虽然多氯联苯的主要产品含有

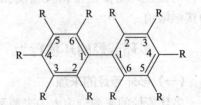

图 4-9　多氯联苯结构和取代基的位置

42％或 42％以下的氯，但是组织样品的峰形却接近于含氯大于 50％的多氯联苯混合物，从而使人们相信多氯联苯的代谢速度随氯化程度的增加而降低。用含有 1～5 个氯原子的单一的多氯联苯的研究表明，它们比大多数含有 6 个或更多氯原子的多氯联苯更易于以代谢物的形式从哺乳动物和鸟粪中排出，并且在脂肪组织中存留时间较短。

表 4-6　氯代芳香族化合物的大致组成

分子中的氯原子数	氯的质量分数（%）	氯代芳香族化合物				
		1221	1242	1248	1254	1260
0	0	12.7				
1	18.8	47.1	3			
2	31.8	32.3	13	2		
3	41.3		28	18		
4	48.6		30	40	11	
5	54.4		22	36	49	12
6	59.0		4	4	34	38
7	62.8				6	41
8	66.0					8
9	68.8					1

（二）多氯联苯的毒性

多氯联苯于 1881 年由德国人首先合成。1929 年美国第一个进行工业生产。20 世纪 60 年代中期全世界年产量大约为 1.0×10^5 t，现在已经超过 1.0×10^6 t，估计其中有 25%～35%直接进入了环境。早在 1966 年，人们就已经在环境中发现了多氯联苯的存在，由此促进了人们对多氯联苯的分析和对其毒性的认识。多氯联苯是环境中分布最广泛的污染物之一。多氯联苯曾在日本引起严重的"米糠油"公害事件。有关多氯联苯对人体作用的资料是从日本发生的大规模中毒事故（油症）中获得的。在这次事故中，1 000 多人因食用被热交换器液体的多氯联苯污染的米糠油而引起中毒。最明显的作用是眼睛分泌物过多、皮肤色素沉着、痤疮样疹（包括由痤疮样疹所引起的皮肤溃疡、痤疮、囊肿）、肝脏损伤、白细胞增加等，而且有致畸、致癌、致突变的危险，还可能传给后代。由于多氯联苯在环境中很难降解，其危害可持续很长时间，尽管日本从 1972 年就部分停止了多氯联苯的生产，但是已经遭到污染的湖泊、内陆河流、山野牧草中的多氯联苯最终仍然可以通过食物链进入人体。

多氯联苯是一类持久性有机污染物，具有生物难降解性和亲脂性，在食物网中呈现出很高的生物富集特性。动物试验表明，多氯联苯对皮肤、肝脏、胃肠系统、神经系统、生殖系统、免疫系统等都有诱导各种疾病的效应。一些多氯联苯同系物会影响哺乳动物和鸟类的繁殖，并且具有潜在致癌性。多氯联苯在使用过程中可以通过废物排放、储油罐泄露、挥发、干沉降、湿沉降等途径进入土壤及相连的水环境中，造成污染。陆生植物和水生生物可以吸收多氯联苯，并通过食物链传递和富集。美国、英国等许多国家都已在人乳中检出多氯联苯。多氯联苯进入人体后，有致毒、致癌性能，可引起肝损伤和白细胞增加症，并可通过母体传递给胎儿，使胎儿畸形，因此对人类健康危害极大，目前各国已普遍减少使用或停止生产多氯联苯。

对多氯联苯的毒性研究已有较大进展。某些多氯联苯在化合物总量中的比例并不是很大但是有可能是多氯联苯毒性的主要来源。有研究证明，除了一些和 2,3,7,8-四氯二苯并-p-二噁英（TCDD）立体结构类似的多氯联苯化合物外，其他许多多氯联苯实际上本身并没有很高的毒性，但是这些物质可以通过对生物体酶系产生诱导作用而产生间接毒性。毒性比较高的多氯联苯同系物包括 PCB-74、PCB-77、PCB-105、PCB-118、PCB-126 和 PCB-156，这6 种多氯联苯同系物占工业多氯联苯中总二噁英类似物（dioxin-like）毒性的 $80\%\sim99\%$。主要表现在对多功能酶（MFO）的诱导作用使得其原来并没有直接毒性的有机化合物加快转变成为能引起"三致"作用的化合物。多氯联苯可通过哺乳动物的胃肠道、肺和皮肤很好地被吸收，主要储存于脂肪组织中，有一部分经胎盘转移。多氯联苯在哺乳动物体内主要以含酚代谢物的形式从粪便排出，在人奶中以原型化合物存在；在鸟粪中有相当多的排泄。多氯联苯从粪中排泄的速度取决于代谢的速度，并受氯取代基的数量和位置的影响。环境中的多氯联苯在通过生物食物链的过程中，由于选择性生物转化作用而使低氯代组分逐渐降低，故在人体脂肪中仅能检出微量的分子中含 5 个以下氯原子的多氯联苯。

二、多氯联苯的环境行为

多数的多氯联苯原来是被密闭在容器中（例如电容器中或在增塑树脂中），在储存介质被破坏之前不会被释放出来。多氯联苯从垃圾填埋场所扩散可能很慢，这是由于它的挥发性和水溶性低的缘故。多氯联苯进入环境的途径包括从增塑剂挥发、焚烧时蒸发、工业液体的渗漏和废弃、焚烧时的破坏、丢入垃圾堆放场和填埋。环境污染主要来自前 3 种途径。此外，尽管其他途径产生的多氯联苯量很小，但是影响其进入食物链。土壤中多氯联苯主要来源于颗粒沉降物，有少量来源于用污泥作肥料、填埋场的渗漏以及在农药配方中多氯联苯的使用。

（一）吸附

多氯联苯属于非离子型化合物，在水中的溶解度很低，其 K_{ow} 为 $10^4\sim10^8$，因此多氯联苯一旦进入水-底泥或水-土壤体系中，除小部分溶解外，大部分都附着在悬浮颗粒物上，因此吸附行为是控制其在环境中迁移归宿和污染修复的主要过程之一。不同多氯联苯具有不同的水溶解性，各种多氯联苯的同族物在土壤中的吸附能力也由于其氯的取代位置的不同而有可能相差很大。因此进入土壤中的多氯联苯将因为其在水中溶解性的不同和吸附性能的不同而以不同的速率随降雨、灌溉等过程而随水流流失。

多氯联苯在不同土壤中的吸附等温线很难用线性 Freundlich 或 Langmuir 单一方程来描述。多氯联苯在土壤中的吸附分为两个部分，一部分是线性吸附，另一部分是 Langmuir 非线性吸附。随着土壤中有机碳含量的增加，非线性吸附变得更明显。多氯联苯同系物在水-土壤体系中的吸附不但与土壤有机碳含量有关，而且和污染物的性质、污染物浓度等因素有关。

（二）挥发

在实际环境中，污染源多氯联苯进入环境中后，受到自然环境条件的影响其组成会发生明显的变化。首先是多氯联苯中不同化合物在常温下具有不同的挥发性。从 1 个氯到 10 个氯取代的多氯联苯，其挥发性相差 6 个数量级，具有较高挥发性的多氯联苯则很容易随着空气迁移。

（三）降解

环境中的不同的多氯联苯，其光降解、微生物降解等的速率不相同，这就造成了环境样品中的多氯联苯和污染源组成的不同。通常在试验条件下，高氯代的多氯联苯不能随滤过的水从土壤中渗漏出来，而低氯代多氯联苯也只能缓慢地被去除，特别是从含黏土成分高的土壤中去除。通过蒸发和生物转化确实有多氯联苯的损失。蒸发速度随着土壤中黏土的含量和联苯氯化程度的增加而降低，但随着温度的增高而增高。生物转化在低氯代化合物从土壤的消失中起到一定作用。多氯联苯的性质很稳定，并且在环境条件下不容易通过水解或者类似的反应以明显的速度降解。但是在试验条件下，光分解可以很容易地使其降解。

第六节 土壤的石油污染

一、石油污染土壤的途径与污染物的组成

（一）石油污染土壤的途径

石油对土壤的污染，主要有以下 3 种方式：①石油开采过程产生的落地原油；②石油的开采、冶炼、使用和运输过程中的泄漏事故，以及各种石油制品的挥发、不完全燃烧物飘落等引起一系列土壤石油污染；③石油在开采和生产过程中产生的大量废水，可造成土壤污染。据统计，我国每年约有十几亿吨采油废水需要处理。采油废水往往要回注再利用，但在回注过程中，经常会出现管线泄漏等事故，使含油废水对土地形成一定时间的淹灌，这就是所谓的油水淹地。以往对前两种石油污染途径较为重视，但近年来油水淹地问题越来越突出。例如吉林油田现有油井 16 000 口，管线长 20 000 km 以上，一些管线已经使用 30 多年，极易漏水、漏油，油水淹地总面积高达 1 000 hm² （王铁媛和窦森等，2015a）。

（二）石油污染物的组成

石油是一类物质的总称，是由上千种化学性质不同的物质组成的复杂混合物，主要是碳链长度不等的烃类物质，最少时仅含有 1 个碳原子，例如天然石油气中的甲烷；最多时碳链长度可超过 24 个碳原子，这类物质常常是固态的，例如沥青。有气体，有液体，还有固体，各种物质组分的物理性质、化学性质相差很远。同时不同物质的生物可降解性也相差很大，有的物质很难降解，进入土壤中可残留很长时间，造成长期污染。

石油污染中最常见的污染物质称为 BTEX，是 4 种污染物质苯（benzene）、甲苯（toluene）、乙基苯（ethylbenzene）和二甲苯（xylene）的首字母。BTEX 是有机污染中很重要的污染物质，环境中的一部分可能是石油中的某些物质经过转化而形成的。

石油污染物中芳香烃物质对人及动物的毒性较大，特别是以多环和 3 环为代表的芳烃。许多研究表明，一些石油烃类对哺乳动物（包括人类）有致癌、致畸、致突变的作用。土壤的严重污染会导致石油烃的某些成分在粮食中积累，影响粮食的品质，并通过食物链危害人类健康。

油田废水的成分很复杂，含盐量、化学需氧量（COD）与悬浮颗粒物含量较高，还含有包括界面剂、破乳剂、混凝剂、絮凝剂、杀菌剂和残留石油等上千种结构复杂的有机物，由于其特殊的物理性质和化学性质以及难去除和残留时间长的特点，这些油田废水一旦进入土壤形成油水淹地后，土壤除了石油含量超标外，还具有明显的盐化特征，主要的盐分组成为 Na_2CO_3 和 $NaHCO_3$，土壤 pH、电导率、总碱度、碱化度、钠离子吸附比都明显高于正常土壤，盐胁迫特征明显，有效养分含量显著降低，微生物群落也受不良影响，致使作物无法正常生长，唯有修复后才能再利用（王铁媛和窦森等，2015a）。

二、石油污染物的降解

微生物对石油烃降解的机制是以石油烃为反应物通过微生物的代谢作用产生化学反应，通过不同的代谢作用将污染物最终转化为稳定无毒终产物（水、二氧化碳、醇、酸及自身的生物量）的过程。但是石油烃的成分包括正构烷烃、支链烷烃、环烷烃、单环芳香烃、多环芳烃等，微生物降解不同石油烃的机制也有所差异。影响石油烃分解速率的主要因素是分子中碳原子的数量，碳原子数越多，越难降解；碳原子数相同时，决定不同类石油烃组分的降解速率的因素是官能团。

（一）正构烷烃的微生物降解

微生物通过代谢和氧化反应将正构烷烃转化为醇，再通过脱氢酶的作用将醇通过氧化反应生成醛，最后在醛脱氢酶的作用下氧化成脂肪酸，氧化途径包括单末端氧化、双末端氧化和次末端氧化。在好氧代谢途径中常见的模式是末端氧化，主要方式为：①单末端氧化，可表示为 $CH_3CH_2R \longrightarrow OHCH_2CH_2R \longrightarrow HOOCCH_2R$；②双末端氧化，可表示为 $CH_3CH_2RCH_2CH_3 \longrightarrow CH_2OHCH_2RCH_2CH_2OH \longrightarrow CHOCH_2RCH_2CHO$；③亚末端氧化，可表示为 $RCH_2CH_3 \longrightarrow RCHOHCH_3 \longrightarrow RCOCH_3$。双末端氧化中有一部分细菌和酵母菌可以利用烷烃产生细胞外产物（羧酸等），例如 *Pseudomonas*、*Corneybacterium* 和 *Candida* 利用烷烃的种类积累二羧基酸。在以烷烃为唯一碳源和能源的细菌中，单末端氧化可能比亚末端氧化更为重要；而在辅氧化烷烃的细菌（例如 *Bacillus* sp.、*Streptomyces* sp.、*Arthrobacter* sp. 等）中，亚末端氧化可能是主要的。另外，许多霉菌和酵母菌是专门进行亚末端氧化的，在被氧化为酮以前仲醇就是亚末端氧化的第一产物，而判断是否为亚末端氧化的方法就是是否有这些中间产物的存在，非专一性酶初始氧化烷烃的产物也有可能是这些中间产物。

（二）异构烷烃的微生物降解

与正构烷烃相比，异构烷烃由于支链的存在而抗降解能力增强，因此异构烷烃的微生物降解较为困难。异构烷烃的支链数越多，就越不容易被微生物降解。在氧化初期异构烷烃的支链与正构烷烃的一样，通过单氧化酶的催化作用，首先将末端的甲基氧化，最终经过一系列的脱氢酶催化作用生成支链脂肪酸。正构烷烃氧化反应会抑制异构烷烃的氧化反应，导致其氧化反应速度受到影响。支链氧化促使形成烯烃、仲醇和酮（如烯烃的双键经细菌和霉菌的作用氧化降解成 1,2-二醇）。

（三）环烷烃的微生物降解

石油烃中大部分的组成成分是环烷烃，其降解原理和方式与正构烷烃的亚末端氧化反应相似。在微生物的代谢作用下，环烷烃首先经过氧化酶的氧化变成环烷醇，继而脱氢生成酮，最后氧化成酯类或者直接开环形成脂肪酸。而且细菌可将环烷醇和环烷酮通过内酯中间体的分子断裂而进行代谢，一些可以和脂环化合物生长在一起的微生物也可以利用环醇。

（四）芳香烃的微生物降解

石油污染中的 BTEX 化合物存在多种好氧降解途径，主要的降解产物为邻苯二酚。苯可以降解成为邻苯二酚。甲苯有许多降解途径，其中包括生成 3-愈创木酚的中间产物的降解方式，以及产生乙基苯，然后进一步可以降解成为 3-乙基邻苯二酚。二甲苯总是分解成单甲基邻苯二酚。在上述的这些降解的方式中，芳香环最终都通过双加氧酶的作用断裂。

BTEX 的厌氧降解是一种重要的降解途径。因为石油污染物存在的环境中氧气的消耗速率常常要远远高于氧气的供应，自然水体沉积物、地下水及一些土壤中常常是这种情况。

通常并不是某种单一的微生物可以完成苯类化合物的所有的矿化作用，而是通过多种微生物的共代谢作用完成的。不论是甲苯还是乙苯在降解过程中都存在一种共同的中间体苯甲酰辅酶 A（benzoyl-CoA）（图 4-10）。这种化合物是苯环厌氧降解代谢的最常见的中间体。苯甲酰辅酶 A 的苯环进一步降解而最终转化成乙酰辅酶 A（acetyl-CoA）。

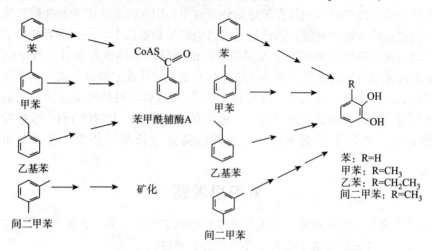

图 4-10 BTEX 的好氧代谢途径（右）和厌氧代谢途径（左）

三、石油污染土壤的生物修复

20 世纪 80 年代以前，治理石油烃污染土壤还仅限于物理方法和化学方法，即热处理和化学浸出法。热处理法是通过焚烧或煅烧，可净化土壤中大部分有机污染物，但同时亦破坏土壤结构和组分，且价格昂贵而很难实施。化学浸出和水洗也可以获得较好的除油效果，但所用的化学试剂的二次污染问题限制了其应用。80 年代以来，污染土壤的生物修复技术越来越引起人们的关注。生物修复是利用生物的生命代谢活动减少土壤环境中的有毒有害物，使污染土壤恢复到健康状态的过程。

生物修复技术是在生物降解的基础上发展起来的一种新兴的清洁技术，它是传统的生物处理方法的发展。与物理、化学修复污染土壤技术相比，它具有成本低、不破坏植物生长所需要的土壤环境、污染物氧化安全、无二次污染、处理效果好、操作简单等特点。生物修复可通过环境因素的最优化来加速自然生物降解速率，是一种高效、经济和生态可承受的清洁技术。

目前，治理石油烃污染土壤的生物修复技术主要有两类：①微生物修复技术，按修复的地点又可分为原位生物修复和异位生物修复；②植物修复法。

原位生物修复（in situ bioremediation）是指在污染的原地点进行，采用一定的工程措施，但不人为移动污染物。不挖出土壤或抽提地下水，利用生物通气、生物淋洗等一些方式进行。异位生物修复（ex situ bioremediation）是移动污染物到邻近地点或反应器内进行，采用工程措施，控制土壤或抽提地下水进行。植物修复（phytoremediation）指利用植物对受污染的环境进行修复的技术。植物除了直接吸收、固定、分解污染物外，通常只是间接参与污染物分解，它通过对土壤中细菌、真菌等微生物的调控进行环境修复。

生物表面活性剂是微生物产生的具有表面活性的代谢产物，因具有环境友好性、耐极端环境和较高乳化性等优点，在石油污染土壤生物修复中越来越受到重视。国外所见到的关于生物表面活性剂的最早的研究是 20 世纪 40 年代铜绿假单胞菌（*Pseudomonas aeruginosa*）产生含鼠李糖糖脂的报道。随着工业的发展，石油的使用量越来越大，给土壤和水环境带来了极大危害，越来越多学者开始生物表面活性剂的研究并将其应用到石油污染土壤的修复上。虽然生物表面活性剂对石油具有较好的修复效果，但石油是由上千种物质组成的复杂混合物，单种菌株的降解能力有限，因此在石油污染的生物处理上，一些学者开始了微生物石油降解菌群对石油污染的修复研究。大多关于石油降解菌的筛选都来自落地原油污染的土壤。关于油田废水形成的油水淹地污染土壤生物修复，以从油水淹地污染场地获得的高效石油降解菌群作为菌种生产改良剂（王铁媛和窦森等，2016），对油水淹地污染土壤的修复效果较好，不仅对石油具有很好的降解效果，而且有效地降低了土壤的 pH、全盐量、碱化度等盐碱性指标值，经过 2 年的改良，在田间的高粱生长基本正常（王铁媛和窦森等，2015b）。

复习思考题

1. 什么是持久性有机污染物？持久性有机污染物有哪些种类？各自的主要特性是什么？
2. 有机污染物在土壤环境中的主要环境行为有哪些？
3. 造成土壤污染的农药有哪些类型？
4. 农药污染土壤的途径有哪些？
5. 农药残留对环境的影响有哪些？
6. 有机污染物降解的方式有哪些？
7. 什么是多环芳烃？对人类健康危害大的多环芳烃有哪些？哪种多环芳烃被认为是环境材料中多环芳烃类化合物存在的典型代表？
8. 什么是油水淹地？

第五章 肥料对土壤环境的污染

本章提要 本章在介绍我国肥料利用情况及所存在问题的基础上，重点介绍施用化肥和有机肥料对土壤环境的污染和对土壤肥力的影响；肥料施用不当对水体的富营养化、硝酸盐的污染；对大气的污染以及对人和动物的健康、作物产量和品质的影响。同时介绍肥料对土壤造成污染的影响因素，并提出防治对策和措施。

第一节 我国肥料利用概况

一、肥料概述

（一）肥料的概念

肥料是植物的"粮食"。我国古代称肥料为粪，施肥则称为粪田。肥料一词意指肥田的物料。确切地讲，肥料是直接或间接供给植物所必需的养分，改善土壤性状，以提高作物产量和品质的物质。

（二）肥料的来源

根据肥料的性质和来源不同，可以将肥料分为有机肥料、化学肥料和生物肥料。

1. 有机肥料 通常把含有较多有机质，来源于动植物有机体及畜禽粪便等废物的肥料称为有机肥料，简称有机肥，大部分为农家就地取材，自行积制的，它是我国有机肥料的主体，也称为农家肥料。

2. 化学肥料 化学肥料简称化肥，多是以矿物、空气、水为原料，经过化学和机械加工制成的肥料。

3. 生物肥料 生物肥料是含有微生物活体的肥料。

二、科学施肥与我国粮食安全保障及农业的可持续发展

（一）科学施肥与我国粮食安全保障

肥料是农作物的"粮食"，是现代农业生产中投入最大的一类农业生产资料，对提高作物单产和粮食总产起着重要的作用。据联合国粮食及农业组织估计，肥料在作物增产中的作用占 40%～60%。20 世纪 70 年代以前我国农田养分主要依靠有机肥供给，随着经济的发展，我国化肥生产量和施用量也迅速增加，1989 年成为世界上化肥使用量最多的国家，1996 年化肥的总产量（纯养分）也达到了世界第一。从我国历年粮食总产量、粮食单产和化肥用量的资料（图 5-1 和图 5-2）可以看出，随着化肥用量的增加，粮食总产量和粮食单产水平不断提高。我国以占世界 9% 的耕地面积，养活了世界近 20% 的人口，这个举世瞩目成就的取得，一半归功于化肥的作用。但随着我国农业生产的发展，肥料产业也面临着诸多变化和存在诸多问题。

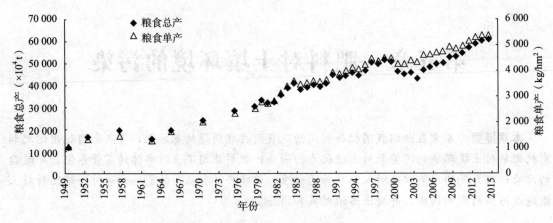

图 5-1　不同年份我国粮食总产量和单产

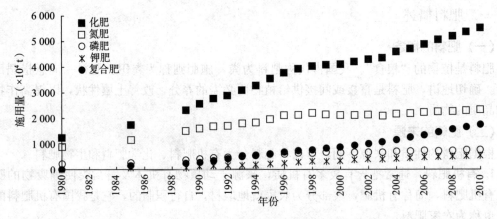

图 5-2　1980—2010 年我国不同时期不同类型的化肥用量

目前，保证食物安全仍然是我国农业生产的首要任务。今天的食物安全已不再是单纯的数量安全的概念，它包含了更加丰富的内涵，即包括了食物的数量安全、质量安全、经济安全和生态安全。数量安全是食物安全的最基本要求，就是要为日益增长的人口生产足够的食品。质量安全是指生产的食物要有较高的营养品质和安全质量，必须是无公害食品。经济安全是指农民要在生产过程中受益，有较好的经济保障。生态安全就是从发展的角度，要求食物的获取要注重生态环境的良好保护和资源利用的可持续性，即确保食物来源的可持续性安全。

（二）科学施肥与农业的可持续发展

科学施肥对农业可持续发展有着重要的作用。不断培育持续高产的土壤肥力是农业可持续发展的根本措施。合理施肥不仅有提高产量、改善粮食的营养品质的作用，可以从面积有限的耕地上获得更多农产品，起到了补偿耕地不足的作用，而且是维持和不断提高土壤肥力所必需的。连续、系统地合理施肥是培肥土壤，提高地力以保持土壤可持续利用的最有效方式。

我国每年因不合理施肥造成 1.0×10^7 t 以上的氮素（当前氮肥平均利用率为 30％～35％）流失，产生了极为严重的水土污染，很大程度上破坏了农业生产生态平衡。有调查显示，化肥、农药等要素导致的土壤污染，每年可造成粮食减产达到 1.0×10^{11} kg 左右。因此化肥对粮食生产而言，在促进粮食增产的同时可能会出现"环境惩罚"效应。

三、我国肥料面临的挑战及存在问题

（一）施肥目标发生了变化

1949—1980 年，我国遇到的最大问题是粮食供应紧缺，当时人均粮食年占有量低于 350 kg，甚至还出现了人均粮食长时间不足 300 kg 的情况（图 5-3）。这个时期，提高土壤肥力和作物产量是农业生产的重要任务，减少肥料浪费的目的是防止肥料浪费影响作物产量的提高，而不是因为肥料对环境造成了压力。改革开放后，我国年人均粮食基本上稳定在 350 kg 以上。但是 2000 年以后粮食总产和单产均出现下降（图 5-1），以保证粮食安全为中心的决策影响着农业生产的整个过程。尽管该时期化肥的污染问题已显现出来，但是由于该时期粮食安全问题较为突出，我国并没有限制肥料的使用。2010 年以后，我国粮食年人均稳定超过 400 kg，粮食安全的压力有所减轻，但随之而来的化肥污染受到了人们的重视。2015 年 3 月，农业主管部门提出"一控、二减、三基本"的农业生产指导方针，提出了"2020 年化肥农药零增长行动方案"。至此，长期以来我国肥料以保证粮食安全为唯一目标的做法转变为既要粮食安全又要保证生态安全的双目标。

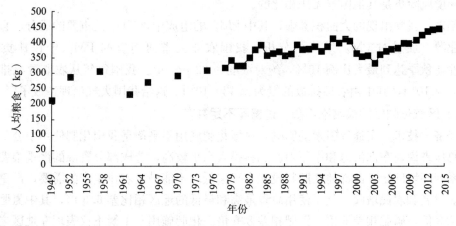

图 5-3　1949—2015 年我国人均粮食占有量

（二）肥料供需环境发生了变化

中华人民共和国成立之初，我国化肥年产量仅 6 000 t，农业生产所需的养分主要由有机肥料提供。此后我国进行了大规模的化学肥料基础工业建设，化肥用量大幅度增加。到 2000 年，我国化肥工业自足的局面已经形成。1980—2000 年，我国化学肥料替代有机肥料的现象日趋增多，有机肥料用量减少，化肥施用量增加 2.3 倍。2004 年，我国化肥的生产量首次超过我国肥料的施用量。2010 年以后，由于我国化肥工业的产能过剩，我国化肥的产销平衡彻底由卖方市场转向了买方市场。特别是 2015 年农业部提出"2020 年化肥农药零增长行动方案"以后，为了保持所占的市场份额，肥料技术创新成了肥料厂家的共识。

（三）施肥方式发生了变化

长期以来，由于我国农业高度分散和高强度开发，施肥方式主要以人工为主。20 世纪

90 年代以后，逐渐开始了机械施肥。2000 年以后，由于劳动力成本的提高和施肥技术的改进，产生了"精准施肥""灌溉施肥"等一系列新技术，简化施肥方式、提高肥料效益成了肥料发展的重要需求。为了适应施肥方式的变化，缓控释肥料、水溶肥料等肥料新品种不断出现，肥料简便化施用是我国今后一段时间内重要的发展方向。

（四）盲目过量施肥，肥料利用率普遍低下，肥料的负面作用明显显现

许多地方的化肥使用普遍度已经很高，投入量大，部分地严重过量。农业部对 2 万多农户的调查数据显示，全国 88% 的播种面积上使用氮肥，66% 的面积使用磷肥，43% 的面积使用钾肥，化肥使用普遍度远大于美国。1999 年以后，我国化肥投入量超过 4×10^7 t（纯养分，下同），成为世界上最大的肥料消费国。2004 年，我国化肥的生产量首次超过我国肥料的施用量，到 2012 年我国化肥用量为 $5.838\ 9 \times 10^7$ t，占世界化肥总用量的 1/3，单位面积施用量是世界平均水平的 3 倍多。肥料使用除增加作物产量外，但其负面作用一直存在。20 世纪 70 年代以后，在世界范围内化肥的污染开始被人们重视，如美国 Chesapeake 湾的污染被认为有一半来源于化肥，我国 2007 年 4 月太湖发生大面积蓝藻水华、滇池水污染等很多人认为也与农业施肥有关。

我国许多地区特别是农业集约化程度高、氮肥用量大的地区，已面临着严重的地下水硝酸盐污染问题，农田化肥污染问题的程度和广度已远远超过发达国家，而且，潜在的压力和面临的环境风险更是其他国家无法相比的。

近年来，我国出现的大面积雾霾，其中 $PM_{2.5}$ 的组成中，NH_4^+ 是重要的成分，且主要来源于农业源，通过对 $PM_{2.5}$ 组成的分析，我国农业大省河南省的 $PM_{2.5}$ 中铵盐贡献率为 13%，并在秋季达到最大比例 16%，绝对浓度为 22 $\mu g/m^3$。我国每年从农业源氨排放的数量为 9.67×10^6 t，其中由农田排放的氨为 5.43×10^6 t。这给我国大气治理造成了巨大压力。

（五）区域化肥使用极其不平衡，过量和不足并存

受经济、技术、交通等因素的影响，区域化肥施用不平衡是我国化肥使用中公认的问题之一。总体来说，东部沿海和中原地区肥料投入水平较高，造成部分资源的严重浪费，并且带来一系列环境问题；西部地区肥料投入水平偏低，不能满足农业生产的需要，严重制约了当地农业发展和农民增收。化肥使用总量最高和最低的地区相比差 6.6 倍，其中氮肥使用强度相差 7.2 倍，磷肥相差 6 倍，钾肥相差 8.6 倍。化肥施用不平衡不仅表现在地区之间，而且也表现在地区内不同农户的地块之间，其中超量施肥和施肥不足同时共存，在氮肥投入上尤其明显。

（六）施肥结构不合理，养分施用不平衡

经过几十年的化肥使用实践，氮磷钾施肥不平衡的现象依然存在，我国各地化肥使用仍以氮肥为主，土壤磷素和钾素营养状况正向两个相反方向发展：①自 20 世纪 70 年代中期以来，土壤磷素开始积累有所盈余；②因每年氮肥和磷肥施用量不断提高，加上钾素投入少、产出多，相当一部分地区基本不施钾肥，土壤钾素呈下降趋势。钾肥比例偏低的有重庆和四川，偏高的有广西和海南。我国一些土壤中各种微量元素缺乏合理施用。

（七）有机物料收集利用率低

有机肥在总养分投入中所占比例越来越小，从而导致土壤有机质含量下降，土性变坏。据粗略统计，作物秸秆、人畜排泄物等有机肥源目前只收集利用了 1/4~1/3。全国有机肥设

计产能仅 3.482×10^7 t，年产量仅 1.63×10^7 t。对有机物料使用的认识亟待提高。

第二节　肥料对土壤环境的影响

一、肥料中的有毒有害物质对土壤环境的影响

由于原料、矿石本身的杂质以及生产工艺流程的问题，化肥中常常含有一些有害物质（例如重金属元素、放射性元素、氟元素、有毒有机化合物），有机肥中也可能含有有毒有害物质等，这些物质施入土壤后积累到一定程度，就会对土壤环境产生污染。

（一）重金属污染

施肥引起的重金属污染主要来自磷肥以及利用磷酸制成的一些复合肥料。制造磷肥的主要原料为磷灰石，除了富含 P_2O_5 外，还含有铬、镉、砷、氟等多种有毒元素，用其生产磷肥后施用，将会污染土壤。这是化肥污染土壤的一个突出问题。对施肥 36 年的土壤调查结果表明，在每年施用三元过磷酸钙 175 kg/hm² 的情况下，表土中的镉（Cd）的含量与其全磷含量有着极显著的相关性，施磷肥的表土含镉量为 1.0 mg/kg，而对照仅为 0.07 mg/kg。由于镉在土壤中移动性很小，也不为微生物所分解，易集中于施肥较多的耕作层，被作物吸收后很易通过饮食进入并积累于人体，是某些地区人类骨痛病、骨质疏松等的重要病因之一。世界各国磷肥中镉的含量有较大的差异，美国为 7.4～15.6 mg/kg，加拿大为 2.1～9.3 mg/kg，澳大利亚为 18～91 mg/kg，而瑞典为 20～30 mg/kg。我国磷矿含镉量为 0.1～571 mg/kg，大部分为 0.2～2.5 mg/kg，对 55 个主要磷矿的分析结果表明，其平均含镉量为 0.98 mg/kg，与其他国家相比，属中低水平。从我国磷肥中重金属元素的含量（表 5-1）来看，磷肥中含有较多的有害重金属。从目前来看，我国的磷肥中镉的含量还不至于引起严重的镉污染问题，但潜在的危险不容忽视。

表 5-1　我国某些磷肥中重金属元素的含量

（引自夏立江和王宏康，2001）

取样点	肥料	重金属元素含量（mg/kg）						
		As	Cd	Cr	Pb	Sr	Cu	Zn
山东德州	普通过磷酸钙	51.3	1.4	464	170.4	330	60.6	215.3
北京通州	普通过磷酸钙	36.4	1.9	39.9	124.1	267	61.4	253.2
云南	磷矿粉	25.0	3.8	47.3	242.1	464.5	54.2	225.3
浙江义乌	钙镁磷肥	6.2	—	1 057.2	—	141.9	63.2	169.4
湖南	铬渣磷肥	67.7	—	5 144	—	189.5	48.0	768.8

有些化肥（例如硝酸铵、磷酸铵、复合肥）中砷（As）含量可达 50～60 mg/kg。施肥时，这些有害物质便随肥料一起进入农田土壤中，使重金属在土壤中积累，可通过食物链不断地在生物体内富集，最终在人体内蓄积，使人发生慢性中毒。

（二）放射性污染

化肥中放射性物质主要存在于磷肥和钾肥中。磷矿石中常含有铀（U）、钍（Th）、镭（Ra）等天然放射性元素，磷肥是土壤中这些天然放射性重金属的污染源。我国成品磷肥中铀含量一般为 2.4×10^{-3}～2.24×10^{-2} mg/kg，钍含量为 1.1×10^{-3}～1.1×10^{-2} mg/kg。

我国浙江、福建一带的磷肥中放射性核素强度较高。但总的来说，我国磷肥中放射性核素的强度是偏低的（表5-2）。

作为钾肥原料的钾盐矿中放射性核素是 ^{40}K，主要辐射 γ 射线和 β 射线。这些放射性物质可随化肥进入土壤，通过食物链被人体摄取，对人畜产生放射病，能致畸、致突变、致癌。美国每年施用钾肥相当于钾盐矿 6.0×10^6 t，所提供的 ^{40}K 放射性达 1.554×10^{14} Bq（4 200 Ci）。20 世纪 90 年代初我国钾肥消耗量为 1.5×10^6 t，估计每年进入农田的 ^{40}K 放射性总强度达 3.7×10^{13} Bq（1 000 Ci）。

表 5-2　我国不同地区磷矿粉与过磷酸钙中放射性核素的放射强度（混合样品）

（引自李天杰，1995）

地区	放射性核素的强度（Ci/kg）	
	磷矿粉	磷肥
湛江	3.3×10^{-9}	5.2×10^{-9}
福建	—	8.16×10^{-7}
浙江	—	8.21×10^{-7}
洛阳	—	3.4×10^{-8}
张家口	$6.2 \times 10^{-9} \sim 4.2 \times 10^{-8}$	1.7×10^{-9}
内蒙古	2.5×10^{-7}	2.6×10^{-7}
黑龙江	—	7.9×10^{-9}

注：1 Ci/kg＝3.7×10^{10} Bq/kg。

（三）氟污染

氟是磷肥中污染环境的主要元素之一，具有很高的化学活性，对人畜危害较大，也是人们极为关注的元素之一。磷肥的主要原料是磷灰石，氟含量为 $1.0\% \sim 3.5\%$。通过对全国 22 个矿 172 个样品的测定，氟含量平均可达 2.2% 左右，凡磷矿中全磷含量高的，氟含量也高。虽然在磷肥制造过程中 $25\% \sim 50\%$ 的氟以 SiF_4 的形式排出，但还有相当数量残留在肥料中，长期使用磷肥，会导致土壤中含氟量的增高，从而使生长其上的作物中的氟含量也增高，轻则抑制作物的生长发育，重则产生中毒现象。这在酸性土壤上更为严重。另外，土壤氟污染还可导致铁氧化物、铝氧化物或氮氧化物的崩解，促使土壤有机质增溶，从而影响潜在有毒元素的有效性。

（四）有毒有机化合物的污染

目前商品生产的化肥中，普遍认为有害的有机化合物有如下几种：硫氰酸盐、磺胺酸盐、缩二脲、三氯乙醛以及多环芳烃，它们对种子、幼苗或土壤微生物有毒害作用。

硫氰酸盐（SCN^-）产生于煤制气和炼焦的生产过程中。在炼焦厂作为副产品制造的硫酸铵中含有一定量的硫氰酸铵。当水溶液中硫氰酸盐浓度超过 5 mg/L 时即可危害作物发芽。因此施用硫酸铵前要注意检测。化肥中磺胺酸盐含量一般较低，主要存在于用制造尼龙原料的废硫酸生产的磷肥、氮肥中。缩二脲存在于尿素中，在造粒过程中，经高温处理（＞133 ℃）能分解出氨和缩二脲，对作物有毒害作用。对植物危害较大又较普遍存在的是磷肥中的三氯乙醛，一般在磷肥生产中都存在三氯乙醛污染。三氯乙醛可导致植物生长紊乱，能在土壤中存在较长时间，数月后才能完全降解。

（五）有机肥料中有毒有害物质的污染

城市垃圾、污泥中含重金属等有害物质，当它们作为肥料过量输入农田时，会使土壤中有毒物质积累。用未经无害化处理的人畜粪便、城市垃圾以及携带有病原菌的植物残体制成的有机肥料或一些微生物肥料直接施入农田，使某些病原菌在土壤中大量繁殖，造成土壤的生物污染。这些病原体包括各种病毒、病菌、有害杂菌，甚至一些大肠杆菌、寄生虫卵等，它们在土壤中生存时间较长，例如痢疾杆菌能在土壤中生存 22～142 d，结核杆菌能在土壤中生存 1 年左右，蛔虫卵在土壤中能生存 315～420 d。

还有一些有害粪便是一些病虫害的诱发剂，例如鸡粪直接施入土壤，极易诱发地老虎的繁殖，进而造成对作物根系的破坏。此外，被有机废物污染的土壤，是蚊蝇滋生和鼠类繁殖的场所，不仅带来传染病，还能阻塞土壤孔隙，破坏土壤结构，影响土壤的自净能力，危害作物正常生长。

近年来，随着我国畜禽养殖业的迅速发展，产生了大量的畜禽粪便，给环境带来了巨大的潜在危害。畜禽养殖发展过程中呈现两个重要特点，一是畜禽养殖向规模化、集约化方向发展，二是各类兽用抗生素和饲料添加剂的使用极大地改善了畜禽生长的物质条件，促进了养殖业的快速发展。但由于各类兽用抗生素和饲料添加剂的超量使用，畜禽粪便的化学组成已较传统畜禽排泄物发生了较大的改变。章明奎从浙江省境内收集了 155 个畜禽粪样（全为新鲜样），分析其中重金属和四环素类抗生素的含量，结果说明畜禽粪便中残留的抗生素和重金属含量较高，不仅对土壤造成污染，还可导致环境中出现耐药菌与抗性基因，是环境与健康领域的又一重大挑战，其影响不容忽视。

由于动物对抗生素的吸收利用及在体内的降解率较低，抗生素被机体吸收后，除少部分经过代谢反应生成无活性的产物外，有 60%～90% 的以原型通过粪便和尿液排出体外进入环境。这部分兽药及其代谢产物通过畜禽粪便农用进入土壤后，一方面通过雨水冲洗或浇灌，淋溶进入地表水或地下水环境中；另一方面，有些抗生素类药物（例如四环素类和磺胺类药物）为持久性污染物，在土壤中积累，或被农作物吸收积累而进入食物链威胁人体健康。而其中的蔬菜地因施肥量高、集中分布在人口稠密区，其受抗生素污染的风险也最高。

章明奎等以浙江省杭州、嘉兴和绍兴 3 个地级市蔬菜种植区为研究对象，分析了施用畜禽粪＋化肥、商品有机肥＋化肥、沼渣＋化肥和单施化肥 4 种不同施肥方式下蔬菜地表层土壤中 4 类 8 种抗生素的残留情况。在分析的 44 个土样中，8 种抗生素的总检出率（指有 1 种以上抗生素检出的土样占总土样的比例）为 81.82%，这表明研究的多数蔬菜地土壤中都存在数量不等的抗生素残留。不同种类的抗生素检出率有一定差异，四环素类抗生素（包括土霉素、四环素、金霉素）的总检出率为 75.00%，喹诺酮类抗生素（指恩诺沙星）检出率为 47.73%，磺胺类抗生素（包括磺胺嘧啶、磺胺二甲嘧啶、磺胺甲噁唑）的总检出率为 61.36%，大环内酯类抗生素（指泰乐菌素）检出率为 40.91%。44 个土样中 8 种抗生素的总残留量为 0～1 420.96 $\mu g/kg$，平均为 101.31 $\mu g/kg$；以土霉素最高，平均为 67.91 $\mu g/kg$，占 8 种抗生素平均总量的 67.03%。四环素类抗生素的总残留量平均约为磺胺类抗生素的 8 倍。总体上，8 种抗生素检出率比例较高的在土壤中的残留浓度也较高。虽然各类抗生素的平均浓度较低，但它们的最高值都达到相当水平，表明某些蔬菜地存在一定的抗生素污染风险。

梁玉婷等为了揭示施用粪肥土壤中抗生素的残留水平，分别采集江苏省常州市某养猪场新鲜猪粪样品 6 份、施用粪肥及无机肥水稻土壤样品各 13 份，对生猪粪便和土壤中的 4 大类（四环素类、磺胺类、喹诺酮类和大环内酯类）15 种抗生素含量进行检测分析。结果表明，该养猪场猪粪与施肥土壤中均未检测到大环内酯类抗生素，四环素类是最主要的抗生素污染物，残留量在猪粪中为 1.9～12.5 mg/kg，在施粪肥土壤中为 23.9～212.4 μg/kg；施无机肥土壤中未检测出抗生素，施粪肥土壤中的抗生素来源于生猪粪便。抗生素在土壤中的吸附、迁移、降解等行为，是影响抗生素在土壤中残留量的关键因素。四环素在猪粪中所占的比例较高，而在施粪肥土壤中的比例有所下降，其原因可能是四环素在土壤环境中发生光降解、水解、微生物降解等一系列反应。在猪粪中检测到高浓度的金霉素，而施粪肥土壤中未检测到，其原因是金霉素在土壤中较容易被降解，随着时间的推移，畜禽粪便中的金霉素会自身分解或在微生物的作用下降解。恩诺沙星在猪粪中所占的比例较低，但由于土壤对恩诺沙星的吸附的作用较强而在施粪肥土壤中的比例升高，残留在土壤中的恩诺沙星被吸附在固体颗粒上，不易释放和随水迁移。

土壤中的四环素对作物的影响程度为根＞茎＞叶，即四环素对作物根部的毒性效应最显著。其抑制机制可能在于通过抑制叶绿体合成酶的活性进而对作物生长产生抑制作用，影响作物发芽率和根的生长。相对而言，土壤对四环素有很大的缓冲性，四环素在水溶液中对根伸长 10%抑制浓度为 25.88 mg/kg，而在土壤中为 377.80 mg/kg。与水体环境相比，土壤中四环素残留对作物的生态毒性较小，甚至是没有影响。四环素对土壤的生态毒性主要体现在微生物方面。四环素对土壤微生物的作用程度主要受两方面因素影响，一是其在土壤中的含量；二是土壤因子，例如土壤有机质种类和含量、矿物种类、pH 等。通常，单细胞生物对四环素的敏感度要高于多细胞生物。

可见，长期施用畜禽粪肥导致土壤中微生物抗生素抗性水平大幅增加，对环境造成了一定的潜在风险。有人认为，环境中四环素的含量即使在很高的情况下，其对动物和植物的直接毒害作用也是有限的，四环素在环境中长期残留产生的抗性基因问题，可能是一个重要的研究方向。

李梦云等对河南省 12 家规模化养猪场的饲料及粪便中重金属及抗生素含量进行调查，采集断奶仔猪、保育猪和育肥猪 3 个阶段的饲料和粪便样品，测定样品中锌、铜、砷、抗生素金霉素和喹乙醇的含量，并进行相关性分析。结果表明，所有猪粪便中均未检测出金霉素和喹乙醇。饲料中铜含量与粪便中铜含量在断奶阶段呈显著正相关（$P<0.05$）、在育肥阶段呈极显著正相关（$P<0.01$）；饲料中锌含量与粪便中锌含量在保育阶段呈显著正相关（$P<0.05$）；饲料中砷含量与粪便中砷含量均呈正相关，但相关性均未达显著水平（$P>0.05$）。

表 5-3 有机肥中重金属的限量

（摘自 NY 525—2012）

项目		限量指标
总砷（As）含量（以烘干基计，mg/kg）	≤	15
总汞（Hg）含量（以烘干基计，mg/kg）	≤	2
总铅（Pb）含量（以烘干基计，mg/kg）	≤	50
总镉（Cd）含量（以烘干基计，mg/kg）	≤	3
总铬（Cr）含量（以烘干基计，mg/kg）	≤	150

目前我国已规定了有机肥中重金属的限量（NY 525—2012）（表 5-3），这对规范和指导商品有机肥的安全生产，对发展无公害食品和绿色食品生产至关重要，是保障从农田到餐桌的全过程安全的技术保障。

另外，未经处理的有机肥料，含有碎玻璃、金属片、塑料、废旧电池等，施入土壤中会使其渣砾化，不仅破坏土壤结构，降低土壤的保水保肥能力，甚至使土壤质量下降，农产品数量锐减、品质下降，严重者使生态环境恶化。

二、单一施用化肥导致土壤板结和土壤肥力下降

长期过量施用单一化肥，使土壤溶液中 NH_4^+ 和 K^+ 的浓度过大，并和土壤胶体吸附的 Ca^{2+}、Mg^{2+} 等阳离子发生交换，使土壤胶体分散，土壤结构被破坏，导致土壤板结。化肥无法补偿有机质的缺乏，大量施用化肥，用地不养地，会造成土壤有机质含量下降，进一步影响土壤微生物的生存，不仅破坏土壤结构，而且还降低肥效。据调查，由于长年施用化肥，华北平原土壤有机质含量已降到 10 g/kg 左右，全氮含量不到 0.1%。可见，长期过量施用单一化肥，会直接导致耕地土壤的退化产生。

三、过量施用化肥造成土壤硝酸盐的污染

化肥影响土壤的另一个突出问题是过量施用氮肥直接影响土壤中 $NO_3^- \text{-N}$ 的含量水平。氮肥施用量和土壤中硝酸盐的积累与淋失量有密切的关系。土壤中的硝酸盐积累量随着施氮量的增加而增加（表 5-4）。刘兆辉等在潮褐土上的研究结果表明，施氮处理各土层中硝态氮积累量均比不施氮处理显著增加，0～120 cm 土体中硝态氮总积累量平均升高 42.29 kg/hm²。当地农民习惯施肥（施氮量为 330 kg/hm²）处理下各层土壤的硝态氮浓度均最高，0～120 cm 土壤中的积累量高达 130.92 kg/hm²，0～20 cm 表层积累量占 0～120 cm 土层硝态氮总积累量的 31.43%，随土层深度的增加硝态氮积累量逐渐减少，但其在 120 cm 土层中硝态氮积累量仍高达 12.50 kg/hm²，远高于其他施氮处理，差异显著；而氮肥投入量减少 30% 的优化施肥（施氮量为 240 kg/hm²）处理的 0～120 cm 土体中硝态氮的积累量近 85 kg/hm²，较当地农民习惯施肥处理的降低 35.07%。

表 5-4　施氮量对玉米收获期土壤不同层次硝态氮积累量的影响（kg/hm²）

（引自孙占祥，2011，经整理）

施氮处理	土壤层次（cm）	
（kg/hm²）	0～40	0～100
对照（不施肥）	12.62	33.93
低氮（120）	18.31	36.38
中氮（200）	23.64	42.81
高氮（240）	47.86	99.98

当土壤溶液中硝酸盐浓度过高时，一部分硝酸盐随着地表径流流向低洼地带或垂直迁移进入地下水中，造成水体氮污染；另一部分硝酸盐以过多的数量被作物大量吸收，成为作物产品的污染源。

四、施用单一品种化肥引起土壤酸化

土壤酸化是指土壤 pH 在原有基础上逐渐下降的现象，是土壤中 H^+ 逐渐增加和交换性盐基逐渐减少的过程，是土壤形成和发育过程中普遍存在的自然过程。土壤的自然酸化一般是较为缓慢的，但由于酸沉降以及化肥大量施用，农田土壤酸化过程加速。日益加剧的农田土壤酸化问题已对我国粮食安全和生态环境造成严重威胁。长期大量施用单一品种化肥，特别是生理酸性肥料，会导致土壤酸化。硫酸铵、氯化铵等都属生理酸性肥料，植物吸收肥料中的养分离子后，土壤中 H^+ 增多，易造成土壤酸化。据江西红壤丘陵地试验，氯化铵和硫酸铵的施肥量（以 N 计）为 60 kg/hm²，施用 2 年后，表土 pH 从 5.0 分别降到 4.3 和 4.7~4.8，同时也说明氯化铵比硫酸铵对土壤酸化的影响更大。化肥施用产生的土壤酸化现象在酸性土壤中最严重。利用 34 年的长期定位施肥试验，研究不施肥（CK）、施氮磷钾肥（NPK）和氮磷钾化肥配施石灰（NPK＋CaO）对红壤性水稻土不同形态酸的影响，施肥使土壤 pH 明显下降（表 5-5）。与对照处理相比，施氮磷钾处理早稻和晚稻的土壤 pH 分别降低 0.2 和 0.3 个单位，差异达到显著水平（$P<0.05$）。施氮磷钾处理早稻和晚稻的土壤交换性酸含量分别较对照处理提高 2.3 倍和 4.2 倍，水解性酸分别提高 35.4% 和 40.0%，且差异均达到显著水平（$P<0.05$）。与试验前土壤 pH 6.6 相比，对照和施氮磷钾处理土壤 pH 的降幅均超过 1.0。与施氮磷钾处理相比，氮磷钾化肥配施石灰（NPK＋CaO）处理早稻和晚稻的土壤 pH 分别提高 0.5 和 0.7 个单位，交换性酸分别降低 80.8% 和 88.5%，水解性酸分别降低 23.5% 和 25.4%，差异均达到显著水平（$P<0.05$）。氮磷钾化肥配施石灰处理早稻和晚稻土壤 pH 分别较对照处理提高 0.3 和 0.4 个单位，且差异均达显著水平（$P<0.05$），交换性酸分别降低 35.9% 和 40%，水解性酸分别升高 3.6% 和 4.4%。这个结果充分说明长期施用石灰对降低土壤不同形态酸均具有显著效果。

表 5-5　不同施肥处理土壤 pH、交换性酸和水解酸含量

（引自鲁艳红，2016）

处理	早稻			晚稻		
	pH	交换性酸 (cmol/kg)	水解性酸 (cmol/kg)	pH	交换性酸 (cmol/kg)	水解性酸 (cmol/kg)
CK	5.5b	0.39b	6.19b	5.4b	0.20b	5.40b
NPK	5.3c	1.30a	8.38a	5.1c	1.04a	7.56a
NPK＋CaO	5.8a	0.25b	6.41b	5.8a	0.12b	5.64b

注：同一列数据后不同字母表示处理间差异达 5% 的显著水平。

当酸性土壤的 pH 低于 5.5 时，将制约农业生态系统的生产力。而作为一种耐酸植物，茶树的最适生长 pH 范围是 5.0~5.6。乔春连等对 2004—2016 年发表的相关研究数据进行整合分析，结果显示，施用合成氮肥导致我国茶园土壤 pH 平均降低 0.20，使土壤钙离子和镁离子浓度分别降低了 23% 和 37%，铝离子浓度上升了近 54%。茶园土壤的酸化与土壤交换性铝和铝络合物的增加以及土壤盐基的淋溶密切相关。不同地区茶园土壤由于长期施用过磷酸钙、硫酸铵等酸性肥料，使土壤发生酸化，已成为茶园土壤退化的严重问题。

土壤酸化后会导致有毒物质的释放，或使有毒物质毒性增强，这对生物体会产生不良影

响。土壤酸化还能溶解土壤中的一些营养物质，在降雨和灌溉的作用下，向下渗透至地下水，使得营养成分流失，造成土壤贫瘠化，影响作物的生长。

第三节　肥料对水体、大气和生物的影响

由于过量施用肥料，过剩的氮、磷等营养元素，可渗入地下水，污染井水，或随农田排水流入地面水体，引起水体的富营养化，影响水生生物的生长。此外，化肥污染还会形成植物积累及造成大气臭氧层的破坏，对人类生存的环境构成很大的威胁。

一、肥料对水体的影响

（一）肥料造成的水体富营养化

1. 水体富营养化的概念　所谓水体富营养化，通常是指湖泊、水库、海湾等封闭或半封闭的水体，以及某些滞流（流速<1 m/min）河流由于水体内氮、磷等营养物质在水体中富集，导致某些特征性藻类（主要是蓝藻和绿藻等）的异常增殖，从而消耗大量的氧，降低水中溶解氧的含量，形成水体厌气环境，同时，水体透明度降低，水质恶化，严重影响鱼类的生存，并引起鱼类等水生生物大量死亡的现象。

2. 水体富营养化的原因　水体富营养化是水体衰老的自然过程，但人类活动能够大大加速这个过程。其中，农业生产中大量施用化肥，使氮、磷等大量营养元素进入水体，是造成水体人为富营养化的主要因素。我国的许多湖泊都面临富营养化问题。从山东南四湖、云南洱海、上海淀山湖等湖泊的调查资料看，通过农田径流输入湖泊的氮占湖泊氮总负荷的 7.00%～35.22%，磷占 14.00%～68.04%（表 5-6）。我国 5 大淡水湖之一巢湖，从 20 世纪 60 年代开始至 80 年代，由于湖水的富营养化，导致湖内 100 多种水藻大量繁殖。巢湖总氮含量和总磷含量严重超标，1997 年巢湖西半湖水体总氮含量和总磷分别为 4.14 mg/L 和 0.310 mg/L，分别超过Ⅲ类水标准 3.14 倍和 5.2 倍，劣于Ⅴ类水标准。造成巢湖严重污染的原因，除了沿湖城市排放的大量工业废水和生活污水外，还与农村面源污染有很大的关系。

表 5-6　径流输入对湖泊氮磷总负荷的影响

（引自邢光熹，1998）

湖泊	径流输入量（t）		占总负荷的比例（%）	
	全氮量	全磷量	全氮含量	全磷含量
山东南四湖	12 761.04	9 323.90	35.22	68.04
云南滇池	788.43	127.41	16.78	27.85
云南洱海	96.10	22.40	9.70	15.50
上海淀山湖	53.27	3.27	7.00	14.00

3. 农村面源污染及其特征　农村面源污染又称为农村非点源污染，是指在农业生产和生活活动中，溶解的或固体的污染物，例如氮、磷、农药及其他有机或无机污染物，从非特定的地域，通过地表径流、农田排水和地下渗漏进入水体引起水质污染的过程。

典型的农村面源污染包括农田径流（化肥、农药流失）和渗漏、农村地表径流、未处理

的农村生活污水、农村固体废物及小型分散畜禽养殖和池塘水产养殖等造成的污染。农村面源污染具有以下特征。

(1) 污染来源具有分散性、复杂性以及溯源的困难性　我国农村面源污染来源分散且复杂，涉及的地域范围广，不仅包括农田径流、农户的生活污水排放和村镇地表径流，还包括农村生活垃圾及固体废物、小型畜禽养殖和池塘水产养殖等造成的污染。这就造成了难以在发生之处进行监测、真正的源头难以或无法追踪，治理难度大。

(2) 污染物排放具有不确定性和随机性　农村面源污染物的排放受时间、空间的影响较大，排放过程具有明显的不确定性和随机性。农户的施肥行为、生活用水等习惯、畜禽养殖等行为都因人的主观意愿而变，加上大部分农村面源污染的发生受降雨事件的驱动，决定了农村面源污染排放源、排放时间以及空间分布的不确定性和随机性。此外，污染物在进入水体之前的沿程迁移路线千差万别，无疑加大了污染负荷估算的难度。

(3) 污染物以水为载体，其产流汇流特征具备较大的空间异质性　农村面源污染实际上是指各种污染物以水为载体，通过扩散、汇流、分流等过程进入水体。农村地域宽广，土地利用方式多样，地形地势复杂，这就造成降雨引起的产流汇流特征受空间地形的影响，具备较大的空间异质性，污染物的排放区和受纳区难以准确辨认，污染高风险区难以辨识。

(4) 污染物具有量大和低浓度特征，治理难，成本高，见效慢　不同于点源污染，农村面源污染一般是化学需氧量（COD）、总氮含量（TN）和总磷含量（TP），排放的大部分污染物在进入水体后浓度较低，总氮浓度一般低于 10 mg/L，总磷浓度一般低于 2 mg/L。由于浓度低，污染物来源多而分散，造成治理难度大，传统的脱氮除磷工艺去除效率较低且成本高，见效慢。有效去除低浓度的面源污染物是当前面临的一大难题。

4. 我国水体富营养化的情况　据中国农业科学院土壤肥料研究所的调查，蔬菜、水果和花卉生产所产生的农业面源污染已成为流域水体富营养化最大的潜在威胁之一。仅在滇池流域，2001 年菜果花播种面积已达全流域作物播种面积的 23.4%，仅嵩明、呈贡和晋宁 3 个县自 20 世纪 80 年代以来蔬菜播种面积增加了近 1.77 倍，同期农田氮、磷化肥用量增加了 5 倍。由于集约种植方式下频繁使用各种速效性肥料，使得土壤富含水溶性氮、磷，加上南方纵横交错的河网渠系，极易引发农田氮、磷径流流失。

非点源污染已成为地表水环境的一大污染源或首位污染源。

Tong 等对我国 862 个湖泊 2006—2014 年的水质进行了分析，结果表明，卫生条件改善减少了大部分城市居民区的磷输入，但在人口密集地区，水产养殖业和畜牧业产生的磷污染抵消了改善的效果。这 862 个湖泊总磷浓度的中位数从 2006 年的 80 μg/L（范围为 3～247 μg/L）下降到 2014 年的 51 μg/L（范围为 3～128 μg/L）。在 2006 年，22% 以上的采样点总磷浓度超过 200 μg/L（Ⅴ类水质标准），而到了 2014 年仅有 7% 的样点超过这个水平。2014 年，70% 的被调查湖泊总磷浓度低于 50 μg/L，总的来说，所测点位中的总磷浓度，2014 年比 2006 年降低了 60%。但大幅度降低发生在 2006 年，湖泊年均和月均总磷浓度在我国的东中部及西部有显著降低。磷来源有显著地区差异。在东中部，城市生活废水磷来源占主导地位，大约占 1/3 磷的负荷；而在西部地区，畜牧业是最大来源。大多数地区已经实现了城市和乡村生活磷负荷的降低。在东部地区，由于肥料的使用，来自种植业的磷负荷成为稳定的来源。像水产养殖业和畜牧业的扩散源正在成为越来越重要的磷来源。在广东、江苏和湖北，水产养殖业尤为重要，占了 20% 以上的磷负荷。

研究表明，对于湖泊、水库等封闭性水域，当水体内无机态总氮含量＞0.2 mg/L，PO_4^{3-}-P 的浓度达到 0.02 mg/L 时，就有可能引起藻华现象的发生。

5. 土壤中肥料的流失及其影响因素

（1）氮肥形态对氮肥流失的影响　各种形态的氮肥施入土壤后，在微生物的作用下，通过硝化作用形成 NO_3^--N，因土壤胶体对 NO_3^--N 的吸附甚微，易于遭雨水或灌溉水淋洗而进入地下水或通过径流、侵蚀等汇入地表水，对水源造成污染。土壤颗粒和土壤胶体对 NH_4^+ 具有强烈的吸附作用，使得大部分可交换态 NH_4^+ 得以保存在土壤中，但当土壤对 NH_4^+ 的吸附达到饱和时，在入渗水流的作用下，NH_4^+ 还是可能被淋失出土壤的。氮素化肥施入水稻田后，如果在 24 h 内排水，就有相当部分的氮素随水而排出，与其他氮肥相比，尿素损失更大。因为施入土壤中的尿素要经过 2～3 d 水解后才能被土壤胶体吸附，未转化的尿素分子土壤胶体不能吸附，很容易随水排出田块。

（2）磷肥流失　磷肥施入土壤后，很容易被土壤吸持和固定。应用 ^{32}P 示踪研究石灰性土壤磷素的形态及有效性的结果表明，水溶性磷肥施入土壤后，有效性随时间的延长而降低，在 2 个月内有 2/3 变成不可提取态磷（Olsen 法），其主要形态为 Ca-P、Al-P、Fe-P 型磷酸盐。加上磷在土壤中的扩散移动性小，磷肥对作物的有效性较低，作物对磷肥的利用率很低，施入土壤中的磷肥大多残留于土壤中，导致耕层土壤处于富磷状态，从而通过水土流失等途径使富含磷酸盐的表层土壤大量流失。

随着随地表径流流失的氮、磷营养物质进入湖泊、水库，使水体中氮、磷等营养物质增多，从而导致水体的富营养化。

据研究，化肥养分流失对农业面源氮和磷排放的贡献率分别为 11.2％ 和 25.7％。

（3）降水对土壤中肥料流失的影响　农田氮、磷损失的程度取决于降雨情况（降雨强度、降雨时间、降水量）、施肥时间、施肥方法、肥料种类、地形地貌特点、植被覆盖情况、土壤条件和人为管理措施等多种因素。农田氮、磷的流失量与径流量、降水对地表的侵蚀能力呈正相关。梁新强等研究了降雨强度及施肥降雨间隔时间对油菜田氮素径流流失的影响，在施尿素氮肥 60 kg/hm² 情况下，同一降雨强度下，施肥降雨间隔时间越短，总氮输出浓度越大，特别是施肥后第 1 天和第 3 天遇到降雨时，总氮径流流失浓度明显高于其他处理，在 120 mm/h 下施肥后第 1 天和第 3 天降雨径流液中总氮浓度最高分别可达 45.9 mg/L 和 32.6 mg/L，远超过了《地表水环境质量标准》（GB 3838—2002）中总氮 Ⅴ 类标准限值 2 mg/L。另外，随着降雨强度降低，径流中相应氮浓度有所下降，例如在 80 mm/h 下施肥后第 1 天和第 3 天降雨径流液中总氮浓度最高分别为 31.5 mg/L 和 24.8 mg/L，而在 40 mm/h 下分别为 24.7 mg/L 和 18.6 mg/L，下降后的浓度也超过了总氮 Ⅴ 类标准限值，流失风险依然较大。

（4）地形对土壤中肥料流失的影响　土壤氮、磷流失量与地形条件有很大的关系，一般是丘陵大于山地，在丘陵、山地中，以 20° 左右的坡度氮、磷流失量最大。

（5）土壤条件及施肥量对土壤中肥料流失的影响　农田氮、磷的流失量与土壤条件及施肥量关系密切；氮的损失量随施肥量的增加而增加。

施肥显著增加菜地土壤氮素径流流失量。单施无机肥处理总氮、硝态氮和铵态氮流失量均最高。配施有机肥可降低不同形态氮流失量，且随有机肥配施量增加而显著降低（表 5-7）。矿物态氮是土壤氮径流输出的主要形态。

表 5-7 不同处理下氮径流损失总量（kg/hm²）

（引自宁建风，2011）

施肥处理	总氮量（TN）（kg/hm²）	铵态氮量（NH_4^+-N）（kg/hm²）	硝态氮量（NO_3^--N）（kg/hm²）	铵态氮与硝态氮占总氮量的比例［（NH_4^+-N+NO_3^--N）/TN］（%）
不施肥	1.29	0.23	0.80	79.8
纯化肥	4.20	1.22	2.30	83.8
化肥+低量有机肥	3.90	0.97	2.02	76.7
化肥+中量有机肥	3.03	0.86	1.50	77.9
化肥+高量有机肥	1.96	0.51	1.01	77.6

通过连续 2 年的野外采样测定，与常规施肥处理相比，减量施肥处理使雷竹林径流水中总磷、可溶性总磷和颗粒态磷的浓度分别降低了 21.95%、17.60% 和 33.52%，累计流失量分别减少了 16.06%、10.29% 和 30.26%（表 5-8）。

表 5-8 不同处理雷竹林径流水中总磷、可溶性总磷和颗粒态磷的累计流失量

（引自吴建军，2015）

年份	处理	磷素累计流失量（kg/hm²）		
		总磷	可溶性总磷	颗粒态磷
2013	常规施肥	0.76±0.26	0.45±0.16	0.31±0.12
	减量施肥	0.66±0.12	0.43±0.11	0.23±0.03
2014	常规施肥	0.48±0.02	0.39±0.02	0.09±0.03
	减量施肥	0.39±0.03	0.33±0.03	0.06±0.02

除化学肥料外，有机肥中养分，特别是有机态氮，也可经由矿化→氨态氮→硝态氮途径，不断向水体迁移，是人口稠密的村镇附近及大型畜禽场周围水体富营养化的一个重要原因。

（二）地下水硝酸盐的污染

1. 地下水硝酸盐污染的危害　水体中硝态氮（NO_3^--N）的含量与人体的健康密切相关。因为硝酸盐易还原成亚硝酸盐。人体如吸收过量的亚硝酸盐，能将含在血红蛋白中的 Fe^{2+} 氧化成 Fe^{3+} 形成无法携带新鲜氧气的高铁血红蛋白。这种蛋白积累至一定程度，人体会感到缺氧，称为高铁血红蛋白症，严重时可能危及生命。另外，亚硝酸盐积累到一定数量并有适宜的 pH 等条件时，可在生物体内与胺结合形成亚硝酸胺化合物，这是一种有相当强度的致癌物，可引起人体胃肠等消化道癌变。世界卫生组织指出，当饮用水中硝态氮（NO_3^--N）含量为 40~50 mg/L 时，就会发生血红素失常病，危及人类生命。多数国家控制饮用水硝态氮（NO_3^--N）含量的最高限度为 10 mg/L，也有一些国家要求市政供水硝态氮含量的最高限度为 1 mg/L，铵态氮含量的最高限度为 0.1 mg/L。

2. 地下水硝酸盐污染的成因　氮肥的大量施用是水体特别是造成地下水硝酸盐和亚硝酸盐含量增加的重要因素。

氮肥施入土壤后，很快就会转化。例如在适宜的条件下，尿素在 2 d 左右可全部水解形

成铵态氮（NH_4^+-N）。铵态氮经硝化作用产生硝态氮（NO_3^--N），一般在 10 d 左右就可以完全被转化为硝态氮。由于土壤胶体通常带负电荷，经硝化作用产生的硝酸盐（NO_3^-），除了能被植物吸收利用外，多余部分不能被土壤胶体吸附，因而随降雨及灌溉水下渗而污染地下水。在欧洲，大约 22% 耕地的地下水中的硝酸盐浓度超过 50 mg/L；美国有 31 个州已出现较为严重的由化肥引起的地下水硝酸盐污染；在德国有 50% 的农用井水硝酸盐的浓度超过60 mg/L。我国地下水中硝酸盐污染也相当严重。调查表明，我国目前 50% 的城市地下水已不同程度地受到硝酸盐污染，其中华北地区的污染尤为严重。在江苏、浙江和上海的 16 个县中，饮用井水的硝态氮（NO_3^--N）和亚硝酸态氮（NO_2^--N）的超标率已分别达到 38.2%和 57.9%［国家地下水质量标准中，硝态氮（NO_3^--N）为 ≤20 mg/L，亚硝酸态氮（NO_2^--N）为 ≤0.02 mg/L］。北京、天津和河北唐山地区 14 个县市的饮用井水和地下水的硝态氮含量超过 11.3 mg/L（欧洲联盟标准）的达 50%，最高者达 68 mg/L。地下水硝酸盐污染在城郊的集约化蔬菜种植区尤为严重。根据中国农业科学院在北方 5 省 20 个县集约化蔬菜种植区地下水硝态氮含量的调查结果，在 800 多个调查点中，45% 的调查点含量超过11.3 mg/L，20% 的调查点超过 20 mg/L，个别地区超过 70 mg/L。根据北京市环境保护局对 205 眼水源井的抽样监测，地下水硝酸盐超标率为 23.4%，超标面积达 146.8 km²，硝酸盐已经成为北京市地下水两种主要污染物之一。农业面源污染是地下水硝酸盐污染的首要原因。

据 2011 年对天津市 10 个涉农区县的地下水取样调查及硝酸盐含量监测的结果，天津市地下水硝态氮含量总体较低，平均值为 7.11 mg/L，约 12.06% 的地下水样超过地下水质量国家标准。受作物种植类型、施肥习惯以及地形等因素的共同影响，天津市不同地区间地下水硝酸盐含量差异明显，西青和蓟县 2 个地区地下水硝酸盐含量高于 10 mg/L，武清、宝坻和静海 3 个地区地下水硝酸盐含量在 6.95~9.82 mg/L，津南、北辰等 5 个地区地下水硝酸盐含量低于 5 mg/L，宁河、东丽以及滨海新区地下水水质最好且未出现污染现象。

由农村面源污染引起的地下水硝酸盐污染将对饮用水质量安全造成威胁。可见，化肥淋失引起的水体硝酸盐污染是十分严重的。

3. 地下水硝酸盐污染的影响因素　氮肥的淋失量与土壤类型、土壤质地、氮肥的品种、施肥时期都有密切的关系。

（1）土壤因素　一般说来，地下水中硝酸盐的含量是随施肥量的增加而升高的。质地黏重的土壤比质地轻的土壤的大孔隙少，通透性差，硝化作用较弱，同时使土壤剖面中的水自上而下流动缓慢且阻挡较大，氮肥的淋溶损失自然要少（表 5-9）。

表 5-9　施氮量与土壤硝态氮的淋失量

（引自奚振邦，2003）

施氮量	硝态氮的淋失量（kg/hm²）	
（N，kg/hm²）	壤土	轻砂壤土
0	4.80	8.10
169.5	12.45	24.60
340.5（春施）	24.00	53.85
340.5（秋施）	27.75	72.30

（2）肥料因素　有研究表明，土壤硝态氮的淋失量首先同施肥量有关，其次同降水量有关。氮素的淋失量随施氮量的增加而增加，单施化学氮肥大于无机有机配施。张亦涛等通过"渗漏池"长期定位监测，分析 2008—2012 年不同施氮量条件下的水分和氮素淋失发生特征发现，降雨和灌溉发生在 4—10 月，淋失发生在 5—11 月，淋失比降雨和灌溉时间有所滞后。灌溉和降雨是导致淋失的主要原因，输入的水量越多，越易发生淋失，硝态氮是淋失水中的主要氮素形态。年份间，氮素淋失量与灌溉和降雨携入的氮量呈正相关关系，灌溉和降雨携带氮量越多的年份，农田氮素淋失量越多。施氮处理的各种形态氮素淋失量明显高于不施氮，并且在 180~240 kg/hm^2 范围内，施氮量越高，各种形态的氮素淋失量也越高。硝态氮是氮素淋失的主要形态，2008—2012 年，不施氮条件下的硝态氮淋失总量为 4.85 kg/hm^2，而高量施氮条件下的硝态氮淋失总量为 91.2 kg/hm^2；同一年内，硝态氮淋失量和硝态氮淋失浓度均随施氮量的增加而增加。2008—2012 年，不施氮和低量施氮处理（120 kg/hm^2）的硝态氮淋失浓度平均值分别低于 2.0 mg/L 和 5.0 mg/L，分别满足地下 I 类和 II 类水标准；而高施氮条件下（240 kg/hm^2）硝态氮浓度平均值为 29.5 mg/L，明显超过地下 III 类水标准（20 mg/L）。在其他条件相同的情况下，不同肥料品种处理土壤中硝酸盐淋失量的顺序是碳酸氢铵＞硝酸钾＞尿素＞包膜肥料。氮肥淋失量的高低与施肥时期也有密切的关系，特别是苗期，植株根系尚未完全发育时，施用大量的氮肥会加剧污染地下水的危害。

氮肥除了对地下水产生硝酸盐污染外，还影响地下水硬度。这是由于组成氮肥的酸根（NO_3^-、SO_4^{2-}、Cl^-）进入土壤后，提高了土壤的酸度，在水的作用下使得难溶的 Ca^{2+}、Mg^{2+} 盐（例如方解石、白云石等）变得易于溶解，最后进入地下水，增加地下水的永久硬度。试验资料表明，在栽种植物的情况下，施用各种不同氮肥的土壤比不施肥的土壤淋出液的硬度增加了 2.2~6.3 倍。

过多施用有机肥同样存在硝酸盐污染地下水的风险。当易分解的土壤有机物质碳氮比较低时，分解有机物质的土壤生物将转向更多地利用有机肥料氮，且伴随着氨的释放，在通气良好的土壤中，化能自养的硝化微生物可以很快将氨转化为硝酸盐，从而导致其在土壤中的积累，这就意味着有硝酸盐淋失的可能性。判定有机肥是否会导致硝酸盐淋失可考虑有机肥的碳氮比、施用量和施用时期。其中碳氮比可能是最主要的影响因素，当碳氮比、施用量大或施用时期不当时，可导致土体中大量土壤有机氮源的硝态氮积累，从而为淋失创造了条件。欧洲和美国的一些土壤及环境学家发现，在一些农场、牧场及家禽养殖生产区，集约经营、过度放牧、秋冬季施用有机肥、大量就近处理有机废物等，已导致地表水和地下水的硝酸盐严重污染。当碳氮比高时，只要不是过量施用，由于大量土壤微生物的活动，矿质氮可被固持，一般不会产生硝态氮的大量积累，甚至在一些情况下可减少硝态氮的积累和淋失。因此有必要在大量调查研究积累数据资料的基础上，借鉴一些西方国家的经验，尽快制定出符合我国国情的农田有机肥施用标准。

二、肥料对大气的影响

化肥过量施用对大气的污染主要包括氮肥分解成氨气以及微生物硝化和反硝化过程中生成的氮氧化物（包括 N_2O 和 NO），其中 N_2O 既是温室气体又能消耗同温层中的臭氧，对大气臭氧层产生破坏作用。

（一）氨的挥发

1. 氨挥发对作物、水体和臭氧层的影响　铵态氮肥是化学氮肥的主体，施入土壤的铵态氮肥很容易以氨（NH_3）的形式挥发逸入大气。氨是一种刺激性气体，对人类眼、喉、上呼吸道刺激性很强。高浓度的氨还可熏伤作物，并引起人畜中毒事故。大气氨含量的增加，可增加经由降水等形式进入陆地水体，这是造成水体富营养化的一个因素。氨虽然不是最重要的污染物，但它在对流层中成为气溶胶铵盐而以干沉降和湿沉降的形式去除，成为大气酸沉降的主要成分，且是酸沉降导致土壤酸化的重要诱发因子。同时，氨在近地面大气因·OH自由基的氧化生成氮氧化物（NO_x），氮氧化物在平流层可导致臭氧层破坏。

$$NO+O_3 \longrightarrow NO_2+O_2$$
$$NO_2+O_3 \longrightarrow NO+2O_2$$

因此氨排放也间接地造成温室效应与臭氧层破坏的大气环境问题。

另外，硫酸铵等含硫化肥施入土壤后，在一定条件下（例如有机质丰富、氧气不足），能在土壤硫细菌作用下产生二氧化硫（SO_2）和硫化氢（H_2S）排放。也是农田大气的一种污染源。二氧化硫是大气酸沉降的主要因素。大气中硫的排放仅次于二氧化硫的是硫氧化碳（COS），它在平流层与臭氧（O_3）反应生成硫酸盐，对臭氧层有破坏。挥发性硫对温室效应也有一定的贡献。

2. 氨挥发的影响因素　氨的挥发损失与土壤酸碱性、施用方法、肥料种类及施用量密切相关。通常在pH>7的石灰性土壤中，氨的挥发损失要比非石灰性土壤和酸性土壤中多。根据全国试验估算，pH>7的微碱性至碱性土壤，氨的挥发损失率占氮肥施用量的20%以上；在土壤pH 7.7左右时施用尿素，最后经氨形态挥发损失的氮素可达到40%左右。而pH<7的土壤氨的挥发损失率不足15%。不同氮肥品种氨的挥发损失程度也有一定的差异。氮肥作基肥表施时要比深施、混施的挥发损失大。有试验结果表明，尿素混施于近中性土壤3.8 cm深处时比表施可减少氨的挥发损失约75%。一般情况下，氨挥发率大小为碳酸氢铵>硫酸铵>硝酸铵>氯化铵>尿素。另外，土壤质地和含水量也影响着氨的挥发。土壤质地越黏重，对氨的吸附能力就越强，氨的挥发损失就越少。土壤含水量在18%~25%时，氨的挥发损失量最大，土壤含水量小于9%或大于30%时，氨的挥发率都有所降低。

3. 氨挥发对$PM_{2.5}$的影响　在空气污染污染物中，$PM_{2.5}$是主要危险，因为这些颗粒直径不到2.5 μm，能够渗透入人体呼吸道和肺。粪肥和化肥释放的氨与空气中的硫酸盐和硝酸盐结合形成硫酸铵和硝酸铵，从而产生$PM_{2.5}$。对北京氨源排放状况以及氨对大气二次粒子生成的影响进行初步分析，结果表明，各种氨源的排放中，使用氮肥的贡献最大，占41%，大气中的二次粒子主要是由一次气态污染物二氧化硫、氮氧化物（NO_x）和氨转化生成的硫酸盐和硝酸盐气溶胶粒子，其基本成分是硫酸铵、亚硫酸铵和硝酸铵。大气氨浓度是北京春、秋、冬三季生成二次粒子的主控因子。

近年来，我国出现的大面积雾霾，其中$PM_{2.5}$的组成中，NH_4^+是重要的成分，且主要来源于农业源。通过对$PM_{2.5}$组成的分析，我国农业大省河南省的$PM_{2.5}$中铵盐贡献率为13%，并在秋季达到最大比例16%，绝对浓度为22 $\mu g/m^3$。我国每年从农业源氨排放的数量为9.67×10^6 t，其中由农田排放的氨为5.43×10^6 t。这给我国大气治理造成了巨大压力。

（二）氧化亚氮的增加

1. 农田氧化亚氮的产生过程　氧化亚氮（N_2O）被认为是仅次于二氧化碳和甲烷的最

重要的温室气体，对温室效应的贡献为 5%，且其大气浓度仍以年均 0.3% 的增长率增加。在已知的氧化亚氮全球排放源中，农业排放占 84%，其中农田土壤氧化亚氮的排放约占人为排放源的 45%。施入土壤中的氮肥，有相当部分以有机氮或无机氮形态的硝酸盐进入土壤，在厌氧条件下经过微生物作用发生反硝化反应，会使难溶态、吸附态和水溶态的氮化合物还原形成氧化亚氮（N_2O）、一氧化氮（NO）和氮气（N_2），释放到大气中去。反硝化脱氮作用是陆地上氮素重新回到大气中的主要途径。研究表明铵（NH_4^+）氧化为硝酸盐（NO_3^-）过程中也可产生大量的氧化亚氮。

硝化是好气条件下旱地土壤氧化亚氮的主要产生源。硝化过程中氧化亚氮（N_2O）的产生途径见图 5-4。

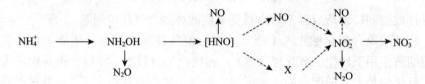

图 5-4　硝化过程中氧化亚氮（N_2O）的产生
（虚线箭头表示该过程不是十分清楚）

在通气条件好的土壤中，硝化反应是氧化亚氮产生的主要过程，在通气条件差、有机质富集的土壤中氧化亚氮主要来自反硝化。

2. 氧化亚氮的危害　硝化反硝化反应生成的氧化亚氮（N_2O）进入大气后，能长久停留。氧化亚氮在对流层内较稳定，上升至同温层后，在光化学作用下，会与臭氧发生如下双重反应。

$$N_2O + O_3 \longrightarrow 2NO + O_2$$
$$O_3 + NO \longrightarrow O_2 + NO_2$$

由上述反应可知，氧化亚氮上升至同温层后，会降低臭氧含量，破坏臭氧层。臭氧能够吸收太阳辐射中的紫外线，从而形成一道有效屏障，保护人类及其他生物免遭紫外线的伤害。然而氮肥的大量施用，氧化亚氮产生量不断增加，使臭氧层遭到破坏，使到达地面的紫外线增加，会对动植物、微生物产生影响，并引起人和动物皮肤癌增加，及起致畸胎和致突变作用，如不及早采取措施，人类及地球将要面临一场灾难。

3. 氧化亚氮产生的影响因素　土壤类型、土壤含水量、肥料品种、施肥方式、土壤 pH 等对土壤释放氧化亚氮均有影响。

（1）土壤性质　土壤中产生氧化亚氮的硝化和反硝化反应均是微生物参与下的酶促反应，因此凡是能影响土壤微生物活性的因素均可影响氧化亚氮的产生。

土壤含水量不同，氧化亚氮排放的途径亦有差异，在土壤含水量较高的条件下（88% 田间持水量），反硝化过程是产生氧化亚氮的主要途径；在 73% 田间持水量的情况下，土壤微生物硝化作用和反硝化作用产生的氧化亚氮大约各占一半；在 50% 田间持水量的情况下，氧化亚氮主要由土壤微生物的硝化作用产生。

酸化可抑制氧化亚氮还原酶的活性，使反硝化中产生的氧化亚氮更多。pH 为 5.5~6.0 或以下时，氧化亚氮的产生加强，甚至会成为反硝化的主要产物。

（2）肥料品种和施肥方式　施用脲酶抑制剂和硝化抑制剂能明显降低水田土壤氧化亚氮

排放。

水稻田中的氧化亚氮排放量，随施氮肥量的增加而增加（表 5-10）。长效氮肥（指尿素＋脲酶抑制剂氢醌＋硝化抑制剂双氰铵和碳酸氢铵＋硝化抑制剂双氰铵）与等量的普通尿素和碳铵相比，能明显减少土壤中氧化亚氮排放。对我国南方亚热带旱地生态系统的氧化亚氮释放特征及影响因素的研究结果表明，不同类型的氮肥对氧化亚氮排放通量按 $NO_3^- > NH_4^+ > (NH_4)_2CO_3 > NH_3$ 的次序递减，大量施用有机肥能显著增加氧化亚氮释放通量。农田过度施氮往往导致高的氧化亚氮排放量。氮肥深施能明显降低氧化亚氮释放通量。

表 5-10 不同水平氮肥对稻麦轮作系统稻田氧化亚氮（N_2O）累计排放量的影响

（引自焦燕等，2008）

肥料水平 （kg/hm²）	黄砂土		黄潮土		河淤土	
	累计排放量 （mg/hm²）	排放系数 （%）	累计排放量 （mg/hm²）	排放系数 （%）	累计排放量 （mg/hm²）	排放系数 （%）
对照	168±5		127±74		146±10	
低氮（334）	478±117	0.59±0.22	470±151	0.66±0.29	400±125	0.37±0.22
中氮（670）	830±42	1.27±0.07	518±43	0.75±0.22	592±130	0.57±0.25
高氮（1 004）	758±21	1.13±0.03	577±75	0.86±0.13	621±113	0.72±0.21

徐钰等通过田间试验，研究了秸秆不还田、秸秆还田、施用缓控释氮肥和氮肥条施对小麦季氧化亚氮排放的影响。结果表明，麦季农田土壤是氧化亚氮的排放源，施肥并灌溉会引起氧化亚氮的排放高峰，一般会持续 1～2 周，氧化亚氮排放量占总排放量的 40% 以上。麦季 3 个生育时期中，越冬前氧化亚氮的排放量最高，占整个生育期的 50%；其次是越冬后；而越冬期排放量最低，约占 20%。秸秆还田促进了土壤氧化亚氮的排放，秸秆还田比秸秆不还田处理增加 48.6% 的氧化亚氮排放量。施用新型肥料或采用氮肥条施可以降低氧化亚氮的排放量（表 5-11）。从整个生育期来看，氧化亚氮排放通量与土壤温度和土壤孔隙含水量呈显著正相关关系，说明二者是影响氧化亚氮排放的主要环境因素。

表 5-11 不同施肥方式下小麦不同生育时期氧化亚氮（N_2O）排放总量（kg N/hm²）

（引自徐钰等，2015）

施肥方式	越冬前	越冬期	越冬后	排放总量
秸秆不还田	0.32±0.01c	0.16±0.01a	0.24±0.02ab	0.72±0.04bc
秸秆还田	0.54±0.03a	0.23±0.03a	0.30±0.03a	1.07±0.02a
施用缓控释氮肥	0.46±0.01b	0.16±0.01a	0.21±0.00b	0.83±0.04b
氮肥条施	0.28±0.02c	0.17±0.01a	0.23±0.02ab	0.69±0.01c

注：不同的英文字母表示差异显著，相同的字母表示差异不显著。

有机肥料的颗粒大小和粉碎程度、不同施用方式都会造成氧化亚氮排放差异。土壤有机碳、全氮以及碳氮比可以粗略表征土壤微生物可利用底物的有效性。施入有机质可显著增强反硝化作用。

（三）增加甲烷的排放

甲烷（CH_4）是仅次于二氧化碳（CO_2）的全球第二大温室气体，其增温潜势是二氧化碳的 23 倍左右，对全球温室效应的贡献约为 19%。根系分泌物、动植物残体、施入土壤的有机肥等有机物在厌氧细菌的作用下逐步降解为有机酸、醇、二氧化碳等小分子化合物，产甲烷菌使这些小分子化合物转化为甲烷。不同施肥条件对甲烷排放通量大小有较大影响，其中添加有机肥处理将明显增加甲烷的排放量（表 5-12）。有研究表明，施用有机肥料一方面为土壤产甲烷菌提供了基质，另一方面新鲜有机肥料的快速分解加速氧化态土壤淹水后土壤氧化还原电位的下降，为产生甲烷菌的生长创造了适宜的环境条件。但是有机肥料的品种、施用量、施用时间对稻田甲烷的排放也有很大的影响。有研究表明，菜饼和秸秆还田甲烷排放总量分别比化肥增加了 252% 和 250%，均达极显著水平。与菜饼和秸秆还田相比，牛厩肥对土壤甲烷排放的影响较小，仅比化肥处理增加 45%。新鲜有机肥应用是导致甲烷高排放的重要原因。经过干燥处理的沼渣肥能够降低甲烷排放，而未经处理的沼渣因向土壤中带入了产甲烷菌而增加甲烷排放量。

不同有机肥和无机肥配施对稻田甲烷排放量的影响见表 5-12。从表 5-12 可看出，早稻和晚稻各处理甲烷主要排放量产生于淹水期。从全年稻季甲烷累计排放总量来看，添加有机肥处理明显高于对照和化肥处理，猪粪肥代替 20% 化学氮肥处理排放量最大，全年稻季排放量累计为 449.6 kg/hm^2，与其他处理的差异达显著或极显著水平，其他处理之间的差异不显著。

表 5-12　不同有机肥和无机肥配施对稻田甲烷（CH_4）排放的影响（kg/hm^2）

（引自荣湘民，2013）

处理	早稻			晚稻			全年稻季排放量
	淹水期排放量	晒田期排放量	全生育期排放量	淹水期排放量	晒田期排放量	全生育期排放量	
不施肥处理	62.2bB	18.4aA	80.7bB	41.4cB	3.9bB	45.3bB	126.0bB
不施氮肥处理	41.5bB	42.6aA	84.1bB	39.1cB	26.3bB	65.4bB	149.5bB
纯化肥处理	48.0bB	18.7aA	66.8bB	66.4bcB	13.1bAB	79.5bB	146.3bB
猪粪肥代替 20% 化学氮肥处理	182.5aA	49.5aA	232.0aA	196.1aA	21.5aA	217.6aA	449.6aA
猪粪堆肥代替 20% 化学氮肥处理	75.7bB	24.1aA	99.8bB	127.4bAB	17.7abAB	145.1bB	244.9bB
沼渣沼液肥代替 20% 化学氮肥处理	97.6bAB	50.8aA	148.4AB	92.5bcB	16.1abAB	108.6bB	257.0bB

注：表中不同英文小写字母表示差异显著（$P<0.05$），不同英文大写字母表示差异极显著（$P<0.01$）。

由于甲烷氧化菌可以同时氧化甲烷（CH_4）和铵（NH_4^+），铵对甲烷氧化具有竞争作用。从理论上说，施用铵态氮可增加甲烷的排放量。但施用硫酸铵和硝酸铵氮肥，则可以在一定程度上抑制甲烷的排放。有人认为这是由于化肥中带入的 NO_3^- 和 SO_4^{2-} 可以延缓土壤氧化还原电位（E_h）的下降，其还原产物（H_2S、N_2O、NO）对甲烷氧化菌有一定的毒害作用而抑制甲烷的排放。

另外，有机肥或堆沤肥中的沼气、恶臭、病原微生物可直接散发出让人头晕眼花的气味或附着在灰尘上对空气造成污染。这些大气污染物不仅对人的眼睛、皮肤有刺激作用，而且其臭味可引起感官的不良反应，恶化居民的生活环境，影响人体健康。

三、肥料对生物的影响

(一) 肥料对人畜的影响

1. 硝态氮过多的危害 化肥对人畜产生的危害主要是通过食用含有过多硝酸盐的谷物、蔬菜和牧草等而引起的。环境卫生学上大量的试验已证明，硝酸盐在动物体内经微生物作用可被还原成有毒的亚硝酸盐，而亚硝酸盐是一种有毒物质，它可与动物体内的血红蛋白反应，使之失去载氧能力，引起高铁血红蛋白症，严重者可能死亡。亚硝酸盐还可与胺结合形成强致癌物质亚硝酸胺，从而诱导消化系统癌变，例如胃癌和肝癌。此外，亚硝酸胺还可引起畸胎和遗传变异，现已发现有 120 多种亚硝酸盐，其中，确认有致癌性的占 90%。硝酸盐对人的致死量为每千克体质量 15～70 mg。世界卫生组织和联合国粮食及农业组织 (WHO/FAO，1973) 规定亚硝酸盐的日允许摄入量 (ADI) 为 0.13 mg/kg (体质量)，我国人体按 60 kg 计，则日允许摄入量为 7.8 mg；而硝酸盐的日允许摄入量为 3.6 mg/kg (体质量)，提出蔬菜可食部分中硝酸盐含量的卫生标准为 432 mg/kg (鲜质量)。其次，饮用受硝酸盐和亚硝酸盐污染的地下水，当水中硝酸盐含量达 40 mg/L 时，就对人体有害。

曾发生家畜因食用大量甜菜叶及块根引起亚硝酸盐中毒的事件，尤其是以使用氮肥过多的土壤中生长的甜菜等植物为饲料，会含有大量硝酸钾，发酵或煮后时间过长，硝酸钾还原生成亚硝酸盐和氧化氮，对神经血管有毒害作用，家畜食用后 15～20 min 即可发病，常因来不及抢救而死亡。据报道，国外随氮肥的大量施用，畜禽亚硝酸盐的中毒有显著增加。

在自然环境中，很少发现天然亚硝酸胺。在人畜体内的亚硝酸胺，主要是通过食物和饮用水，摄入它的前体硝酸盐及胺类物质于机体内合成。胃的环境 (pH 约为 3) 很适合亚硝酸胺的合成，但当硝酸盐浓度很低时，形成亚硝酸胺的反应速度缓慢。因此如何减少亚硝酸胺前体硝酸盐和亚硝酸盐的摄入量受到了人们的极大关注。

2. 磷肥过多的危害 施用过多的磷肥，可与土壤中的铁、锌形成水溶性较小的磷酸铁和磷酸锌，降低其有效性，使农产品或饲料中铁与锌的含量减少，人畜食用后，往往造成铁、锌营养缺乏性疾病。施用磷肥过多，会使施肥土壤含镉量比一般土壤高数十倍甚至上百倍，长期积累将造成土壤镉污染，被作物吸收后很易通过饮食进入并积累于人体，是某些地区骨痛病、骨质疏松等的重要病因之一。

(二) 肥料对作物产量和品质的影响

化肥的施用量与养分配比，不仅对土壤生态系统及其生产力产生影响，而且对生物产量和品质也有很大影响。当施肥量达到一定数量时，因植株生物量增长过快，大量养分被植株吸收，或被非产品部分消耗，造成贪青、徒长和迟熟或倒伏，导致作物产量及品质的下降，若是蔬菜则味道变差，不耐储藏。其次，施用化肥过多的土壤，会使谷物、蔬菜和牧草中硝酸盐含量过高，积累在叶、茎、根及籽实中，这种积累对植物本身无害，但会危害取食的动物和人类，尤其是蔬菜。人体摄入的硝酸盐有 80% 以上来自所吃的蔬菜。因此控制硝酸盐含量是蔬菜种植过程中值得重视的问题。

蔬菜是一种喜硝态氮作物，影响蔬菜体内硝酸盐含量的因素很多，包括蔬菜的种类和品种、氮肥的种类、施用量、施肥时间和其他因素的配合。不同种类的蔬菜，其新鲜可食部位硝酸盐含量差异很大，就平均含量而言，一般是根菜类＞薯芋类＞绿叶菜类＞白菜类＞葱蒜类＞豆类＞瓜类＞茄果类＞多年生类＞食用菌类。根菜类蔬菜（例如萝卜）等硝酸盐含量最高可达 3 000 mg/kg，瓜果类蔬菜每千克只含数百毫克，而食用菌类更少，一般低于 100 mg/kg。以根、茎和叶营养器官供食的菜类，均属于硝酸盐积累型；而以果实供食的蔬菜类，属于低富集型；通常硝酸盐的分布为根部和茎部较高，叶部次之，花和果实最低。不同品种间硝酸盐含量也有很大差异。例如番茄果实硝酸盐含量品种之间相差达 16 倍；菠菜、大白菜、韭菜、甘蓝等蔬菜中，一些低积累品种硝酸盐含量可比别的品种少 30%～80% 或以上。蔬菜硝酸盐含量随氮肥用量的提高而有明显的增加。在莴苣上施用 $NaNO_3$ 0 mg/kg、56 mg/kg、112 mg/kg 和 224 mg/kg（土壤）时，收获时硝酸盐占干物质量的比例分别为 0.12%、0.40%、0.46% 和 0.61%。在菠菜上施用尿素 100 mg/kg、200 mg/kg（土壤）时，叶片硝酸盐占干物质的比例分别为 1.09% 和 1.61%，未加尿素的则为 0.14%。施氮肥导致硝酸盐含量大幅度增长，因此偏施和滥施氮肥是造成蔬菜品质恶化的重要原因。也正因为如此，许多学者建议以控制氮肥用量来降低蔬菜硝酸盐的积累。在氮肥用量相同时，不同氮肥形态可导致不同的硝酸盐积累量，这种差异影响最大的因素是铵态氮和硝态氮的比例。

任祖淦 1998 的研究表明，氯化铵和硫酸铵具有明显降低硝酸盐积累的作用。李博文 2012 的研究表明，有机肥与化肥按一定比例配合且适量施用时可以降低小油菜硝酸盐含量，效果优于不施肥的处理。

第四节　肥料污染的防治对策

肥料施用量的不断增加，特别是化肥施用量的不断增加，对农业生态环境的消极影响日益明显，国际上掀起了以低投入、重有机，将化肥、农药施用保持低的水平，保障食品安全和环境安全为中心的持续农业运动。2015 年 3 月，我国农业主管部门提出"一控、二减、三基本"的农业生产指导方针，提出了"2020 年化肥农药零增长行动方案"。2015 年 5 月，国务院提出了《土壤污染防治行动计划》，为建设"蓝天常在、青山常在、绿水常在的美丽中国而奋斗"。鉴于化肥对农业生产中的高效增产作用，若单纯地靠拒绝使用化肥来控制其污染影响是不现实的。关键在于针对当地土壤生态条件的特点，制定相应对策，采取综合的措施，科学合理地使用化肥，充分发挥其肥效，提高肥料的利用率，减少通过各种途径的损失，尽量减轻和避免对环境的不良影响。

一、加强对肥料的监督管理，从肥料的质量上扼制污染

①要制定和完善相关的法律法规、标准、政策，系统构建标准体系，修订肥料、饲料、灌溉用水中有毒有害物质限量标准和农用污泥中污染物控制等标准，进一步严格污染物控制要求；积极支持和保护无公害肥料的生产，加大施用和推广力度，做到政策上倾斜，资金上保证，真正从思想上、政策上解决肥料的污染问题。

②肥料的生产、销售、经营企业要遵守国家及行业部门、地方政府制定的有关肥料的各种标准、规定，除符合质量和养分标准外，还要遵守肥料的无害化指标的规定，真正从源头上杜绝污染物的产生。

③肥料的管理部门要加强对肥料生产、经营的监管，严格执行国家、行业及地方标准，对肥料实行全方位监控，使劣质肥、污染肥、假肥没有立足之地。

④建立长期稳定的施肥监控网络，定期报告不同类型耕地的肥效现状及演变趋势，为制

定施肥方针、肥料生产规划和有关决策，为宏观调控肥料的生产、分配与施用提供依据。

二、经济合理施肥，严防过量施肥

施肥是造成土壤污染的一个重要原因。但并不是只要施肥，包括化肥和有机肥，就会引起污染，关键是施肥量的问题。应该合理使用化肥农药，鼓励农民增施有机肥，减少化肥使用量；科学施用农药，推行农作物病虫害专业化统防统治和绿色防控，控制农业污染。施肥量特别是氮肥，不应当超过土壤和作物的需要量。不同的土壤和相同土壤的不同地块，在养分含量上往往存在着很大的差异。不同作物和同种作物的不同品种，各有其不同的生育特点，它们在生长发育过程中所需要的养分种类、数量和比例也都不一样。因此在拟定施肥建议时，必须严格按照作物的营养特性、潜在产量和土壤的农化分析结果来确定化肥的最佳施用量。坚持因土因作物适时适量施肥，充分发挥其肥效，提高肥料的利用率，这样才能减少对生态环境的不良影响。

中国农业大学张福锁等经过 15 年的探索，建立了以根层养分调控为核心，协调作物高产与环境保护的养分资源综合管理技术，大幅度降低养分向环境的排放数量（表 5-13）。

表 5-13　不同作物中养分资源综合管理与传统管理的环境效应监测与评价

（引自张福锁，2008）

环境效应参数 （以 N 计）	作物	传统管理	养分资源综合管理	养分资源综合管理比传统管理减少（％）
氨挥发 （kg/hm²）	小麦	59	15	75
	玉米	77	34	56
	设施辣椒	11	7	36
氧化亚氮（N_2O）排放 （g/hm²）	小麦	410	243	41
	玉米	1 347	362	73
	设施番茄	5 500	3 400	38
硝酸盐淋洗 （kg/hm²）	小麦	96	22	77
	玉米	82	3	96
	设施番茄	402	70	83
	设施辣椒	353	231	35

以根层养分调控为核心的养分资源综合管理技术的要点是：①将以往对整个土壤养分的管理调整为对作物根层养分供应的定向调控；②各种养分由于具有不同的生物有效性和时空变异特征，应采取不同的管理策略；③根层养分适宜范围的确定，既要考虑高产作物根系生长发育的特点、不同生育时期养分需求和利用特征，还要充分挖掘、利用作物根系养分的活化和竞争吸收能力，提高养分利用率并减少养分在转化过程中的损失；④实时定量测定根层来自土壤和环境的养分供应，明确高产作物关键时期适宜的根层养分供应范围，针对不同土壤和气候条件下养分的主要损失途径，确定肥料养分投入的数量、时期和方法；⑤养分管理必须和高产栽培、水分管理等技术有机集成，消除影响作物生长的障碍因素，发挥品种的增产潜力。

三、做到氮磷钾肥相结合，有机肥与化肥相结合

解决肥料污染的问题，主要是要防止或者减少过度施肥和盲目施肥，通过测土配方等技术来提高用肥的精准性，提高利用率。同时，鼓励农民通过绿肥、农家肥的使用来部分替代化肥，有机肥与化肥相结合培肥地力。养分平衡供应是作物正常生长与增产的关键。目前我国氮磷钾比例和土壤养分状况与作物对养分的需要不相协调。必须从宏观上调整肥料结构，在配方施肥的基础上，采取"适氮、增磷、增钾"的施肥技术，同时要合理配施微量元素肥料。在推荐氮肥施用量时，应将残留在根层土壤剖面的硝态氮考虑在内，以减少硝态氮在土壤剖面中进一步积累淋洗到地下水的量。为减少农田温室气体排放，施用有机肥应注意以下3点：①有机肥在施用前须充分腐熟，减少氨气释放和土壤污染；②应注意根据作物生长需求施用，切忌一次性过量施用；③施用有机肥的同时，适当添加硝化抑制剂，以有效降低农田温室气体的排放。有机无机肥料配合施用符合我国肥源的国情，是实施可持续发展战略的一个重要内容，也是培肥土壤、建立高产稳产农田的重要途径。

四、优化肥料品种结构，研制新型无污染肥料

应该研制开发高效复合肥、复混肥、腐殖酸肥料、有机微肥等新型无污染肥料，推广应用长效肥料、缓释控释肥料以及生物菌肥，以适应我国高产优质高效现代农业发展多样化的需求和科学施肥的需要。从我国的无公害农业、实现农产品清洁生产的需要出发，要尽快出台国家耕地培育法，在肥料资源的统筹管理上要走出一条以综合养分管理为主，充分发挥养分再循环利用的高效利用之路。大力发展秸秆还田或过腹还田；积极推广畜禽粪便等动植物废物快速无害化处理技术；把肥饲兼用型绿肥纳入种植计划；选择那些养分浓度较高、来源和剂型稳定、商品性好而无异味的有机物料作为有机肥料原料，生产商品化有机肥料或有机无机复混肥料；在解决好高效菌株筛选、菌株活力保护的前提下，在特定作物上，适度应用微生物肥料。

五、推行施肥新技术，提高肥料利用率

加强技术推广体系建设，发展适合我国国情的操作简单、有效、便于应用的农田施肥技术，提高肥料的利用率。针对过量施用氮肥引起土壤硝酸盐污染，可以通过施用缓效、控释肥料，使用硝化抑制剂、脲酶抑制剂来降低土壤中的硝酸盐含量。为提高肥料利用率，提倡改地面浅施为开沟深施和叶面喷施，改粉肥扬施为球肥深施和液氨深施，改分散追肥为重施底肥等，减少施肥次数，减少肥料流失的机会。为减少蔬菜硝酸盐的积累，可采取"攻头控尾、重基肥轻追肥"的施氮技术。对于施肥造成土壤的重金属污染，应从降低重金属的活性，减少其生物有效性入手。可通过调节土壤氧化还原电位，施用石灰、有机物质等改良剂来控制土壤重金属的毒性。对严重污染土壤可采用客土、换土以及生物修复技术进行治理。

六、加强农村面源污染治理

鉴于农村面源污染来源复杂和分散、发生随机、污染物浓度低、难以治理等特征，以及我国农村生态环境的现状，农村面源污染的治理必须因地制宜，从污染物的排放、迁移、污染成灾等过程入手，实行从"源头减量到过程阻断到末端治理"的全过程控制，同时兼顾污

染物中养分的农田回用。

（一）农村面源治理的原则

农村面源污染治理必须遵守以下 4 个原则。

1. 总量削减与过程控制相结合　污染物总量削减是目标，污染物的过程控制是保障。只有在污染物总量削减目标的指引下，有计划有目的地进行过程控制，才能达到预期的效果。

2. 污染治理与养分再利用结合　污染物治理是根本，养分再利用是途径。氮磷养分等进入水体后成为污染物，但对于农田和作物，是必不可缺的养分。因此对养分进行再利用是减少污染的一个有效途径，不仅可以减少污染治理的成本，还能实现资源的再利用。

3. 技术研究与工程应用结合　先进有效的技术是前提，但技术必须以工程的形式进行应用，也是对技术效果及其可行性的检验。二者结合并付诸实施，才能提高面源污染治理的效果。

4. 污染物管理与生态文明建设结合　要从根本上减少农村面源污染，一定要加强对污染物的管理，建立一定的激励或惩罚机制，并结合农村的生态文明建设，使农民从思想上认识到农村面源污染的严重性及其后果，提高农民的生态环境保护意识，鼓励广大农民参与，才能真正实现农村面源污染治理的目的，改善农村生态环境。

（二）点源污染和面源污染进行分类控制

对点源污染的治理可在排污口配置污水处理装置，对污水进行处理，使排放水达标，或通过废水回用，减少总排放量。由于这种控制是在污染源或污染过程的末端进行的，称为末端控制。而面源污染的发生主要受降雨影响，具有间歇性，其强度受发生地点的土壤类型、土地利用类型和地形条件的影响，具有显著的地点特征，这些特性决定了用末端治理技术控制面源污染是不现实的，对面源污染应当采用源头控制的对策。

（三）农村面源污染治理"4R"技术

杨林璋总结提炼出了农村面源污染治理"4R"技术，即源头减量（reduce）、过程阻断（retain）、养分再利用（reuse）和生态修复（restore）技术，四者之间相辅相成，构成 1 个完整的技术体系链（图 5-5）。

1. 源头减量技术　即通过农村生产生活方式的改变来实现面源污染产生量的最小化。例如针对高度集约化的农田，可根据作物高产养分需求规律以及土壤供肥特征等进行肥料优化管理，采用新型缓释控释肥料或新的按需施肥技术，提高肥料利用率，减少化肥用量；也可通过种植制度等的调整来减少化肥投入量；还可通过施用肥料增效剂、土壤改良剂等增加土壤对养分的固持，从而从源头上减少养分流失。

2. 过程阻断技术　即在污染物向水体的迁移过程中，通过一些物理方法、生物方法、工程方法等对污染物进行拦截阻断和强化净化，延长其在陆域的停留时间，最大限度减少其进入水体的污染物量。目前常用的技术有 2 大类：①农田内部的拦截，例如稻田生态田埂技术，通过适当增加排水口高度、田埂上种植一些植物等阻断径流等。②污染物离开农田后的拦截阻断技术，包括生态拦截沟渠技术、人工湿地技术、土地处理系统等。

3. 循环利用技术　即将污染物中包含的氮磷等养分资源进行循环利用，达到节约资源、减少污染、增加经济效益的目的。农村固体废物（包括生活垃圾等），其中的有机部分可采用无害化堆肥技术，畜禽粪便可采用肥料化、沼气化等技术，实现废物中养分资源的循环再利用。

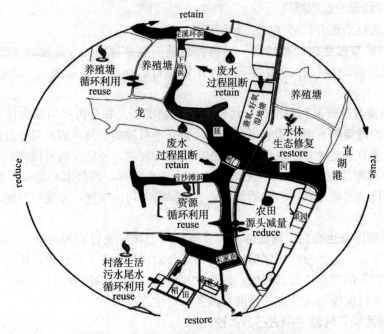

图 5-5 面源污染治理"4R"技术体系构架

4. 生态修复技术　这是农村面源污染治理的最后一环，也是农村面源污染控制的最后一道屏障。狭义地讲，其主要指对水体生态系统的修复，通过一些生态工程修复措施，恢复其生态系统的结构和功能，从而实现水体生态系统自我修复能力的提高和自我净化能力的强化，最终实现水体由损伤状态向健康稳定状态转化。目前常用的技术有河岸带滨水湿地恢复技术、生态浮床技术、水产养殖污水的沉水植物和生态浮床组合净化技术等。通过多种技术的应用组合，可以达到农村面源污染的有效控制。广义地讲，生态修复是指农业生态系统的整体修复，通过生态工程措施恢复和提高系统的生物多样性，从而实现生态系统的健康良性发展。

源头减量、过程阻断和生态修复三者之间在逻辑上一环紧扣一环，呈串联结构，但在实施地域的空间上则是互相独立的；养分再利用则把三者在地域空间上有效连接起来，使其成为一个复杂的网络体，从而达到污染控制技术在时间和空间上的全覆盖，使整个系统的污染控制效果更好。要实现农村面源污染的有效控制，"4R"技术缺一不可。

七、加强水肥管理，实施控水灌溉

减少田面水的排出是减少农田氮磷流失的关键。通过加强田间水肥管理，浅水勤灌，干湿交替，减少排水量，可有效地减少农田氮磷排出量。在农灌区，逐步推广喷灌、滴灌、渗灌等技术，以减少水分的下渗量，从而减少氮素的淋溶损失。

农业土壤氧化亚氮（N_2O）减排措施应依据土壤水分、质地和施肥量选择，硝化抑制剂优先用于低水分含量土壤，通气调节用于高水分、黏质土壤，秸秆直接还田用于高施肥量或低水分含量的土壤。

八、培育高产高效低积累硝酸盐的蔬菜品种

蔬菜硝酸盐含量虽然高，但在不同种类间、不同品种间和不同部位间，都存在明显的差异。在寻求减少和控制蔬菜自身带来的大量硝酸盐方法上，可以充分利用这些特殊性。不仅可以在遗传和生理生化的特异性上选择，而且还可以在形态上筛选低富集型品种。

九、保护生态环境，防止水土流失

水土流失是化肥特别是磷肥影响环境的重要途径。因此对坡耕地要退耕还林还草，增加植被覆盖度，保护生态环境，降低地表径流，减少水土流失是减少肥料对地表水体污染的根本途径。

复习思考题

1. 我国目前肥料使用中存在哪些问题？
2. 何谓面源污染？为什么对点源污染和面源污染采用分类控制？
3. 什么是水体的富营养化？造成水体富营养化的主要原因有哪些？
4. 农村面源污染治理中必须遵守哪些原则？
5. 试述农村面源污染治理"4R"技术。
6. 过量施用氮肥对土壤和环境有哪些影响？
7. 过量施用磷肥对土壤和环境有哪些影响？
8. 如何防治因施肥所造成的污染？

第六章 固体废物对土壤环境的污染

本章提要 本章介绍了固体废物的概念、特征及其对环境的影响；城市生活垃圾、污泥、畜禽粪便、粉煤灰、冶金废渣等常见固体废物的来源、组成，以及这些固体废物对土壤环境的影响及其资源化利用途径。要求掌握固体废物的概念及其特征，了解固体废物的产生、污染途径及其对环境的影响；掌握城市生活垃圾、污泥、畜禽粪便、粉煤灰等常见固体废物对土壤环境的影响及其污染控制措施，了解这些固体废物资源化利用的途径。

固体废物的污染是当今世界各国所面临的一个重大环境问题。1983 年联合国环境规划署将其与酸雨、气候变暖和臭氧层保护并列作为全球性环境问题。随着经济的快速发展，固体废物的污染控制问题也已成为我国环境保护领域的突出问题之一。1995 年我国首次颁布实施了《中华人民共和国固体废物污染环境防治法》，且截至 2016 年 12 月总共对其进行了 4 次修订。由于生产技术和管理水平不能满足国民经济快速发展的要求，相当一部分资源没有得到充分合理的利用而变成固体废物。固体废物处理处置方式一般有填埋、焚烧、农林业利用等，目前仍有将固体废物随意在地面堆放的情况。固体废物不合理的填埋、农林业利用和地面堆放都有可能污染土壤，造成污染的转移。因此了解固体废物处理处置过程对土壤可能造成的污染，从而加以控制，将有利于固体废物的处理处置和循环利用。

第一节 固体废物概述

一、固体废物的概念与特征

（一）固体废物的概念

依据修改后的《中华人民共和国固体废物污染环境防治法》（以下简称《固废法》），"固体废物"是指在生产、生活和其他活动中产生的丧失原有利用价值或者虽未丧失利用价值但被抛弃或者放弃的固态、半固态和置于容器中的气态的物品、物质以及法律、行政法规规定纳入固体废物管理的物品、物质。

从广义上讲，根据物质的形态，废物可划分为固态废物、液态废物和气态废物 3 种。液态废物和气态废物常以污染物的形式掺混在水和空气中，通常直接或经处理后排入水体或大气中。在我国，那些不能排入水体的液态废物和不能排入大气的置于容器的气态废物，由于具有较大的危害性，也称为固体废物。因此固体废物不只是固态物质和半固态物质，还包括部分液态物质和气态物质。

（二）固体废物的特征

1. 时间性 随着时间的推移，任何产品经过使用和消耗后，最终都将变成废物。但是另一方面，所谓"废物"仅仅相对于当时的科技水平和经济条件而言，随着时间的推移，科学技术进步了，今天的废物也可能成为明天的有用资源。

2. 空间性 从空间角度看，废物仅仅相对于某个过程或某个方面没有使用价值，而并非在一切过程或一切方面都没有使用价值。某个过程的废物，往往可用作另一过程的原料。例如粉煤灰是发电厂产生的废物，但粉煤灰可用来制砖，对建筑业来说，它又是一种有用的原材料。

3. 持久危害性　固体废物多是呈固态、半固态的物质，其流动性较差，进入环境后，并没有被与其形态相同的环境体接纳。因此它不可能像废水、废气那样可以迁移到大容量的水体或溶入大气中，通过自然界中物理、化学、生物等多种途径进行稀释、降解和净化。固体废物只能通过释放渗出液和气体进行"自我消化"处理。而这种"自我消化"过程是长期的、复杂的和难以控制的。因此通常固体废物对环境的污染危害比废水和废气更持久，从某种意义上讲，污染危害更大。

二、固体废物的来源、分类与排放量

（一）固体废物的来源与分类

固体废物主要来源于社会的生产、流通、消费等一系列活动，它不仅包括工农业企业在生产过程中丢弃而未被利用的副产物，而且也包括人们在生活、工作及社会活动中因物质消费而产生的固体废物。习惯上将农业固体废物、矿业固体废物和工业固体废物合称为产业固体废物；将家庭生活垃圾和公共场所垃圾合称为生活消费固体废物。

修改后的《固废法》中将固体废物分为 3 大类：生活垃圾（municipal solid waste，MSW）、工业固体废物（industrial solid waste or commercial solid waste，ISW）和危险废物（hazardous waste，HW）。我国是世界上最大的农业国之一，农业废物的产生量巨大，并对环境造成严重的污染，故本章将其作为一个重要内容列入固体废物中，详见表6-1。

表 6-1　常见固体废物来源与种类

分类	来源	主要组成物
工业固体废物	矿山选冶	废矿石、尾矿、金属、砖瓦灰石
	冶金、交通、机械、金属结构等工业	金属、矿渣、沙石、模型、陶瓷、边角料、涂料、管道、绝热和绝缘材料、黏合剂、塑料、橡胶、烟尘等
	煤炭	矿石、木料、金属
	食品加工	肉类、谷物、果类、蔬菜、烟草
	橡胶、皮革、塑料等工业	橡胶、皮革、塑料、布、纤维、染料、金属等
	石油化工	化学药剂、金属、塑料、橡胶、陶瓷、沥青、油毡、石棉、涂料等
	造纸、木材、印刷等工业	刨花、锯末、碎木、化学药剂、金属填料、塑料、木质素
	电器、仪器仪表等工业	金属、玻璃、木材、橡胶、塑料、化学药剂、陶瓷、绝缘材料
	纺织服装业	布头、纤维、橡胶、塑料、金属
	建筑材料	金属、水泥、黏土、陶瓷、石膏、石棉、沙石、纸、纤维
	电力工业	炉渣、粉煤灰、烟尘
生活垃圾	居民生活	食物垃圾、纸屑、布料、木料、庭院植物修剪物、金属、玻璃、塑料、陶瓷、燃料灰渣、碎砖瓦、废器具、粪便、杂品
	商业、机关	管道、碎砌体、沥青及其他建筑材料、废汽车、废电器、废器具、含有易爆、易燃、易蚀性、放射性的废物，以及类似居民生活栏内的各类废物
	市政维护、管理部门	碎砖瓦、树叶、死禽兽、金属锅炉灰渣、污泥、脏土等

（续）

分类	来　源	主要组成物
农业废物	农林	稻草、其他秸秆、蔬菜、水果、果树枝条、落叶、废塑料、人畜粪便、禽粪、农药等
	水产	腐烂鱼、虾、贝壳、水产加工、污水、污泥等
危险废物	核工业、化学工业、医疗单位、科研单位	放射性废渣、粉尘、污泥、医院使用过的器具、化学药剂、制药厂药渣、炸药、废油等

（二）固体废物的排放量

1. 工业固体废物产生概况　我国工业固体废物产生量十分惊人。据统计，2013 年，全国工业固体废物产生量为 $3.308\ 59 \times 10^9$ t，比 2012 年减少了 1.65×10^7 t；排放量为 1.293×10^6 t，比 2012 年减少 10.3%；综合利用量（含利用往年储存量）、储存量和处置量分别为 $2.076\ 16 \times 10^9$ t、$4.344\ 5 \times 10^8$ t 和 $8.367\ 1 \times 10^8$ t，分别占产生量的 62.8%、13.1% 和 25.3%；综合利用率一直维持在 60% 左右（表 6-2）。

表 6-2　2010—2013 年全国工业固体废物产生及处理情况

（引自国家统计局，2013）

年份	产生量 （$\times 10^4$ t）	排放量 （$\times 10^4$ t）	综合利用量 （$\times 10^4$ t）	储存量 （$\times 10^4$ t）	处置量 （$\times 10^4$ t）	综合利用率 （%）
2010	240 944	498.2	161 772	23 918	57 264	66.7
2011	326 204	433.3	196 988	61 248	71 382	59.8
2012	332 509	144.2	204 467	60 633	71 443	60.9
2013	330 859	129.3	207 616	43 445	83 671	62.8

一般工业固体废物产生量较大的省份主要集中在华北地区，山西、内蒙古和辽宁分列前 3 位。2014 年各省份的一般工业固体废物产生情况见图 6-1。

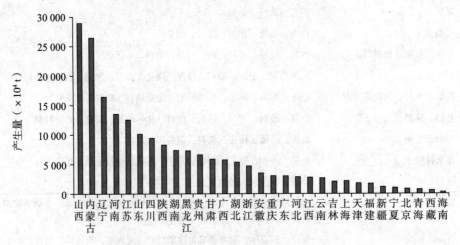

图 6-1　2014 年各省份工业固体废物产生情况

（引自《全国大中城市固体废物污染环境防治年报》，2015）

产生量最大的是矿山开采和以矿石为原料的冶炼工业产生的固体废物，占工业固体废物总量的 60% 以上。但是各行业依旧都存在倾倒固体废物的现象。表 6-3 为 2013 年我国各行业废物产生及处理情况。

表 6-3　2013 年我国各行业废物产生及处理情况

（引自国家统计局，2013）

产业	产生量 (×10⁴ t)	综合利用量 (×10⁴ t)	储存量 (×10⁴ t)	处置量 (×10⁴ t)	倾倒量 (×10⁴ t)
矿采选业	148 527.2	61 897.3	26 157.81	62 678.2	85.92
冶炼工业	55 257.4	45 599.2	3 445.39	6 585.7	9.5
电力、热力业	60 714.3	52 153.0	4 926.28	4 208.2	2.64
矿物制品业	7 983.4	7 669.6	120.15	299.8	1.29
造纸及纸制品业	2 054.6	1 734.2	7.24	316.8	0.60
石油加工业	3 398.4	2 219.1	96.84	1 099.4	—
化学原料及化学制造	27 908.5	17 917.1	6 027.14	4 419.7	7.87
农副产品加工业	2 106.2	1 975.9	3.28	126.9	3.80

2. 城市生活垃圾排放量　城市生活垃圾产生量受多种因素的影响，其中主要与城市人口、经济发展水平、居民收入和消费水平、燃料结构、地理位置、消费习惯等因素有关。随着经济的高速发展，人民生活水平的提高，生活垃圾与日俱增。据统计，全世界垃圾年平均增长速度高达 8.42%，人均垃圾年产生量为 0.44~0.50 t。有关统计资料表明，美国人均生活垃圾日产生量为 2.39 kg，日本人均生活垃圾日产生量为 2.46 kg，我国人均生活垃圾日产生量为 0.76~2.62 kg。表 6-4 为我国城镇垃圾清运量和人均年产出的基本情况，在 2009 年之前，我国城市人均生活垃圾年产生量稳定在 256 kg 左右；由于我国人口众多，资源贫乏，加上国家采取一系列节能减排措施，2011 年后，城镇人均生活垃圾年产生量稳定在 237 kg 左右。

表 6-4　我国城镇垃圾清运量和人均产生状况

（引自宁鹏，2016）

年份	城镇人口（万）	垃圾清运量（×10⁴ t）	人均年产生量（kg）
2008	60 667	15 500	255.5
2009	62 934	16 189	257.2
2011	69 079	16 400	237.4
2013	73 111	17 300	236.7

在我国，随着经济的高速发展，城市人口数量增加、规模扩大以及城市数量的增加，我国城市生活废物的排放量也在迅速增长。然而，由于多方面的原因，生活垃圾处理的基础设施建设及其无害化处理水平都不及垃圾飙升的速度。因此城市废物的减量化和资源化，不但关系到保护和改善城市生态环境，而且是改变传统发展模式使城市发展与环境保护相协调的重要内容。

三、固体废物污染环境的途径

固体废物露天堆放或处置不当，其中的有害成分和化学物质可通过环境介质——大气、土壤、地表或地下水体等直接或间接进入人体，威胁人体健康，传播疾病，给人类造成现实的、潜在的、近期的和长期的危害。通常，工矿业固体废物所含化学成分能形成化学物质型污染；人畜粪便和生活垃圾是各种病原微生物的滋生地和繁殖场，能形成病原体型污染。固体废物污染环境的途径如图 6-2 所示。

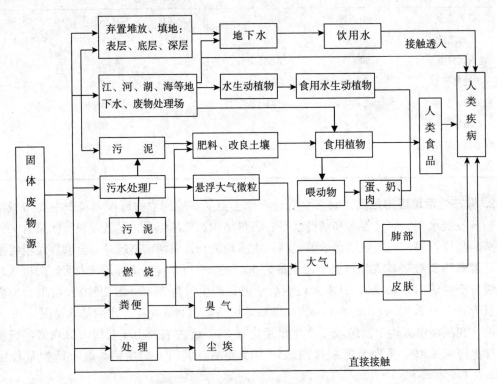

图 6-2　固体废物污染环境的途径
（引自宁平，2007）

四、固体废物对环境的影响

（一）固体废物污染环境的特点

1. 产生量大、种类繁多、成分复杂　随着工业生产规模的扩大、人口的增加和居民生活水平的提高，各类固体废物的产生量也逐年增加，来源也十分广。

2. 污染物滞留期长、危害性强　在自然条件影响下，固体废物中的一些有害成分会转入大气、水体和土壤，参与生态系统的物质循环，其对地下水和土壤的污染需要经过数年甚至数十年后才能显现出来。并且一旦发生了固体废物对环境的污染，其后果将非常严重。因此固体废物对环境具有潜在的、长期的危害性。

3. 其他处理过程的终态，污染环境的源头　由于固体废物对环境的危害需通过水、气或土壤等介质方能进行，因此固体废物既是废水和废气处理过程的终态，又是污染水体、大气、土壤等的源头。

（二）固体废物对环境的影响

1. 侵占土地　固体废物堆放占用大量的土地，据估算，每堆积 1.0×10^4 t 废渣，约需占地 0.067 hm²。截至 2013 年，我国仅工业固体废物历年累计堆积量就近 4.0×10^8 t，占用和毁坏土地约 6 700 hm²（1.0×10^5 亩）。由于垃圾产生量增长过快，城市与垃圾占地的矛盾日益突出，目前我国约有 2/3 的城市处于垃圾的包围之中，严重影响了城市的发展；同时，大量堆置的垃圾，也严重破坏了自然景观和市容。

2. 污染土壤　固体废物的堆放不仅占用了大量土地，而且还会对土壤造成污染。由于废物的堆积和填埋不当，经日光曝晒及雨水浸淋，所产生的浸出液中的有害成分会直接进入土壤，改变土壤的理化性质和结构，使土壤毒化、酸化、碱化，导致土壤质量的退化，并对土壤微生物的活性产生影响。这些有害成分不仅难以挥发消解，而且会阻碍植物根系的发育和生长，并在植物体内蓄积，通过食物链危及人体健康。例如固体废物中的塑料地膜或塑料袋，一旦飘落入土壤，就会有大量的塑料碎片残留在土壤中，使土壤通水通气性受阻，土壤结构受到影响，从而影响作物的生长发育，导致减产。例如杭州某工厂废铬渣堆放在废水塘里，由于还原浸出，使得土壤中锌（Zn）、铅（Pb）、铬（Cr）的含量远高于河流底泥的含量，导致土壤严重的重金属污染。随着我国经济的发展和人们生活水平的提高，固体废物的产生量将会越来越大，如果不进行及时有效的处理和利用，固体废物污染土壤的问题将会更加严重。

3. 污染大气　固体废物在堆存、处理处置过程中会产生有害气体，对大气产生不同程度的污染。例如固体废物中的尾矿、粉煤灰、干泥和垃圾中的尘粒随风进入大气中，会直接影响大气能见度和人体健康。废物在焚烧时所产生的粉尘、酸性气体、二噁英等，也直接影响大气环境质量。此外，城市固体废物在堆放过程中，由于化学作用、生物作用产生的硫化氢（H_2S）、甲烷（CH_4）等气体，散发恶臭，严重影响空气质量。

4. 污染水体　固体废物对水体的污染有直接污染和间接污染两种途径。一是把水体作为固体废物的接纳体，向水体中直接倾倒废物，从而导致水体的污染。二是固体废物在堆放的过程中，经雨水浸淋和自身分解产生的浸出液流入水体中，污染水体。不少国家曾把废物直接倾倒于河流、湖泊、海洋中，甚至将海洋投弃作为一种固体废物处置方法。固体废物进入水体后，不仅直接影响水生动植物的生存环境，并造成水质下降、水域面积缩小，从而影响水资源的充分利用，而且还可以通过食物链的作用，影响与水有关的动植物和人类的生存。此外，固体废物堆放场产生的污染物随地表水流入附近水体，污染地表水，继而污染周围地下水。

5. 影响环境卫生　我国固体废物的综合利用率目前还比较低，2013 年，全国工业固体废物产生量为 $3.308\ 59 \times 10^9$ t，综合利用率为 62.8%，大量的垃圾未经任何处理就直接进入环境，严重影响人们的居住环境和卫生状况，导致病菌大量传播，威胁着人类的生存。

6. 其他危害　某些固体废物，尤其是危险废物，因其具有毒性、易燃性、反应性、疾病传染性等特点，若处理不当，将会对人体健康造成严重危害。

（三）固体废物污染的控制

1. 全过程管理原则　现在世界各国越来越意识到对固体废物实行过程控制的重要性，提出了固体废物从摇篮到坟墓（cradle-to-crave）的全过程控制和管理，以及循环经济的新概念。目前，世界各国已对解决固体废物污染控制问题取得了共识，其基本对策是"3C"原则，即：避免产生（clean）、综合利用（cycle）和妥善处理（control）。

2. "三化"原则 《固废法》第三条规定："国家对固体废物污染环境的防治，实行减少固体废物的产生、充分合理利用固体废物和无害化处置固体废物的原则"。这样，就从法律上确立了固体废物污染控制的"三化"基本原则，即减量化、资源化和无害化，并以此作为我国固体废物管理的基本技术政策。

（1）减量化原则　减量化是指通过采用合适的管理和技术手段，减少固体废物的产生量和排放量。首先要从源头上解决问题，即源削减。其次，要对产生的废物进行有效的处理和最大限度的回收利用，以减少固体废物的最终处置量。减量化的要求，不只是减少固体废物的数量和体积，还包括尽可能地减少其种类、降低危险废物的有害成分的浓度、减轻或清除其危险特性等。因此减量化是防止固体废物污染环境的优先措施。就国家而言，应当改变粗放经营的发展模式，鼓励和支持开展清洁生产，开发和推广先进的生产技术和设备，充分合理地利用原材料、能源和其他资源。

（2）资源化原则　资源化是指采取管理和工艺措施，从固体废物中回收物质和能源，加速物质和能源的循环，创造经济价值的广泛的技术方法。资源化包括以下3个范畴：①物质回收，即从处理的废物中回收一定的二次物质，例如纸张、玻璃、金属等；②物质转换，即利用废物制取新形态的物质，例如利用废玻璃和废橡胶生产铺路材料，利用炉渣生产水泥和其他建筑材料，利用有机垃圾生产堆肥等；③能量转换，即从废物处理过程中回收能量，以生产热能或电能，例如通过有机废物的焚烧处理回收热量，进一步发电；利用垃圾厌氧消化产生沼气，作为能源向居民和企业供热或发电。

（3）无害化原则　无害化是指对已产生又无法或暂时尚不能综合利用的固体废物，采用物理手段、化学手段或生物手段，进行无害或低危害的安全处理、处置，达到消毒、解毒或稳定化，以防止并减少固体废物对环境的污染危害。

第二节　城市生活垃圾对土壤环境的影响

一、城市生活垃圾的来源和组成

（一）城市生活垃圾的来源

城市生活垃圾是指在城市居民日常生活或为日常生活提供服务的活动中产生的固体废物以及法律、行政及法规规定视为城市生活垃圾的固体废物，例如厨余物、废玻璃、塑料、纸屑、纤维、橡胶、陶瓷、废旧电器、煤灰、沙石等。城市生活垃圾来源于城市居民家庭、城市商业、餐饮业、旅馆业、旅游业、服务业、市政环卫业、交通运输业、文教卫生业和行政事业单位、工业企业单位以及水处理污泥等。城市生活垃圾不但含有无机成分，还含有有机成分，更可能含有毒有害物质以及细菌、病毒、寄生虫卵等，是严重的环境公害。

（二）城市生活垃圾的组成

城市生活垃圾的组成极其复杂，并受众多因素的影响，例如自然环境、气候条件、城市发展规模、居民生活习惯（食品结构）、民用燃料结构、经济发展水平等，故各国、各城市甚至各地区产生的城市生活垃圾组成都有所不同，表6-5为主要发达国家城市垃圾组成情况。

表 6-5　发达国家生活垃圾的组成

（引自李颖，2013）

	英国	法国	荷兰	德国	瑞士	意大利	美国
食品有机物所占比例（%）	27	22	21	15	20	25	12
纸类所占比例（%）	38	34	25	28	45	20	50
灰渣所占比例（%）	11	20	20	28	20	25	7
金属所占比例（%）	9	8	3	7	5	3	9
玻璃所占比例（%）	9	8	10	9	5	7	9
塑料所占比例（%）	2.5	4	4	3	3	5	5
其他所占比例（%）	3.5	4	17	10	2	15	8
平均含水量（%）	25	35	25	35	35	30	25
含热量（kJ/kg）	320	270	210	350	250	210	820

　　生活垃圾主要是厨房垃圾，其成分主要决定于燃料结构及食物的精加工程度。一般来说，城市生活垃圾组成，发达国家是有机物多、无机物少，发展中国家则是无机物多、有机物少。以前，我国大中城市的燃气率很低，人们主要以煤作生活燃料，人们的食品主要以蔬菜为主，因此城市生活垃圾的组成成分主要是煤灰、烂菜叶等，无机物含量较高。随着人们生活水平的不断提高，已加工的半成品食品日益普及，燃气化比例日趋上升，城市生活垃圾的构成也发生了变化，表现为有机物增加，可燃物增多，可利用价值增大，表 6-6 为我国部分城市生活垃圾的组成。

表 6-6　我国部分城市生活垃圾组分比例（%）

（引自张小平，2010）

城市	有机废物					无机废物			
	厨余	废纸	纤维	竹、木制品	塑料橡胶	废金属	玻璃陶瓷	煤灰、水泥碎砖	其他
北京	39.00	18.18	3.56	—	10.35	2.96	13.02	10.93	2.00
上海	70.00	8.00	2.80	0.89	12.00	0.12	4.00	2.19	—
广州	63.00	4.80	3.60	2.80	14.10	3.90	4.00	3.80	—
深圳	58.00	7.91	2.80	5.19	13.70	1.20	3.20	8.00	—
南京	52.00	4.90	1.18	1.08	11.20	1.28	4.09	20.64	3.63
无锡	41.00	2.90	4.98	3.05	9.83	0.90	9.47	25.29	2.58
武汉	39.16	4.33	1.33	3.20	7.50	0.69	6.55	32.74	4.50
宜昌	29.54	1.22	0.73	1.05	1.18	0.41	8.03	55.84	2.00
重庆	38.76	1.04	0.97	1.58	9.10	0.53	9.03	37.99	1.00

二、城市生活垃圾的处理现状

　　由于城市生活垃圾对环境的危害越来越严重，因此越来越多的国家政府和科研机构都在致力于这方面的研究，力求尽可能地减少其对环境的危害。目前，主要采用卫生填埋、堆肥、焚烧、热解、生物降解、露天堆放等方法加以处理。但由于各国经济水平差异较大和其他方面的原因，垃圾处理程度也不一样。美国、日本、德国、法国等一些经济发达国家在这方面的投入较多，城市生活垃圾的处理水平也较高（表6-7）。

表 6-7　部分国家城镇垃圾处理方法所占比例（%）
（引自王敦球，2015）

国家	填埋	堆肥	焚烧	国家	填埋	堆肥	焚烧
美国	85	5	10	瑞士	20	0	80
日本	23	4.2	72.8	丹麦	18	12	70
英国	88	1	11	奥地利	59.8	24	16.2
法国	40	22	38	瑞典	35	10	55
荷兰	45	4	51	澳大利亚	65	11	24
比利时	62	9	29	中国	>70	>20	<10

以前，我国城市垃圾处理的最主要方式是堆放填埋，占全部处理量的70%以上；其次是高温堆肥处理，约占处理量的20%；焚烧处理的量甚少。随着我国经济发展水平的提高和科学技术的发展，垃圾的处理方法越来越进步，处理效率也越来越高。据前住房城乡建设部城市建设司司长陆克华介绍，截至2008年，全国城市生活垃圾无害化处理设施已达500座，其中卫生填埋场406座，焚烧厂72座，堆肥厂13座，其他处理设施9座。我国日均生活垃圾处理量为 3.153×10^5 t，生活垃圾无害化处理率达66.03%。但是目前只有少数城市建成达到无害化标准的垃圾处理场，仍有大部分城市以简单填坑、填弃洼地、地面堆放、挖坑填埋、投入江河湖海、露天焚烧等处理为主，使城市生活垃圾成为现实的和潜在的长期污染源。

三、城市生活垃圾对土壤环境的影响

（一）城市生活垃圾露天堆放对土壤环境的影响

1. 侵占土地　长期以来，我国城市生活垃圾的处理主要是以堆放填埋为主。一般一万人口的城市，1年产出的垃圾需要一个 $0.4~\text{hm}^2$ 大的地方堆放，堆高3 m，因而占用城郊土地，加剧人地矛盾是城市生活垃圾堆放的直接后果。近年来，由于垃圾产生量增长幅度较大，一些城市又缺乏有效的管理和处置措施，导致相当多的城市陷入垃圾包围之中。此外，堆放在城市郊区的垃圾，侵占了大量农田，未经处理或未经严格处理的生活垃圾直接进入农田，破坏了农田土壤的结构和理化性质，致使土壤保水保肥能力降低。

2. 渗滤液污染

（1）渗滤液及其组成　城市生活垃圾渗滤液，又称为渗沥水或浸出液，是指城市生活垃圾在堆放和填埋过程中由于发酵和雨水的淋溶、冲刷，以及地表水和地下水的浸泡而滤出来的污水。城市生活垃圾渗滤液中含有多种污染物，且浓度变化往往很大（表6-8）。

表 6-8　城市生活垃圾渗滤液水质分析

pH	SS	COD	BOD_5	NH_4^+-N 含量	PO_4^{3-} 含量
5~8.6	200~1 000	3 000~45 000	200~30 000	10~800	1~125

（续）

总铁含量	Ca^{2+}含量	Pb^{2+}含量	Cd^{2+}含量	Cl$^-$含量	SO$_4^{2-}$含量
50～600	200～3 000	0.1～0.2	0.3～1.7	100～300	1～1 600

注：①除 pH 外其余各项单位均为 mg/L；②SS 为悬浮固体物含量，COD 为化学需氧量，BOD$_5$为 5 d 生化需氧量。

（2）渗滤液的危害　城市生活垃圾渗滤液在降雨的淋溶冲刷下，直接进入土壤，与土壤发生一系列物理作用、化学作用和生物作用。虽然有部分污染物被分解，但仍有一部分滞留在土壤中，破坏土壤生态功能，导致土壤污染，带来严重的后果。

①降低土壤 pH，使土壤污染加重。由于城市生活垃圾渗滤液是一种偏酸性的有机废水，因而受到渗滤液侵蚀的土壤 pH 降低，这使得土壤中不溶性盐类、重金属化合物及金属氧化物等无机物发生溶解，加重土壤污染。

②导致土壤重金属污染。垃圾中含有的大量重金属随渗滤液进入土壤，使土壤中的重金属含量显著增加（表 6-9）。郭立书等对哈尔滨市城市生活垃圾堆放场土壤污染进行研究发现，城市生活垃圾堆放场及周围 100 m 以内土壤受到严重的重金属污染，城市生活垃圾堆放场下部土壤重金属污染程度大于城市生活垃圾堆放场周围土壤。而土壤重金属污染会直接影响植物生长和人类健康与生存质量。早在 20 世纪 50 年代前后出现的"八大公害"事件中，日本九州的水俣病、富山的骨痛病、四日的呼吸道疾病等都是由重金属污染所致。

表 6-9　某城市垃圾填埋场周围土壤重金属含量

（引自王振海，2016）

距场址距离 （m）	汞含量 （mg/kg）	砷含量 （mg/kg）	铅含量 （mg/kg）	镉含量 （mg/kg）	铜含量 （mg/kg）	锌含量 （mg/kg）	铬含量 （mg/kg）	镍含量 （mg/kg）
100	0.065	22.11	398.23	0.96	128.91	353.22	126.89	35.61
200	0.051	19.09	361.89	0.87	120.87	345.31	113.64	32.78
300	0.043	17.81	321.33	0.54	109.87	310.35	108.72	30.45
400	0.036	16.32	301.31	0.43	103.45	275.33	100.42	27.21
500	0.030	15.67	283.94	0.40	93.21	225.56	94.65	25.08
600	0.028	14.32	265.67	0.37	84.43	201.78	87.38	23.22
800	0.027	14.01	248.89	0.35	80.31	192.01	78.30	21.45
1 000	0.021	11.98	197.31	0.26	74.35	173.45	72.01	19.03

③易引起土壤生物污染。城市生活垃圾渗滤液携带有大量病原菌和寄生虫卵，这些生物体进入土壤将会迅速蔓延滋生，因而造成土壤生物污染的危害性较大，作物也较易感染病害、虫害。

（二）城市生活垃圾直接施用对土壤的影响

1. 改善土壤物理性质　将煤渣、尘土占绝大部分比例的城市生活垃圾直接施用于农田，将使土壤出现渣砾化趋势，表层土壤质地变粗，但孔隙度、持水量增加，这对于黏质土壤来说，有利于改善土壤物理性质，改善土壤中的水气运动，也有利于减小耕作阻力。

2. 补充土壤营养元素含量　由于城市生活垃圾中有机物种类较多，粉煤灰等物质也含有较多的营养元素（表 6-10），因此长期施用垃圾堆肥，垃圾起到了土壤养分源的作用，土壤养分可得到源源不断的补充，土壤生产力有较大的提高。例如广州市郊菜地长期施用垃圾，土壤肥力显著提高（表6-11）。

表6-10　垃圾中营养元素含量

垃圾类型	C含量（%）	N含量（%）	P含量（%）	K含量（%）	水解氮含量（mg/kg）	速效磷含量（mg/kg）	速效钾含量（mg/kg）	缓效钾含量（mg/kg）
城市垃圾	12.98	0.41	0.144	1.49	22.5	99.4	1 170	380
集团垃圾	7.23	0.42	0.242	1.42	19.4	26.3	1 070	460
家庭垃圾	11.02	0.35	0.210	1.62	17.8	122.5	1 110	360
粉煤灰		0.15	0.180	1.67	5.40	30.0	360	580

表6-11　土壤养分含量变化比较

（引自杨新华，2012）

垃圾使用情况	有机质含量（%）	速效氮含量（mg/kg）	速效磷含量（mg/kg）	速效钾含量（mg/kg）
未施垃圾	11.76	45.4	10.4	187
施用少量垃圾	13.15	50.6	11.3	203
施用中量垃圾	14.47	58.3	13.5	216
施用大量垃圾	16.18	72.0	15.6	251

3. 导致土壤重金属污染　城市垃圾中含有相当量的重金属元素，长期施用垃圾必将使土壤中重金属元素含量增高。天津市郊区因长期施用垃圾，土壤中锌（Zn）、铅（Pb）、铬（Cr）、砷（As）、汞（Hg）含量增加较明显（表6-12）。

表6-12　土壤重金属含量变化

（引自杨新华，2012）

垃圾使用情况	重金属含量（mg/kg）				
	Cd	Cr	Hg	Pb	As
未施垃圾	0.195	22.9	0.025	20.9	9.14
施用少量垃圾	0.182	23.0	0.046	20.2	9.00
施用中量垃圾	0.221	23.1	0.069	23.8	9.20
施用大量垃圾	0.282	24.7	0.130	32.2	9.72

4. 带来土壤生物污染　城市生活垃圾从产生地、集散站到农田的过程都可能受到感染，携带大量病原菌和寄生虫卵，这些生物体进入土壤后会迅速蔓延滋生而造成危害。许多城郊菜农患皮肤病、肝炎、传染性疾病的比例较高，作物也易感染病虫害。

（三）施用城市生活垃圾堆肥对土壤的影响

城市生活垃圾中含有大量有机物质，可用于堆肥化处理，将其中的有机可腐物转化为土壤可接受且迫切需要的营养元素或腐殖质。这种腐殖质有利于形成土壤团粒结构，使土质松软，孔隙度增加而易于耕作，从而提高土壤的保水性、透气性及渗水性，并有利于植物根系的发育和养分的吸收，起到改善土壤结构和物理性能的作用。堆肥的成分比较多样化，不仅含有氮磷钾大量元素，而且还含有多种微量元素，比例适当，养分齐全，有利于满足植物生长对不同养分的需求。堆肥属缓效性肥料，养分的释放缓慢、持久，故肥效期较长，有利于满足作物长时间内对养分的需求，也不会出现施化肥短暂有效，或施肥过头的情况。堆肥中含有大量有益微生物，施用后可增加土壤中微生物的数量，通过微生物的活动改善土壤的结构和性能，微生物分泌的各种活性成分易被植物根部吸收，有利于根系发育和伸长。总之，施用垃圾堆肥能改善土壤物理性质、化学性质和生物性质，使土壤环境保持适于农作物生长的良好状态。

　　城市生活垃圾堆肥的成分主要决定于其原料组成，不同城市生活垃圾的成分差异较大，而且堆肥的腐熟程度也各有不同，因此城市生活垃圾堆肥的各种性质常有相当大的差别。但养分含量普遍较高，施用后对土壤均会产生一定的影响。表 6-13 为城市生活垃圾堆肥对土壤性质的影响。

表 6-13　城市生活垃圾堆肥对土壤性质的影响

处理	经历时间	pH	交换性酸度（cmol/kg）	交换性盐基（cmol/kg）		全碳含量（%）	全氮含量（%）
				CaO	MgO		
对照	第一季后	5.5	1.1	111	16	1.43	0.147
	第三季后	5.8	1.0	118	13	1.57	0.134
垃圾堆肥	第一季后	6.8	0.3	211	22	2.60	0.196
	第三季后	6.7	0.1	216	14	2.15	0.183

处理	经历时间	无机氮含量（cmol/kg）	Truog 法提取的 P_2O_5（cmol/kg）	阳离子交换量（cmol/kg）	土壤水势 pF=1.5		
					固相比例（%）	液相比例（%）	气相比例（%）
对照	第一季后	2.8	—	9.9	58.4	15.3	26.3
	第三季后	0.6	13.6	9.2	—	—	—
垃圾堆肥	第一季后	6.8	—	11.0	54.4	19.4	26.2
	第三季后	0.7	17.8	10.4	—	—	—

四、城市生活垃圾的资源化利用

　　作为固体废物的重要代表之一的城市生活垃圾，数量巨大，种类繁多，其中有相当一部分物质可以回收利用，变废为宝。垃圾资源化利用的基本任务就是采取适宜的工艺措施从垃圾中回收一切可利用的组分，重新利用。它具有原料的廉价性、永久性和普遍性的特点，不仅可以提高社会效益，做到物尽其用，而且可以取得很好的环境效益和一定的经济效益，是城市生活垃圾处理的最佳选择和主要归宿。

（一）堆肥化处理技术

　　城市生活垃圾中含有较多的新鲜有机物，例如动物残体、骨刺及菜叶、果皮等，对农业来说是很好的有机肥源。利用城市生活垃圾中的有机物较普遍的方法是堆肥化处理，即依靠自然界广泛存在的细菌、放线菌、真菌等微生物，在一定的人工条件下，有控制地促进可被生物降解的有机物向稳定的腐殖质转化的生物化学过程，其实质是一种发酵过程。这种腐殖质与黏土结合就形成了稳定的黏土腐殖质复合体，不仅能有效地解决城市生活垃圾的出路，解决环境污染和城市生活垃圾无害化问题，而且还为农业生产提供了适用的腐殖土，从而维持了自然界的良性物质循环。一般的堆肥操作能使其温度上升到 70 ℃，城市生活垃圾经过高温，其中的蛔虫卵、病原菌、孢子等基本被杀灭，基本上达到无害化，符合堆肥农用的卫生标准。经堆肥化处理后，城市生活垃圾变成卫生的、无味的腐殖物质，是很好的有机肥料。

城市生活垃圾堆肥化处理技术简单，主要受到垃圾组成、粒度、温度、pH、供氧强度以及搅拌程度的影响。堆肥方法主要有露天堆肥法、快速堆肥法以及半快速堆肥法。其中，快速堆肥法最为先进，特别适合城市生活垃圾产生量大的大中城市，在英国、荷兰、日本等国家都有快速堆肥法处理城市生活垃圾的实例。目前，我国堆肥方式分为厌氧土法堆肥、好氧露天堆肥以及好氧仓库式堆肥，使用较多的是好氧露天堆肥和好氧仓库式堆肥。

（二）焚烧处理技术

焚烧是一种对城市生活垃圾进行高温热化学处理的技术，也是将城市生活垃圾实施热能利用的资源化的一种形式。焚烧是指在高温焚烧炉内（800～1 000 ℃），城市生活垃圾中的可燃成分与空气中的氧发生剧烈的化学反应，转化为高温的燃烧气和性质稳定的固体残渣，并放出热量的过程。焚烧产生的燃烧气可以以热能的形式被回收利用，性质稳定的残渣可直接填埋。焚烧后，城市生活垃圾中的细菌、病毒被彻底消灭，带恶臭的氨气和有机废气被高温分解，因此经过焚烧工艺处理的城市生活垃圾能以最快的速度实现无害化、资源化和减量化的最终目标。

城市生活垃圾中含有大量的有机物，具有潜在的热能。以我国城市生活垃圾平均含有机物 40％计，每年产生的 1.4×10^{8} t 城市生活垃圾，相当于 5.6×10^{7} t 有机物质。若以每千克城市生活垃圾可产生热能 3×10^{6} J 估算，1.4×10^{8} t 城市生活垃圾可产生 4.2×10^{17} J 的热能，相当于 4.2×10^{7} t 标准煤，这是一个巨大的能源库。城市生活垃圾焚烧产生的热能可用于蒸汽发电，德国、法国、美国、日本等发达国家就建有许多城市生活垃圾发电厂。统计表明，城市生活垃圾焚烧装置大量集中在发达国家，这一方面与国家科学技术水平、经济实力有关，另一方面与城市生活垃圾的组成成分有关。焚烧技术仅适于发热量大于 3 349 kJ/kg 的城市生活垃圾，我国城镇垃圾有机物含量低，且季节性含量变化大，难于进行焚烧处理，但随着社会经济的发展和城市燃气率的提高，特别是"西气东输"工程的建设，城市生活垃圾中有机物含量会越来越高，其热值将大大增加，垃圾焚烧发电的条件日趋成熟。从长远看，城市生活垃圾发电在我国具有广阔的前景。

（三）热解处理技术

热解技术最早应用于生产木炭、煤干馏、石油重整、炭黑制造等方面。20 世纪 70 年代初期，世界石油危机对工业化国家经济的冲击，使得人们逐渐认识到开发再生能源的重要性，热解技术开始用于城市生活垃圾的资源化处理，并制造燃料，成为一种很有发展前途的城市生活垃圾处理方法。热解又称为干馏、热分解或炭化，是指在无氧或缺氧条件下，使固体物料中的有机成分在高温下分解，最终转化为可燃气体、液体燃料和焦炭的热化学过程。

城市生活垃圾热解是一个复杂的、同时的、连续的热化学反应过程，在反应中包含着复杂的有机物断键、异构化等反应。热解的产物由于分解反应的操作条件不同而有所不同，主要有以氢气（H_2）、一氧化碳（CO）、甲烷（CH_4）等低分子化合物为主的可燃性气体，以乙酸（CH_3COOH）、乙醇酸（$HOCH_2COOH$）、乙醇（CH_3CH_2OH）等化合物为主的燃料油，以及纯炭与金属、玻璃、泥沙等混合形成的炭黑。由于供热方式、产品状态、热解炉结构等方面的不同，热解方式也各异。根据装置特性，城市生活垃圾热解类型可分为移动床熔融炉方式、回转窑方式、流化床方式、多管炉方式等。回转窑方式是最早开发的城市生活垃圾热解处理技术，代表性的系统有 Landpard 系统，主要产物为燃料气。多管炉方式主要用于含水率较高的有机污泥的处理。流化床有单塔式和双塔式两种，其中双塔式流化床已经达到工业化生产规模。移动床熔融炉方式是城市生活垃圾热解技术中最成熟的方法，代表性的处理系统有新日铁、Purox、Torrax 等。

（四）厌氧消化技术

厌氧消化是在无氧条件下微生物将有机物分解，转化成甲烷、二氧化碳等，并合成自身细胞物质的生物学过程。城市生活垃圾中含有大量易腐解的有机物质，很容易发生厌氧发酵而腐烂转化，因此厌氧消化是实现城市生活垃圾无害化、资源化的一种有效方法。将城市生活垃圾埋藏封闭，使其厌氧发酵，用类似于采集天然气的方法采集甲烷等还原性气体，作为燃料。有机质含量较低，热值不高的城市生活垃圾也可以采用这种方法。

（五）蚯蚓处理技术

城市生活垃圾中含有大量有机物质，可用于养殖蚯蚓。100 万条蚯蚓每月能吞食 24～36 t 城市生活垃圾，它们排放的蚯蚓粪是极好的天然肥料，养殖的蚯蚓也可以制成动物饲料。

总之，实现城市生活垃圾资源化的途径主要有 3 大类：以废物回收利用为代表的物理法、以废物转换利用为代表的化学法及生物法。城市生活垃圾资源化是涉及收集、破碎、分选、转换等作业的一个技术系统，在这个系统里需要采用不同技术，经过多道工序，才能实现资源化。技术的选择、工序的排列，必须根据城市生活垃圾的数量、组成成分和物化特性正确地进行选择。合理的城市生活垃圾资源化综合利用技术如图 6-3 所示。

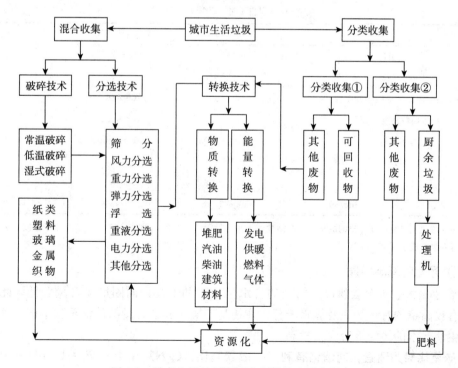

图 6-3　城市生活垃圾资源化利用的途径和程序

（引自张小平，2010）

第三节 污泥对土壤环境的污染

随着工业的发展以及城镇环境卫生建设的进步，污水处理率在不断提高，污泥产量也不断提高。一个二级污水处理厂，产生的污泥量占处理污水量的 $0.3\%\sim0.5\%$（体积），若进行深度处理，污泥量还可以增加。2015 年我国有 1 943 座城市污水处理厂，日处理能力为 1.41×10^8 t，产生大量的污泥，加上城镇的河沟排水淤泥，污泥处理压力极大。因此污泥的处理处置及资源化技术的开发，对于完善废水处理系统，减少环境污染，节约资源和能源等具有重要意义。为节省污泥处置费用并使废物资源化，污泥土地处置已成为污泥处置的重要途径，因此研究污泥对土壤环境的影响对于污泥处置和安全施用是极为重要的。

一、污泥概述

（一）污泥的来源与组成

污泥是废水处理过程中产生的沉淀物质以及从污水表面撇出的浮沫形成的残渣。简而言之，污泥是污水中的固体部分，按其成分和性质可分为有机污泥和无机污泥，也可分为亲水性污泥和疏水性污泥。由于污水来源、污水处理厂处理工艺及季节变化的不同，污泥的组成差异较大。表 6-14 是我国环境保护部统计的污泥基本理化成分。

表 6-14 污泥的基本理化成分

（引自王涛，2015）

项目	初沉污泥	剩余活性污泥	厌氧消化污泥
pH	5.0～6.5	6.5～7.5	6.5～7.5
干固体总量（%）	3～8	0.1～1.0	5.0～10.0
挥发性固体总量（以干物质计，%）	60～90	60～80	30～60
固体颗粒密度（g/cm^2）	1.3～1.5	1.2～1.4	1.3～1.6
容重（kg/L）	1.02～1.03	1.00～1.005	1.03～1.04
BOD_5/VS	0.5～1.1	—	—
COD/VS	1.2～1.6	2.0～3.0	—
碱度（以 $CaCO_3$ 计，mg/L）	500～1 500	200～500	2 500～3 500

注：初沉污泥来自废水固体物的沉积，剩余活性污泥来自悬浮微生物的生物体，这些污泥经过好氧或厌氧生物过程稳定后其有机物形成了厌氧消化污泥。

（二）污泥的基本性质

1. 含水量大，养分含量高 污泥的含水量一般都很高，而固形物含量较低。此外，污泥中含有较高量的有机物质及氮磷养分，往往是土壤中养分含量的数倍至数十倍，其中有机工业和生活污水的污泥养分含量较高。

2. 碳氮比较为适宜，对消化有利 一般碳氮比（C/N）在 10～20：1，pH 多在 6～7，有利于污泥消化。

3. 具有燃烧价值 污泥的主要成分是有机物质，可用于焚烧处理，回收热能。

4. 重金属积累严重　我国城市污水中工业废水所占比例较大，污泥中重金属含量较高，造成铜（Cu）、锌（Zn）、镉（Cd）等元素常常超标，影响污泥的利用。

5. 生物污染性强　由于城市污水中含有大量的病原微生物，在污水处理过程中，大部分病原物被保留或结合在颗粒物上而在污泥中得到浓缩，从而使污泥中微生物数量较多，其中尤以沙门氏菌、蛔虫卵、致病性大肠杆菌为常见，因而在环境卫生学上属污染源，具有较强的生物污染性。

（三）污泥的处理处置和利用

1. 污泥的处理

（1）污泥处理的过程　污泥的处理包括浓缩、消化和脱水。污泥的消化是在人工控制条件下，通过微生物的代谢作用使污泥中的有机物稳定化。

（2）污泥处理的目的　污泥处理的目的主要有3方面：①减少水分，降低容积，便于后续处理、利用和运输；②使污泥卫生化、稳定化，减少对环境的污染和病菌的传播；③改善污泥的成分和某些性质，以利于污泥资源化利用。

2. 污泥的处置　国内外污泥的处置方法为土地利用、填埋、焚烧和投海，但污泥投海已经被禁止。污泥的土地利用因其具费用低且能循环利用等优点而逐渐受到重视。污泥可用于农地、林地、草地、园林绿地、废地（矿渣地、扰动地）、贫瘠荒地等。但是污泥中因含有害成分，在土地利用之前，必须对污泥进行稳定化、减害化和减量化处理。

3. 污泥的利用

（1）土地利用　污泥中含有大量的有机物质和氮磷钾养分及微量元素，是良好的土壤改良剂，能提供植物生长所需的营养元素（表6-15）。将其施入农田后，对改善土壤结构、增加土壤肥力、调节土壤pH，对土壤的透气性、透水性、蓄水保肥性都具有重大作用。初沉污泥中含有大量有机氮，适于作底肥；消化污泥和生活污泥中的铵态氮、硝态氮较多，适于作追肥。我国城市污水处理厂污泥的养分含量如表6-16所示。

表6-15　污泥的营养物质成分

（引自李鸿江，2010）

营养成分指标	平均值	最低值	最高值
N在悬浮固体物中的含量（g/kg）	38.4	0.1	246
P_2O_5在悬浮固体物中的含量（g/kg）	36.5	0.2	344
K_2O在悬浮固体物中的含量（g/kg）	4.2	0.1	95
MgO在悬浮固体物中的含量（g/kg）	9.7	0.1	122
CaO在悬浮固体物中的含量（g/kg）	73.7	0.1	727
悬浮固体物含量（%）	12	0.1	100

表6-16　不同污泥的肥分含量范围（%）

（引自李鸿江，2010）

污泥类别	总氮含量	磷（P_2O_5）含量	钾（K_2O）含量	腐殖质含量
初沉污泥	2.0～3.4	1.0～3.0	0.1～0.3	33
生物滤池污泥	2.8～3.1	1.0～2.0	0.11～0.8	47
活性污泥	3.5～7.2	3.3～5.0	0.2～0.4	41

（2）回收能源　污泥的主要成分是有机物质，其中有一部分能被微生物分解，另一部分具有燃烧价值，可以通过焚烧、制沼气以及制成燃料等方法，回收污泥中的能量。例如污泥焚烧处理的尾气可回收余热，通常以蒸汽或蒸汽发电的方式当作热能利用。将污泥进行厌氧消化处理，可制得含甲烷 50%～60% 的沼气，而且处理过的污泥更利于植物对养分的吸收。

（3）材料利用　污泥的材料利用主要是制造建筑材料，无需依赖土地作为其最终消纳的载体。污泥材料利用的真正对象是其中的无机组分，因此不同类型的污泥，其建筑利用价值不同。对大多数污泥而言，由于前处理过程比较复杂，因此直接利用的经济效益不高。处理后的污泥可以通过烧结而制成水泥、污泥砖、地砖、混凝土填料以及陶粒等。

二、污泥施用对土壤性质的影响

污泥施用于土壤，可以利用土壤的自净能力使污泥进一步稳定，同时污泥与土壤间的相互作用将使土壤性质、土壤养分形态发生变化，进而影响植物生长的营养环境条件，所以污泥是一种很好的植物养分来源和土壤物理性状改良剂。因此污泥的土地施用一直是污泥处置较好的方式之一。然而由于污泥中同时含有大量重金属、病原菌和其他有害物质，如果处置方法或使用不当，可能会对周围环境产生不利影响，甚至会对植物产生毒害作用或进入食物链而影响人类健康。

（一）污泥对土壤物理性质的影响

由于污泥含水量大，因而施用污泥的土壤有效水含量明显增多。Mays 等人研究发现，随污泥施用量的增加，土壤田间持水量增大，土壤水分增加，容重减小，土壤团聚体的稳定性提高。Guidi 等研究指出，在砂土中施用污泥堆肥后，土壤总孔隙度显著增加，土壤的耕性明显改善。另据胡霭堂等研究，施用生活污泥 2 年以后，土壤结构系数提高，物理性黏粒有增加的趋势，容重有降低的趋势。表 6-17 为施用污泥有机肥对土壤理化性质的影响情况。

表 6-17　施用污泥有机肥对土壤理化性质的影响

（引自王绍文，2007）

施肥情况	有机质含量（%）	密度（g/cm³）	总孔隙率（%）	持水量（%）	pH
未施肥	2.06	1.62	35.1	14.1	5.9
已施肥	4.43	1.15	57.8	23.6	7.3
效果对比	增加 115%	降低 29%	增加 65%	增加 67%	酸性降低

污泥中含有丰富的有机物质、腐殖质，是一种有价值的有机肥料，可以通过多种形式改善土壤的物理特性，以利于提高土壤的耕作性能。

污泥的施用对土壤物理性质的改善包括以下 5 个方面。

1. 增加持水能力　污泥中的有机物质可持有 2～3 倍于其自身质量的水分，可给予植物更多的可利用水分，也可提高表土对降雨和灌溉水的吸收。

2. 改善供氧条件　污泥的施用，伴随着土壤团聚体结构的改善和数量的增加，土壤中的供氧条件也得到了改善，这有利于植物根部的生长，减少氮损失（反硝化作用）和植物根系疾病的发生。

3. 减少风蚀　土壤团聚体很难分解成小颗粒，从而降低了土壤流失和风蚀的风险。

4. 减小容重　容重为土壤密度的表示形式，容重的减小表示土壤中具有更多的空隙储存空气和水分，有利于植物吸收水分和养分。

5. 抗压　有机物质可改善土壤的抗压能力，便于机械化操作。

此外，对于黏土和砂土地而言，加入有机物质更可带来诸多好处，有机物质能明显改善砂土的团聚特性和持水能力，减小黏土的容重，有利于植物根部的生长。

（二）污泥对土壤化学性质的影响

施用污泥最显著的效果是土壤有机质和大量营养元素储量的提高。污泥中的有机物可增加土壤的阳离子交换容量，使交换性钙（Ca）、镁（Mg）、钾（K）增多，从而提高土壤的保肥能力，减少营养物质的渗漏。同时，污泥中还含有大量能够促进农作物生长的氮磷钾及微量元素，施用污泥后能明显改善和提高土壤中有机质含量和土壤中的氮、磷等水平（表6-18），增加土壤中微量元素（例如锌、锰、铁等）的有效性，补充作物根际养分，有助于改善作物的微量元素营养状况，提高土壤生物活性，从而提高土壤肥力，对酸性土壤还具有 pH 调节作用。因此污泥的施用对土壤化学性质有显著的改善，可用作农、林、牧和土地修复的改良剂。

表 6-18　施用污泥堆肥对土壤养分含量的影响

(引自王绍文，2007)

处理	全氮（%）	全磷（g/kg）	碱解氮（%）	速效磷（%）	速效钾（%）
未用堆肥	0.14	0.06	109	8.9	64
使用堆肥	0.19	0.12	154	25.5	107
效果对比	增加 35.7%	增加 100%	增加 41.3%	增加 186%	增加 67.2%

（三）污泥对土壤生物活性的影响

由于污泥中富集了污水中大量的各类微生物群体，因而随着污泥的施用，这些微生物进入土壤和土壤微生物互为补充，相互作用，提高了土壤微生物的活性，有利于土壤中养分的转化。污泥中的有机物质为土壤微生物提供碳源，因而加入有机物质进一步促进了土壤微生物活性的提高，从而有利于植物的生长。有试验表明，连续2年施用高量生活污泥后，土壤中生物代谢活性增强（图6-4）。生物活性的提高也有利于土壤中污染物的降解，食用有机物质的土壤动物（例如蚯蚓）的代谢产物也可增加土壤中的营养物质。

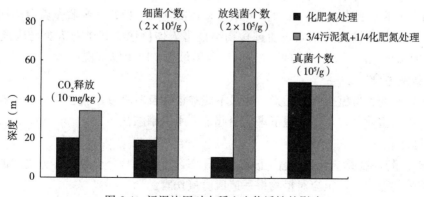

图 6-4　污泥施用对水稻土生物活性的影响

(引自李天杰，1995)

三、污泥土地利用的风险

污泥中除含有植物所必需的营养元素外，还含有许多有害物质，例如盐分、重金属、有毒有机物等，这些物质随污泥进入到土壤中，可能会对土壤-植物体系、地表水、地下水系统产生影响，从而造成环境与人类健康风险。

（一）重金属污染

1. 使土壤重金属含量增加，加重土壤重金属污染 污泥中含有大量的重金属（表 6-19），由于迁移性较差，施用后大部分在土壤表层积累，可使土壤重金属含量有不同程度的提高，其增长幅度与污泥中重金属的含量、污泥施用量及土壤管理有关。大量研究指出，土壤和作物重金属含量与污泥的施用量呈正相关。例如天津城郊多年施用污水污泥的菜地重金属积累已极为严重，其中土壤锌（Zn）、铬（Cr）、砷（As）和镉（Cd）现有含量分别是土壤背景值的 5.2 倍、2.4 倍、1.5 倍和 11.4 倍，汞（Hg）含量甚至达到了土壤背景值的 139 倍，污染状况甚为严重。

表 6-19　我国城市污水处理厂污泥重金属含量范围（mg/kg，干固体）

（引自李鸿江，2010）

重金属	As	Cd	Cr	Cu	Ni	Hg	Zn
含量范围	1.1~230	1~3.410	10~990 000	84~17 000	2~5 300	0.6~56	101~49 000
平均值	10	2	500	800	80	6	1 700

2. 使重金属的形态在土壤中碳酸盐结合态上升 一般来说，污泥中铜（Cu）、镉（Cd）、锌（Zn）等元素以有机态为主，而在土壤中一般以残留态为主（土壤中重金属元素的形态分为可变换态、碳酸盐结合态、铁锰氧化物结合态、有机物结合态等）。中国农业大学王宏康等研究发现污泥铜在北方褐土中施用后，随着污泥用量增加，土壤铜残留态比重下降，趋向于碳酸盐态占优势，但有机物结合态较为稳定。一般来说，污泥中铜、镉、锌等元素随污泥施用量增加，碳酸盐结合态比例快速上升，而 pH 较高的土壤中铁锰氧化物态变化极为平缓。一些亲铁元素（例如铬）在污泥中主要呈有机结合态，在土壤中主要向铁锰氧化物结合态转变。

3. 使重金属向地下水和植物迁移 在施用污泥的情况下，土壤中重金属元素的移动性大大增强，使重金属随雨水淋溶或自行迁移到土壤深层，对地下水系统产生影响，从而以次生污染向环境扩散。此外，随着重金属元素移动性的增强，植物体吸收量就会增加，从而造成重金属元素在植物体内的积累，通过食物链危害人体健康。其中对人类健康危害大的汞（Hg）、镉（Cd）、铅（Pb）、铬（Cr）等的风险度最大，应予以重视。

（二）氮磷污染

污泥中含有的大量氮磷营养元素，如果不能被植物及时吸收，就会随雨水径流进入地表水，造成水体的富营养化，进入地下水会引起地下水的硝酸盐污染。

（三）盐分危害

部分含盐量高的污泥会明显提高土壤的电导率，过高的盐分会破坏养分之间的平衡，抑制植物对养分的吸收，甚至会对植物根系造成直接伤害。

（四）病原物污染

未经处理的污泥中含有较多的病原微生物和寄生虫卵，在污泥的土地施用过程中，它们可通过各种途径传播，污染空气、土壤、水源，也能在一定程度上加速植物病害的传播。

（五）有机物污染

某些工业废水中可能含有聚氯二酚、多环芳烃、多氯联苯等有毒有机物质，在污水和污泥的处理过程中，这些物质会得到一定程度的降解，但一般难以完全去除，且毒性残留时间长，污泥施用时就有可能产生危害。

四、污泥施用对作物生长、产量和品质的影响

研究表明，施用少量污泥能显著促进作物的生长，明显提高作物产量，改善农产品品质。北京市农业科学院在北京双桥采用燕山石油化工总公司污水处理厂的污泥进行试验，结果表明施用污泥不仅使当茬作物玉米增产，对第二茬作物小麦和第三茬作物水稻都有明显的增产效果（表 6-20）。每施用 1 t 污泥，3 茬作物共增产 473.3 kg，是施用 100 kg 优质含氮和磷化肥（磷酸二铵）增产的 1.3 倍。从第三茬作物（水稻）收获时土壤养分分析结果（表 6-21）可知，此时土壤有机质含量与不施污泥对照相比增幅达 35.2%，碱解氮含量增幅达 38.3%，说明施用污泥农田的农作物还有继续增产的潜力。

表 6-20　施用污泥的 3 茬作物的增产效果

（引自王绍文，2007）

作物	不施污泥亩产（kg）	施污泥地亩产（kg）	平均每吨污泥增产量（kg）
春玉米（第一茬）	186.3	248.5~428.1	217.0
冬小麦（第二茬）	281.8	235.4~366.7	122.2
水稻（第三茬）	290.6	324.0~332.2	134.1

注：1 亩＝1/15 hm^2。

表 6-21　第三茬作物收获时土壤养分含量分析

（引自王绍文，2007）

地块	土壤有机质含量		碱解氮含量	
	测定值（%）	比对照增加幅度（%）	测定值（mg/kg）	比对照增加幅度（%）
不施污泥对照地	1.22	—	52.0	—
施污泥农田	1.65	35.2	71.9	38.3

研究也发现，随着污泥施用量的增加，农产品中重金属的含量也显著增加。美国明尼苏达州立大学的试验研究结果表明，菜豆产量与污泥施用量呈正相关关系，与此同时，植物可食部分铜（Cu）、锌（Zn）等的含量也与污泥施用量呈正相关关系。

五、污泥土地利用的控制措施

污泥含有丰富的有机物质和无机养分，在当前农业生产中，是一种潜在的肥源。但是由于污泥中含有大量有毒有害物质，因此在污泥的土地利用过程中，需严格控制污泥中的重金属浓度、氮磷营养物质的平衡和污泥的施用量；同时对土地利用污泥进行有效的预处理，控制污泥中的有害有机物质、病原菌和盐分含量，避免对环境和人类食物链安全造成负面影响。

（一）灭菌消毒

目前我国污泥以沉淀污泥为主，这种污泥中含病原菌较多。李兴隆等研究发现，剩余活性污泥中含大肠杆菌 1.6×10^5 个/L，含沙门氏菌、志贺氏菌、粪链球菌、放线菌等细菌的总数为 $10^3 \sim 10^5$ 个/mL，因而需对污泥进行灭菌处理。通常采用辐照杀菌法来灭菌，此法既可灭菌，又可提高污泥中的速效养分含量，同时污泥的稳定性也有所提高。在没有辐照条件的地区，可采用高温堆肥的办法来灭菌，此法在灭菌的同时还可增加污泥中的有效养分，提高污泥的肥力价值。

（二）因土制宜

由于污泥中有毒成分含量不同，土壤环境容量差异较大，在实际应用中应根据当地生产条件和土壤状况确定污泥的施用量。并应遵循污泥施用流向的优先原则：先非农用地后农用地，先旱地后水田，先贫瘠地后肥地，先碱性地后偏酸性地，先禾谷作物后蔬菜。

（三）研发污泥安全利用技术

发展污泥安全利用的配套技术是污泥农用的关键，包括与化肥的配施问题，在基肥、追肥中的优先安排，以及施用方法等问题。污泥应以作基肥为主，在施用时若与粉煤灰、石灰等混施，可起到相互促进、降低有害物质危害的作用。

六、污泥农田利用准则

施用污泥造成土壤污染和环境恶化的表现形式是多样性的，例如重金属等有害物质在土壤中的积累；营养元素的流失，使得水质恶化；污泥中存在的病原菌和寄生虫等影响环境卫生。因此为防止这类问题的发生，我国环境保护部门已制定了农用污泥污染物控制标准（表6-22）。

表 6-22　农用污泥污染物控制标准（GB 4284—2018）

项目	污染物限值（mg/kg）	
	A 级污泥产物	B 级污泥产物
总镉（以干基计）	＜3	＜15
总汞（以干基计）	＜3	＜15
总铅（以干基计）	＜300	＜1 000
总铬（以干基计）	＜500	＜1 000
总砷（以干基计）	＜30	＜75
总镍（以干基计）	＜100	＜200
总锌（以干基计）	＜1 200	＜3 000
总铜（以干基计）	＜500	＜1 500
矿物油（以干基计）	＜500	＜3 000
苯并（a）芘（以干基计）	＜2	＜3
多环芳烃（以干基计）	＜5	＜6

注：A 级包括耕地、牧草地和园地；B 级包括园地、牧草地和不种植食用农作物的耕地。

（一）关于重金属

污泥中通常含有比土壤中含量高得多的重金属，并且是土壤中重金属的主要来源之一。

因此必须对污泥的施入量进行严格的限制，使潜在毒性金属元素的浓度不致于积累到对作物和人畜有害的水平。

农用污泥一般局限于城市生活污水污泥或混合污水污泥。工业污水污泥，尤其是含有高浓度重金属或有机毒物的污泥，一般不宜农用。

（二）关于营养元素的过剩与流失

必须根据作物对营养元素的需求和污泥中营养元素的含量来确定污泥的施入量，防止由于施用污泥造成营养元素的过剩，因此施用前应检测污泥中营养物质的含量。

（三）关于调节土壤 pH

为了保证作物生长良好、降低土壤中重金属和其他有毒元素对作物的可给性，应将土壤 pH 调节到最佳值，必要时可施用石灰等矫正土壤酸碱度。

（四）关于病原菌和寄生虫污染

污泥中不可避免地含有病原菌，会影响当地居民的健康。由污泥农用所引起的潜在疾病的流行，被认为主要是与沙门氏菌类或绦虫卵有关。因此污泥施用前必须经过消化或堆腐处理，并在施用污泥后的适当时期进行播种或栽培。

第四节　畜禽粪便对土壤环境的污染

随着我国畜禽养殖业的迅猛发展，畜禽养殖业产生的污染已成为我国农村面源污染的主要来源之一。在一些地区，畜禽粪便污染已超过居民生活、农业、乡镇工业和餐饮业对环境的影响，严重污染土壤环境。

一、畜禽粪便资源与污染状况

畜禽养殖场排放的大量而集中的粪尿与废水已成为许多城市及农村的新兴污染源。主要的养殖畜禽排粪量见表 6-23 所示。

表 6-23　畜禽排粪量平均值

项目	猪	役用牛	奶牛	兔	羊	肉鸡	蛋鸡	鸭、鹅
每头（只）日平均排粪量（kg）	5.30	27.67	53.15	0.46	2.38	1.10	0.15	0.19

我国畜禽粪便产生量很大，据资料显示，2011 年，全国畜禽粪便年产生量达 $2.12×10^9$ t，是工业废物的 2 倍左右。如此大量的畜禽粪便，如果不经妥善处理就直接排入环境，就会对地表水、地下水、土壤和空气造成严重污染，并危及畜禽本身及人体健康。特别是大城市郊区的集约化大型养殖场，畜禽粪便不仅没有被认为是资源，而且被视为污染源。一些畜牧场的粪便因没有出路，长期堆放，任其日晒雨淋，致使空气恶臭，蚊蝇滋生，污染环境。对太湖地区畜禽养殖的污染调查结果表明，江苏太湖地区畜禽养殖业对水体的主要污染物是总磷，等标污染负荷比高达 67.78%，畜禽养殖已成为太湖地区水质低下的重要原因。可见，畜禽粪便是形成农村面源污染的主要污染源之一。

然而，另一方面，畜禽粪便同许多工业污染源产生的废物不同，畜禽粪便是一种有价值的资源，它包含农作物所必需的氮、磷、钾等多种营养物质，以及未被畜禽吸收的过量矿质元素，还含有75％的挥发性有机物，是营养丰富的有机肥（表6-24和表6-25），数千年来一直是土壤有机质的重要来源，是保证我国农业可持续发展的宝贵资源。据估算，一个万头养猪场，每年排入环境中的磷为23.4 t，全国每年由猪粪中排出的磷达$1.062 \times 10^6 \sim 2.114 \times 10^6$ t。可见，畜禽粪便中含有相当比例可利用的营养成分，是可利用的重要资源，资源化利用的潜力巨大。

表6-24 主要畜禽粪便的主要养分含量（％）

（引自李颖，2013）

种类	含水率	有机质含量	挥发性固体含量	氮（N）含量	磷（P_2O_5）含量	钾（K_2O）含量
鸡粪	66.9	40.5～58.0	58.1	2.7～4.0	1.9～3.4	1.7～2.9
猪粪	75.2	47.3～55.0	78.0	2.1～3.6	0.5～2.0	1.5～3.6
牛粪	78.0	73.4～85.0	78.4	1.9～2.4	1.4～1.6	0.9～1.2

表6-25 畜禽粪便中的矿质元素

（引自王洪涛，2006）

种类	Ca含量（％）	P含量（％）	Mg含量（％）	Na含量（％）	K含量（％）	Fe含量（mg/kg）	Cu含量（mg/kg）	Mn含量（mg/kg）	Zn含量（mg/kg）
猪粪	2.50	1.6	0.08	0.26	1.00	455	455	177	569
牛粪	0.87	1.6	0.40	0.11	0.50	1 340	31	147	242
肉鸡粪	2.40	1.8	0.44	0.54	1.78	451	98	225	235
蛋鸡粪	8.80	2.5	0.67	0.94	2.33	2 000	150	406	463

二、畜禽粪便对土壤环境的影响

国家环境保护部南京环境科学研究所的研究表明，畜禽养殖场排放的污水中含有大量的污染物质，其生化指标极高，例如猪粪尿混合排出物的化学需氧量（COD）达81 000 mg/L，牛粪尿混合排出物的化学需氧量达36 000 mg/L。将高浓度的畜禽粪便作为肥料施入土壤，会增加土壤氮含量，一部分氮被作物吸收利用，多余的氮会随地表水或水土流入江河、湖泊，污染地表水，还会渗入地下污染地下水。粪便污染物中的有毒有害成分进入地下水，会使地下水溶解氧含量减少，水体中有毒成分增多，严重时使水体发黑、变臭，失去使用价值，且极难治理恢复，造成持久性污染。

此外，未经处理过的畜禽粪便及畜禽养殖场污水过量施入农田，可导致土壤空隙堵塞，造成土壤透气、透水性下降及板结，严重影响土壤质量；并可使作物徒长、倒伏、晚熟或不熟，造成减产；甚至毒害作物，使作物出现大面积死亡。

另外，畜禽粪便中含有大量病原菌、抗生素、化学合成药物、微量元素及重金属元素，也是不容忽视的污染因子。在传统的配合饲料中，为了满足畜禽生长所需，人们通常不考虑饲料原料本身微量元素的含量，而额外大剂量地添加，这样极易导致配合饲料中微量元素过量。同时，为了提高畜禽的生产性能，增加产品产量，常常大剂量添加抗生素、化学合成药物，不仅对肉蛋奶等畜产品品质、畜禽安全和健康造成影响，而且直接影响人类的生命安全和身体健康。例如长期使用高剂量的砷和铜制剂等添加剂，除会引起畜禽中毒外，利用这些畜禽粪便进行农田施肥时会导致大量重金属元素在土壤表面聚集，从而影响作物生长，还容易造成砷和铜对人体健康的直接危害。

三、畜禽粪便的资源化利用

（一）用作肥料

长期以来，人们一直以农家肥给作物施肥，也就有了"庄稼一枝花，全靠肥（粪）当家"的谚语。畜禽粪便含有丰富的营养物质，将其还田，不仅可充分利用有用资源，补充土壤有机质，提高土壤肥力，而且还可以减轻畜禽粪便对环境的污染。粪肥与化肥相比，具有营养全面、肥效长、易于被土壤吸收等特点，对提高农作物产量和品质、防病抗逆、改良土壤具有显著功效（表6-26）。

表 6-26　鸡粪肥对作物产量的影响（t/hm²）

肥料	番茄		黄瓜	
	1990年	1991年	1990年	1991年
鸡粪	78.57	110.19	41.7	74.28
蛭石肥	77.22	30.57	38.88	61.56
营养液	51.705	80.925	24.84	

总之，畜禽粪便处理后用作肥料，是其资源化利用的根本出路，也是世界各国传统上最常用的方法。至今我国绝大多数畜禽粪便都是作为肥料予以消纳的，国外一些经济发达的国家，甚至通过立法强制畜牧场对粪便进行处理，并鼓励肥料还田。

（二）用作饲料

畜禽粪便用作饲料，亦即畜禽粪便的饲料化，是畜禽粪便综合利用的重要途径。早在1922年，McLullum就提出了以动物粪便作为饲料的观点。继而，McElroy和Goss、Hamvond、Botstedt就粪便饲料化问题进行了深入和细致的研究，一致认为可以用粪便中的氮素、矿物质、纤维素等取代饲料中的某些营养成分。

以鸡粪为例，由于鸡的肠道较短，对饲料的消化吸收能力较差，饲料中约有70%的营养成分未被消化吸收即排出体外。鸡粪中粗蛋白含量高达25%～28%，高于大麦、小麦和玉米的粗蛋白含量，而且氨基酸的种类齐全，含量也较高，并含有丰富的矿物质和微量元素。表6-27为鸡粪经高温烘干后矿质元素的含量。

表 6-27　烘干鸡粪中的矿质元素（占干物质比例）

钙含量（%）	镁含量（%）	磷含量（%）	钠含量（%）	钾含量（%）	铁含量（%）	铜含量（mg/kg）	锰含量（mg/kg）
6.16	0.86	1.51	0.31	1.62	0.20	15	332

鸡粪经高温烘干后，不仅可达到要求的水分含量，而且还可以达到消毒、灭菌、除臭的目的。经检测，烘干鸡粪中有害物质铅、砷含量符合国家规定的标准，卫生指标也达到了相应鸡粪饲料的卫生标准。这充分说明畜禽粪便经过高温烘干后可安全地用作饲料。

（三）用作燃料

将畜禽粪便和秸秆一起进行厌氧发酵产生沼气，是畜禽粪便利用的最有效方法。这种方法不仅能提供清洁能源，解决我国广大农村燃料短缺和大量焚烧秸秆的矛盾，同时也可以解决大型畜牧养殖业的畜禽粪便污染问题。畜禽粪便发酵产生的沼气可直接为农户提供能源，沼液可以直接肥田，沼渣还可以用来养鱼，形成养殖业与种植业和渔业紧密结合的物质循环的生态模式。

（四）用于养殖蛆和蚯蚓

某些低等生物能分解粪便中的物质合成生物蛋白及多种营养物质。例如笼养鸡的粪便非常适于蝇卵发育成蛹。据研究，每千克新鲜蛋鸡粪便可孵化 $0.5 \sim 1.0$ kg 蝇卵。用牛粪养殖蚯蚓等的研究也取得了一定的成效，但该项技术还有待进一步完善和成熟。

第五节　其他固体废物对土壤环境的影响

一、粉煤灰对土壤环境的影响

粉煤灰是煤粉经高温燃烧后形成的一种类似火山灰质的混合材料，是燃煤电厂将磨细至 $100~\mu m$ 以下的煤粉，用预热空气喷入炉膛悬浮燃烧后产生的高温烟气中的灰分，被集尘装置捕集得到的一种微粉状固体废物。一般一座装机容量为 10 MW 的电厂，每年要排出约 7×10^4 t 粉煤灰。我国目前粉煤灰的利用率较低，大量粉煤灰堆放于露天场地，或施于农田，已对环境造成广泛的影响。

（一）粉煤灰的来源及成分

1. 粉煤灰的来源　粉煤灰是能源工业的固体废物，热电厂主要消耗煤来发电，因而是粉煤灰的主要来源。其他烧煤的锅炉烟囱也是粉煤灰的来源。

2. 粉煤灰的成分　粉煤灰是煤中无机矿物灼烧后的氧化物和硅酸盐矿物集合体，其化学组成与煤的矿物成分、煤粉粒度和燃烧方式有关。其主要成分是二氧化硅（SiO_2）和三氧化二铝（Al_2O_3），其次是三氧化二铁（Fe_2O_3）、氧化钙（CaO）、氧化镁（MgO）、氧化钠（Na_2O）、氧化钾（K_2O）、三氧化硫（SO_3）等，与黏土成分相似（表6-28）。此外，粉煤灰含多种晶体矿物和非晶体矿物，例如石英、莫来石、玻璃体等（表6-29），其含量与煤的冷却速度有关。

表6-28　粉煤灰的化学成分

（引自李颖，2013）

成分	SiO_2	Al_2O_3	Fe_2O_3	CaO	MgO	K_2O	SO_3	Na_2O
含量（%）	33.9~59.7	16.5~35.4	1.5~15.4	0.8~8.4	0.7~1.8	0.7~3.3	0~1.1	0.2~1.4

表6-29　粉煤灰的矿物组成

（引自李颖，2013）

矿物名称	莫来石	石英	一般玻璃体	磁性玻璃珠	碳
波动范围（%）	11.3~30.6	3.1~15.9	42.4~72.8	0~21.0	1.2~23.6
平均值（%）	20.7	6.4	59.7	4.5	7.2

（二）粉煤灰的性质

1. 粉煤灰的物理性质　粉煤灰是灰色或灰白色的粉状物，含水量大的粉煤灰呈灰黑色。粉煤灰密度较小，粒度较细，比表面积较大。粉煤灰中多孔性成分具有一定的吸附作用，同时多孔炭粒内粘连着的莫来石、石英、玻璃体等遇水后在粉煤灰表面形成水合氧化物，表现出较大的吸附能力。其主要物理性质见表 6-30。

表 6-30　粉煤灰的主要物理性质

（引自李传统和 J. D. Herbell，2008）

物理性质	定义	数值
密度（kg/m³）	在绝对密实状态下，单位体积的粉煤灰质量	2 000～2 300
干容重（kg/m³）	干粉煤灰在松散状态下的单位体积的质量	550～650，最高 800
孔隙率（%）	粉煤灰中空隙体积占总体积的比例	60～75
细度	粉煤灰颗粒的大小，常用 4 900 孔/cm² 筛筛余量或比表面积表示	一般 4 900 孔/cm² 筛筛余量为 10%～20% 或比表面积为 2 700～3 500 cm²/g

2. 粉煤灰的化学性质　粉煤灰是一种以硅铝质玻璃体为主要组成的材料，它本身并不具有水硬性，但当粉煤灰粉体在常温或高温水热条件下时，能与氢氧化钙或其他碱土金属氢氧化物发生化学反应，生成具有水硬胶凝性能的反应产物。粉煤灰 pH 一般在 11～12 或以上，可溶性盐含量一般在 0.16%～3.30%，并含有较丰富的钾、氮、磷、钙、硒、硼等营养元素。

（三）粉煤灰对土壤环境的影响

1. 粉煤灰对土壤的改良作用

（1）施用粉煤灰可改良土壤的物理结构　对于生土地，施用粉煤灰可以起到熟化作用。对于黏质土壤，施用粉煤灰可以起到疏松土壤的作用，使作物根系发达，根长、根多，有利于作物生长。对于盐碱地，施用粉煤灰可以使土壤疏松，脱盐率提高，并且由于表土松散，截断了大量毛细管，大大减少下层盐分上升，对盐分上升起到抑制作用。对于砂质土壤，施用粉煤灰，由于粉煤灰的颗粒比砂粒细，相对地说可以减轻漏水跑肥现象。总之，粉煤灰掺入后，土壤容重减轻，孔隙度增加，对土壤中的水、肥、气、热都有很大改善，有助于养分的转化和微生物的活动。

（2）施用粉煤灰可提高地温和土壤保水能力　施用粉煤灰后，可提高土壤温度，促进作物早发苗壮；还可提高土壤保水能力，有利于保墒抗旱。据山西省农业科学院、西北农林科技大学测定，每公顷土壤施入 112.5～300 t 粉煤灰，在 5～10 cm 的土层内，早春低温期地温提高 0.7～2.4 ℃，比一般增温剂效果还好。据西北农林科技大学测定，施用 1% 粉煤灰的土壤，在 0～20 cm 厚度的土层中，田间持水量比对照增加 2%；就饱和水而言，在 0～20 cm 厚的土层中相差 5.39%，故在 0～20 cm 耕层中，每公顷土壤就能多容纳 150 t 以上的水分，这对于保墒来说是非常重要的。

（3）施用粉煤灰可增加土壤的营养成分　粉煤灰中含有磷、钾、镁、硼、钼、锰、钙、铁、硅等植物生长发育所必需的营养元素，近似一种复合肥料，能促进作物生长。另外，粉煤灰还有释放土壤中潜在肥力的作用，显著地增加土壤中易被植物吸收的速效养分，特别是氮和磷。据济宁地区农业科学研究所测定，在施用粉煤灰的土壤中，速效氮含量比不施粉煤灰的土壤增加了 7 倍。据山西省农业科学院测定，在每公顷施粉煤灰 30 t 的土壤中，五氧化二磷含量比不施粉煤灰的土壤增加了 1 倍以上。

（4）增强农作物抗病能力　粉煤灰对小麦的锈病、水稻的稻瘟病、大白菜的烂心病和苹果树的黄叶病具有明显的抗病作用；对豆科植物具有增强固氮能力的作用，使之根系发达，根瘤大而多。

2. 粉煤灰对土壤环境的污染

（1）侵占大量土地　我国粉煤灰的利用率较低，大量粉煤灰只得露天堆置，占据了大量的土地。据资料显示，以每公顷土地储藏粉煤灰 5×10^4 t 计，全国有 1×10^8 t 粉煤灰，需 2 000 hm^2 的土地，这无疑会加剧土地利用的矛盾。

（2）污染土壤环境　在粉煤灰堆放区，因粉煤灰飞扬、散播、重金属含量高等原因，堆放区土壤受到了严重的污染。

3. 粉煤灰土地利用应注意的问题

（1）施用量　施用粉煤灰前一定要对当地土壤的组成情况和粉煤灰的化学成分有比较充分的了解和认识，然后再确定最佳施用量。施用量过少时，起不到改土增温作用；施用量过多时，表土过虚，不利作物扎根立苗。一般来讲，黏质土壤宜多施，施用量为 225～300 t/hm^2；壤质土壤宜少施，施用量不能超过 75 t/hm^2。此外，对含氟、硼、砷、汞、铝、铅、铬、镉等元素较高的粉煤灰，要适当减少用量，以降低不良影响，并应进行分析与观测。

（2）施用方法　粉煤灰质细体轻，最易飘扬，施用时应加水泡湿，然后撒施地面，并进行耕翻，翻土深度不能小于 15 cm，以便使粉煤灰与耕层土壤充分混合。作为土壤改良剂，粉煤灰不能在作物生长期间使用。

（3）施用年限和效用　粉煤灰改良土壤能使作物连年增产，往往第二年比当年增产幅度还大，所以不必每年施用，大体上 3～4 年轮施 1 次即可。此外，粉煤灰中的营养元素含量低，又缺乏有机质，所以既不能代替有机肥，也不能代替速效性化肥。

（4）因地制宜，就近取材　粉煤灰用于改良土壤，因其用量较大，运输费用较高，是其利用的不利因素，因此应因地制宜，就近取材。

（四）粉煤灰的综合利用

1. 用作建筑材料　粉煤灰中含有大量活性三氧化二铝（Al_2O_3）、二氧化硅（SiO_2）和氧化钙（CaO），当其掺入少量生石灰和石膏时，可生产无熟料水泥，也可掺入不同比例熟料生产各种规格的水泥。将其用于配制混凝土，不仅可以改善混凝土性能，减少水泥等材料用量，而且在一些特殊混凝土中已成为必需的重要掺和材料。另外，还可用粉煤灰生产烧结砖、板材等。

2. 回收炭　我国热电厂粉煤灰一般含炭 5%～7%。如果燃煤质量低劣，锅炉效率低，粉煤灰中含炭量将增加，最高可达 30%～40%。这不仅严重影响空心微珠的回收质量，不利于作建材原料，而且也浪费了宝贵的资源。因此可采用浮选法和静电分选法回收炭粒。

3. 回收金属物质　粉煤灰含有大量的铁、铝氧化物，一般含三氧化二铁（Fe_2O_3）4%～10%，含三氧化二铝（Al_2O_3）20%～30%，因此可采用磁选法回收铁，采用石灰石烧结工艺提取氧化铝。实践表明，当粉煤灰中铁含量大于 10% 时，回收铁的效益明显优于开采铁矿。

粉煤灰中还含有大量稀有金属和变价元素，例如钼、锗、镓、钪、钛、锌等。美国、日本、加拿大等国进行了大量研究，实现了工业化提取钼、锗、钒、铀。

4. 提取空心微珠　灰空心微珠是从粉煤灰中提选出来的一种新型多功能颗粒材料，具有体轻、粒径小、耐磨强性、抗压强度高、分散性流动性好、反光、无毒等优异性能，可代替制造成本较高的人造空心微珠应用到建筑材料、橡胶、塑料、航空航天、电子等领域。空心微珠是二氧化硅（SiO_2）、三氧化二铝（Al_2O_3）、三氧化二铁（Fe_2O_3）及少量氧化钙（CaO）、氧化镁（MgO）等组成的熔融晶体，它是在 1 400～2 000 ℃温度下或接近超流态时，受到二氧化碳（CO_2）的扩散、冷却固化与外部压力作用而形成的。粉煤灰中一般含空心微珠 50%～80%，大小为 0.3～200 μm，通过浮选或机械分选可以回收空心微珠。

5. 农业利用　粉煤灰具有质轻、疏松多孔的物理特性，还含有磷、钾、镁、硼、锰、钙、铁、硅等植物所需的元素，因而广泛应用于农业生产，可用作土壤改良剂或直接作农业肥料、磁化粉煤灰肥料、农药载体等。

6. 用作充填材料　粉煤灰用作矿山塌陷地覆盖填土材料，对于矿山土地复垦有积极意义。另外，粉煤灰还可用于工程回填、围海造田、矿井回填等方面。

二、冶金固体废物对土壤环境的影响

冶金固体废物是指在冶炼金属过程中所排出的暂时没有利用价值的被丢弃的固体废物，主要包括高炉矿渣、钢渣、铁合金渣、赤泥等固体废物。

（一）冶金固体废物的化学组成

由于冶炼原料品种和成分以及操作工艺条件的不同，冶金固体废物的组成和性质具有较大的差异。

例如高炉矿渣中主要的化学成分是二氧化硅（SiO_2）、三氧化二铝（Al_2O_3）、氧化钙（CaO）、氧化镁（MgO）、氧化锰（MnO）和硫（S）以及微量的氧化钛（TiO_2）、氧化钒（V_2O_5）、氧化钠（Na_2O）、氧化钡（BaO）、五氧化二磷（P_2O_5）、三氧化二铬（Cr_2O_3）等（表 6-31）。钢渣则以钙、铁、硅、镁、铝、锰、磷等的氧化物为主，其中钙、铁、硅氧化物占绝大部分。而有色金属冶金固体废物的种类繁多，成分更为复杂。

表 6-31　我国高炉矿渣的化学成分（质量分数，%）

（引自宁平，2007）

矿渣种类	化学成分				
	CaO 含量	SiO_2 含量	Al_2O_3 含量	MgO 含量	MnO 含量
普通渣	38～49	26～42	6～17	1～13	0.1～1
高钛渣	23～46	20～35	9～15	2～10	<1
锰钛渣	28～47	21～37	11～24	2～8	5～23
含氟渣	35～45	22～29	6～8	3～7.8	0.15～0.19

矿渣种类	化学成分				
	Fe_2O_3 含量	TiO_2 含量	V_2O_5 含量	S 含量	F 含量
普通渣	0.15～2	—	—	0.2～1.5	—
高钛渣	—	20～29	0.1～0.6	<1	—
锰钛渣	0.1～1.7	—	—	0.3～3	—
含氟渣	—	—	—	—	7～8

（二）冶金固体废物对土壤环境的影响

1. 侵占土地 长期以来，我国冶金固体废物主要是以堆放为主，真正得到资源化利用的量较少。大量冶金固体废物堆放不仅造成资源的巨大浪费，而且占用了大片土地，严重威胁人类赖以生存的环境。

2. 重金属污染 堆置的冶金固体废物经雨水或各种水源淋滤、浸泡后形成的淋滤液，进入地表水系或地下水体，造成水体和土壤重金属污染，并且进入水体或土壤的重金属还可经食物链威胁人类健康。冶金固体废物性质及金属元素的含量不同，其淋滤液对水环境和土壤系统的影响程度也各异。此外，冶金固体废物作肥料直接施入土壤，会造成土壤重金属含量的增加，从而危害土壤生态系统。

（三）冶金固体废物的资源化利用

1. 用于建筑材料 冶金固体废物中含有和水泥相类似的硅酸三钙、硅酸二钙、铁铝酸盐等活性物质，具有或者潜在具有水硬胶凝性能，因此可用于生产无熟料或少熟料水泥的原料，也可作为水泥掺和料。这种水泥具有比普通水泥更为优异的性能，具有后期强度高、耐腐蚀、微膨胀、耐磨性能好、水化热低等特点，并且具有生产简便、投资省、设备少、耗能少、成本低等优点。但其前期强度低，性能不稳定。

此外，冶金固体废物在铁路、公路、工程回填、修筑堤坝等建筑业中也被广泛地使用，表现出优异的性能。

2. 回收金属 冶金固体废物中含有大量的金属，经过一些简单的筛选工艺就可成为含某种金属的精矿。例如钼铁矿渣经过简单的磁选，就可得到含 $4\%\sim6\%$ 钼的精矿。另外，还可从铜转炉渣中回收铁，从钢渣中回收废钢铁。而且有些稀有金属特别是稀有贵金属，在自然界没有可供提取该种金属的单独矿物，只能从富集有该种金属的废渣物料中提取。例如从含锗氧化锌烟尘中提取金属锗。

从冶金固体废物中回收金属，不仅可提高资源的利用效率，而且可降低生产成本，减少废渣对环境的危害。

3. 农用 冶金固体废物中含有大量硅、钙和微量的锌、锰等作物生长所需的营养元素，是一种优质的矿质肥料。由于在冶炼的过程中经高温煅烧，其溶解度已大大增强，容易被作物吸收利用，对作物生长有显著的促进作用。例如含磷量高的钢渣可生产钙镁磷肥、钢渣磷肥，磷铁合金废渣经处理可生成重过磷酸钙，精炼铬铁渣可用于生产钙肥等。

三、矿山废渣对土壤环境的影响

采矿工业是国民经济的基础行业，世界上 95% 以上的能源和 80% 以上的工业原料都来自矿产资源。但是矿产资源的大量开发很可能导致生态破坏和环境污染。目前，随着矿山的开发，排放的矿业固体废物逐年增多，由此带来的矿山环境问题日渐突出，矿业与农、林、渔、牧、旅游等行业的矛盾也日趋尖锐。在矿山开采过程中及其以后，若对废渣、废水等控制防治不当，将会导致矿区附近的森林与植被破坏，水土流失，农田荒芜，使人类活动所处的环境遭到污染和破坏，从而对人类的生命、财产和生活舒适性等造成危害。

所谓矿山废渣，是指矿山开采、选矿生产过程中或生产结束后堆积于地面及井下的废石、尾矿等固体堆积物。它们具有数量大、成分复杂、不易处理、回收困难等特点，对土壤、大气、水体均会产生严重污染。

(一) 矿山废渣的来源及性质

1. 矿山废渣的来源　矿山废渣主要来自采矿、选矿生产过程中的废石、煤矸石和尾矿，其产生的数量甚为巨大。据《全国矿产资源节约与综合利用报告 (2016)》，截至 2015 年 12 月，全国废石、煤矸石、尾矿总量超过 6.0×10^{10} t，占地约 3.7×10^4 hm² (5.6×10^6 亩)，煤、铁、铜、金矿废物组成约占 75%。目前矿山空场充填是尾矿利用的重要方式，占尾矿利用总量的 53%。这些固体废物的排放和堆积，不仅占用大量土地，还会造成环境污染，危害人体健康和矿山安全。

2. 矿山废渣的性质　因矿山地质条件不同，开采方法不同，使得矿渣组成不同，性质各异。但矿山废渣中含有大量金属元素，若加以利用将是非常好的资源。专家预计，金矿尾矿中一般含金 $0.2 \sim 0.6$ g/t，铁矿尾矿的全铁品位为 8%~12%，铜矿尾矿含铜 0.02%~0.10%，铅锌矿尾矿含铅锌 0.2%~0.5%。可见，尾矿中赋存的资源可观，利用价值很大。

(二) 矿山废渣对土壤环境的危害

1. 土地占用和破坏　矿山开发占用并破坏了大量土地。据统计，一座大型矿山平均占地达 $18 \sim 20$ hm²，小型矿山占地也达数公顷。我国大部分露天矿目前均采用外排土场方式开采，需要挖损大量土地，地表植被将完全被破坏。露天开采外排土压占的土地约是挖掘土地量的 $1.5 \sim 2.5$ 倍，每采 1×10^4 t 煤炭，排土场压占土地 $0.04 \sim 0.33$ hm²。目前，露天矿山开发压占土地达 1.63×10^4 hm²，造成了对土地资源的大量压占。同时在矿产资源被大量开采出以后会造成土地塌陷，资料表明，每采 1×10^4 t 煤炭，就有 $0.01 \sim 0.29$ hm² 的土地塌陷。截止到目前，仅受煤炭开采下沉影响的土地面积就高达 4.0×10^5 hm² 左右。

2. 水土流失及土地沙化　矿业活动特别是露天开采，大量破坏植被和山坡土体，产生的废石、废渣等松散物质使矿区生态环境非常脆弱，极易造成矿区水土流失、土地沙化、荒漠化。据对全国 1 173 家大中型矿山的调查，产生水土流失及土地沙化的面积分别为 1 706.7 hm² 和 743.5 hm²，治理投资费用达 2 393.3 万元。

3. 重金属危害　矿山开采过程中产生的废水以及废矿石经雨水等淋滤、浸泡后形成的淋滤液，对矿区地表水及地下水环境形成危害，进而影响矿区土壤环境，易造成土壤重金属污染。废石性质及所含金属元素不同，其淋滤液对土壤、水环境的影响也不同。例如金矿废石长期堆放于地表，在氧化、微生物分解、雨水淋洗等综合作用下可产生含大量金属离子的酸性废水。在选矿过程中也会产生含重金属的污水，这些污水若不经处理就排放，就会对地表水、地下水和土壤产生不同程度的污染。

(三) 矿山废渣的资源化利用

1. 矿山废石的利用　矿山废石可用于各种矿山工程中，例如铺路、筑尾矿坝、填露天采场、筑挡墙等，每年可消耗矿山废石总量的 20%~30%。

2. 利用尾矿作建筑材料　矿山废渣的物理化学性质及组成与建筑材料在工程特性等方面有很多相似之处，因此目前对矿山废渣的利用主要在建筑业。利用尾矿作建筑材料，既可避免因开发建筑材料而造成对土地的破坏，又可使尾矿得到有效的利用，减少土地占用，消除对环境的危害。但用尾矿作建筑材料，要根据其物理化学性质来决定其用途，例如铜尾矿、铁尾矿因其主要成分为二氧化硅 (SiO_2)，可生产黑色玻璃装饰材料；许多尾矿主要含硅、铝，因此可生产免烧砖。

3. 从尾矿中回收有价元素　近年来，由于科学技术的进步及对综合回收利用资源的重视，各矿山开展了从尾矿回收有价金属的试验研究工作，许多已在工业规模上得到了应用。例如美国奥盖奥选矿厂尾矿平均含铜（Cu）0.42％，其中31％的铜溶于水，主要有用矿物为黄铜矿、辉铜矿和黄铁矿。另外，还可从铜矿中回收萤石精矿、硫铁精矿。

4. 其他利用

（1）覆土造田　矿山的废石和尾矿属无机砂状物，不具备基本肥力。采取覆土、掺土、施肥等方法处理，可在其表面种植各种植物。这样既解决了矿区剥离物的堆存占地问题，又可绿化矿区环境，尤其适用于露天矿的废渣处理。

（2）井下回填　井下采矿后的采空区一般需要回填，以避免造成地表塌陷而危害矿区工人的生命和建筑安全。回填有两种途径：①直接回填法，即上部中段的废石直接倒入下部中段的采空区，这可节省大量的提升费用，但需对采空区有适当的加固措施；②将废石提升到地面，进行适当破碎加工，再用废石、尾矿和水泥拌和后回填采空区，这种方法安全性好，又可减少废石占地，但处理成本较高。

复习思考题

1. 何谓固体废物？固体废物的主要特征是什么？

2. 如何理解固体废物的二重性？固体废物污染与水污染、大气污染、噪声污染的区别是什么？

3. 简述固体废物的污染途径及其对环境造成的影响。

4. 固体废物的"三化"管理原则和全过程管理原则是否矛盾？为什么？

5. 分析城市生活垃圾对土壤环境的影响。

6. 简述污泥土地利用对土壤性质的改善作用。

7. 试论述污泥土地利用的风险。

8. 简述畜禽粪便对土壤环境的影响。

9. 简述粉煤灰对土壤的改良作用。

10. 试论固体废物与农业可持续发展的关系。

第七章 污水灌溉对土壤的污染及其防治

本章提要 污水灌溉是实现污水资源化，解决干旱半干旱地区农业用水短缺的重要途径。本章在对国内外污水灌溉发展概况进行介绍的基础上，重点讨论污水灌溉对土壤物理化学性质、农作物产量与品质的影响、污水灌溉的风险和污水灌区被污染土壤的防治方法。

第一节 污水灌溉概述

一、污水灌溉的历史

污水灌溉（sewage irrigation）在世界各地具有悠久的历史，最早将污水作为灌溉用水可追溯到公元前古希腊时代的雅典。16世纪中叶包括德国在内的西欧各国开始利用污水灌溉农作物，并经土地处理污水后进一步发展成为污水处理与利用相结合的一种措施。19世纪后半叶，伴随着工业化、城市化进程的加快，污水排放量不断增加，污水灌溉在欧洲得到迅速发展，污水灌溉成为当时欧洲许多城市普遍采用的唯一的污水处理方法。20世纪以后，苏联、美国、澳大利亚、中国等国家污水灌溉面积进一步扩大。

（一）国外污水灌溉简况

随着人口增加和农业的发展，水资源短缺日趋严重并成为全球性的问题，污水农用在缺水国和工业发达国家日益受到重视。据报道，苏联是世界上污水灌溉面积最大的国家，早在1943年，苏联就成立了中央污水农业利用科学研究站，到20世纪70年代末全国有50%污水用于农业灌溉，污水灌溉面积达7.5×10^6 hm²。美国水资源总量较多，但分布也不均衡，利用污水灌溉的工程主要集中分布在水资源短缺、地下水严重超采的西南部和中南部的加利福尼亚、亚利桑那、得克萨斯、佛罗里达等州。在美国，广泛应用污水灌溉始于1800年，到1870年建立了专门污灌的农场，目前全美污水回用水量为5.81×10^8 m³，占回用水总量的62%。

日本很少直接利用处理过的污水作为灌溉水源，而是将其排入河流作为河流的基流或排入灌排系统中，进行淡化稀释后再度用于灌溉。日本利用污水灌溉对水质要求非常严格，必须确保不伤害农作物和土壤，一般在乡镇都建有许多小型污水处理厂，利用处理过的生活污水进行灌溉，经济且实用。为了改善农村生活环境和水源水质，日本从1977年开始实行农村污水处理计划，并把污水灌溉作为一件重要的大事列入计划。

众所周知，以色列是世界缺水最为严重的国家，水资源总量严重不足，但同时又是污水回用于农业最具特色的国家，1987年以色列污水处理总量的46%用于农业灌溉，整个污水的回用的程度处于世界先进行列。由于农业灌溉用水对水质要求较低，以色列将污水处理出水优先用于农业灌溉。

　　在发展中国家，污水灌溉具有代表性的国家是印度。在印度，随着人口增长和城市化速度的加快，一些大城市（例如孟买、加尔各答等）水资源供需矛盾加剧，为缓解水资源紧缺的状况，广泛采用城市污水和工业（主要以制糖、酿酒、食品加工、化肥厂等）废水用于农田灌溉，到 20 世纪 80 年代中期，印度有 200 多个农场采用污水进行灌溉，总面积达 23 000 hm²，但由于相当一部分污水未经处理直接灌溉农田，在污水灌区已造成对农作物和人体的危害。总之，污水灌溉会对土壤和农产品污染，进而危害人体健康。因此欧美等发达国家污水灌溉主要用于园林地、牧草饲料作物，也有用于果树、棉花、甜菜等作物，对粮食和蔬菜作物应用较少。

（二）我国污水灌溉的历史与现状

　　污水灌溉在我国是作为一项利用污水资源、发展农业生产和减轻水环境污染的兴利除害措施。城市污水中含有植物营养物质，一般含氮 15～60 mg/L，含钾 10～30 mg/L，含磷 9～18 mg/L，还有多种为植物生长所必需的微量元素。污水灌溉既可利用水资源，节约农业用水，又可利用其营养物质，促进农业增产。我国许多利用污水灌溉的地区农作物增产幅度十分显著，干旱地区最高的可达 60％。

　　污水灌溉同时还是一种经济而节省能源的污水处理方法。通过灌溉，一般可去除污水中生物能降解的有机物及氮、磷等 90％以上，一些有毒有害物质也可以被氧化分解，有利于防止水体污染和河流、湖泊水体的富营养化。

　　1. 我国污水灌溉的历史　在我国广大干旱缺水地区，水是农业生产的主要制约因素。引用污水灌溉曾经一度成为解决这个矛盾的重要举措。从 20 世纪 50 年代后期起，在北方的一些缺水地区，例如抚顺、沈阳、大连、石家庄、天津、北京、青岛、太原、西安等 20 多个城市都进行引污灌溉，这些城市的污水农灌初见成效。

　　我国污水灌溉发展可分为 3 个历史时期：①1957 年以前，为自发灌溉时期，为解决农业种植中的干旱问题，把城市污水直接引入农田灌溉。②1957—1972 年，为迅速发展时期，1957 年建工部联合农业部、卫生部把污水灌溉列入国家科研计划，开始大规模修建污水灌溉工程，污水灌溉得到迅速发展。1961 年颁布了《污水灌溉农田卫生管理试行办法》。③1972 年以后，为稳步发展时期，1972 年农林部联合国家建设委员会召开了全国污水灌溉会议，拟定了污水灌溉暂行水质标准，使污水灌溉进入了注意环境保护的新时期。1979 年底颁布了《农田灌溉水质标准》，1992 年对该标准进行了修订。

　　自从 1972 年以来，对污水灌溉可能产生的污染与卫生问题开始关注。1976 年农业部为了查清全国污灌区的环境质量情况，先后组织全国 200 多个单位，经过 7 年时间对全国污水灌区进行了环境质量普查、评价，范围包括 20 个省、直辖市、自治区的 37 个污水灌区，面积达 3.799×10^5 hm²，约占全国污水灌溉面积的 1/4，获得 10 万多个测试数据，基本查清了我国污水灌区发展概况、污水水质及其对土壤、作物、地下水、人群健康的影响，为我国污水灌溉对土壤环境质量影响研究打下了良好的基础。我国早期引用污水灌溉农田的某些地区，由于污水未经严格处理，灌溉水中的污染物长期积累，致使一些污水灌区的土壤、农作物、地下水都受到不同程度的污染，居民健康受到影响。据统计，全国污水灌区约有 8.667×10^5 hm² 土壤受到不同物质、不同程度的污染，污水灌区有 75％左右的地下水遭到污染，对人体健康也有一定影响。为了减轻污水灌溉造成的污染，必须同时强调，提高污水处理水平，加强污水灌区的科学管理。

2. 我国污水灌溉与回用的紧迫性 我国水资源短缺与污染问题并存，且用水紧张状况与水质污染程度呈越来越严重的趋势。全国水资源总量达 2.8×10^{12} m³，居世界第 6 位，但人均年占有量仅为世界人均占有量的 1/4，是世界上公认的 13 个贫水国之一。统计显示，全国中等干旱年缺水 3.58×10^{10} m³，由于严重缺水，导致受旱成灾面积不断扩大，河流干涸断流频繁，每年因缺水减产粮食 $7.5 \times 10^{10} \sim 1.0 \times 10^{11}$ kg，工业产值减少 2 300 亿元。另一方面，水的污染也十分严重，全国 80% 的河流、湖泊受到不同程度的污染，年排放污水量高达 4.0×10^{10} m³，因干旱缺水导致大量引用未经处理的工业废水和城镇生活污水直接灌溉农田，污水灌溉面积迅速扩大（20 世纪 70 年代为 1.5×10^{6} hm²、80 年代为 2.0×10^{6} hm²、90 年代为 3.0×10^{6} hm²），到 1998 年我国污灌总面积为 3.618×10^{6} hm²，占灌溉总面积的 7.3%。在水资源日益紧张之际，我国的需水量却在继续增加。

20 世纪 90 年代以前我国取水量约有 80% 用于农业灌溉。但是随着工业化城市化进程的加快，城市人口的快速增长，生活用水量和工业用水量也快速增加（表 7-1）。由表 7-1 可以看出，我国总的用水量随时间推移持续增加，其中生活用水量和工业用水量的增加较快，农业用水量的占比由 1995 年的 80% 以上下降到 2018 年的 63.5%。

表 7-1 我国年用水量的构成变化（$\times 10^{8}$ m³）

用水领域	年 份			
	1995	2000	2015	2018
生活用水	310	577	793	860
工业用水	520	1 138	1 281	1 261
农业用水	4 000	3 463	3 851	3 693

从表 7-1 的数据可以看出，作为用水大户的农业，一方面随着灌溉面积的扩大增加灌溉用水数量，另一方面由于国家大力推广节水灌溉新技术，包括喷灌、滴灌、渗灌技术推广面积的不断扩大，使得农业用水在总用水量中的比重呈下降的趋势。比较可喜的是，随着高耗水高耗能落后产能的淘汰和循环经济、节能减排、清洁生产技术政策的落实，工业用水的总量在 2015 年之后开始出现稳中有降的趋势。

随着我国集约化农业的发展，城市化和工业化进程的加快，工业和城市（镇）居民用水与农业用水的矛盾将日益加深，对城市污水农业回用的要求将日益迫切，污水回用将是这些地区农业用水的重要来源。因此只有开源节流并举，才是解决我国农业缺水的根本出路。有计划地发展城市污水处理后回用于农业灌溉，这不仅可缓解农业用水的短缺，还可减轻河流污染和充分利用污水中的养分资源。城市污水经处理后回用于农业，应该作为一项战略性举措予以重视。

二、灌溉污水的水质指标和种类

（一）灌溉污水的水质指标

灌溉污水的水质指标按性质可以分为以下 6 大类。

1. 物理指标 灌溉污水的物理指标主要包括浊度（悬浮物）、色度、臭味、电导率、溶解性固体、温度等。

2. 化学指标 灌溉污水的化学指标主要包括 pH、硬度、金属离子（铁、锰、铜、锌、镉、镍、锑、汞）、氧化物、硫化物、氰化物、挥发性酚、阴阳离子合成洗涤剂等。

3. 生物化学指标

（1）生化需氧量　生化需氧量（BOD）是在规定条件下，微生物在分解氧化水中有机物的过程中所需要消耗的溶解氧量，单位一般为 mg/L。

（2）化学需氧量　化学需氧量（COD_{Cr}）是在一定条件下，经重铬酸钾氧化处理时，水中的溶解性物质和悬浮物所消耗的重铬酸盐相对应的氧量，单位为 mg/L。

（3）总有机碳和总需氧量　总有机碳（TOC）与总需氧量（TOD）都是通过仪器用燃烧法快速测定的水中有机碳与可氧化物质的含量，并可同生化需氧量（BOD）、化学需氧量（COD_{Cr}）建立对应的定量关系。

水中的有机物和无机物被微生物分解时会消耗水中的溶解氧，导致水体缺氧、水质腐败等一系列不良后果。上述水质指标都是反映水污染、污水处理程度和水污染控制标准的重要指标。

4. 毒理学指标　有些化学物质在水中的含量达到一定的限度就会对人体或其他生物造成危害，称为水的毒理学指标。水的毒理学指标包括：氟化物、有毒重金属离子（例如汞、镉、铅、铬）、砷、硒、酚类和各类致癌、致畸、致基因突变的有机污染物质（例如多氯联苯、多环芳烃、芳香胺类和以总三卤甲烷为代表的有机卤化物等），以及亚硝酸盐、一部分农药、放射性物质。毒理学指标实际上是指化学指标中有毒性的化学物质。

5. 细菌学指标　细菌学指标是反映威胁人类健康的病原体污染指标，例如大肠杆菌数、细菌总数、寄生虫卵等。

6. 其他指标　包括那些在工农业生产中或其他用水过程对回用水质有一定要求的水质指标。

我国《农田灌溉水质标准》（GB 5084—2005）包含 29 项指标，分别是：生化需氧量（BOD_5）、化学需氧量（COD_{Cr}）、悬浮物含量、阴离子表面活性剂含量、凯氏氮含量、总磷含量、水温、pH、全盐量、氯化物含量、硫化物含量、总汞含量、总镉含量、总砷含量、铬含量（六价）、总铅含量、总铜含量、总锌含量、总硒含量、氟化物含量、氰化物含量、石油类含量、挥发酚含量、苯含量、三氯乙醛含量、丙烯醛含量、硼含量、大肠菌群数、蛔虫卵数。

（二）污水的种类和来源

污水灌区一般都分布在大中城市近郊，用于灌溉的污水主要来自城市，污水按其来源不同可分以下 3 种类型。

1. 城市生活污水　城市生活污水是市民日常生活过程中排出的污水，主要来自家庭、机关、商业和城市公用设施，包括粪便和洗涤用水，其水质见表 7-2，且水量与水质具有昼夜和季节性变化。

表 7-2　城市生活污水成分（mg/L）

污水成分	浓度范围	污水成分	浓度范围
总固体含量	700～1 000	无机物含量	40～70
总溶解性固体含量	400～700	有机物含量	140～230
无机性固体含量	250～450	总可沉降物含量	140～180
有机性固体含量	150～250	生化需氧量（BOD，20 ℃）	
总悬浮物含量	180～300	含碳生化需氧量（BOD_5）	160～280

（续）

污水成分	浓度范围	污水成分	浓度范围
含碳总生化需氧量（BOD）	240～420	亚硝酸盐含量	—
含氮总生化需氧量（BOD）	80～140	硝酸盐含量	—
总需氧量（TOD）	400～500	总磷（P）含量	10～15
化学需氧量（COD）	550～700	有机磷含量	3～4
总有机碳含量（TOC）	200～250	无机磷含量	7～11
总氮（N）含量	40～50	氯化物含量	50～60
有机氮含量	15～20	碱度（$CaCO_3$含量）	100～125
游离氨含量	25～30	动物油脂含量	90～100

2. 工业废水　工业废水主要来自城市工矿企业生产过程中排出的废水，包括工业过程用水、机器设备冷却水、烟气洗涤水、设备与场地清洗水等。

3. 城市径流污水　城市径流污水主要是雨雪淋洗城市大气污染物和冲洗建筑物、地面、废渣、垃圾而形成的污水。这种污水具有显著的季节变化和成分复杂的特点，特别在降雨初期径流污水中污染物浓度甚至会高于城市生活污水数倍。

三、我国污水灌区的分布和存在问题

（一）我国污水灌溉面积分布

我国污水灌溉的地区分布很广，从污水灌溉面积的分布看，90%以上集中在北方水资源严重短缺的黄河流域、淮河流域、海河流域及辽河流域。特别是大型污灌区，主要集中在北方大中城市的近郊县，代表性的大型污水灌区包括北京污水灌区、天津污水灌区、辽宁沈抚污水灌区、山西太原污水灌区、山东济南污水灌区及新疆石河子污水灌区。由于我国经济正处于快速增长时期，在城市生活用水和工业用水不断增加的同时，污水排放量也在不断增长，近期内要大幅度提高污水处理率和达标排放率比较困难。可以预测，在全国水资源日益短缺的情况下，污水灌溉面积将有增无减，污灌水质超标问题也难在短期内得到完全解决。一方面要利用生活污水灌溉以缓解水资源紧缺的矛盾，促进农业的发展和粮食产量的增加；另一方面又要保证污水灌区饮水及食物安全，关键是做到兴利除弊，科学适度地开展污水灌溉。

国外和我国多年实行污水灌溉的经验证明，用于农业特别是粮食、蔬菜等作物灌溉的城市污水，必须经适当处理以控制水质，含有毒有害污染物的废水必须经必要的点源处理后才能排入城市的排水系统，再经综合处理达到农田灌溉水质标准后才能引灌农田。

（二）我国污水灌溉类型分区

根据污水农业利用的特点，我国的污水灌溉可分为以下3大类型区。

1. 北方水肥并重污水灌溉类型区　此区在行政上包括东北3省、华北5省、直辖市以及山东、河南、陕西、甘肃等省。本区属半湿润半干旱地区，降水的年内分布不均，耕地占全国的48.9%，污水灌溉面积高达1.2×10^6 hm^2，是全国污水灌溉最集中的地区。

2. 南方重肥源污水灌溉类型区　秦岭、淮河以南、青藏高原以东，构成我国南方重肥源污水灌溉类型区。本区降水充沛，热量资源丰富，耕地占全国的37.8%。因灌区属湿润

地区，利用污水灌溉主要以获取污水中的养分资源为主。本区污水灌溉面积约为 $1.9 \times 10^5 \ hm^2$。

3. 西北重水源污水灌溉类型区　在北方水肥并重污水灌溉类型以西，青藏高原以北的广大地区，行政上包括新疆、青海、宁夏等省、自治区，构成西北重水源污水灌溉类型区。本区大部分地区年降水量在 $20 \sim 250 \ mm$，是全国水资源最缺乏的地区，基本上无灌溉就没有农业，因此本区的主要矛盾是缺水，污水用于农业主要是利用水分资源。本灌区耕地占全国的 12.5%，污水灌溉面积占全国的 5% 左右。

（三）我国污水灌溉存在的主要问题

污水（sewage）用于农田灌溉，一方面可以缓解当地的农业水资源紧缺的矛盾，另一方面，由于污水中含有丰富的氮、磷、钾等营养元素，为作物生长所必需。但是由于用于灌溉的污水大多数未经任何处理，污水中含有的有毒有害物质已经造成污水灌溉地区土壤、地下水和作物的严重污染。目前我国污水灌溉发展过程中主要存在以下突出问题：①污水处理技术水平较低，污水灌溉水质严重超标，导致农田土壤污染严重；②污水灌溉面积盲目发展，相关监控、管理体系严重滞后；③城市郊区渠道灌溉功能退化，大多变成污水排放的河道；④污水灌溉的基础理论与应用技术研究比较薄弱。

第二节　污水灌溉对土壤的影响

一、灌溉污水中的主要污染物质

污水灌溉的过程就是污水中污染物随水进入农田土壤的过程。虽然污水灌溉的土壤效应受多种因素的影响，但灌溉用水的水质状况是最重要的因子，一般的灌溉用污水的主要组成物质包括以下 8 类。

（一）固体污染物

污水中的固体污染物包括无机物和有机物。无机物主要指泥沙、炉渣、铁屑、煤灰等颗粒状物质。选煤厂、钢铁厂、火力发电厂等工业废水，以及生活污水和城市冲刷水中常含有这类物质。这些无机物一般是无毒的，大量排入水体，会造成淤积，用于土壤时会造成土壤板结，肥力下降。排放有机固体废物的工厂有造纸厂（流失的纸浆）、制糖厂（糖渣）、肉类联合加工厂、制革厂等。

（二）有机污染物

生活污水和某些工业废水中，含有的糖类、脂肪、蛋白质等有机化合物，可在微生物的作用下，分解为简单的无机物、二氧化碳和水等。有机污染物在分解过程中要消耗大量氧气，因此被称为耗氧有机物。以动物、植物和石油为原料的化工、轻纺、造纸、食品等工业所排废水，其中的污染物主要为有机污染物。

（三）有毒有害物质

有毒有害物质通常指对人体及其他生物直接或间接产生毒害作用的污染物，例如氰、汞、镉、铬、铅、砷及它们的化合物，以及有机磷、酚、醛、苯、硝基化合物等。机械加工、化工、选矿等工业废水中，含有有毒有害物质。

（四）植物营养物质

污水中一般含有多种植物生长发育所必需的营养物质，常见的有氮、磷、钾，也含有一些微量营养元素和促进植物生长物质。多种作物的盆栽和小区试验研究证明，污灌处理的作物获得的产量，常常明显地高于按相当于污水氮、磷、钾含量施用化肥的处理。

污水中植物养分的含量随污水类型而有很大变化。一些罐头厂污水的含氮量可低到接近于零，而新鲜的浓猪厩液的含氮量则高到 700 mg/L。根据美国 33 个城市的统计资料，经二级处理的生活污水平均含氮 13 mg/L（表 7-3），污泥含氮 1.5％～6.0％（按干物质量计），稀污泥含氮 1 500～2 500 mg/L。酿酒厂废水含氮比生活污水高 3～9 倍。

一般原生活污水中的含磷量大致在 6～20 mg/L，而城市污水中的磷酸盐浓度变化很大，据美国 35 个城市统计，二级处理污水平均含磷 8 mg/L。

表 7-3　几种污水中植物养分含量（mg/L）

（引自 Arceivala，1981）

污水类型	植物养分的平均含量		
	氮（按 N 计）	磷（按 P_2O_5 计）	钾（按 K_2O 计）
原生活污水（根据 Metcalf 等的资料）	20～40	6～20	17～36
原生活污水（印度 8 个城市污水平均）	48	10.6	21
经二级处理的生活污水（美国 33 个城市污水平均）	13	8	36（按 K 计）

（五）放射性污染物

放射性污染（radioactivity pollution）物来自原子能工业、某些使用放射性物质的工业企业和医院排出的废水，这些物质对土壤会造成破坏，使作物生长畸形。

（六）酸、碱及无机化合物

酸、碱及某些水溶性无机盐对污水的生物处理有一定的影响，酸性废水和碱性废水都对土壤都有破坏作用，同时，对作物生长有抑制作用。

（七）生物污染物质

所有的城市污水都可能含有蛔虫、蠕虫和其他类型的寄生虫和病原菌，这都属于生物污染物质（bio-pollutant）。来自任何城镇的原污水通常总是包含着该城镇检测出来的所有病原菌。此外，工业废水中也会含有病原菌，这些病原菌可能来自加工过程，也有可能来自工厂卫生设施和附近居民区排放的污水。

（八）油类污染物质

油类污染物质是污水中常见的污染物，工业废水中的油类有 3 种主要来源：石油、动物油和植物油。食品加工业、脂肪提炼与加工业、肥皂制造业、人造黄油和石蜡制造业是动物油和植物油废水的发生源。海产品加工业废水含游离态和乳浊状油脂，可能会高达 12 000 mg/L。美国 12 家炼油厂产生的废水中矿物油浓度在 23～130 mg/L。

二、灌溉污水中重金属对土壤的影响

在采用不经生物学处理和化学处理（二级和三级处理）的污水进行灌溉时，污水中所含的全部污染物都将进入土壤，实际上污水灌溉是重金属进入农田土壤的主要途径。El-Bassam（1982）进行的研究证明，在有约 80 年历史的污灌区内，铬（Cr）、汞（Hg）、锌（Zn）的浓度都已超过了其最大允许浓度。此外，还发现锑（Sb）、钡（Ba）、铅（Pb）、溴

（Br）、镉（Cd）、铈（Ce）、铁（Fe）、铜（Cu）等的积累量也较高。灌溉污水中的重金属主要有汞（Hg）、砷（As）、镉（Cd）、铅（Pb）、铬（Cr），进入土壤后的重金属95％被土壤矿质胶体和有机质迅速吸附或固定，一般积累在土壤表层，在剖面中分布一般自上而下递减。

（一）灌溉污水中重金属含量

对于污水灌区，灌溉污水中重金属含量与灌区土壤中重金属积累量直接相关。灌溉污水中的重金属含量因灌溉污水类型、污水来源及城市产业结构不同而异。张乃明（2000年）研究了山西太原污水灌区3种不同类型污水中重金属汞（Hg）、镉（Cd）和铅（Pb）的含量，结果见表7-4。

表7-4 不同污水中 Hg、Cd 和 Pb 的含量（mg/L）

序号	污水类型	Hg	Cd	Pb
1	工矿区污水	0.000 46	0.005 1	0.122
2	城市混合污水	0.000 26	0.003 0	0.060
3	城市生活污水与河水混合	0.000 15	0.003 9	0.058

由表7-4可见，工矿区污水重金属含量高于城市混合污水和城市污水与河水混合两种灌溉污水类型，后两种污水中镉和铅含量相近，工矿区污水汞的含量远远高于其他两种污水类型。

（二）不同污水类型灌区土壤中重金属的积累量

不同污水类型灌区土壤中重金属含量与井灌区土壤及土壤背景值比较见表7-5，土壤中铅（Pb）和镉（Cd）积累量均以工矿污水灌区最高，顺序为工矿污水灌区＞工业与城市生活污水混合灌区＞城市污水与河水混合灌区＞井水灌区。土壤中汞的积累量以工业与城市生活污水混合灌区最高，为 0.124 mg/kg，依次为工业与城市生活污水混合灌区＞工矿污水灌区＞城市污水与河水混合灌区＞井水灌区。总体看，3 种类型污水灌区土壤中镉（Cd）、铅（Pb）和汞（Hg）3 种重金属元素含量均高于井水灌区（对照），更高于相应土壤环境背景值，土壤中汞、铅和镉3元素的最高值分别是相对应土壤背景值的3.75倍、2.06倍和4.79倍，这说明污水灌区土壤中重金属积累明显。

表7-5 不同污水类型灌区土壤重金属的积累量（mg/kg）

污水类型区	Hg	Pb	Cd
土壤背景值	0.033 0	13.80	0.077
井水灌区（清灌区）	0.048 8	17.90	0.117
工矿污水灌区	0.105 0	28.47	0.369
工业与城市生活污水混合灌区	0.124 0	25.58	0.229
城市污水与河水混合灌区	0.065 0	23.90	0.143

（三）我国污水灌区几种重金属元素的污染状况

1. 汞 汞（Hg）是毒性较大的重金属元素，同时也是污水中普遍存在的污染物之一，因此我国灌溉水质标准对汞的要求很严，规定总汞浓度不得超过 0.001 mg/L。污水灌区土壤被汞污染的面积汞仅次于镉，排第二位。

据调查监测，山西太原污水灌区土壤中汞的积累量平均值为 0.12 mg/kg，远高于相应土壤汞的背景值。河南郑州污水灌区瓦屋李村污水中汞的浓度为 0.242 mg/L，土壤汞含量平均积累到 0.194 mg/kg，已超过了土壤环境质量汞的标准限值，造成土壤汞污染。

2. 铅　铅（Pb）也是污水中普遍存在的污染元素，引用含铅的污水灌溉农田后，铅很容易被土壤有机质和黏土矿物吸附。铅的迁移性弱，土壤溶液中铅含量很低，当植物根从土壤溶液中吸收铅（Pb^{2+}）后，铅即从固体化合物补充到土壤溶液中。污水灌区铅的积累分布特点是离污染源近、污灌年限长的土壤含量高，距离远、年限短的含量低。例如上海川沙污水灌区上游土壤含铅量为 94.8 mg/kg，而下游土壤仅为 45.8 mg/kg。污水灌溉土壤剖面中铅的分布自上而下递减。例如广州市郊污水灌区土壤含铅量在 0～20 cm 范围内为 88～300 mg/kg，平均值为 134.0 mg/kg；20～50 cm 土层含铅量为 82～166 mg/kg，平均值为 102.8 mg/kg；50 cm 以下土层含铅量为 64～98 mg/kg，平均值为 80.2 mg/kg。广州市西北郊蓄电池工业废水污水灌区灌溉水中铅含量为 8.8 mg/L，距离引水口由近及远的污水灌溉土壤表层铅的含量依次为 640 mg/kg、366 mg/kg、242 mg/kg、192 mg/kg、102 mg/kg 和 82 mg/kg，而当地未使用污水灌溉的土壤铅的含量仅为 40.0 mg/kg。

3. 铬　灌溉污水中的铬（Cr）有 4 种存在形态：Cr^{3+}、CrO_2^-、CrO_4^{2-} 和 $Cr_2O_7^{2-}$。一般铬在水体中以 3 价铬和 6 价铬的化合物为主。制革、皮毛、制药和印染行业排放的污水中以 3 价铬为主；而电镀、冶金、化工行业排放的污水中以 6 价铬为主。灌溉污水中的铬引入田间进入土壤后，Cr^{3+} 化合物很快被土壤吸附固定，成为铬和铁的氢氧化物的混合物或被封闭在铁的氧化物中，十分稳定，不易溶解；而 Cr^{6+} 进入土壤后很快被土壤有机质还原为三价铬，随之被吸附固定。因此灌溉污水的铬会使土壤铬逐步积累。试验证明，土壤中铬的积累随着灌溉污水铬量的增加而增加。为防止铬对土壤上的污染，我国灌溉水质标准规定，六价铬浓度不得超过 0.1 mg/L。典型地段调查表明，成都地区清水灌区土壤铬含量为 47.1 mg/kg，而污水灌区土壤铬含量为 151.4 mg/kg，比清水灌区高 2.21 倍；马鞍山郊区清水灌区土壤铬含量为 85 mg/kg，污水灌区土壤铬含量为 950 mg/kg，比清水灌区高 10.2 倍。

4. 镉　镉（Cd）元素在水中以简单离子或者络合离子形态存在，能和氨、氰化物、氯化物、硫酸根形成多种络合离子而溶于水。含镉废水的排放主要是由重金属的开采和冶炼引起的。污水中的镉随灌溉水进入农田后，被土壤吸附。土壤吸附的镉一般在 0～15 cm 的土壤表层积累，15 cm 以下含量显著减少。土壤对镉的吸附率取决于土壤的种类及特征。大多数土壤对镉的吸附率在 85%～90%，因此污水灌溉很容易导致土壤镉污染。在靠近有镉排放的工业区，由于废水灌溉，土壤中含镉量可达数 10 mg/kg。例如沈阳张士灌区长期用含重金属废水灌溉，水田土壤的可溶性镉含量高达 6.55 mg/kg。特别是镉比其他重金属更易被作物吸收富集，稻田土壤镉污染问题应引起高度重视。

5. 砷　砷（As）属于类金属，原子序数为 33，但因其与金属十分相似而通常被列入重金属元素。砷是"三废"之中普遍存在的污染物之一，工业"三废"特别是废水排砷的部门有化工、冶金、炼焦、皮革、电子等工业。据调查，我国华中某冶炼厂所排废水年排砷 2.5 t，污水排放地区土壤砷含量达 34.03～70.60 mg/kg，而对照区土壤砷含量仅为 8.00 mg/kg。对南方 5 个省份部分工矿区砷对农业污染的调查也表明，土壤砷污染较为普遍，其中有 30% 的土壤砷含量超过 30 mg/kg，以韶关、大余、河池、阳朔、株洲等地部分土壤的砷含量最高，这主要是污水灌溉引起的。

总之，镉、汞、砷、铅、铬重金属是污水中的主要污染物质。除上面所述5种元素外，铜、锌、镍等重金属元素也是污水中存在的污染物，随污水灌溉进入土壤中的重金属既不易淋滤，也不能被微生物分解，一般都以各种形态积累于土壤中。张乃明（1999）研究了太原市污水灌区7种重金属元素的积累状况，结果7种重金属元素的含量全部高于土壤环境背景值，也高于清水灌区土壤（表7-6）。马爱祥等（2010）以山西孝义市污水灌区为对象，研究了长期污水灌溉对土壤重金属形态及生物活性的影响，结果表明，污水灌溉降低了重金属残留态所占比例，改变了土壤中重金属存在形态，提高了重金属的生物有效性和迁移能力；污水灌区土壤中重金属的生物活性与对照区相比出现了不同变化，污水灌区土壤中重金属活性系数的大小顺序为镉（Cd）＞铅（Pb）＞铜（Cu）＞铬（Cr）＞锌（Zn）＞镍（Ni），迁移系数的大小顺序是铅（Pb）＞镉（Cd）＞铜（Cu）＞铬（Cr）＞锌（Zn）＞镍（Ni）。与对照区相比，镉和镍的生物有效性变化不大，但其迁移能力增大；重金属铅、铜、铬和锌的生物有效性和迁移能力都比对照区的大。李春芳等（2017）对山东龙口市污水灌区农田重金属来源、空间分布进行研究，结果表明，污水灌区农田土壤除锰（Mn）元素以外其余钴（Co）、铬（Cr）、铜（Cu）、镍（Ni）、铅（Pb）、锌（Zn）、砷（As）和镉（Cd）8种重金属的含量均超过当地土壤环境背景值，其中镉和铅富集状况明显。

表7-6 太原污水灌溉土壤重金属含量（mg/kg）

土壤	Cu	Pb	Cd	Hg	As	Cr	Zn
土壤背景值	19.4	14.2	0.077	0.038	7.3	53.3	57.4
清水灌区土壤	25.42	26.02	0.157	0.033	7.34	53.26	9 367
污水灌区土壤	48.24	34.83	0.180	0.060	7.50	59.39	99.11

三、灌溉污水中有机污染物对土壤的影响

（一）灌溉污水中油脂类对土壤的影响

灌溉污水中的油脂类包括石油、石油制品、焦油、动植物油等。油脂多呈水包油、乳浊状，悬浮在水中，在水层表面可形成与空气隔离的薄膜，减少水中溶解氧，导致水质恶化。引入田间后油脂容易被土壤微生物降解和土壤物理化学作用而无机化、净化。种植小麦的土壤可净化65.0%～99.8%油脂，种水稻的土壤可净化72.0%～98.5%油脂，因此油脂一般不会引起土壤物理化学性质恶化。只有在长期、大量引用含油污水灌溉的地块才有可能引起油脂积累。

矿物油中的致癌物质苯并芘在土壤中的残留，绝大部分集中在0～15 cm土层中，这是由于土壤黏粒部分对苯并芘具有强烈的吸附和结合能力。并且其随含矿物油污水增多而不断增加，并导致土壤上的植物残留量增加。盆栽试验结果表明，污水中矿物油由10^2 μg/kg增加到10^5 μg/kg时，麦田土壤苯并芘的残留量由2.5 μg/kg增加到1 359.0 μg/kg，水稻土中苯并芘的残留量由1.0 μg/kg增加到1 352.5 μg/kg。这个残留量的增长说明引入含矿物油污水的灌区，必须控制污水中的矿物油含量，以减少苯并芘在土壤和植株中的残留积累，防止对环境和人畜产生危害。

（二）灌溉污水中酚类化合物对土壤的影响

酚类化合物分为挥发性酚与不挥发性酚两大类。挥发性酚包括苯酚、间甲酚、邻甲酚、对甲酚、二甲苯酚及一些低沸点的单元酚。不挥发性酚包括间苯二酚、联苯二酚等多元酚。酚主要存在于石油化工废水中，用含酚废水灌溉后土壤中酚的含量与废水中酚的含量、灌水次和灌水量呈正相关。不同浓度的含苯酚污水对土壤酚含量的影响见表 7-7。

表 7-7　不同浓度的含苯酚污水灌溉土壤的酚含量（mg/kg）

	对照	1	5	25	50	100	200
水稻土	0.034	0.092	0.145	0.309	0.513	1.585	1.621
菜园土	0.016	0.041	0.057	0.073	0.120	0.144	0.337

酚在土壤中容易被降解矿化，所以土壤中的酚含量常随季节周期性变化，春季土壤中酚含量高于秋季，污水灌区土壤中含酚量任何季节都要高于清水灌区。可见，酚在污水灌区土壤中有一定程度的积累。污水灌区土壤中酚含量的垂直分布一般是集中于土壤上部耕作层内，尤其是在 0～10 cm 的土层中所占的比例更大，自土壤表层向下层逐渐减少，即土壤剖面中酚含量随着深度的增加而递减。

酚在一般质地的土壤中移动缓慢，但在渗水性很强的砂土区，用 2～6 mg/L 的含酚水灌溉，曾出现地下水不同程度的酚污染。已有研究表明，污水灌区土壤酚的含量一般比自然土壤高 1 倍左右，由于进入土壤中的酚能被土壤微生物降解，因此即使在污灌历史较长的灌区土壤中，酚的积累量也相对稳定，且保持在一个较低的水平。

（三）溉灌污水中苯对土壤的影响

污水中的苯主要来源于化工厂、橡胶、石油等工业废水。苯的蒸气毒性大，通过呼吸道进入人体，损害神经系统，引起急性或慢性中毒。苯随灌溉污水进入田间后，在土壤中净化快、残留少，被植物吸收、氧化而解除毒性，对作物生长无明显影响。但在薄土层尤其砂性土及土壤厚度不足 1 m 以及地下水位高的地区，有出现地下水受苯污染的现象。

（四）灌溉污水中三氯乙醛对土壤的影响

三氯乙醛是有机氯和有机磷农药厂以及其他一些化工厂的一种中间产物，在酸性条件下比较稳定，在碱性条件下则易分解。利用这种特性，可在废水中加入石灰、氨水等碱性物质，以减轻其毒性。三氯乙醛在动植物体内及土壤中可以很快转化成三氯乙酸。三氯乙醛在土壤中容易被微生物降解，不易发生积累现象，但容易对作物产生直接的毒害作用。

四、污水灌溉对土壤理化性质的影响

（一）污水灌溉对土壤物理性质的影响

1. 污水灌溉对土壤孔隙状况的影响　从污水灌溉与清水灌溉土壤的微形态显微镜观察结果可明显看出，污水灌溉土壤孔隙细而密，而清水灌溉的孔隙大，孔隙量多而且呈疏松状。用显微镜观察放大 44 倍和 252 倍的土壤磨片，同时用质量法测定污水灌溉与清水灌溉条件下土壤孔隙度的差异，证明污水灌溉可引起土壤孔隙度明显下降，田间试验与室内试验的下降率分别达到 40.8% 与 61.0%（表 7-8）。

表 7-8　污水灌溉对土壤孔隙度的影响

放大倍数	田间试验			室内试验		
	污水灌溉	清水灌溉	污水灌溉比清水灌溉增加（%）	污水灌溉	清水灌溉	污水灌溉比清水灌溉增加（%）
44	8.43	14.23	−40.76	13.35	35.72	−62.6
252	—	—	—	18.5	45.6	−59.4
污水灌溉比清水灌溉增加（%）	—	—	−40.76	—	—	−61.0

2. 污水灌溉对土壤三相物质组成比例的影响　土壤三相物质组成的配比和土壤的孔径分布（即大小孔隙配比）可反映出土壤通气、透水的状况。

未经过污水灌溉的土壤（简称清灌土）和已经过 20 年污水灌溉历史的土壤（简称污土）同时用污水和清水灌溉 1 年后，土壤三相物质组成的配比，无论是污土还是清土，无论是田间试验还是室内模拟试验，污水灌溉对土壤三相物质组成配比的影响是一致的，只是程度不同。污水灌溉使土壤固相率和液相率有增加的趋势，而总孔隙度基本不变。有试验表明，土壤气相率（即空气孔隙度）降低比较明显，已经污水灌溉 20 年的土壤和未引用污水灌溉的土壤气相率分别下降 15.4% 和 25.3%。所以新开始进行污水灌溉的土壤其气相率下降明显。

（二）污水灌溉对土壤化学性质的影响

1. 污水灌溉对土壤有机质的影响　由于城市污水中含有大量的有机物，因此在灌溉过程中必然有大量有机物质携入土壤。据萧月芳等（1997）的研究，用啤酒废水灌溉 3 年及 5 年的种粮土壤耕层有机质含量比基本不灌溉地有机质含量分别增加 17.8% 和 22.2%。张乃明（1999）研究证明，在污水灌溉水源一定的条件下，土壤有机质含量的变化主要受灌水量和污水灌溉年限的影响，一般污水灌水量越大，年限越长，土壤有机质含量越高（表 7-9）。

表 7-9　污水灌溉区土壤有机质变化

污水灌水量（m^3/hm^2）	污水灌溉前土壤有机质含量（%）	污水灌溉年限	污水灌溉后土壤有机质含量（%）
200	1.02	25	1.62~2.70
300	1.05	10~25	1.20~1.78
400	1.06	7~8	1.0~1.21

污水灌溉除引起土壤有机质含量发生变化外，还直接影响占土壤有机质 85% 的土壤腐殖质的组分。不同污水灌溉年限土壤腐殖质组成见表 7-10，可见随着污水灌溉年限的增加，灌区土壤腐殖质中胡敏酸含量呈逐渐增加的趋势，而富里酸的变化趋势相反。土壤腐殖质组分包括胡敏酸、富里酸和胡敏素。对土壤肥力有影响的主要是前二者的数量及其比值。一般情况下在我国北方地区，土壤腐殖质的品质好，其胡敏酸（H）含量大于富里酸（F），故胡富比（H/F）>1。南方土壤的腐殖质的胡富比（H/F）<1。一般土壤腐殖质的品质常以胡富比（H/F）作为判断标准，有机质 H/F>1 品质较好，而 H/F<1 则品质差。其原因是胡敏酸分子大，稳定度高，与高价离子易于结合沉淀，对重金属离子的吸附固定力强，并对促进土壤团粒结构的形成起极为重要的作用。而富里酸分子小、活动性强，无论吸附低价的还是高价的金属离子仍保持水溶性，故易于促使重金属迁移，对引发环境二次污染的风险比较大。

表 7-10　土壤腐殖质组成（%）

灌溉	胡敏酸（H）	富里酸（F）	H/F	活性胡敏酸
清水灌溉	23.2	23.2	1.0	1.8
污水灌溉 3 年	30.6	22.1	1.4	8.7
污水灌溉 12 年	28.0	25.5	1.1	4.7
污水灌溉 20 年	31.1	19.1	1.6	9.6

由于污水灌溉土壤腐殖质的富里酸占的比例较大，故污水灌溉土壤腐殖质的活度大、不稳定性强、易于移动，因此出现污水灌区土壤有机质有下移的现象。例如在 0～20 cm、20～50 cm 和 50～100 cm 土层中有机质含量分别从污水灌溉前的 3.45 t/hm²、4.95 t/hm² 和 4.05 t/hm² 变为水稻收获后的 3.45 t/hm²、3.90 t/hm² 和 4.65 t/hm²。也就是说，污水灌溉后，耕层土壤的有机质含量未变，而心土层（20～50 cm）的有机质含量随水下移到底土层（50～100 cm），使底土层的土壤有机质含量增高 14.8%。

2. 污水灌溉对土壤氮素含量的影响　城市污水中含有不同量的氮素物质，因此引用含氮污水灌溉农田时它们将使土壤氮素含量增高。如表 7-11 所示，污水灌溉后的土壤耕层和心土层或整个 1 m 土层的土壤平均含氮量比灌前基础土样的含量高出 27.4%～71.8%，100 cm 土层内土壤氮平均比灌前土壤增加 45.8%。相同污水灌溉量的条件下，污水灌溉对 20～50 cm 的心土层氮的增幅度最大，对 50～100 cm 的底土层氮的增幅次之，对 0～20 cm 耕作层土壤氮的增幅最小，这是因为土壤耕层中的氮素硝态氮占比较大，非常容易随着灌溉或降雨产生垂直下渗，而耕作土壤在 20～50 cm 存在一个犁底层，对氮素下移产生阻滞作用。同时，耕层土壤中有机质含量一般高于中下层，有丰富的有机碳作为微生物的有效碳源，增加了反硝化脱氮的氮素损失数量。

表 7-11　污水灌溉对土壤氮素含量的影响（%）

土样	土层（cm）		
	0～20	20～50	50～100
污水灌溉前基础样	0.073	0.032	0.048
污水灌溉后取样	0.093	0.055	0.070
污水灌溉后比污水灌溉前增加（%）	+27.4	+71.8	+45.8

实际上，大量研究表明，污水灌溉土壤氮素下移现象明显，尤其是 $NO_3^- $-N 更为明显。测定污水灌溉模拟试验土柱淋出液中 3 种无机氮的含量变化，结果表明，污水灌溉开始 NH_4^+-N 被土壤吸附，故在淋出液中没有出现，但淋至第五次 NH_4^+-N 开始在淋出液中出现，这是因为土壤吸附量已达饱和。但 NO_3^--N 和 NO_2^--N 两种阴离子不被土壤吸附，故从开始淋到最后的淋出水中均有检出，但 NO_3^--N 数量比 NO_2^--N 多。这说明了污水灌溉条件下 NO_3^--N 和 NO_2^--N 随土壤下行水流移动，将对地下水产生污染。

3. 污水灌溉对土壤磷素含量的影响　无论是城市生活污水还是工业废水，都含有一定量的磷素，引用这些污水灌溉农田会使土壤磷素含量增加。但仅靠随污水带入土壤中的磷一般不能充分满足作物对磷的需求，还需要增施磷肥。

研究表明，在石灰性土壤上污水灌溉 14 年后，耕层中有效磷含量增加，心土层有效磷含量无明显变化。土壤质地也会影响磷的迁移，经过长期污水灌溉后，粉砂壤 0～30 cm 表土层中可浸提磷显著增加，30 cm 以下土层中则无明显变化；而在表土为砂壤的灌区土壤能够浸提磷可下渗到 120 cm 深的土层中。

通常经过一定时间持续污水灌溉后土壤磷呈饱和状态，但停灌 3 个月后土壤对磷的吸附能力又重新恢复。据推测，这种恢复可能是由于吸附性磷结晶成为难溶性磷和土壤通过风化产生了较多的氧化铁、铝，这些氧化铁、铝对可溶性磷产生了化学固定作用。但连续不断地用含磷浓度较高的污水灌溉，会使土壤吸磷能力显著降低。因此土壤长时间地用来净化污水，势必要降低其对磷的吸收能力，而使土壤做定期的休灌，则可恢复其吸收位，并能增强土壤吸磷能力。对地下水位埋深浅的污水灌区，在淹灌条件下要特别注意污水中磷对地下水可能造成的污染。对于水稻田应采取间歇污水灌溉，延长烤田时间，以避免磷向地下水淋失。

4. 污水灌溉对土壤盐基离子的影响　一般污水比城市给水盐分含量多 100～300 mg/L，其中盐分又以氯化钠为主。在污水使用量（加上降雨）不比蒸发蒸腾量大很多的情况下，渗滤水中的含盐量会远远高于污水的原含盐量，在干旱区情况就更为突出。事实上，降水量和渗失水量足够大时，土壤饱和液浸出液盐分浓度与灌溉水盐分浓度没有很大区别，在这种情况下就可以使用含盐浓度较高的污水进行灌溉。

据萧月芳等（1997）的研究，利用啤酒厂废水灌溉并没有引起土壤 Na^+ 的大量积累，而土壤 Ca^{2+}、Mg^{2+} 呈逐步降低的趋势，这说明废水灌溉已开始使 Ca^{2+}、Mg^{2+} 受到淋失，长期下去可能会使土壤 Ca^{2+}、Mg^{2+} 大量淋失，Na^+ 含量相对增加，最终导致土壤盐碱化，土壤理化性质变劣。另外，由于 Cl^- 随水移动性强，利用污水灌溉的土壤并未形成 Cl^- 的积累。在作物栽种之前或在两个生长季节的间歇期，用过量的污水灌溉有助于洗除土壤中积累的盐分。

第三节　污水灌溉对作物产量和品质的影响

一、污水灌溉对作物生长发育的影响

污水灌溉在满足作物对水分需求的同时，必然也影响作物的生长发育，特别是不同地区污水的化学组成和养分含量水平不同，对作物生长发育的影响也不同。国内外的污水灌溉实践表明，污水灌溉能明显地影响作物的生长发育进程，这种影响既有有利的一面，也有不利的一面。作物种类、品种不同，受影响的程度也不同，例如小麦的反应较水稻好，但经过多年污水灌溉后某些有利的效应也将转为不利的效应，严重的会导致减产。

（一）污水灌溉对水稻生长发育的影响

污水灌溉对水稻的影响首先表现在苗期，一般污水灌溉能使水稻的叶龄增加，但无论是恒温育苗还是露地育秧，其发芽率、出苗率均低于清水育苗，反映秧苗质量指标之一的苗重变化却不很明显，而发芽率却都是降低的。污水灌溉对水稻苗期的影响还会因水质不同和污水灌溉时间长短的不同而异同。水质较好的污水对水稻的发芽率、出苗率的影响较小；水质较差的污水则会延长水稻从插秧到抽穗的时间。在多年污水灌溉土壤上，株高的变化不明显，而对分蘖有明显的促进作用。此外，污水灌溉还会造成水稻根系密集层浅，根的体积小，根数少，叶面积缩小。初期污水灌溉的水稻叶面积除剑叶比清水灌溉的有所下降外，其余叶片面积均有增大趋势。

表 7-12 的数据是水稻在分蘖期和抽穗期 2 次取样调查的结果，可见，在各个生育时期，不论是清土污灌还是污土污灌，污水灌溉水稻主茎上的留存绿叶数均比清水灌溉的减少。以万泉河污水灌溉的减少率最低，仅为 6.4%。而通惠河污水灌溉的不论是清土还是污土，其比清水灌溉的均下降 20% 以上。因此污水灌溉水稻的叶片寿命低于清水灌溉，这对光合作用产生不利影响。

表 7-12　污水灌溉水稻各生育期叶片数的变化

			清水对照	清土（初期污水灌溉）通惠河污水	万泉河污水	污土（多年污水灌溉）通惠河污水 高污水	麦污水
分蘖期（6月30日）	主茎	绿叶率（%）	60.2	43.8	57.3	44.9	39.3
	分蘖	每蘖绿叶数	2.7	2.7	2.8	2.6	3.1
	全株	每茎绿叶数	3.6	3.0	3.5	3.1	3.3
抽穗期（8月10日）	主茎	绿叶率（%）	47.7	39.5	44.2	37.7	31.4
	分蘖	每蘖绿叶数	3.4	2.9	2.9	2.8	3.4
	全株	每茎绿叶数	4.0	3.4	3.5	3.1	3.5
总平均值			20.3	15.9	19.0	15.7	14.0
比清水灌溉增加（%）			—	−21.7	−6.4	−22.7	−31.0

（二）污水灌溉对小麦生长发育的影响

与水稻不同，污水灌溉对小麦的出苗率没有表现出不良的影响，但对小麦越冬率则有增有减，清土污灌还能提高越冬率，与之相反，污土污灌则会降低越冬率。清土污灌与清水灌溉相比较，冬前分蘖数较少，冬前株高、根数、叶面积、干物质均较低，小麦各叶位叶面积在污水灌溉下发生变化，是影响光合作用的一个因素。各叶片光合作用时间的长短，同样影响光合生产，即水稻、小麦在不同生育期所存留的绿叶期也会直接影响植株的光合生产。污水灌溉条件下小麦的每株绿叶面积是清水灌溉的 78.5%，故对小麦本身的光合生产也不利。

（三）灌溉污水中几种营养元素对作物的影响

1. 氮的影响　污水中能够在作物中产生问题的一种主要成分是氮。二级出水中氮的浓度一般在 5～30 mg/L，有的浓度甚至超过 30 mg/L。导致土壤中的氮量很快会超过作物需要量，结果，长期引用高浓度含氮污水灌溉，能使植物枝叶长得过盛而果实不够多，或饱满的果实不多，并能引起作物倒伏，延误作物成熟或收获，降低其糖分或淀粉含量，或者反而会使其结构、香味，或果实和蔬菜作物的颜色变坏。例如对棉花施氮过多会延迟成熟，引起枝叶过盛，助长疾病，增加棉铃腐烂的危险和降低棉绒质量，且在关键时期里增加小范围的脱落。甜菜氮过多，会影响甜菜的产量和品质，表现为甜菜的个头较大，但含糖量却较低。马铃薯获取的氮超过 200 kg/hm² 时，其淀粉含量就较低，而且块茎少且小。谷类作物吸收过多的氮，往往会倒伏。蔬菜作物吸收过量的氮，产品中硝酸盐的积累量会升高。此外，土壤中的氮含量过高，还会造成某些苹果品种变色、橘子含汁量低等问题。

2. 磷和钾的影响　全国污水灌区农业环境质量普查协作组1976—1982年进行的农业环境质量普查结果表明，全国平均污水含磷为3.6 mg/kg（以P_2O_5计）。每年每公顷灌7 500 m^3水，就相当于150 kg过磷酸钙的肥效。但由于磷很容易被土壤固定，变成无效态或缓效态，因此对作物产生的影响不太明显。但是过多的磷酸盐能够固定土壤中的铁、铜和锌，使作物产生缺乏上述微量元素的症状。

对污水中钾的含量研究较少。我国施用化肥，主要以施氮肥为主，20世纪90年代氮、磷、钾的比例仅为1∶0.28∶0.09，到了2000年也只能达到1∶0.6∶0.2。灌溉用污水中的钾可适当补充农田土壤中的钾，促进作物的生长。但如果污水中的钾含量过高或长期灌溉，也会引起土壤钾养分失调，最终造成其他营养元素利用率下降，甚至引起土壤物理性质恶化，影响作物生长和产量。

3. 氯的影响　一般污水中都含有氯离子。氯也是作物生长发育必需的营养元素，尽管有些作物（例如马铃薯、烟草等）忌氯，但少量的氯并不影响作物的正常生长。污水中的氯离子的浓度过高，会使作物叶片变黄；特别值得注意的是氯离子对作物种子萌发和幼苗的生长有较大抑制作用。若用于灌溉的污水中氯化钠（NaCl）含量较高，伴随着含钠离子积累，会给土壤结构带来不良影响，碱浓度增加导致作物生长发育不良。

二、污水灌溉对作物产量的影响

污水灌溉能否增产，是人们关心的问题。众所周知，污水灌溉对作物产量的影响，与污水的水质、污水灌溉历史的长短、作物类型以及污水灌溉区所处的气候条件密切相关。

（一）灌溉水质和污水灌溉历史长短对产量的影响

污水灌溉作物的产量的增减与灌溉水的污染程度是密切相关的。有试验用3种不同污染程度的河水灌溉小麦，结果对小麦产量的影响是不同的。一般水质污染程度越重，小麦减产的概率和减产率越高。

对于干旱缺水是作物生长主要限制因子的地区，只要用于灌溉的污水中有毒有害污染物浓度未到达抑制作物生长发育的水平，污水灌溉都表现为增产。董克虞等人于1983—1985年在高碑店污水灌区进行了大面积污水冬灌小麦调查对比试验。结果表明，在小麦越冬前（11月中旬至12月上旬）浇1次水可比不浇水增产小麦籽粒424.5 kg/hm^2，浇2次水产量最高，浇3次水因肥水过量而倒伏减产。污水灌溉历史的长短也影响作物的产量，一般情况下，污水灌溉的时间越长，作物减产的可能性越大。

一般而言，污水灌溉的作物产量效应表现为污水灌溉初期可能增产，也可能减产；长期污水灌溉，如果水质污染程度不变，或进一步恶化，则可以导致减产。

（二）污水灌溉对作物产量构成因素的影响

水稻、小麦的产量是由单位面积穗数、每穗实粒数及千粒重3个主要因素构成，分析了解这3个因素在污水灌溉过程中的消长规律，有助于人们了解污水灌溉导致产量增减的原因。

北京污水灌溉区的大量试验结果（表7-13）表明，用该地区两条排污河水污水灌溉的小麦的穗数比清水灌溉的分别下降了12.3%和8.5%，千粒重分别下降了1.44%和0.05%。

污水灌溉水稻产量构成因素的影响与小麦的影响大体相同。污水灌溉水稻的穗数和结实率全部比清水灌溉的有所减少，而对千粒重则有增有减，但以减为主。多年污水灌溉土壤继续污水灌溉，上述情况表现得更加明显。虽然这仅是一个污水灌区的试验结果，但仍能反映出污水灌溉对产量构成的因素影响状况。

表7-13 污水灌溉对作物产量构成因素的影响

		穗数			结实率（%）			千粒重（g）		
		污水灌溉	对照（清水灌溉）	污水灌溉比对照增减（%）	污水灌溉	对照（清水灌溉）	污水灌溉比对照增减（%）	污水灌溉	对照（清水灌溉）	污水灌溉比对照增减（%）
水稻	通惠河污水	2.60	2.78	−6.47	77.76	82.39	−5.42	23.81	25.03	−4.87
	万泉河污水	2.22	2.78	−20.14	81.89	88.41	−7.37	25.99	25.71	+1.09
	平均值	2.41	2.78	−13.31	79.83	85.40	−6.53	24.90	25.37	−1.85
小麦	通惠河污水	26.83	30.50	−12.03	—	—	—	36.22	36.75	−1.44
	万泉河污水	52.80	57.70	−8.49	—	—	—	36.00	36.20	−0.55
	平均值	39.82	44.10	−9.72	—	—	—	36.11	36.48	−1.00

三、污水灌溉对作物品质的影响

污水灌溉不仅影响作物的生长发育和产量，而且也影响作物品质。大量试验表明，污水灌溉对作物的表观品质和营养品质都具有明显的影响，最终降低其商品价值和营养价值。

（一）污水灌溉对作物外观品质和加工品质的影响

对水稻来说，污水灌溉可提高出糙率、瘪籽率、碎米率，降低净谷率；而好米率则在污水灌溉初期增加，在多年污水灌溉土壤上下降。污水灌溉对小麦品质的影响更为显著，无论是重污染还是轻污染的污水，无论是低氮水平还是高氮水平，面筋含量均呈下降趋势，小麦外观色泽正常率及出粉率也是下降的。

（二）污水灌溉对作物营养品质的影响

1. 污水灌溉对水稻和小麦籽粒中的蛋白质的影响 水稻和小麦籽粒的营养品质主要表现在籽粒中蛋白质的含量及其组成，即各种氨基酸的含量，尤其是必需氨基酸的含量。构成蛋白质的20种氨基酸其中，色氨酸、甲硫氨酸、赖氨酸、缬氨酸、亮氨酸、异亮氨酸、苏氨酸和苯丙氨酸共8种为动物机体所必需，而动物体本身又不能合成，或合成量极低，这8种氨基酸称为必需氨基酸。必需氨基酸的含量直接影响食品的营养品质。故评价食品的营养品质必须同时考虑籽粒中粗蛋白含量和必需氨基酸的含量，尤其是那些量最低、又极为重要的限制氨基酸含量。小麦蛋白质的第一限制氨基酸、第二限制氨基酸和第三限制氨基酸分别是赖氨酸、苏氨酸和甲硫氨酸，而大米的第一限制氨基酸和第二限制氨基酸则分别为赖氨酸和苏氨酸。

（1）污水灌溉小麦籽粒的蛋白质含量及其组成 许多田间试验和大田抽样调查都表明，污水灌溉小麦粗蛋白含量水平低于清水灌溉的，其降低率可达6.8%。污水灌溉不但会引起小麦籽粒蛋白质含量下降，而且更重要的是还导致蛋白质的品质的下降，直接减少蛋白质中人体必需氨基酸的含量。污水灌溉对小麦天冬氨酸的含量影响较大。

（2）污水灌溉水稻米粒的蛋白质及其组成 与污水灌溉小麦不同，污水灌溉水稻米粒营养品质高于清水灌溉的，但随着污水灌溉时间的延长其比清水灌溉增高的幅度不断下降。大米蛋白质必需氨基酸总量及其中的第一限制氨基酸和第二限制氨基酸赖氨酸和苏氨酸的含量均有相同的规律，但也随污水灌溉时间的延长，增加的幅度有减小趋势。

2. 污水灌溉对蔬菜品质的影响　蔬菜是人类摄取维生素的主要来源。而大量研究表明，蔬菜污水灌溉后其维生素含量是下降的，说明污水灌溉有可能降低蔬菜营养品质。而污水灌溉蔬菜中糖、酸、纤维素的含量与清水灌溉相比一般无明显差异。

（三）污水灌区污染物在农产品中的残留

污水灌区生产的粮、菜等农产品最终也要进入食物链，因此污水中的污染物能否在粮、菜中积累残留，其残留量是否超过食品卫生标准，影响食物安全，已成为人们十分关心的问题。

1. 重金属残留量　重金属是污水中普遍存在的一大类无机污染物。对重金属污染状况调查研究资料较详细的是北京市东南郊污水灌区，它包括通惠河流域和凉水河流域污水灌溉农田 $8×10^4\ hm^2$，占全市污水灌溉面积的 90%。对该污水灌区的小麦和萝卜进行了抽样调查，结果表明，尽管该地区污水灌溉时间超过了 20 年，不少地块还同时施用了高碑店污水处理厂的污泥，但绝大多数样点的小麦没有遭到重金属污染，仅有少数样点达到轻度污染，更没有发现因重金属污染而影响作物生长和减产的现象。小麦中 7 种重金属残留量都没有超过卫生标准或人体正常摄入量，但水稻的污染较重，有 7 个水稻样品汞的残留量已超过食品卫生标准。

根据郑鹤龄（2001 年）的研究，总体引用未经处理的原污水灌溉，水稻、玉米籽粒中铜、锌、铅、镉含量均高于其他几种污水灌溉条件。而清水、二级出水和氧化塘水灌溉籽粒中重金属含量无显著差异（表 7-14）。

表 7-14　不同污水对水稻、玉米籽粒重金属含量的影响（mg/kg）

水质类型	铜		锌		铅		镉	
	糙米	玉米	糙米	玉米	糙米	玉米	糙米	玉米
清水	2.7	2.93	28.7	27.40	0.080	0.430	0.100	0.156
原污水	3.7	3.12	34.3	31.60	0.190	0.427	0.160	0.168
二级出水	2.2	2.96	29.7	29.89	—	0.410	0.100	0.159
氧化塘水	1.9	3.00	32.00	39.83	0.142	0.390	0.095	0.160

影响重金属在作物中积累的因素很多，对污水灌区而言，与作物中重金属富集量关系最密切的因素就是污灌水的重金属含量及其理化性质。污水灌区因污水来源不同、污水类型、水中重金属含量形态也各有差异，最终反映到作物中重金属的积累量和富集系数也不相同，不同污水灌区玉米中重金属汞（Hg）、镉（Cd）、铅（Pb）的积累量和富集系数见表 7-15。

表 7-15　不同污水灌区玉米中重金属累积量与富集系数

污水类型	积累量（mg/kg）			富集系数		
	Pb	Cd	Hg	Pb	Cd	Hg
工矿污水	0.102	0.009 5	0.001 16	0.005 0	0.087	0.018 0
工矿污水	0.056	0.011 0	0.005 56	0.002 0	0.091	0.062 0

（续）

污水类型	积累量（mg/kg）			富集系数		
	Pb	Cd	Hg	Pb	Cd	Hg
工业与城市	0.084	0.031 0	0.004 30	0.003 0	0.198	0.040 0
生活混合污水工业与城市	0.165	0.011 0	0.004 30	0.006 0	0.101	0.055 0
生活混合污水工业与城市	0.154	0.013 0	0.002 93	0.007 0	0.040	0.016 0
生活混合污水城市污水	0.094	0.017 0	0.003 65	0.003 0	0.137	0.052 0
与汾河污水	0.109	0.015 0	0.003 65	0.004 3	0.109	0.040 50

2. 有机污染物污染状况　农产品中有机污染物的积累问题主要是在采用石化废水或高浓度有机废水灌溉的地区。对燕山石化污水灌区 8 种作物（小麦、玉米、番茄、黄瓜、萝卜、马铃薯、大白菜和花生）中可食部位有机污染物含量的测定结果表明，虽然燕山石化污水中有机污染物含量较高，但农产品中酚、苯并芘、总烃的含量与清水灌区无明显差异（表7-16），说明无明显有机物污染。其最高含量都低于食品卫生标准，说明污水灌区生产的农产品中有机污染物含量不会对人体健康造成影响。

表 7-16　燕山石化污水灌区作物可食部位有机污染物平均含量（mg/kg）

灌区	样品数（个）	酚		3,4-苯并芘		总芳烃	
		含量范围	均值	含量范围	均值	含量范围	均值
清水灌区	21	0.11～0.60	0.22	0.14～3.81	0.36	4.29～96.07	20.28
污水灌区	46	0.01～0.76	0.28	0.09～4.65	0.37	5.01～114.05	18.8
显著性检验（P）		>0.05		>0.05		>0.05	
食品卫生标准		1.0		0.5		—	

3. 硝酸盐与亚硝酸盐　亚硝酸胺是目前已肯定的强致癌物质之一，在一定条件下。食品中的硝酸盐和亚硝酸盐可转化为亚硝酸胺，因此食品中硝酸盐与亚硝酸盐含量被认为是评价食品质量的重要指标。联合国粮食及农业组织（UFO）和世界卫生组织（WHO）规定，每人每天允许摄入硝酸盐和亚硝酸盐分别为 3.6 mg/kg 和 0.13 mg/kg。在人类摄入的硝酸盐和亚硝酸盐中有 80％来自蔬菜，按上述每日允许摄入量推算，若平均体质量为 60 kg，每人每天食用蔬菜 0.5 kg，蔬菜中硝酸盐的卫生标准应为 432 mg/kg（鲜物质量），亚硝酸盐应为 7.8 mg/kg（鲜物质量）。有学者利用城市工业和生活混合污水种植蔬菜，收获后测定食用部位中硝酸盐与亚硝酸盐含量，结果表明，蔬菜内的硝酸盐和亚硝酸盐含量都低于上述限值标准，污水灌溉与清水灌溉没有明显差别。实际上，就蔬菜中硝酸盐的积累量而言，施肥特别是施用化学氮肥的影响远远大于污水灌溉，但如果是引用高浓度含氮废水进行灌溉，其对蔬菜硝酸盐积累的作用也不容忽视。

第四节　污水灌溉的生态风险评估

一、污水灌溉对浅层地下水的污染风险

长期、无节制、不科学的污水灌溉会加大浅层地下水的污染风险。灌溉污水中的污染物

一部分被土壤吸附，而另一部分则经过土壤向下移动，最终进入地下含水层，加大浅层地下水水质的污染风险。一般情况下，土壤对污水中的各种主要阴离子（例如 Cl^-、SO_4^{2-}）和阳离子（K^+、Na^+ 等）的吸附能力较弱，这些离子经过土壤向下移动，进入浅层地下水，使浅层地下水受到污染。其中硝酸根离子（NO_3^-）很容易被淋洗至深层土壤或地下水中引起氮污染（姜翠玲等，1997）。同时污水中的离子在污水灌溉过程中，通过离子交换反应，有可能直接造成地下水硬度升高，间接造成地下水中硝酸根离子的污染（刘凌等，2000）。宋晓焱等（2006）研究表明，浅层地下水中氯离子、总硬度及总可溶固形物污染与污水灌溉有关。由于使用生活污水灌溉，西安地区地下水氯化物和硝酸盐污染严重（田春声等，1995），石家庄附近地下水氯含量及硬度升高；因工业废水灌溉，华北平原的石津灌区及成都灌区地下水砷、氰等被普遍检出（李洪良等，2007）。于卉等（1995）针对天津市武清县引用北京排污河污水灌溉导致的浅层地下水污染进行研究，选取辖区内的 16 个乡，对 pH、铵态氮、硝酸盐、亚硝酸盐、挥发酚、氰化物、砷、硫酸盐和汞共 9 项水质指标进行监测，采用水质综合评价的方法对水质进行了评价，认为 16 个监测站点水质都比较差，其中 7 个监测站点的水质属于"较差"，9 个长期使用污水灌溉的站点地下水质量"极差"。说明长期使用污水灌溉，会对地下水水质造成较大的影响。方正成等（2004）研究了徐州市奎河污水灌区城市污水灌溉对地下水水质的影响，认为亚硝酸盐和硝酸盐会随着灌溉污水进行逐层向下渗透，造成对地下水的污染。刘凌等（2002）在徐州汉王实验基地进行了含氮污水灌溉试验研究，认为污水灌溉对下层土壤及地下水中铵（NH_4^+）浓度影响较小，而对土壤水及地下水中硝酸盐浓度影响较大。长期进行污水灌溉的土壤，易造成地下水中硝酸盐污染。马振民等（2002）研究分析了泰安市地下水污染现状与成因，认为该污水灌区第四系孔隙水中钾、钠、钙、氯、硫等是非污水灌溉区的 1.5～2.5 倍，污水灌溉区硝酸盐、硬度及总可溶固形物是非污水灌溉区的 2～3 倍，污水灌溉直接污染了第四系孔隙水。

二、污水灌溉对生物多样性的影响

灌溉污水中的污染物会加剧对生态环境风险的影响，还表现在对生物群落的影响上（杨姝倩，2006；李慧等，2005；张永清等，2005；张晶，2007）。江云珠等（1998）则认为，污水灌溉造成稻区水栖无脊椎动物的生物多样性降低、生态平衡破坏。而在土壤生物群落中的土壤微生物生态系统中微生物种群的数量、结构组成及其活性是一个随着环境条件不断变化的动态过程，其中微生物活细胞数量是环境变化最敏感的生物指标之一。含石油烃的污水灌溉可引起土壤中各微生物种群活细胞数量及组成结构的变化，同时土壤中的微生物也会在生理代谢方面做出响应，以适应环境的选择压力。韩力峰等（1995）发现，赤峰市郊区污水灌区土壤、蔬菜、地下水中细菌总数、大肠菌群、肠道致病菌的检出高于清水灌区。袁耀武等（2003）通过对污水灌溉地域土壤微生物分析，发现其中细菌、放线菌及真菌等各微生物类群的数量与非污水灌区土壤并无明显差异，土壤中一些有特定作用的微生物（例如自生固氮菌、硝化细菌等）的数量也无明显差异。李慧等（2005）认为，含油污水灌溉刺激了土壤中好氧异养细菌（AHB）和真菌的生长，反映土壤微生物活性的一系列土壤酶类指标（例如土壤脱氢酶、过氧化氢酶、多酚氧化酶活性）与土壤中总石油烃（TPH）含量呈显著正相关，而土壤脲酶活性与土壤中总石油烃含量呈显著负相关。张晶等（2007）发现，污水灌溉会改变土壤中固氮细菌的种群数量和多样性，且这种现象在土壤表层尤为明显。葛红莲（2009）研究表明，长期污水灌溉小麦田对土壤细菌、真菌和放线菌3大微生物类群的数量影响明显，表现为土壤中细菌和放线菌数量减少，真菌数量增加；长期污水灌溉小麦田对土壤微生物生理类群数量影响表现为土壤中纤维分解菌、固氮菌、硝化细菌和氨化细菌数量减少，反硝化细菌数量增加。

三、污水灌溉对人体健康的风险

污水灌溉是否对人体产生危害，是最受关注的问题，近年来受到了越来越多学者的重视。污水灌溉对人体健康的影响主要通过3条途径：①污水灌溉造成土壤和作物污染，使得污染物在农产品中积累，通过食物链进入人体内积累，从而导致多种慢性疾病；②污水灌溉导致地下水受到污染，通过生活饮用水而使人体产生急性和慢性中毒反应；③污水灌溉带入农田的污染物大于农田的自净能力时，则其中的硫化氢等有害气体、病原菌、寄生虫卵等会对该地区环境卫生造成污染，对人体健康产生危害。已有研究证明，污水灌区居民的消化系统主要疾病、恶性肿瘤的发病率高于清水灌区。此外，污水中的病原体对于农业劳动者和农产品的消费者，具有潜在的健康风险。还有报道指出，污水灌区有对人体致突变的可能性存在。但由于此类危害多具有长期潜伏性，相应情况很难在较短时间内得到验证。吴迪梅2002年对河北保定清苑县清水灌区和污水灌区发病率的调查结果显示，污水灌区人群胃病与肝大两种疾病发病率较高，分别为10.89％和14.1％，分别比清水灌区高213.8％和561.4％；同时腹泻等现象也较常见；此外，癌症发病率比清水灌区高。

第五节　污水灌区土壤污染防治和污水资源化利用准则

一、污水灌区土壤污染防治措施

污水灌区土壤污染状况受到各种因素的影响，污灌水质类型、灌溉历史、种植作物类型与耕作制度、土壤类型及土壤环境背景特征等都会影响污水灌区土壤污染状况。在我国具有代表性的37个污水灌区中，土壤污染面积超过66.7 hm^2（1 000亩）的包括江西大余、沈阳张士、新疆乌鲁木齐、陕西西安、北京东南郊、山东济南、甘肃白银、山西太原、广州东郊等的污水灌区，污染物主要以重金属为主，其中污染面积大的是镉和汞，其次是铅和铬。了解污水灌区土壤污染状况，是科学利用污水灌溉的前提。利用污水灌溉虽然可以缓解干旱地区农业用水紧张的矛盾，增加作物产量，但同时也会污染土壤和农产品。为了减轻和防止污水灌溉对土壤环境的污染，实现污水灌溉农业的可持续发展，应采取以下防治措施。

（一）全面调查，科学规划，统一管理

我国幅员辽阔，利用污水灌溉的区域分布广泛，不同污水灌区的情况千差万别，因此要防治污水灌区的土壤污染必须弄清全国污水灌区土壤被污染的实际状况，对污水灌溉水源、水质、灌溉面积、灌溉作物、灌溉方式等进行全面的调查。在此基础上，进行科学的污水灌区划分，明确哪些区域适宜污水灌溉、哪些地区应控制污水灌溉、哪些地区不宜污水灌溉。

从总体上保证污水灌溉的合理性。与此同时，还要从源头上抓起，严格控制城市和工业废水超标排放，严格执行国家颁布的《农田灌溉水质标准》（GB 5084—2005），把污水灌溉纳入水资源管理，在流域尺度上进行统一管理。

（二）推行灌溉污水预处理技术控制水质，禁止用原污水直接灌溉

污水灌溉水质是影响污水灌区环境质量的主要因素，控制灌区土壤污染必须首先控制灌溉用水的水质。就宏观而言，要在大力提高废水达标处理率的基础上，各个污水灌区应根据污水灌溉水质状况，大力推行一些简便易行、经济可靠的污水预处理技术。在我国，氧化塘或氧化沟处理法、污水土地处理技术、污水生态处理系统等污水预处理技术已经成熟，其推广应用可有效地减轻原污水或只经过一级处理的污水对土壤及作物的危害，特别是对于水质不符合《农田灌溉水质标准》（GB 5084—2005）的污水禁止直接进行灌溉。

（三）重视开展污水灌溉技术和污水土地利用的科学研究

①研究污水灌溉对土壤肥力、作物生理生化、农产品品质和产量的影响，研究不同类型污水、不同灌溉定额条件下的土壤肥力的变化、作物生长发育状况、作物产量及品质的变化，对污水灌溉历史长、污染已十分严重的灌区应停止污水灌溉并调整种植结构。

②研究不同土壤-植物系统对污水中有机物及主要有害物质的安全承受量，即该系统的最大环境容量，为科学制定不同类型土壤-植物系统的污水灌溉定额及污水灌溉水质标准提供依据。

③研究主要农作物的污水灌溉技术规程与规范。在综合应用上述研究成果的基础上，根据不同作物对污水的敏感性提出不同污水类型、不同土壤条件下主要农作物的污水灌溉方式、次数、最佳灌溉时期及灌溉定额，实现科学适度的污水灌溉。在作物苗期，接近拔节期、分蘖期等容易受污水危害的敏感期尽量避免用污水灌溉。

（四）加强监测管理，建立健全污水灌溉的规范化管理体系

1. 建立污水灌区水土环境评价指标体系及监测信息系统　本着简便易行的原则研究确定污水灌溉农田地下水及土壤环境评价指标，并以水利系统为基础建立污水灌区水土环境监测体系和全国污灌区信息网。

2. 加强污灌水质标准研究，完善污水灌溉的标准体系　我国颁布的《农田灌溉水质标准》（GB 5084—2005），应该严格执行，并完善配套污水灌溉的技术规范和技术指南。因此需要针对污水灌溉的特点和突出问题，深入研究提出适于不同区域的污水灌溉水质标准及实施方案。

3. 建立污水灌区管理体系　借鉴国内外污水灌区管理的成功经验，建立污水灌区规范化管理体系，实行清水和污水混合灌溉或间歇式污水灌溉制度，从而最大限度减轻污水灌溉的负面效应，保证既充分发挥污水灌溉的作用，又促进污水灌区农业的可持续发展。

二、污水灌区污水资源化利用准则

在我国主要的污水灌区，如何既充分利用污水资源，又保证污灌区土壤和农产品不受污染，是一个极具挑战性的课题。从促进污水灌区农业可持续发展和水土资源可持续利用的角度出发，污水灌区污水利用应遵循以下准则。

①根据污灌区土壤环境容量、自净能力及水文地质特点，将整个污水灌区细分为不宜污水灌区、控制污水灌区和适宜污水灌区，因地制宜，分类采取措施进行科学解决。

②对污水灌区所引用的城市污水，根据污水类型确定灌水定额和灌溉作物，对不符合国家《农田灌溉水质标准》（GB 5084—2005）的污水最好用于林地和绿化草坪及花卉的灌溉，以最大限度降低污染物通过食物链危害人体健康的风险。

③对于干旱严重地区，水质不能达到国家《农田灌溉水质标准》（GB 5084—2005）的污水，可采用清水和污水混合灌溉的方式，这样既可降低干旱缺水对农业造成的损失，又可避免因污水中有毒有害污染物浓度过高而污染土壤和农产品。

复习思考题

1. 什么是污水灌溉？我国未来利用污水灌溉的前景如何？
2. 污水灌溉对土壤有何不利的影响？
3. 污水灌溉对作物生长发育及品质有何影响？
4. 如何既充分利用污水资源又防止污水灌溉对环境的污染？
5. 污水灌溉的环境风险有哪些？

第八章 酸沉降与土壤生态环境

本章提要 本章主要介绍酸沉降物质的形成和来源，酸沉降污染对土壤缓冲性能、土壤酸化、活化土壤有毒金属元素、土壤微生物、植物生长的影响，我国典型酸沉降污染地区的土壤的酸化趋势以及防治对策。

第一节 酸沉降物质的形成和来源

大气酸沉降指的是大气圈酸性物质降落、下沉最终到达地表的现象。酸沉降导致土壤酸化、肥力下降、森林衰减、农作物减产、河湖酸度异常、鱼类死亡、城市建筑物和文物古迹被腐蚀侵害，使人体健康甚至生命安全受到了威胁，已严重危及世界生态环境，影响经济发展，威胁人类的生存。20 世纪 70 年代以来，世界各国极大重视酸沉降，将其作为一个重大的环境问题。

一、酸沉降的概念及化学组成

空气中的二氧化碳（CO_2）、氧气（O_2）等主要成分对地球演变过程有重要作用。在大气中，二氧化碳分压与水系统的 pH 有关。在大气压为 10^5 Pa 时，与二氧化碳分压相平衡的自然水系统的 pH 为 5.6。由此，把 pH 小于 5.6 的大气化学物质经过重力作用、扩散或降水等过程降落到地表的现象称为酸沉降。酸沉降包括干沉降和湿沉降。湿沉降一般指的是 pH 低于 5.6 的降雨、酸雾、酸雪等，酸雨是其最常见的形式；干沉降是指通过气体扩散与固体物形成气溶胶降落的沉降。

（一）背景区的降水的酸碱度

酸雨是污染造成的。为了对比，必须找一个无污染的相对干净地区进行酸雨监测。联合国有关组织分别在中国云南丽江玉龙雪山山麓、印度洋的阿姆斯特丹、北冰洋的阿拉斯加、太平洋的凯瑟琳、大西洋的百慕大群岛等地建立了内陆、海洋、海洋与内陆连接的清洁降水背景点。通过数据对比，我国酸雨区域大致属于内陆型，其特征是酸性来源，首先是来源于硫酸根，其次是来源于硝酸根；酸缓冲物以铵和钙离子为主。

除了联合国在我国建立的清洁降水背景点之外，我国还在相对不受污染或少受直接污染的某些地区建立国控清洁降水背景点。这些站位分布在四川、云南、贵州、湖南、安徽等地。例如 1986 年，王朗自然保护区，降雨 pH 均值为 6.64，降雪 pH 均值为 7.11；二郎山，降雪 pH 均值为 7.11；海螺沟，降雪 pH 均值为 6.66；黄山，降雨 pH 均值为 6.33；衡山，降雨 pH 均值为 5.90；梵净山，降雨 pH 均值为 5.69。它们均未形成酸雨。还可进一步分析降水的基本化学组成，通过与酸雨地区对比，将有助于分析我国酸雨产生原因，例如污染源强、大气传输等。

（二）酸沉降物质的化学组成

1. 酸雨的主要离子组分　对于酸雨，只知道其酸碱度（pH）是不够的，为了判断酸雨的形成和来源，必须了解它的化学组成。

在酸雨研究中一般是分析测定降水样品中的一些离子组分，阳离子包括 NH_4^+、Ca^{2+}、Na^+、K^+、Mg^{2+} 和 H^+，阴离子包括 SO_4^{2-}、NO_3^-、Cl^- 和 HCO_3^-。在 pH<5 的情况下，HCO_3^- 含量接近于零，故酸性样品一般不测定此项指标。

2. 酸雨中的强酸及弱酸性物质　酸雨中的强酸有硫酸、硝酸和盐酸 3 种。由于它们在水溶液中完全电离，故对降水的游离酸度（即 pH）贡献最大。在多数地区，硫酸是主要的，硝酸次之，盐酸的贡献很小。

酸雨中还存在一定量的弱酸。弱酸指电离常数大大小于 1 的酸类。酸雨常见的弱酸为有机酸（甲酸、乙酸、乳酸、柠檬酸等）、布朗斯台德酸（溶解态铝和铁）、碳酸（H_2CO_3）等。由于这些酸在 pH<5 时几乎不电离，所以它们对降水的 pH 影响很小。

直接通径系数表明，在影响酸雨 pH 的主要离子中，阴离子的致酸作用是主要的。致酸阴离子以 SO_4^{2-} 最重要，其次是 NO_3^-，二者的重要性按直接通径系数计 SO_4^{2-} 是 NO_3^- 的 4.5 倍；而 Cl^- 的作用较弱。Ca^{2+} 和 Mg^{2+} 在中和酸度的作用上其重要性大致相当，是最为重要的两种碱性阳离子，其次是 NH_4^+；而 K^+ 和 Na^+ 的重要性不大。

（三）云雾的酸度与化学组成

除雨雪外，降水还包括雾、露、霜等。酸性雾对一些高山森林生态系统的潜在危险性，引起了各国研究人员的极大关注，从而把对酸雾和云的研究推向一个高潮。

1983 年 7 月，在贵阳地区利用飞机收集高空雨水，测得 pH 为 6.00～6.54，中值为 6.25。可认为雨水 pH 与此相近。1986 年在贵州省东部的梵净山自然保护区海拔约 2 200 m 的山顶上，采集了雾水样品并进行了分析，结果表明，雾水酸度和离子浓度均高于同期的雨水。

二、酸沉降物质的来源

酸沉降物质的来源一般分为天然来源与人为来源。

（一）酸沉降物质的天然来源

1. 海洋雾沫　它们会夹带一些硫酸到空中。

2. 生物　土壤中某些机体，如动物死尸和植物落叶在细菌作用下可分解某些硫化物，继而转化为二氧化硫。

3. 火山爆发　火山喷出大量的二氧化硫气体。

4. 森林火灾　雷电和干热引起的森林火灾也是一种天然硫氧化物排放源，因为树木也含有微量硫。

5. 矿藏的自燃　浙江省衢州市常山县某地地下蕴藏含高硫量的石煤，开采价值不大，但原因不明地在地下自燃数年，通过洞穴和岩缝，每年逸出大量硫氧化物（SO_x）。安徽省铜陵市铜山铜矿的矿石为富硫的硫化铜矿石，其含硫量平均为 20%，最高为 41.3%，世间罕见。高硫矿石遇空气可自燃，即：$2CuS+3O_2 = 2CuO+2SO_2$，因此在开采过程中，能自燃，形成火灾，并释放出大量热的硫氧化物，腐蚀性极大，污染周边环境。

6. 闪电　高空雨云闪电，释放很大的能量，能使空气中的氮气和氧气化合生成一氧化氮，继而在对流层中被氧化为二氧化氮，与空气中的水蒸气反应生成硝酸。

7. 细菌分解　即使是未施过肥的土壤也含有微量的硝酸盐，土壤硝酸盐在土壤细菌的作用下可分解出一氧化氮、二氧化氮、氮气等气体。

（二）酸沉降物质的人为来源

1. 化石燃料与工业过程

（1）化石燃料燃烧　酸性物质硫氧化物（SO_x）和氮氧化物（NO_x）的排放人工源之一是煤、石油、天然气等化石燃料燃烧。无论是煤、石油，还是天然气都是在地下埋藏亿万年，由古代的动植物化石转化而来，故称为化石燃料。科学家粗略估计，1990年我国化石燃料约消耗近 7.0×10^6 t，仅占世界消耗总量的 12%，人均消耗量未达世界平均水平。但 2008 年的原油消费量就达 3.6×10^8 t，化石燃料消耗的增加速度太快，应引起足够重视。

家庭炉灶排放源数量大，分布广，排放高度低，排放的污染物质常弥漫于居住区的周围，造成严重的低空大气污染。其排放的物质基本上由燃烧煤和石油产生的烟尘、废气组成。

（2）工业过程　酸性物质硫氧化物和氮氧化物排放的另一个人工源是工业过程。例如金属冶炼，某些有色金属的矿石是硫化物，铜矿、铅矿、锌矿便是如此，将铜、铅、锌的硫化物矿石还原为金属过程中将逸出大量硫氧化物气体，部分回收为硫酸，部分进入大气。化工生产，特别是硫酸生产和硝酸生产可分别跑冒滴漏可观量硫氧化物和氮氧化物，由于二氧化氮（NO_2）带有淡棕的黄色，因此工厂尾气所排出的带有氮氧化物的废气像一条"黄龙"，在空中飘荡，控制和消除"黄龙"被称为"灭黄龙工程"。再如石油炼制等，也能产生一定量的硫氧化物和氮氧化物。

2. 交通运输与酸雨　交通运输是酸性物质硫氧化物和氮氧化物排放的又一个人工源，例如汽车尾气。在发动机内，活塞频繁打出火花，像天空中闪电，使氮（N_2）氧化变成氮氧化物。不同的车型，尾气中氮氧化物的浓度有高有低，机械性能较差的或使用时间较长的发动机尾气中的氮氧化物浓度较高。汽车停在十字路口，不熄火等待通过时，要比正常行车尾气中的氮氧化物浓度高。近年来，我国各种汽车数量猛增，它的尾气对酸雨的贡献正在逐年上升。

3. 氯化物的排放　氯化物排放的天然源之一是海风扬起的雾沫，雾沫中含有海盐，海盐的主要成分是氯化物，如氯化钠、氯化钾、氯化镁等。

氯化物排放人工源较弱，少数城市有氯气和氯化氢制造，逸出酸性气体氯化氢（HCl）和氯酸（$HClO_3$），但量不大。对广大地区酸雨形成的贡献也不大。

浙江东北部土壤中含有微量氟元素，取土造砖时，在焙烧过程中，向大气排放出一定量的氟化物，主要形式是氟化氢，也对局部酸雨有贡献。该地区湿沉降中，氟离子的浓度比其他地区高。

浙中盆地义乌市，黏土建材企业（砖瓦厂、墙地砖厂等）发展迅猛，生产排放大量含氟废气。氟化物进入大气后，形成酸性很强的氟化氢，易溶于水。故其降水中氟化物含量年均值为 0.216 mg/L，比浙江东部舟山、浙江南部丽水的降水氟含量高出 1 倍多。降水中的氟化物除了增加酸度之外，氟化物本身的毒性大，对植物的影响比二氧化硫高出 10～100 倍。在氟源集中的污染区，桑叶不能育蚕，果树难于结果，粮食蔬菜减产。

三、大气酸沉降物质的沉降方式

狭义上的酸沉降，是指 pH<5.6 的降水。以往人类考虑酸沉降问题时，忽视了自然因素的作用，总是把人为因素排放的酸性污染物作为出发点来考虑。通过研究酸沉降的发展过程，人们发现，自然因素对降水的酸度也具有重要的影响，因此研究大气酸沉降问题的时候，尤其是研究沿海地区的酸沉降问题时，在一定程度上考虑了自然因素的影响，而对于降水较少的沙漠或其他干旱地区，人们则更多地关注酸性物质的干沉降问题。上文已述，从广义上讲，酸沉降为大气中的酸性物质降落到地表的全过程，可分为酸性湿沉降和酸性干沉降两种类型。其中，湿沉降主要有酸雨、酸雪、酸雾等形式；干沉降则被认为是酸性物质直接从大气中沉降到地面，而完全不经过降水形式。大气酸沉降的各种形式见表 8-1。

表 8-1　大气酸沉降的形式

类型	相态	沉降形式、成分
干沉降	气态	SO_2、NO_x、HCl
	固态	飘尘、气溶胶
湿沉降	气态	雨、露、雾
	固态	雪、霜

四、我国酸雨地域分布及其化学特征

我国的酸雨区与欧洲和北美洲合称为世界 3 大酸雨区，而且在世界 3 大酸雨区中，我国的强酸雨区（pH<4.5）面积最大，南方和西南地区已经成为世界上降水酸性最强的地区。我国酸雨主要分布区约占我国国土面积的 30%。并有如下特点：①南方酸雨区范围无明显变化，北方酸雨区继续扩展。北方出现的几个小块酸雨区呈现连成大片的趋势。②强酸雨区范围扩大，但酸度有所减弱。并呈现明显的向北扩展的趋势，强酸雨区降水酸度整体上有所减弱。我国降水中各离子所占的比例，以 SO_4^{2-} 和 NO_3^- 较高。

SO_4^{2-}、NO_3^- 及 NH_4^+ 和 Ca^{2+} 是我国降水中的主要离子，SO_4^{2-} 比 NO_3^- 的浓度高，其比例为 6.4∶1。另外，NH_4^+ 和 Ca^{2+} 浓度却远大于欧美国家。全国降水和局地降水酸度取决于二氧化硫（SO_2）和氮氧化物（NO_x）酸性气体以及颗粒物和氨（NH_3）的排放量的相对削减和增长。我国"两控区"（酸雨控制区和二氧化硫控制区）政策的实施使得二氧化硫（SO_2）的排放在一定的程度上得到控制。但是随着我国汽车保有量的显著增加，另一类重要的致酸性物质氮氧化物的排放量在持续增长，并逐渐导致我国酸雨类型发生转变，由原来的硫酸型逐步转变为硫酸和硝酸混合型。位于沿海发达地区降水中硝酸根（NO_3^-）与硫酸根（SO_4^{2-}）浓度大体相当，酸雨已是硫酸和硝酸混合型酸雨；而内陆的绝大多数城市硫酸根浓度远大于硝酸根浓度，仍然是硫酸型酸雨。

第二节　酸沉降对土壤生态的影响及对策

一、土壤缓冲容量及其影响因素

（一）土壤缓冲性

土壤具有缓和其 pH 发生剧烈变化的能力，它可以保持土壤反应的相对稳定，为植物生

长和土壤生物创造比较稳定的生活环境。在自然条件下，土壤 pH 不因土壤酸碱环境条件的改变而发生剧烈的变化，而是保持在一定的范围内，土壤这种特殊的抵抗能力，称为缓冲性。换言之，土壤缓冲性是指土壤抗衡酸碱物质、减缓 pH 变化的能力。

土壤缓冲性主要通过土壤胶体的离子交换作用、强碱弱酸盐的解离等过程来实现，因此土壤缓冲性的高低取决于土壤胶体的类型与总量、土壤中碳酸盐、重碳酸盐、硅酸盐、磷酸盐和磷酸氢盐的含量等。

土壤缓冲作用是因土壤胶体吸收了许多代换性阳离子，例如 Ca^{2+}、Mg^{2+}、Na^+ 等可对酸起缓冲作用，H^+、Al^{3+} 可对碱起缓冲作用。土壤缓冲作用的大小与土壤离子代换量有关，其随离子代换量的增大而增大。

土壤酸化是指土壤中可交换盐基离子（K^+、Na^+、Ca^{2+}、Mg^{2+}、Al^{3+} 等）减少或交换性酸增加。当酸沉降物质淋洗土壤时，由于土壤自调机制作用，可交换阳离子、羟基铝或铝硅酸盐等土壤矿物会与酸性沉降物中 H^+ 发生交换或化学反应，释放出大量阳离子，实现对酸沉降的缓冲。不同类型的土壤，由于其 pH、可交换阳离子总量、盐基饱和度、有机质含量等主要因素不同，对酸沉降所表现的缓冲能力也不相同，所以土壤对酸沉降的缓冲能力可用来衡量土壤对酸沉降物质的承受能力。

（二）土壤缓冲容量

研究土壤对酸沉降物质敏感的程度，即土壤的酸缓冲能力，选用适当的指标是非常重要的。在对我国南方主要土壤类型的基本性质及其对生态环境影响的研究中，以土壤的酸缓冲容量的大小表示其对酸沉降物质的敏感程度。通过大量标本的分析，认为从土壤对酸的缓冲曲线确定土壤对酸的缓冲容量是目前较为理想的方法之一，特别对我国大面积存在的酸性土壤（主要指红壤、黄壤类土壤）更为适用。它可以提示土壤受不同量的酸沉降物质影响时酸度变化的全过程。一般认为，当土壤 pH 降至 3.5 时，可使包括一般树种在内的植物由于受酸害而不能正常生长，甚至可受害而死。因此研究者以使土壤 pH 降至 3.5 时所需要的酸量作为土壤的酸缓冲容量。

土壤缓冲容量一般指的是使土壤溶液的 pH 改变一个单位所需要加入的酸量或碱量。土壤缓冲容量大就可以稳定土壤溶液反应，使酸碱度保持在一定范围，为植物生长创造稳定的土壤生态条件。

（三）土壤缓冲能力的影响因素

土壤缓冲作用是因土壤胶体吸收了许多代换性阳离子，例如 Ca^{2+}、Mg^{2+}、Na^+ 等可对酸起缓冲作用，H^+、Al^{3+} 可对碱起缓冲作用。土壤缓冲作用的大小与土壤离子代换量有关，其随离子代换量的增大而增大。因此土壤的缓冲性受到黏土矿物类型、土壤的酸碱性和有机质含量的影响。一般来说，土壤缓冲性强弱的顺序是腐殖质土＞黏土＞砂土，故增加土壤有机质和黏粒，就可增强土壤的缓冲性。

土壤对酸沉降的缓冲作用由阳离子交换、氢氧化铝水解以及原生矿物风化 3 个部分组成。各部分的相对重要性不仅取决于土壤有机质、酸碱度、盐基饱和度、阳离子交换量（CEC）和矿物组成，而且与酸雨的 pH、地表植被密切相关。酸雨对土壤的影响不仅表现在时间上，而且具有空间差异。土壤类型不同，对酸雨的缓冲能力亦不同。南方 7 个省土壤的酸缓冲容量可分为 <2.5 mol/kg、2.5～10.0 mol/kg、10.0～25.0 mol/kg、>25.0 mol/kg 4 个等级。对酸雨缓冲能力最弱的地带性土壤是砖红壤，其次是黄棕壤、红壤和黄壤，再次是棕壤和褐土。其变化规律是由南到北、从东至西土壤对酸雨的缓冲能力逐渐增强。

二、酸沉降对土壤生态环境的影响

土壤是酸沉降的最大承受者，大量的酸性物质输入土壤后，会影响土壤的缓冲性能，进而不可避免地引起土壤酸化、营养元素的淋失、部分有毒金属的活化以及降低土壤酶的活性等。

（一）土壤酸化

土壤酸化是指土壤变酸的过程。按照土壤酸化形成的原因可分成两类，一类是土壤形成过程本身，由其所处的特点或成土的条件而形成酸性土壤；另一类则主要是由酸雨（酸性沉降物）导致的土壤酸化。土壤环境科学中的酸化是指后者。土壤是酸沉降最大的承受体，大量的酸性物质输入土壤，土壤生态体系必须接受更多的铝（Al）载荷，不可避免地引起土壤酸化。酸雨引起土壤酸化的具体过程大致是：酸雨中的 H^+ 与土壤胶体表面吸附的盐基离子（K^+、Na^+、Ca^{2+}、Mg^{2+}）进行交换反应，从而进入土粒表面，被交换下来的盐基离子则随渗漏水流失。土壤胶体表面的 H^+ 又自发地与土壤矿物晶格表面的铝迅速反应，转换成交换性铝，这就是土壤酸化的实质。

模拟酸雨试验表明，土壤酸化一般是经表土向底土和心土层发展，并且与酸雨 pH 成负相关，与酸雨量和淋洗时间呈正相关。通常情况下，当酸雨量较小（小于 1 000 mm），pH 较高（大于 3.50）时，对土壤酸化影响较小；当酸雨淋溶量增大（大于 2 000 mm），pH 较低（小于 3.50）时，不仅耕作层土壤酸化加剧，而且心土层也开始酸化。土壤酸化还与土壤本身的缓冲能力有关，土壤缓冲能力主要取决于土壤的有机质含量、组分、结构、pH、盐基饱和度、渗透力等因素。因此并非所有的土壤都容易酸化。通常情况下，土壤受酸雨酸化影响的程度，强酸性土壤大于酸性土壤和近中性土壤。

1. 土壤酸化的过程　根据土壤中 H^+ 的存在形态，可将土壤的酸度分为活性酸和潜性酸两大类型。活性酸是土壤溶液中 H^+ 浓度的直接反映，其强度通常用 pH 来表示。土壤的 pH 愈小，表示土壤活性酸愈强。潜性酸是由呈交换态的 H^+、Al^{3+} 等离子所决定的。当这些离子处于吸附态时，潜性酸不显示出来。当它们被交换入土壤溶液后，增加其 H^+ 的浓度，这才显示出酸性来。土壤中潜性酸的主要来源是由于交换性 Al^{3+} 的存在，交换性 Al^{3+} 的出现或增加，不是土壤酸化的原因，而是土壤酸化的结果。土壤的潜性酸和活性酸可以相互转化，而前者要比后者大得多。然而只有盐基不饱和的土壤才有潜性酸。

虽然在天然状态下，部分地区的土壤也呈现酸性，具有与之相适应的生态系统，但酸沉降的发生将使其酸度更高。酸沉降的长期影响必然引起土壤酸碱特性的改变，致使土壤 pH、阳离子交换容量和盐基饱和度的降低，这已是环境酸化研究者的共识。酸沉降消耗土壤中的阳离子使土壤逐渐酸化，而基岩的风化又不断地向土壤输送阳离子。同时，土壤的反硝化、硫酸盐的还原使土壤碱性增强，硝化、阳离子被植物吸收可使土壤变酸。土壤作为酸沉降的直接受体，它的酸碱特性是酸沉降、土壤物理化学作用及生物过程的综合作用结果。一般而言，土壤本身对酸沉降具有较大的缓冲作用。土壤是人类赖以生存的基础，逐渐变酸的土壤可以改变动植物已经适应的生存条件，从而影响农业生产、森林生长等。土壤酸化还可影响营养元素的地球化学循环，造成有毒有害元素（例如铝）的活化等。

2. 土壤酸化的特征和指标　土壤酸化是指土壤内部产生和外部输入的氢离子引起土壤 pH 降低和盐基饱和度减小的过程。在湿润气候区，土壤形成和发育的过程本身就是一个自然酸化的过程，大气污染所引起的干酸沉降、湿酸沉降则大大加快自然土壤的酸化速率。需要指出的是，由于土壤具有缓冲性能，因而并不是土壤内部产生和外部输入的氢离子都能引起土壤 pH 的改变，也就是说，并不是所有的土壤酸化都能在 pH 上反映出来。因此一些学者以其他的方法来表示土壤酸化。

土壤中 H^+ 的平衡不能用来估算土壤的酸化速率，因为这种平衡只考虑了净 H^+ 的转换，而未包括酸性有机物的积累引起的酸化。如果土壤中有 H^+ 产生，却只能部分在 pH 上反映出来。这样 van Breemen 等用一个容量因子而不是 pH 这种强度因子来定义土壤酸化。与溶液体系相似，他们将土壤酸化定义为土壤无机组分（包括土壤溶液）的酸中和容量减小。酸中和容量（ANC）被定义为碱性组分减去强酸组分的差，即

$$ANC_m = B_m - A_m$$

式中，B 为碱性组分（阳离子），A 为强酸组分（强酸阴离子），m 表示矿质土壤。

这样，土壤酸化或酸中和容量的减小就只与矿质土壤中阳离子的净移出（风化）和阴离子的净积累（沉淀）有关。但考虑有机质是土壤的组成部分，并且羧基上可交换的阳离子也对酸中和容量有贡献。而且氮和硫在有机质中的积累是使强酸组分增加，从而降低酸中和容量。一些研究者认为，土壤酸化最好定义为土壤固体（矿物和有机质）和液体的总酸中和容量的减小。并且把土壤酸化区分为实际土壤酸化（ANC_s）和潜在土壤酸化（BNC_s）两类，其表达式为

$$ANC_s = B_m + B_o$$
$$BNC_s = A_m + A_o$$

式中，B 为强碱和弱碱组分，A 为强酸和弱酸组分，s 表示固体和液相（即土壤），o 表示有机组分；实际土壤酸化被定义为 ANC_s 的减小，潜在土壤酸化被定义为 BNC_s 的增加。这样，实际土壤酸化通过阳离子的移出来反映，而潜在土壤酸化则通过阴离子的保持来反映。

3. 酸沉降对土壤酸化过程的影响　在酸沉降条件下，土壤中发生的化学过程实质上是土壤组分对 H^+ 缓冲作用的表现。仇荣亮等认为，土壤对酸沉降的缓冲作用分别由初级缓冲体系和次级缓冲体系来完成。初级缓冲体系表现为土壤阳离子，主要为盐基离子（K^+、Na^+、Ca^{2+}、Mg^{2+}）的交换反应。伴随着盐基离子的大量淋失、初级缓冲体系缓冲能力的减弱或耗尽，土壤对输入质子的缓冲作用向次级缓冲体系过渡。次级缓冲体系是动力学上较慢的土壤矿物风化过程，主要表现为土壤中原生及次生铝硅酸盐的酸性水解，在此过程中除 Al^{3+}、$Si(OH)_4$ 外，同时伴随有盐基的释放，以补偿可溶态和交换态盐基的淋失。

（二）酸沉降对土壤阳离子的淋洗作用

土壤酸化导致元素的加速淋出。目前研究最多的是盐基离子（K^+、Na^+、Ca^{2+}、Mg^{2+}）和铝，土壤中盐基离子存在方式主要以离子形式（活性态）、被有机无机胶体的非专性吸附形态（吸附态）、原生矿物和次生矿物风化时释放出盐基离子形态（矿物态）。

大量研究均表明，土壤酸化加速盐基离子的淋出。盐基离子对酸敏感性顺序一般认为为 Ca^{2+}、$Mg^{2+} > K^+$、Na^+，而英国灰壤酸化敏感顺序为 $K^+ > Mg^{2+} > Ca^{2+}$。铝的淋出是土壤酸化的结果，随着土壤酸化程度的加深，必然会伴随着交换态 Al^{3+} 的出现或增加，铝的淋出量与土壤酸化程度以及土壤中 SO_4^{2-} 含量关系密切。因为在土壤溶液中，Al^{3+} 与 SO_4^{2-} 在适当条件下可形成 $Al\text{-}SO_4^{2-}$ 化合物，它们是作为缓冲作用范围内铝迁移的中间产物，$Al\text{-}SO_4^{2-}$ 化合物的形成和分解控制着 Al^{3+} 的淋出。

酸雨中的氢离子（H^+）与土壤中交换性盐基进行交换吸附反应，使得盐基离子被淋出而损失。盐基离子的大量淋失是酸雨对土壤最基本的影响。酸雨淋洗出与土壤胶体结合的钙、镁、钾等营养成分后，将使土壤贫瘠化，影响植物的生长。在不同 pH 的酸雨作用下，土壤盐基离子的淋失有较大差异，但也表现出较为统一的规律：随酸雨 pH 降低，积累盐基释放总量增加。另外，酸雨含有大量的 SO_4^{2-}、NO_3^- 等阴离子，它们的存在也加速了 K^+、Na^+、Ca^{2+}、Mg^{2+} 等阳离子的淋失。

酸化对土壤最基本的影响表现在土壤盐基离子的组成及盐基饱和度的变化。一般来说，中性、碱性土的盐基饱和度较高，阳离子组成中以 K^+、Na^+、Ca^{2+}、Mg^{2+} 为主，例如褐土的盐基饱和度高达 100%。而酸性土壤阳离子组成中以 H^+、Al^{3+} 为主，例如红壤的盐基饱和度只有 20%～30%。不同土壤类型由于发育程度及化学组成的差异，盐基释放量和土壤酸度的变化也不尽相同。不同酸度模拟酸雨作用下，各土壤盐基离子的淋溶表现出相同的规律，随模拟酸雨 pH 降低，盐基释放积累量增加。根据棕壤表层土壤 10 年的模拟淋洗试验结果，对酸雨敏感的顺序为 $Ca^{2+}>Mg^{2+}>K^+>Na^+$。

土壤盐基离子的淋失量随模拟酸雨 pH 的降低而增加，尤其当 pH≤3.50 时，增加最明显。土壤中各离子淋失量大小均为 $Ca^{2+}>Mg^{2+}>Na^+>K^+$。酸雨破坏土壤化学元素的平衡，导致一些阳离子的淋失，盐基饱和度降低，土壤缓冲能力下降。土壤盐基饱和度、Ca^{2+} 和阳离子交换量越高，其缓冲能力越大，4 种土壤缓冲能力大小顺序为红棕紫泥＞红紫泥＞灰棕紫泥＞黄壤（表 8-2）。

表 8-2　模拟酸雨淋溶后几种土壤交换性盐基离子含量

（引自刘莉等，2007）

| 土壤 | 酸雨 pH | 盐基离子含量（cmol/kg） | | | | 盐基饱和度 |
		K^+	Na^+	Ca^{2+}	Mg^{2+}	
黄壤	2.5	0.18	1.36	1.09	0.69	21.38
	3.5	0.49	0.88	1.32	0.93	29.45
	4.5	1.15	1.59	1.95	1.08	34.38
	原土	0.29	2.03	2.07	1.24	45.01
灰棕紫泥	2.5	0.35	1.36	4.10	1.35	31.92
	3.5	0.36	0.76	4.70	1.70	39.78
	4.5	0.66	2.04	5.10	1.97	44.23
	原土	0.27	2.08	5.59	2.11	56.31
红紫泥	2.5	0.39	1.15	5.69	1.54	32.52
	3.5	0.43	1.32	7.30	2.15	39.13
	4.5	0.66	1.37	7.65	2.28	44.52
	原土	0.26	1.46	8.81	2.49	53.68
红棕紫泥	2.5	0.46	0.63	7.57	1.35	100.00
	3.5	0.50	0.85	8.18	2.75	100.00
	4.5	0.96	1.34	10.07	3.42	100.00
	原土	0.60	1.63	11.00	3.68	100.00

（三）酸沉降促进土壤活性铝溶出及矿物风化

铝是地壳和土壤中最丰富的金属元素，占地壳质量的 7.1%。土壤中的铝主要存在于层状铝硅酸盐矿物的晶格中（例如长石、云母、蒙脱石等），其余的铝以各种化学形态存在（例如水溶性铝、交换态铝、有机配合态铝等）。土壤溶液中单体铝的形态决定于土壤溶液的 pH，在 pH 较低（4.0~4.5）的酸化环境下，这些形态的铝可被活化、溶出，并水解成一系列单体和多聚体的羟基铝，其中以 $Al(OH)^{2+}$ 和 $Al(OH)_2^+$ 对生物的毒性最大。

土壤中铝主要包括原生和次生的矿物铝、无定形铝、黏土矿物的层间结合铝、无机和有机胶体吸附的可交换态铝以及土壤溶液中自由的和络合的铝。这些不同形态的铝，在土壤固液界面及土壤溶液中可以相互转化，这使铝的形态更加复杂（图 8-1）。

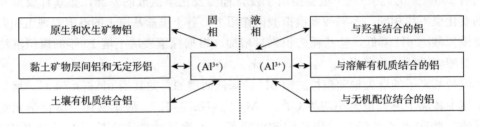

图 8-1　土壤中铝的形态

不同性质的土壤，其活性铝溶出受酸雨的影响也有差异。酸雨的酸度对强酸性土壤活性铝的溶出有很大的影响，而对微酸性和近中性土壤的活性铝溶出影响较弱。酸雨对土壤的酸化导致铝的活化和释放。当酸雨 pH<4.5 时土壤铝溶出量开始增加，在 pH<4.0 时铝的溶出量显著增加，这表明铝的溶出量与酸雨的 pH 呈负相关。铝的溶出量显著增加主要与铝离子的化学特性有关，在土壤 pH<4.5 时铝主要以简单的羟基铝和 Al^{3+} 形态存在，当 pH 较高时铝则以羟基铝多聚体形态存在而不易溶出。大量铝的溶出将产生两个主要后果：①当 Al^{3+} 溶出量增加至一定程度后，植物的根系会受到毒害而出现生长不良，甚至死亡；②由于 Al^{3+} 是高价离子，与土壤胶体的结合能力非常强，所以很容易从土壤的负电荷点上将盐基离子交换下来，使它们随渗透液淋失。

在较低的 pH 范围内，铝离子与氢离子成为可移动的离子，随土壤 pH 的下降，铝离子的移动性增强。酸性土壤经酸雨淋洗后，土壤中上述各种形态的铝会发生溶解，成为可溶性铝进入土壤溶液，淋出液中铝的含量与土壤 pH 和酸雨 pH 有关。随着酸雨 pH 的降低，酸性土壤中铝的溶出量逐渐增多，并在一定 pH 之后出现较大程度的上升。采用模拟酸雨静态浸提酸化红壤、黄红壤和水稻土，酸雨对强酸性土壤活性铝的释出有一定促进作用，酸化土壤中的活性铝主要是由土壤中固相的 $Al(OH)_3$ 转化而来，活性铝以 Al^{3+} 为主。只有当酸性土壤 pH 降至 4.3 时，才会导致活性铝迅速大量释放；当土壤酸化后的 pH 大于 5 时，土壤中单聚羟基铝离子 $[Al(OH)^{2+}、Al(OH)_2^+]$ 的含量大于 Al^{3+}；当土壤 pH 降至 5.0 以下时，Al^{3+} 的含量则高于单聚羟基铝离子，其含量随着土壤 pH 的下降而逐渐增加。对单聚羟基铝离子，当土壤 pH 在 5.5 以下时，随土壤 pH 的降低而逐渐减少；当 pH 大于 5.5 时，则随土壤 pH 的升高也逐渐减少；土壤中单聚羟基铝离子含量在 pH 5.5 时达到最大值。随酸雨 pH 降低，土壤溶液中毒性大的 Al^{3+} 占单核无机铝的比例增加。研究者认为，铝淋溶释放量随淋出液 pH 的不同可明显分为两个区域，其突变 pH

为 4.0～4.5，这个突变 pH 正是土壤的缓冲体系转入铝缓冲范围的 pH。大量铝离子的出现会使植物根系受害而生长不良，也会导致水体铝浓度增高，使得河流、湖泊酸化，影响水生生物生长等。

酸雨对土壤矿物风化的有着巨大的影响。土壤矿物的风化作用是以酸性水解反应为主要过程的，H^+ 浓度是风化动力学的重要控制因子。元素释放既取决于水解反应的难易程度，也取决于矿物组成中元素的相对比例。土壤矿物在酸沉降作用下的风化过程有如下特征：①水酸度增加，土壤矿物风化量增加；②土壤深度增加，土壤矿物风化量增加；③对酸沉降缓冲能力大的土壤，矿物风化能力强。

（四）酸沉降活化土壤有毒金属元素

土壤的重金属元素主要有铅（Pb）、镉（Cd）、砷（As）、汞（Hg）、铬（Cr）、镍（Ni）、铜（Cu）、锌（Zn）等，这些重金属的存在形态有可交换态、有机质结合态、碳酸盐结合态、铁锰氧化物结合态以及包含于矿物晶格中的残渣态等。可交换态就是不稳定态，是土壤中活动性最强的部分，对环境 pH 的微小变化都非常敏感，也是农作物最容易吸收的部分。其他形态中除了残渣态以外，都属次稳定态，一定范围的 pH 变化能够改变它们的移动性和生物活性。在模拟酸雨条件下，铜的优势形态由有机质结合态向可交换态、碳酸盐结合态和铁锰氧化物结合态转化，铅、锌和铬则由原来的铁锰氧化物结合态向可交换态转化。这些形态变化的结果，一是增加了重金属元素的可利用程度，而在植物体内积累至高浓度，因为交换态是最易为植物吸收的重金属形态；二是提高了重金属元素的迁移性，因此经长期酸雨淋洗后土壤中的植物必需元素（例如铜、锌、锰等）会缺乏。研究报告指出，近几十年的酸沉降已使瑞典南部森林土壤中可交换态锌含量降低至 50 年前的一半，同时造成地表水、地下水的严重污染，危及水生生物的生存。陆地汞富集往往伴随酸沉降，全球性的汞污染源公认为主要是燃煤造成的。煤汞随酸沉降物质进入土壤，并危害整个陆生生态系统。酸沉降污染严重的地区，铅、锌、铜、镉等重金属在土壤中有积累的趋势。由于大多数重金属在土壤中的移动性较小，因此酸雨对土壤重金属的淋失作用也很弱，但是酸雨使土壤重金属的活性增加，并增加了对植物的毒性。

土壤重金属的活化通常有两种不同的方式。一是可溶性有机酸（主要是腐殖质）起关键作用，铅、铜、铬等与有机酸形成稳定络合物并以络合物形态在土壤中迁移；二是土壤酸度起关键作用，土壤酸度增大，重金属溶解度增加。土壤金属释放速率与 pH 密切相关，研究者通过模拟试验证实了这些金属对土壤酸度的变化很敏感，淋溶液 pH 降低 0.2 个单位则镉的浓度将增加 3～5 倍。

我国南方地区酸雨污染已相当严重，土壤酸化程度不断加剧。其本质是外源氢离子进入土壤，致使铝离子和重金属离子活化度提高，而氮、钾、硼等营养元素有效态含量降低。酸雨促使土壤中有些元素的活化，特别是某些有毒性的重金属元素，例如锰、铬、铜、铅、镉、锌等。在低 pH 条件下，这些有毒性的重金属元素离子溶解度显著增高，例如 Mn^{2+}，当土壤 pH 降至 5.00 左右时，其浓度即可达到毒害水平。高浓度的有毒重金属元素沉降和积累在土层，使得土壤成为有毒性的环境介质，进而影响植物的生长。

土壤酸化造成了土壤质量下降。随着酸化的不断发生，土壤中钾、钙、镁等营养物质逐渐被淋失，土壤变得贫瘠化，同时酸化使土壤中的镉、汞、铅等金属元素的活性增加进而对植物产生毒害。对湖南土壤酸化较严重的洞庭湖农业区进行土壤 pH 测定和镉

（Cd）、汞（Hg）、铅（Pb）和砷（As）等有害元素不同形态的分析结果表明，镉等元素不同形态分布特征、元素不同形态随土壤 pH 变化规律和土壤酸化对不同元素各种形态含量差异很大，镉元素以离子交换态为主，铅在土壤中主要以铁锰氧化态和残渣态两种形式存在。离子交换态的镉、铅均随土壤 pH 减小而增加，汞和砷在土壤中主要以残渣态形式存在（表 8-3）。

表 8-3　不同样地土壤 pH 和元素不同形态的比例

样地	pH	元素	各结合形态占总量的比例（%）					
			离子交换态	碳酸盐态	腐殖酸结合态	强有机态	铁锰氧化态	残渣态
宁乡	6.67	As	0.23	0.89	31.71	0.41	8.66	58.10
		Cd	40.13	18.42	7.77	6.26	17.59	9.83
		Hg	0.33	0.35	10.05	12.45	0.27	76.56
		Pb	3.37	8.62	16.19	2.75	28.98	40.10
益阳	5.40	As	0.08	0.90	30.28	0.20	9.01	59.52
		Cd	56.21	6.54	3.77	10.19	11.10	12.18
		Hg	0.32	0.40	9.66	8.61	0.37	80.65
		Pb	10.57	8.23	13.97	3.52	28.90	34.81
常德	5.58	As	0.17	1.03	33.85	0.20	8.98	55.77
		Cd	49.47	12.17	5.80	4.11	18.13	10.32
		Hg	0.33	0.23	7.51	9.19	0.23	82.50
		Pb	10.30	8.31	15.35	2.92	28.62	34.50
南县	7.92	As	0.20	1.47	21.52	0.15	8.44	68.23
		Cd	18.29	35.45	6.85	6.18	22.25	10.98
		Hg	0.30	0.32	10.20	8.66	0.29	80.23
		Pb	3.60	8.39	12.68	3.94	29.84	41.55

（五）酸沉降对土壤微生物和土壤酶的影响

1. 酸沉降对土壤微生物的影响　土壤微生物是土壤生态系统中的重要部分，其数量、种类和活性在一定程度上反映了土壤中有机质矿化速率和营养物质的存在状况，从而直接影响土壤的供肥能力和植物根系生长发育环境和状况。土壤微生物群落主要由细菌、真菌和放线菌 3 大类组成。

长期受酸雨影响，土壤微生物活性将会受到明显的影响，进而可能影响土壤的生态平衡。一些室内模拟和野外调查资料表明，土壤酸化将造成细菌和放线菌的数量减少，而一些真菌则会增加。

酸雨导致土壤酸化，影响土壤微生物的群落结构，而土壤微生物种群、数量与土壤肥力相关。不同 pH（2.5～5.0）的模拟酸雨处理，中药植株白术、元胡、贝母及其基质土壤，各处理都能抑制细菌和放线菌的生长，其数量随着酸雨 pH 的降低而不断减少；真菌的数量随酸雨 pH 的降低呈现先升高后下降的趋势，当 pH 为 2.5 时，真菌的含量最低。

pH 3.5 及以下酸雨处理对花生土壤真菌数量具有较大的抑制作用；在绝大多数生长时

期，pH 4.0 及以下酸雨处理对花生土壤放线菌数量具有较大的抑制作用；pH 4.5 及以下酸雨处理花生，花生生长前期对土壤细菌数量具有促进作用，在花生生长中后期却具有较大的抑制作用。酸雨对土壤 3 大微生物类群的影响表现出不同的规律，具有一定的复杂性。

设施菜地土壤试验显示，随着 pH 降低，微生物总数下降。其中，细菌在 pH 降至 5.0 以下时，无论是嫌气性细菌还是好气性细菌都大幅度减少。放线菌在 pH 7.36～4.52 范围内随 pH 下降，其数量呈直线下降趋势，意味着放线菌比较适合在偏碱性环境中生存。真菌数量随着 pH 下降，表现出先升后降，在 pH 5.83 时达到最高，随后逐渐下降，表明真菌比较适宜于偏酸环境中生存（pH 5.0～6.5）。

2. 酸沉降对土壤酶的影响　土壤酶在土壤生态系统中发挥着重要作用，没有土壤酶的参与，几乎土壤中所有的生物化学反应都无法完成。土壤酸化可降低土壤酶的活性。过氧化氢酶活性在 pH 7.5～4.0 范围内，随 pH 降低而下降。淀粉酶活性在 pH 8.0～4.0 范围内，随着 pH 降低，表现出先升后降的趋势，当 pH 低于 5.5 后，下降显著。脲酶活性与 pH 的关系同淀粉酶相似。磷酸酶活性在 pH 7.36～4.52 范围内，随着 pH 下降，呈直线下降趋势。

酸雨对土壤酶活性的影响，与土壤类型、酶特性及水的酸碱度、成分有关，短期的酸化处理并不一定造成土壤 pH 的实质性改变。而酸雨改变了碳、氮等养分的有效性，可能对酶产生不同影响，使酶活性受到激活、抑制或无影响。

（六）酸沉降对植物生长的影响

1. 酸沉降对森林的影响　森林是陆地生态系统中最重要的组成部分，超过森林生态系统负荷能力的酸雨必然会危害森林健康。酸雨对树木影响大小、危害轻重主要取决于树木本身特征（例如物种、生物学特征、生长发育阶段等），也取决于酸雨的特点（例如酸雨的化学组成、酸碱度、频次、作用时间及降水量等因子）以及酸雨与其他污染物的复合作用。

酸雨沉降到地表，将对植物造成损害。酸雨进入土壤后会改变土壤的理化性质，间接影响植物的生长。酸雨可直接作用于植物，破坏植物形态结构、损伤植物细胞膜、抑制植物代谢功能。酸雨可以阻碍植物叶绿体的光合作用，还会影响种子的发芽率。

酸雨对森林产生的危害很大，其对树木的伤害首先反映在叶片上，树木不同器官的受害程度为根＞叶＞茎。贵州、四川的马尾松和杉木的调查资料显示，降水 pH＜4.5 的林区，树林叶片普遍受害，导致林木的胸径、树高降低，林业生长量下降，林木生长过早衰退。

我国的西南地区受酸雨危害的森林面积最大，约为 2.756×10^5 km²，占林地面积的 31.9%。由于酸雨造成了森林生长量下降，四川盆地木材的经济损失每年达 1.4 亿元，贵州木材的经济损失为 0.5 亿元。

2. 酸沉降对农作物的影响　研究表明，在酸雨污染胁迫下，酸雨酸度与水稻叶片叶绿素荧光反应存在剂量-效应关系；酸雨对孕穗期水稻荧光参数影响最大，孕穗期水稻最敏感。持续酸雨胁迫下，酸雨对不同生育时期水稻光合作用的影响也会发生改变，特别是高强度酸雨胁迫（pH 2.5 酸雨）。这些是评价酸雨对作物胁迫时需考虑的因素。对茅苍术叶片光合和生理指标的观察也反映了随着酸雨胁迫时间的延长，酸雨对其叶片产生明显伤害，其中 pH 2.0 和 pH 3.0 处理各指标的变化较明显，pH 4.0 和 pH 5.0 处理各指标的变化相对缓慢。

模拟酸雨试验结果表明，酸雨达一定酸度时，可对农作物造成直接影响，严重时导致作物减产。酸雨对植物生长构成双重危害，酸雨在落地前首先影响植物叶片，落地后则影响植物根部。酸雨可加速破坏植物叶面的蜡质，冲淋掉叶片等处的养分，破坏植物的呼吸及代谢等生理功能，引起叶片坏死。植物的萌芽期、开花期和授粉期受酸雨危害时，影响其种子萌发，缩短花粉寿命，减弱繁殖能力。另外，酸雨降低植物抗病能力，诱发病原菌对植物的影响，甚至影响植物的光合作用。

三、我国典型酸沉降污染地区及其防治对策

酸沉降对生态系统的危害是当前世界重大的环境问题之一。我国与欧洲和北美洲合称世界3大酸雨区。我国酸雨区主要分布在南方，该区大部分属于亚热带季风气候区，受不同经纬度的水热条件及生物因素的影响，分布的土壤有黄棕壤、黄壤、红壤、赤红壤及砖红壤。酸雨不断地进入土壤，引起土壤酸化，可使地上植物受害，严重酸化土壤渗漏水以及酸雨本身进入水生生态系统后也可引起湖泊、河流水体酸化。

（一）我国典型酸沉降地区的土壤酸化趋势

在欧洲和北美洲，酸雨的化学组成中阴离子以硫酸根和硝酸根为主，阳离子的组成主要是 H^+ 和 NH_4^+ 及盐基离子。而在我国的酸雨中阴离子以硫酸根为主，可占 $70\%\sim90\%$；阳离子的组成中，南方降雨中盐基离子的数量明显低于北方的雨水，并且南方地带性红黄壤含有大量的铁铝氧化物，土壤不仅带有可变负电荷，而且还带有可变正电荷，吸附阳离子的同时，还吸附阴离子，对酸的输入敏感性明显不同于欧洲和北美洲温带地区的土壤，比其他土壤更为敏感。

在酸雨淋溶下，土壤盐基离子淋失，盐基饱和度降低，铝离子的释放增加。酸性土壤铝的溶解是酸沉降引起的最显著土壤化学反应之一，且在较低的 pH 范围内，铝离子与氢离子成为可移动的离子。酸中和容量（ANC）是反映土壤酸度因素的综合指标，可以确切地表示土壤的酸化状况。通过计算酸沉降的主要化学成分进入土壤前后的质子负荷平衡，与酸中和容量相结合，可反映酸沉降加速土壤酸化的进程。

（二）我国典型酸沉降地区生态系统受到的影响

酸沉降不仅影响土壤系统，而且影响整个陆地生态系统。酸沉降下森林生态系统主要表现在对酸沉降输入的承受能力、盐基离子淋溶强度、土壤中铝和有毒重金属的活化程度以及土壤内生物体生存环境的影响等方面。酸雨可直接损伤植物叶片，造成植物营养器官功能衰退、细胞组织受损等，并引起森林冠层中钙、镁、钾等营养离子大量淋失。土壤的脱钙过程和 pH 下降恶化了土壤中动物与微生物的生存环境，阻止了许多土壤生物的繁殖，细菌、真菌及其土壤生物量和种类的变化导致土体内许多潜在化学变化与生物变化同时发生。分解有机质供给植物养分的细菌数量大大减少，耐酸的真菌可能繁殖。土壤内物种数量和密度的变化还对土壤潜在影响，可能使有机质分解和微生物固氮能力下降，土壤结构与通气性受到破坏。

（三）我国对酸沉降地区的防治对策

我国酸雨成因主要是燃煤排放的大量二氧化硫（SO_2），是典型的硫酸型酸雨。我国是燃煤大国，目前，防治酸雨的主要控制对象是二氧化硫。但酸雨污染控制是一个复杂的过程，不能单纯地依靠控制本地的二氧化硫排放量。例如北京市湿沉降中的硫组分来本地污染源排放的二氧化硫和远距离输送，但削减本地二氧化硫排放量，湿沉降污染并未减轻；长沙控制二氧化硫排放后，发现酸雨中 SO_4^{2-} 浓度下降，而 NO_3^- 浓度上升，该现象表明氮氧化

物（NO_x）控制有待进一步加强。鉴于近年来氮氧化物的排放量和酸性细颗粒物浓度上升，大气中对酸雨具有中和作用的碱性颗粒物浓度逐年下降，且"两控区"以外区域酸雨增加迅速等现象，我国应实行二氧化硫和氮氧化物多物种协同控制。鉴于本地排放及区域传输对酸雨的重要影响，应设立本地和区域双重酸雨控制标准和机制，在控制本地污染源的基础上，进一步实行区域联动控制酸雨污染的发生、发展。鉴于经济布局和气象因素对酸雨污染的影响，我国酸雨控制应在做好工业布局调整的基础上，加快酸雨预报、预警等模型的开发。

应从以下方面控制酸雨带来的危害：①实行大气污染物排放总量控制，对工业过于集中的地区适当控制污染型工业的再建，并进行必要的疏散，以减少当地污染物的排放量；②加强能源管理，开展技术改进，综合利用能源等，提高能源利用率；③开发应用各种脱硫、脱氮技术，优化能源质量，提高能源利用率，减少燃烧产生的二氧化硫；④改变能源结构，使用清洁能源，开发可以替代燃煤的清洁能源，例如核电、水电、太阳能、风能、地热能等；⑤加强对汽车尾气的控制，随着各类汽车数量的迅速增加，控制各种车辆的排放量对改善大气质量，减少氮氧化物的排放量至关重要。

复习思考题

1. 什么是酸沉降？酸沉降方式有哪几种？
2. 致酸物质的来源有哪些？如何防治？
3. 酸沉降对土壤缓冲能力有何影响？
4. 酸雨对土壤生态环境有何影响？
5. 简述酸沉降对植物生长的影响、酸沉降地区酸化趋势及防治对策。

第九章　污染土壤的环境质量
监测和评价

本章提要　本章主要介绍污染土壤的监测原则和程序、污染土壤的评价方法，包括现状评价和影响评价，并对环境影响预测进行了简单介绍。

土壤质量是指土壤提供食物、纤维、能源等生物物质的土壤肥力质量，土壤保持周边水体和空气洁净的土壤环境质量，土壤容纳消解无机和有机有毒物质、提供生物必需营养元素、维护生物健康和确保生态安全的土壤健康质量的综合量度。环境质量是能够定性和定量加以描述的环境系统所处的状态，具体包括环境状态品质的优劣程度以及环境对生物的生存繁衍和社会发展的适宜程度。

土壤环境质量是指土壤环境（或土壤生态系统）的组成、结构、功能特性及其所处状态的综合体现与定性、定量的表述。它包括在自然环境因素影响下的自然过程及其所形成的土壤环境的组成、结构、功能特性、环境地球化学背景值与元素背景值、土壤环境容量、自我调节功能与抗逆性能等相对稳定而仍在不断变化中的环境基本属性，以及在人类活动影响下的土壤环境污染和土壤生态状态的变化。其中人类活动的影响是土壤环境质量变化的主要标志，是影响现代土壤环境质量变化与发展的最积极而活跃的因素。

土壤环境质量监测是指通过对影响土壤环境质量因素的代表值的测定，确定环境质量的污染程度及其变化趋势。它是土壤环境质量评价的基础，其目的是准确、及时、全面地反映土壤环境质量现状及发展趋势，为土壤环境管理、污染源控制、环境规划等方面提供科学依据。

土壤环境质量评价是指在研究土壤环境质量变化规律的基础上，按一定的原则、标准和方法，对土壤污染程度进行评定，或是对土壤对人类健康的适宜程度进行评定。其目的是提高和改善土壤环境质量，并提出控制和减缓土壤环境不利变化的对策和措施。

第一节　污染土壤环境质量监测

一、污染土壤环境质量监测的分类

污染土壤环境质量监测主要按其监测目的进行分类，可以分为常规监测、特例监测和科研监测 3 种类型。

（一）常规监测

常规监测（又称为例行监测或监视性监测）是指对与污染土壤环境质量有关的项目进行定期或不定期的监测，可以用于确定污染土壤的环境质量现状、监视污染土壤环境质量变化、评价污染土壤环境质量调控措施的效果、衡量土壤环境保护工作进展等内容。这是污染土壤环境质量监测工作中量最大、面最广的一种监测类型。

（二）特例监测

特例监测（又称为特定目的监测或应急监测）又可根据特定目的分为以下 4 种类型。

1. 污染事故监测　污染事故监测是指在发生污染事故时进行应急监测，以确定污染物的种类和浓度、污染物的危及范围以及污染程度，为控制污染物和改良被污染的土壤提供依据。

2. 仲裁监测　仲裁监测主要针对污染事故纠纷、环境法执行过程中所产生的矛盾进行监测。该种监测主要由国家指定的具有权威的部门进行，以提供具有法律效力的分析数据，供执法部门和司法部门仲裁。

3. 考核验证监测　考核验证监测包括人员考核、方法验证和污染治理项目完成时的验收监测等。

4. 咨询服务监测　咨询服务监测主要是为政府部门、科研机构、生产单位所提供的服务性监测。该种监测需要按特定要求进行。

（三）科研监测

科研监测（又称为研究性监测）是指针对特定目的的科学研究而进行的高层次监测，根据研究目的的不同，监测项目也有所区别。

污染土壤的环境质量监测有时也可以按照监测项目和监测频率进行分类。一般情况下可以把监测项目分成常规项目、特定项目和选测项目，监测频次与其相应。

1. 常规项目　常规项目原则上为《土壤环境质量标准》中所要求控制的污染物。

2. 特定项目　特定项目是指《土壤环境质量标准》中未要求控制的污染物，但根据当地环境污染状况，确认在土壤中积累较多、对环境危害较大、影响范围广、毒性较强的污染物，或者污染事故对土壤环境造成严重不良影响的物质，具体项目由各地自行确定。

3. 选测项目　选测项目一般包括新纳入的在土壤中积累较少的污染物、由于环境污染导致土壤性状发生改变的土壤性状指标以及生态环境指标等，由各地自行选择测定。

4. 监测频次　原则上，监测频次按表 9-1 执行，常规项目可按当地实际适当降低监测频次，但不可低于 5 年 1 次，选测项目可按当地实际适当提高监测频次。

表 9-1　土壤监测项目与监测频次

项目类别		监测项目	监测频次
常规项目	基本项目	pH、阳离子交换量、土壤有机质等	每 3 年 1 次，农田在夏收或秋收后采样
	重点项目	镉、铬、汞、砷、铅、铜、锌、镍、六六六、滴滴涕等	
特定项目（污染事故）		特征项目	及时采样，根据污染物变化趋势决定监测频次
选测项目	影响产量项目	全盐量、硼、氟、氮、磷、钾等	每 3 年监测 1 次，农田在夏收或秋收后采样
	污水灌溉项目	氰化物、六价铬、挥发酚、烷基汞、苯并（a）芘、有机质、硫化物、石油类等	
	持久性有机污染物和高毒类农药	苯、挥发性卤代烃、有机磷农药、多氯联苯、多环芳烃等	
	其他项目	结合态铝（酸雨区）、硒、钒、氧化稀土总量、钼、铁、锰、镁、钙、钠、硅、放射性比活度等	

二、污染土壤环境质量监测的程序

污染土壤环境质量监测的主要工作是采用监测手段识别土壤、地下水、地表水、环境空气、残余废物中的关注污染物及水文地质特征，并全面分析、确定土壤的污染物种类、污染程度和污染范围。同时还包括治理修复过程中涉及环境保护的工程质量监测和二次污染物排放的监测，以及对污染土壤治理修复工程完成后的监测，确定是否达到已确定的修复目标及工程设计所提出的相关要求。其程序为现场调查→监测方案制定→优化布点→样品采集→样品处理与保存→分析检测→数据处理→综合评价等。

（一）现场调查

现场调查是对监测地区的自然环境条件、土壤类型、社会信息以及人类活动等情况进行现场调查，其目的是对监测地区的生态环境和可能引起土壤环境质量变化的因素有一个感性的了解，为进一步制定监测计划和布置采样点提供参考依据。自然环境条件包括地质、地形地貌、气候气象、水文状况、植被状况等。土壤类型调查包括成土因素、土壤类型和分布、土壤组成、土壤理化特性等。社会信息包括人口密度与分布、敏感保护目标、土地利用方式、经济现状与发展规划、当地地方病统计信息等。

（二）监测方案制定

监测方案制定主要是根据现场调查的结果和监测目的制定一个科学的监测方案，重点是监测项目的确定和监测频次的设计。

（三）优化布点

优化布点是在调查研究的基础上，根据监测计划，在监测区域内科学布设一定数量的采样单元和采样点。为了减少土壤空间分布不均一性的影响，在一个采样单元内，应在不同方位上进行多点采样，并且均匀混合成为具有代表性的土壤样品。

（四）样品采集

土壤样品采集应根据布点情况严格按照土壤样品采集技术规范进行。用于土壤环境质量监测的土壤样品，根据监测目的的不同可以分成以下几种情况，并且每种情况有其自身的要求。

1. 一般污染土壤样品的采集　采集污染土壤的样品应该充分考虑污染物的来源、污染物在土壤中可能存在的迁移转化特性以及土壤的自身特性，在划定的采样单元中进行多点采样。例如对于大气污染物引起的土壤污染，采样点布设应以污染源为中心，并根据当地的风向、风速、污染强度系数等选择在某个方位或某几个方位上进行。在近污染源处采样点间距要小，在远离污染源处采样点间距可以大些；对照点应该设在远离污染源，不受污染影响的地方。对于由城市污水或被污染的河水灌溉农田引起的土壤污染，采样点应根据灌溉水流的路径和距离加以布设。对于由使用肥料、农药等农事活动引起的土壤面源污染，应该根据监测地域的面积、地形以及土壤的变异程度，按照多点均匀布点的原则，采集具有代表性的土壤表层混合样品和土壤剖面样品。

对于土壤表层混合样品的采集方法，可以参考表9-2进行。

2. 土壤背景值样品的采集　采集土壤背景值样品时，应该首先确定采样单元。采样单元的划分应根据研究目的、研究范围、实际工作所具有的条件等因素综合确定。我国各省、自治区土壤背景值研究中，采样单元往往以土壤类型和成土母质类型为主。

表 9-2　表层土壤样品的采样方法

方法名称	适用范围	具体方法
双对角线采样法	适用于面积较小、地势平坦的污水灌溉或受污染河水灌溉的地块	自该地块的相邻二角同时向对角作直线并将形成的对角线三等分，以每等份的中央点作为采样点
蛇形采样法	适宜于面积较大、地势不很平坦、土壤理化性质不够均匀的旱田土壤、水田土壤	根据面积大小确定采样点数，一般为 10～25 点
棋盘式采样法	适用于中等面积、地势平坦、地形完整开阔、但是土壤理化性质较不均匀的农田土壤	根据代表面积确定采样点，采样点数较多，一般在 20 个以上
系统采样法	适用于田间试验地、进行科学研究、对土壤污染进行系统评价等地块的采样	采样点数依地块大小确定，一般要求以 20 m×20 m 划定采样网格进行采样，采样点数较多

　　采样时应该注意采样点不能设在水土流失严重或表层土壤被破坏的地方；采样点应该远离铁路和公路，并选择土壤类型特征明显的地点挖掘土壤剖面。对于耕地土壤，还应该了解作物种植及肥料、农药使用情况，选择不施或少施肥料、农药的地块作为采样点，以尽量减少人为活动的影响。

　　每个采样点均需挖掘土壤剖面进行采样，一般土壤剖面分成 A、B、C 3 层，过渡层一般不采样。对于 B 层发育不完整的土壤，只采集 A 层和 C 层土壤样品。

　　通常，采样点数与所研究地区范围的大小、研究任务所设定的精密度等因素有关。在全国土壤背景值调查中，为使布点更趋合理，采样点数往往依据统计学原则确定，即在所选定的置信水平下，与所测项目测定值的标准差、要求达到的精度相关。每个采样单元采样点位数可按下式计算。

$$N=\frac{t^2\times s}{D^2}$$

　　式中，N 为采样点数；t 为在设定的自由度和概率时的 t 值（当置信水平为 95％时，t 取值 1.96）；s 为样品相对标准差，它可以由全距（R）按式 $s=R/4$ 求得；D 为允许偏差（若抽样精度不低于 80％，D 取值 0.2）。

　　3. 城市土壤样品的采集　城市土壤是城市生态系统的重要组成部分。虽然城市土壤不用于农业生产，但其环境质量对城市生态系统影响极大。城区内大部分土壤被道路和建筑物覆盖，只有小部分土壤栽植草木。城市土壤样品的采集主要是指栽植草木的土壤，由于其复杂性分两层采样，上层（0～30 cm）可能是回填土或受人为影响大的部分，另一层（30～60 cm）为人为影响较小部分。两层分别取样监测。

　　城市土壤监测点以网距为 2 000 m 的网格布设为主，功能区布点为辅，每个网格设 1 个采样点。对于专项研究和调查的采样点可适当加密。

　　4. 污染事故监测土壤样品的采集　污染事故不可预料，接到举报后应立即组织采样。现场调查和观察，确定土壤被污染时间，根据污染物及其对土壤的影响确定监测项目，尤其是污染事故的特征污染物是监测的重点。据污染物的颜色、印渍和气味，结合考虑地势、风向等因素初步界定污染事故对土壤的污染范围。

　　如果是固体污染物抛洒污染型，等打扫后采集表层 5 cm 土样，采样点数不少于 3 个。

　　如果是液体倾翻污染型，污染物向低洼处流动的同时向深度方向渗透并向两侧横向方向扩散，每个点分层采样，事故发生点样品点较密，采样深度较深，离事故发生点相对远处样品点较疏，采样深度较浅。采样点不少于 5 个。

　　如果是爆炸污染型，以放射性同心圆方式布点，采样点不少于 5 个，爆炸中心采分层样，周围采表层土（0～20 cm）。

　　事故土壤监测要设定 2～3 个背景对照点，各点（层）取 1 kg 土样装入样品袋，有腐蚀性或要测定挥发性化合物时，改用广口瓶装样品。含易分解有机物的待测定样品，采集后置于低温（冰箱）中，直至运送、移交到分析室。

（五）样品处理与保存

　　土壤样品的处理与保存是对采集的样品进行测试前的一些必要处理。土壤样品的处理包括风干、分选、挑拣、磨碎、过筛、装瓶等一系列过程。样品的保存是对处理过的样品进行充分混匀，装入具磨塞的玻璃瓶或塑料瓶或牛皮纸袋内，容器内外各具标签一张，标签上注明编号、采样地点、土壤名称、土壤深度、筛孔大小、采样日期、采集者等信息，封存，以备必要时分析和核查。样品保存应避免阳光直射，防高温，防潮湿，且无酸碱和不洁气体等的影响。

（六）样品分析检测和数据处理

　　土壤样品的分析检测是指对处理好的土壤样品进行污染元素含量和存在形态等方面的检测。具体检测项目包括金属、非金属和其他一些污染物质的含量和存在形态，检测方法因检测项目的不同而不同。表 9-3 是土壤样品中某些污染物的检测分析方法及方法来源。运用有效的方法分析检测样品，并通过数据处理得到准确的分析结果。

表 9-3　土壤常规检测项目及分析方法

检测项目	检测仪器	检测方法	方法来源
镉	原子吸收光谱仪	石墨炉原子吸收分光光度法	GB/T 17141—1997
	原子吸收光谱仪	KI-MIBK 萃取原子吸收分光光度法	GB/T 17140—1997
汞	测汞仪	冷原子吸收法	GB/T 17136—1997
砷	分光光度计	二乙基二硫代氨基甲酸银分光光度法	GB/T 17134—1997
	分光光度计	硼氢化钾-硝酸银分光光度法	GB/T 17135—1997
铜	原子吸收光谱仪	火焰原子吸收分光光度法	GB/T 17138—1997
铅	原子吸收光谱仪	石墨炉原子吸收分光光度法	GB/T 17141—1997
	原子吸收光谱仪	KI-MIBK 萃取原子吸收分光光度法	GB/T 17140—1997
铬	原子吸收光谱仪	火焰原子吸收分光光度法	GB/T 17137—1997
锌	原子吸收光谱仪	火焰原子吸收分光光度法	GB/T 17138—1997
镍	原子吸收光谱仪	火焰原子吸收分光光度法	GB/T 17139—1997
六六六和滴滴涕	气相色谱仪	电子捕获气相色谱法	GB/T 14550—2003
6 种多环芳烃	液相色谱仪	高效液相色谱法	GB 13198—1991
稀土总量	分光光度计	对马尿酸偶氮氯膦分光光度法	GB 6260—1986
pH	pH 计	森林土壤 pH 测定	GB 7859—1987
阳离子交换量	滴定仪	乙酸铵法	

　　注："阳离子交换"的检测方法来源为《土壤理化分析》，1978，中国科学院南京土壤研究所编，上海科学技术出版社出版。

（七）综合评价

通过上述土壤中污染物含量的检测，与土壤污染物标准进行比较，进行评价。对于目前暂时无标准的土壤污染物，或者污染物含量低但高于土壤环境背景值的污染物，也应该进行及时评价。必要时，需要借助土壤生态毒理诊断方法中的微宇宙法或中宇宙法进行。

第二节 污染土壤环境质量评价的原则、程序、内容和标准

一、污染土壤环境质量评价的原则和程序

（一）污染土壤环境质量评价的原则

土壤环境质量评价虽然可以分为土壤环境质量现状评价和土壤环境影响评价两大类，但是遵循的原则是一致的。在评价中具体应该遵循的原则有以下几条。

1. 整体性原则 在环境系统中，土壤与水、空气、岩石和生物之间，以及土壤子系统内部，都不断地进行着物质与能量的交换。可以说，土壤是万物生长和立足的重要基础，也是人类生存、发展、工作和生活的重要场所。在土壤环境质量评价时不仅要分别对各环境要素进行预测，更要注重分析其综合效应。

2. 相关性原则 土壤生态系统是一个相对复杂的网络系统，各个不同层次间存在着千丝万缕的联系。在进行土壤环境质量评价时，不但要注意各个独立因素的作用，更要注意各个要素之间的相互关系。

3. 主导性原则 在土壤环境影响评价中，建设项目和区域经济发展过程中可能引起一系列土壤环境问题，如果将所有的环境问题放在一起讨论，将对进一步评价带来很大麻烦。为了使评价结果更符合实际，必须抓住建设项目与区域经济发展中引起的主要土壤环境问题。

4. 动态性原则 土壤环境影响是一个不断变化着的动态过程，所以在进行土壤环境影响评价时，既要考虑到阶段性影响，又要注意环境影响的叠加性和积累性；既要考虑到环境影响的短期性和长期性，又要考虑到环境影响的可逆性和不可逆性。

5. 随机性原则 人类生态系统是一个复杂多变的随机系统，建设项目与投产过程中可能产生随机事件（自然的和人为的），可能会造成出乎意料的严重环境后果。为了避免严重公害事件的产生，需视具体情况，增加新的评价内容。

（二）污染土壤环境质量评价的程序

土壤环境质量评价，包括现状评价和影响评价，往往根据不同的评价目的，选取不同的评价方式。当进行一个省或一个地区的土壤环境质量普查时，可以选择现状评价的方式。当要评价一个大的拟建工程对土壤可能产生的影响时，不但要做现状评价的工作，而且要做影响评价工作。只有在了解现状的基础上，才能做好影响评价工作。常规的污染土壤环境质量评价程序见图 9-1。

二、污染土壤环境质量评价的内容

我国土壤环境质量评价尚无推荐的行业标准，往往根据判断环境影响重大性的原则确定

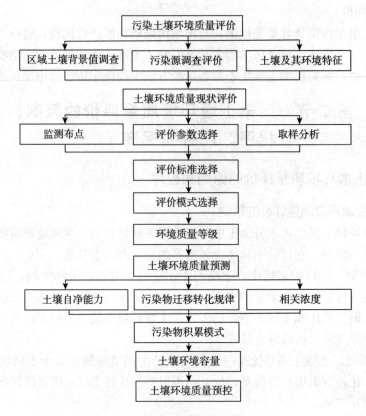

图 9-1　污染土壤环境质量评价程序

评价等级和要求。具体应遵循的依据有以下几个方面：①项目占地面积、地形条件和土壤类型，可能会被破坏的植被种类、面积以及对当地生态系统影响的程度；②侵入土壤的污染物的主要种类、数量，对土壤和植物的毒性及其在土壤中降解的难易程度，以及受影响的土壤面积；③土壤能容纳侵入的各种污染物的能力，以及现有的环境容量；④项目所在地的土壤环境功能区划要求。

（一）污染土壤环境质量评价的基本工作内容

污染土壤环境质量评价的基本工作内容有以下几个方面。

①收集和分析拟建项目工程分析的结果以及与土壤侵蚀和污染有关的地表水、地下水、大气、生物等专题评价的资料。

②调查、监测项目所在地区土壤环境资料，包括土壤类型、形态，土壤中污染物的背景值和基线值，植物的产量、生长情况及体内污染物的基线值，土壤中有关污染物的环境标准和卫生标准以及土壤利用现状。

③调查、监测评价区内现有土壤污染源排污情况。

④描述土壤环境现状，包括现有的土壤侵蚀和污染状况，可采用环境指数法加以归纳，并作图表示。

⑤根据土壤中进入的污染物的种类、数量、方式、区域环境特点、土壤理化特性、净化能力以及污染物在土壤环境中迁移、转化和积累规律，分析污染物积累趋势，预测土壤环境质量的变化和发展。

⑥运用土壤侵蚀和沉积模型预测项目可能造成的侵蚀和沉积。

⑦评价拟建项目对土壤环境影响的重大性，并提出消除和减轻负面影响的对策及监测措施。

如果由于时间限制或特殊原因，不可能详细、准确地收集到评价区土壤的背景值和临界值以及植物体内污染物含量等资料，可以采用类比调查。必要时应做盆栽、小区乃至田间试验，确定植物体内的污染物含量或者开展污染物在土壤中积累过程的模拟试验，以确定各种系数值。

（二）污染土壤环境质量评价的范围

一般来说，土壤环境质量评价范围比拟建设项目占地面积为大，应考虑的因素包括：①项目建设可能破坏原有的植被和地貌范围；②可能受项目排放的废水污染的区域（例如排放废水渠道经过的土地）；③项目排放到大气中的气态和颗粒态有毒污染物由于干沉降或湿沉降作用而造成较重污染的区域；④项目排放的固体废物，特别是危险性废物堆放和填埋场周围的土地。总之，土壤环境质量评价范围一般包括大气环境质量评价范围、地面水及其灌区的范围、固体废物堆放场附近。

三、污染土壤环境质量标准

土壤环境质量标准是为了保护土壤环境质量、保障农业生产和维护人类健康所做的规定，是环境政策的目标，是评价土壤环境质量和防止土壤污染的依据。国内外制定土壤环境质量标准大体上有两种技术路线：地球化学法和生态效应法。

地球化学法是应用统计学方法，根据土壤中元素的地球化学容量状况、分布特征来推断土壤环境质量基准的方法。例如英国环境部暂定的园艺土壤中铅的最大容许浓度（500 mg/kg）是按表层土壤含铅平均值（x）75 mg/kg、标准差（s）388 mg/kg制定的。

生态效应法又可以分为下面几种：①建立土壤-植物-动物-人的系统，应用食品卫生标准推算土壤中污染物的最大容许浓度；②将作物产量减少10％时的土壤污染物浓度作为最大容许浓度；③当土壤微生物减少或土壤微生物降低到一定数量时的土壤重金属浓度作为最大容许浓度；④把地表水、地下水未产生次生污染时的土壤污染物临界浓度作为最大容许浓度；⑤将土壤-植物体系、土壤-微生物体系、土壤-人体系作为整体考虑，选择各体系的最低值制定最大容许浓度。

一般说来，应用地球化学法得出的数值，属于土壤背景值范围。生态效应法得出的结果，由于污染物在土壤中已经积累，所以数值往往大于背景值。

在国际上，已有很多国家制定了土壤中有害物质的最大容许浓度（表9-4）。

表9-4 一些国家、地区土壤中有害物质（重金属）最大容许浓度或最高容许量

	美国（kg/hm）土壤阳离子交换量（cmol/kg）			英国（mg/kg）	加拿大安大略（mg/kg）	法国（mg/kg）	意大利（mg/kg）	日本（mg/kg）	苏格兰（mg/kg）	欧洲联盟（mg/kg）
	<5	5～15	>15							
As				10	14			15	12	
Cd	5	10	20	3.5	1.6	2	3	1	1.6	1～3

（续）

	美国（kg/hm） 土壤阳离子交换量 (cmol/kg)			英国 (mg/kg)	加拿大 安大略 (mg/kg)	法国 (mg/kg)	意大利 (mg/kg)	日本 (mg/kg)	苏格兰 (mg/kg)	欧洲联盟 (mg/kg)
	<5	5～15	>15							
Cu	140	280	560	140～280	100	100	100	125	80	100
Pb	560	1 120	2 240	550	60	100	100		90	50～300
Cr				600	120	150	50		120	
Hg				1	0.5	1	2		0.4	1～1.5

注：$1 \text{ kg/hm}^2 \approx 0.5 \text{ mg/kg}$。

　　我国的土壤环境工作者也早就认识到制定土壤环境质量标准的重要性和必要性，于1996年3月1日开始实施《土壤环境质量标准》（GB 15618—1995）。根据国家标准，土壤应用功能和保护目标，分为3类，Ⅰ类主要适用于国家自然保护区、集中式生活饮用水源地、茶园、牧场和其他保护地区的土壤，土质应基本保持自然背景水平；Ⅱ类主要适用于一般农田、蔬菜地、茶园、牧场等土壤，土质基本上对植物和环境不造成污染、危害；Ⅲ类主要适用于林地土壤及污染物容量较大的高背景值土壤和矿场附近的农田（蔬菜地除外）土壤，土质基本上对植物和环境不造成污染及危害。这3类土壤对应不同的标准。Ⅰ类土壤执行一级标准，为保护区域自然生态、维持自然背景的土壤环境质量的限制值。Ⅱ类土壤执行二级标准，为保障农业生产、维护人体健康的土壤限制值。Ⅲ类土壤执行三级标准，为保障农林业生产和植物正常生长的土壤临界值（表9-5）。《土壤环境质量标准》仅对土壤中镉、汞、铬、锌、砷、铜、铅、镍、六六六和滴滴涕共10项指标做了规定，对其他重金属和难降解危险性化合物未做规定。该标准已不适应现阶段土壤环境保护实际工作需要，主要存在以下问题：①适用范围小，仅适用于农田、蔬菜地、茶园、果园、牧场、林地、自然保护区等土壤环境质量评价，缺少适用商服、工矿仓储、住宅、公共管理与公共服务等建设用地的土壤环境质量评价指标。②项目指标少，仅规定了8项重金属指标和六六六、滴滴涕2项农药指标，而近年来土壤污染形势日益复杂，尤其是工业污染地块土壤环境管理需要评价的污染物种类繁多。③实施效果不理想，一级标准依据"七五"土壤环境背景调查数据做了全国"一刀切"规定，不能客观反映区域差异；二级和三级标准规定的指标限值存在偏严（例如镉）、偏宽（例如铅）的争议，部分地区土壤环境质量评价与农产品质量评价结果差异较大。

　　《土壤环境质量标准》已着手修订，发布的征求意见稿拟将考核的污染物由原来的10项增加到76项，其中有机污染增加较多；标准分类也由原来的以耕地为主扩展为居住、商业、工业用地土壤。随着2016年5月31日《土壤污染防治行动计划》（简称"土十条"）的颁布并实施，国家已经将《土壤环境质量标准》调整为《土壤环境质量　农用地土壤污染风险管控标准（试行）》（GB 15618—2018），同时，国家标准《土壤环境质量　建设用地土壤污染风险管控标准（试行）》（GB 36600—2018）于2018年8月1日起实施。以上标准的实施，为土壤环境质量评价和污染治理提供了标准支持。

　　土壤污染物种类的复杂性以及土壤用途的差异，需要效果更好的行业和地方标准来规范土壤质量。例如深圳市制定了《多环芳烃污染农田土壤生态修复标准》（DB 21/T 2274—

2014)，北京市制定了《北京市场地土壤环境风险评价筛选值》（DB 11-811—2011），湖南省制定了《重金属污染场地土壤修复标准》（DB 43/T 1125—2016）等。行业标准中，《食用农产品产地环境质量评价标准》（HJ 332—2006）规定了食用农产品产地土壤环境质量的项目限值和监测评价方法；《温室蔬菜产地环境质量评价标准》（HJ 333—2006）规定了温室内土壤环境质量的控制项目限值和监测评价方法；《污染场地风险评估技术导则》（HJ 25.3—2014）是建设用地土壤环境质量评价标准，但仅规定了风险评估技术原则、方法，未规定启动风险评估的筛选值；香港颁布了《按风险拟定的土地污染整治标准》，用于土地污染的风险管理；台湾地区颁布了《土地监测标准》和《土地污染管制标准》，按照土壤及地下水污染整治法实施。

由于我国土壤环境质量标准中规定标准值的污染物项目少，给土壤环境质量评价工作带来了很多困难，所以在目前的土壤环境质量评价工作中一般还经常选用区域土壤背景值、土壤本底值、区域性土壤污染物自然含量及土壤对照点含量作为评价标准。例如我国不同地区和不同利用土壤，应用土壤背景值加上 2 倍标准差的上限的方法，制定了多种土壤环境质量标准，表 9-6 和表 9-7 分别为蔬菜土壤和绿色食品基地的土壤环境质量标准。

表 9-5 土壤环境质量标准（GB 15618—2018）（mg/kg）

		一 级	二 级			三 级
		自然背景	＜6.5	6.5～7.5	＞7.5	＞6.5
镉	≤	0.20	0.30	0.30	0.60	1.0
汞	≤	0.15	0.30	0.50	1.0	1.5
砷 水田	≤	15	30	25	20	30
旱地	≤	15	40	30	25	40
铜 农田等	≤	35	50	100	100	400
果园	≤	—	150	200	200	400
铅	≤	35	250	300	350	500
铬 水田	≤	90	250	300	350	400
旱地	≤	90	150	200	250	300
锌	≤	100	200	250	300	500
镍	≤	40	40	50	60	200
六六六	≤	0.05		0.05		1.0
滴滴涕	≤	0.05		0.05		1.0

注：①重金属（铬主要是三价）和砷均按单质量计，适用于阳离子交换量＞5 cmol（＋）/kg 的土壤，若≤5 cmol（＋）/kg，其标准值为表内数值的半数。②六六六为 4 种异构体总量，滴滴涕为 4 种衍生物总量。③水旱轮作地的土壤环境质量标准，砷采用水田值，铬采用旱地值。

表 9-6 蔬菜土壤质量分级标准

级别	蔬菜基地	生态影响	区别	铜	锌	铅	镉	铬	砷	汞	镍	六六六	滴滴涕
				mg/kg								μg/kg	
1	优良	正常	背景区≤	40	100	35	0.3	85	13	0.2	40	100	100
2	可	基本正常	安全区≤	70	200	70	0.6	170	20	0.4	70	400	400

（续）

级别	蔬菜基地	生态影响	区别	铜	锌	铅	镉	铬	砷	汞	镍	六六六	滴滴涕
				mg/kg								μg/kg	
3	大面积不宜	敏感蔬菜影响	警戒区≤	100	300	400	1.0	300	25	1.0	100	1 000	1 000
4	不宜	影响较重	不宜区＞	100	300	400	1.0	300	25	1.0	100	1 000	1 000

表 9-7　绿色食品和有机农业生产土壤质量标准（mg/kg）（部分）

	汞		镉		铅		砷		铬		铜
	绿色食品	有机农业	绿色食品	有机农业	绿色食品	有机农业	绿色食品	有机农业	绿色食品	有机农业	有机农业
黑土	0.081	0.037	0.134	0.078	42.46	26.7	17.18	10.2	80.1	77.4	20.8
黑钙土	0.058	0.026	0.263	0.110	34.34	19.6	19.26	9.8	99.5	52.2	22.1
潮土	0.151	0.047	0.233	0.103	37.7	21.9	15.78	9.7	98.06	66.8	24.1
水稻土	0.551	0.183	0.377	0.142	66.64	34.4	22.38	10.0	127.3	65.8	25.3
红壤	0.180	0.078	0.194	0.065	54.66	29.1	39.34	13.6	150.4	62.6	24.4
黄壤	0.213	0.102	0.185	0.080	56.34	29.4	32.68	12.4	108.1	55.5	21.4
褐土	0.124	0.040	0.241	0.100	35.08	25.1	20.28	11.6	98.38	64.8	24.3
棕壤	0.148	0.053	0.207	0.092	44.98	25.1	23.5	10.8	131.2	64.5	22.4
黄棕壤	0.214	0.071	0.281	0.105	53.4	29.2	24.22	11.8	118.4	66.9	23.4
砖红壤	0.098	0.040	0.272	0.058	63.14	28.7	17.18	6.70	233.4	64.6	20.0
栗钙土	0.077	0.027	0.186	0.069	43.08	21.2	21.8	10.8	101.7	54.0	18.9
草甸土	0.119	0.039	0.176	0.084	40.52	22.4	20.1	8.80	89.1	51.1	19.8
盐土	0.143	0.041	0.248	0.100	43.8	23.0	22.42	10.6	105.2	62.7	23.3
紫色土	0.144	0.047	0.227	0.094	49.14	27.7	18.58	9.40	115.8	64.8	26.3

注：①绿色食品生产土壤以 0～20 cm 表土层。②绿色食品生产土壤，六六六、滴滴涕皆为≤0.1 mg/kg，有机农业生产土壤中六六六、滴滴涕、有机磷均不得检出。③中国绿色食品发展中心，绿色食品标准，1995；国家环境保护局，有机（天然）食品生产和加工技术规范，1995。

　　根据土壤环境质量标准，环境评价工作者可客观地评价土壤的污染状况，合理地划分土壤环境质量功能分区，有效地利用土壤资源。但是不同地区土壤的理化性质不同，外源污染物的种类和形态不同，污染物在土壤中的形态转化以及迁移过程可能不同，对植物的毒性就不会相同。

　　一般来讲，影响土壤中污染物形态转化、迁移以及对植物毒性的因素很多，概括起来可以包括：①土壤的 pH，可以影响土壤中污染物的存在形态，进而影响土壤中污染物的相对活性。例如在酸性土壤中，镉（Cd）、汞（Hg）、镍（Ni）、锌（Zn）等金属离子的活性较强，生态危险较大，在碱性土壤中上述金属离子的活性较小。②土壤的氧化还原电位（E_h），即土壤的氧化还原状况，可以通过直接影响一些重金属元素的价态变化，进而影响一些重金属元素的生物毒性。例如在还原条件下，六价铬可以被还原为三价铬，减轻铬对植物的危害；③土壤的阳离子交换量（CEC），一般说来，反映了土壤的环境容量和净化能力。

土壤的阳离子交换量越高，土壤中污染物的生态危险可能越小。④外源污染物的种类和形态。由于污染物种类和进入土壤的化学形态的不同，进入土壤后所发生的转化过程可能不同，对生物的危害程度就会不同。例如粉尘态重金属和水溶态重金属的活性自然不同，水溶态重金属进入土壤后的生物危险要比粉尘态重金属进入土壤后的生态风险大。⑤植物种类。不同植物种类基因型不同，对污染物吸收的难易程度肯定不同，因此同一种污染物，在相同含量时可能对不同植物的危害程度不同。

由此看来，不同植物对不同土壤中污染物的感应与土壤中污染物全量的关系并不一定显著，而很可能与土壤中污染物的有效浓度密切相关。这方面，西南大学提出的土壤中污染物"毒性临界值"的概念，为以后土壤环境质量评价标准的制定提供了很好的方向。面对农业可持续发展的根本要求，土壤环境质量标准发展速度及标准化体系存在着明显的不适应。主要问题是标准数量少、分布不均衡、归口混乱、采用国际标准比率低、标准老化严重、社会标准意识淡薄等，需要根据我国土壤类型、利用方式、环境建设、农产品品质、人体健康及国际贸易等，尽快构建我国土壤环境质量标准体系。

第三节　污染土壤环境质量现状评价

土壤环境质量现状评价的目的是了解一个地区土壤环境现时污染水平，为保护土壤，为制定土壤保护规划、地方土壤保护法规提供科学根据；为拟建工程进行土壤环境影响预测和评价提供土壤背景资料，提高土壤环境影响预测的可信度；为提出拟建工程对土壤环境污染的措施服务，使拟建工程对土壤的污染控制在评价标准允许的范围内。

土壤是人类环境的重要组成要素，是为人类提供食物的生产资料，是人类社会最基本、最重要和不可替代的自然资源。前文已述，土壤和水、大气、生物等环境要素之间，以及土壤内部系统之间都不断地进行着物质与能量的交换，这是土壤环境发生与发展，并随外界条件发生改变而演变的主要原因。土壤还具有吸收和储存各种物质的能力，但是土壤的纳污和自净能力是有一定限度的，当进入土壤的污染物超过其限度时，土壤不仅会向环境输出污染物，使其他环境要素受到污染，而且土壤的组成、结构及功能均会发生改变，最终可导致土壤资源的枯竭与破坏。同时，土壤还具有生产植物产品的功能，但是植物产品的数量和品质受土壤环境质量的极大影响。土壤环境的这些特点决定了土壤环境质量评价的重要性和复杂性。

一、污染土壤环境质量现状评价因子和标准的选择

（一）污染土壤环境质量现状评价因子的选择

污染土壤环境质量现状评价因子的选取是否合理得当，关系到评价结论的科学性和可靠程度。应根据土壤污染物的类型和评价的目的要求来选择评价因子。污染土壤环境质量现状评价因子的选择应考虑其对土壤质量的影响、对陆生生物（植物或作物、土壤动物、土壤微生物）的胁迫、对地下水的不良效应以及进入食物链对人体健康产生的影响。

土壤中的污染指标归纳起来主要有以下几种。

①有机污染物，其中数量较大，毒性较强的是化学农药，主要可分为有机氯农药和有机磷农药两大类。有机氯农药主要包括滴滴涕、六六六、艾氏剂、狄氏剂等。有机磷农药主要

包括马拉硫磷、对硫磷、敌敌畏等。此外还有酚、苯并(a)芘、油类及其他有机化合物。

②重金属及其他无机污染物，包括镉、汞、铬、铅、砷、镍等。

③土壤中 pH、全氮量、硝态氮量及全磷量。

④有害微生物，例如肠细菌、肠寄生虫卵、破伤风菌、结核菌等。

⑤放射性元素，例如^{137}Cs、^{90}Sr。

在进行某区域土壤质量评价时，可根据污染源调查情况和评价目的，从上述土壤污染指标中选择适当数量既有代表性又切实可行的污染指标作为评价因子。此外，还应选择一些参考因子，即对土壤污染物积累、迁移、转化影响较大的理化指标，例如土壤有机质含量、土壤的黏粒含量、土壤的氧化还原电位、土壤的阳离子交换量、土壤中可溶性盐种类和含量、土壤中黏土矿物的种类和含量等。

（二）土壤污染环境质量现状评价标准的选择

由于土壤污染物不像大气和水污染那样，可以直接进入人体，危害健康；土壤中的污染物是通过食物链，主要是通过粮食、蔬菜、水果、奶、蛋、肉进入人体。土壤和人体之间的物质平衡关系比较复杂，制定土壤污染物的环境质量标准难度很大，限制了土壤环境质量标准的制定工作的开展。因此目前国外只有少数国家（德国、英国、芬兰、瑞典、丹麦、挪威、俄罗斯、日本、美国）分别给出了几项重金属、非金属和放射性元素的土壤污染标准，重金属有汞、镉、铬、铅、锌、铜、镍、锰、钴、钼和钒，非金属毒物有砷、硒和硼，放射性元素有铯、铀。

我国 1995 年发布、1996 年实施的《土壤环境质量标准》（GB 15618—1995）（表 9-5），仍然是现行的土壤环境质量评价的评价标准。此外还有一些行业标准可以作为区域和局部的参考执行标准，例如农业部颁布的《绿色食品　产地环境技术条件》（NY/T 391—2000）等，见表 9-6 和表 9-7。

由于我国土壤环境质量标准中规定标准值的污染物项目少，给土壤环境质量评价工作也带来了一定的困难，所以除《土壤环境质量标准》规定的标准值外，对于其他污染指标多选用具有不同含义的土壤环境背景值作为评价标准。常见的有如下几种。

1. 以区域土壤环境背景值作为标准　区域土壤背景值是指一定区域内，远离工矿、城镇、公路和铁路，无明显"三废"污染，也无群众反映有过"三废"影响的土壤中有毒物质在某个保证率下的含量。其计算式为

$$c_{0i} = c_i \pm s$$

$$s = \sqrt{\frac{\sum_{i=1}^{n} (c_{ij} - c_i)^2}{N-1}}$$

式中，c_{0i} 为区域土壤中第 i 种有毒物质的背景值；c_{ij} 为区域土壤第 j 个样品中第 i 种有毒物质的实测值；c_i 为区域土壤中第 i 种有毒物质实测值的平均值；s 为标准差；N 为统计样品数。

2. 以土壤本底值为评价标准　土壤本底值是指未受人为污染的土壤的某种物质的平均含量。当今，由于经济开发等种种原因，真正意义上的土壤本底值是很难找到的。

3. 以区域性土壤自然含量为评价标准　区域性土壤自然含量，是指在清水灌区内，选用与污灌区的自然条件、耕作栽培措施大致相同，土壤类型相同，土壤中有毒物质在一定保

证率下的含量。其计算公式为

$$c_{0i} = c_i \pm 2s$$

式中符号意义同上式。

4. 以土壤对照点含量为评价标准　土壤对照点一般选在与污染区的自然条件、土壤类型和利用方式大致相同，而又未受污染的地区内。对照点可选 1 个或几个，以对照点的有毒物质平均含量作为评价标准。

5. 以土壤和作物中污染物的相关含量作为评价标准　土壤中某种污染物的含量和作物中该种污染物积累量之间有一定的相关关系。农牧业产品和食品的卫生标准和污染分级是可以制定的，可以这种卫生标准和污染分级推断土壤中该种污染物的相关含量和污染分级，把这种相关含量作为评价标准。这种方法是通过食物链把土壤中的污染物与人体健康联系起来制定评价标准的，它反映了土壤污染物危害人类健康的实际途径，是一种好方法，但是目前此项研究还有待今后发展。

6. 以国外土壤环境质量标准作为评价标准　由于我国土壤环境质量标准中规定的标准值的污染物项目有限，因此除了上述标准外，借鉴和参考国外土壤环境质量标准将有助于土壤环境质量评价工作的进行。

上述不同含意的背景值，从不同侧面反映了未受污染的土壤环境质量，在具体选用时，应根据评价地区土壤的实际情况、评价要求、评价范围、评价时间等因素确定。

二、污染土壤环境质量现状值的计算及检验

（一）污染土壤环境质量现状值的计算

通过对土壤样品的化验分析，得到若干个测定值，用同一项目的各个测定值的算术平均值加减一个标准差表示该项目的土壤现状值（背景值）。它不仅包括土壤内某物质的平均含量，同时还包括该物质在一定保证率下的含量范围。土壤环境质量中某种物质的现状值（背景值）的表达式为

$$X_i = x_i \pm s_i$$

$$s_i = \sqrt{\frac{1}{N-1} \sum_{j=1}^{N} (x_{ij} - x_i)^2}$$

式中，X_i 为土壤中 i 物质的现状值（背景值）；x_i 为土壤中 i 物质的平均含量；s_i 为土壤中 i 物质的标准差；N 为统计样品数；x_{ij} 为第 j 个样品中 i 物质的实测含量。

（二）污染土壤环境质量现状值的统计数据检验

为减少误差，对样品的各个分析数据应做必要的检验，以保证土壤现状值（背景值）的真实性。常用的方法有下列的几种。

1. 标准差检验　实测值超过算术平均值加 3 倍标准差的应舍弃，不参加现状值（背景值）的统计。

2. 4d 法检验　一组 4 个以上的实测值，其中 1 个偏离平均值较远，视为可疑值。该值不参加平均值计算，由另 3 个监测值求出平均值，该值与此平均值大于 4 倍的平均偏差时，则该值弃去不用。

3. 上下层比较　某物质在表土层中的含量与底土中含量的比值大于 1 时，认为此样品已受污染，应予剔除。

4. 相关分析法　选定一种没有污染的元素为参比元素，求出这种元素与其他元素的相关系数和回归方程，建立 95％的置信带，落在置信带之外的样品，可认为含量异常，应予删除。

5. 富集系数检验　在风干过程中，有些元素会损失，有些元素会富集，所以表土中重金属含量高于母质或底土，不一定都是污染造成的。因此需要由一种稳定的元素作为内参比元素，进行富集系数检验。

土壤中的元素的富集系数可根据 McNeal 公式计算，即

$$富集系数 = \frac{土壤中元素含量/土壤中 TiO_2 含量}{母质中元素含量/母质中 TiO_2 含量}$$

富集系数＞1 时，表示该元素有外来污染，应将该土样弃去。

上述检验方法可根据测试目选取 1～2 种即可。

三、污染土壤环境质量现状评价的方法

国内外使用的土壤环境质量评价的方法很多，但是大体上可以分为以下几类：决定论评价法、经济论评价法、模糊数学评价法和运筹学评价法，每类方法又可以有多种不同的方法。具体地说，专家评价法（决定论评价法的一种），是以评价者的主观判断为基础的一种评价方法，通常以分数或指数等作为评价的尺度进行衡量。经济论评价法，主要是考虑环境质量的经济价值，以事先拟定好的某种环境质量综合经济指标来评价不同的对象，常用的有两类方法，一类是用于一些特定的环境情况所特有的综合指标（例如土壤资源的经济评价等），另一类是费用-效益分析法。模糊综合评价法主要是根据某种评价因素的隶属度来处理由于不确定性造成的难以确切表达的模糊问题。运筹学评价法主要是利用数学模型对于多因素的变量进行定量动态评价。

目前，用于污染土壤环境质量现状评价的方法仍然以污染指数法为主，通过计算污染因子的污染指数进行评价，在具体评价中根据具体情况又可以分为单因子评价和多因子评价两种。

（一）污染土壤环境质量现状的单因子评价

土壤环境质量单因子评价通常采用的方法是分指数法，也有人采用根据土壤和作物中污染物积累的相关数量来计算的土壤污染指数法。单因子评价可以确定出主要的污染物质及危害程度，同时也是多因子综合评价的基础。

1. 分指数法　逐一计算土壤中各主要污染物的污染分指数，以确定污染程度。土壤污染分指数计算式为

$$P_i = c_i / c_{0i}$$

式中，P_i 为土壤中 i 污染物的污染分指数，为无量纲的量；c_i 为土壤中 i 污染物实测含量；c_{0i} 为 i 污染物的评价标准。

上述模式计算简单，物理意义清楚，得到了广泛应用。当 $P_i < 1$，表示未污染；$P_i > 1$ 时，表示受到不同程度的污染，P_i 越大，污染越严重。

2. 根据土壤和作物中污染物积累的相关数量来计算的土壤污染指数法　即根据土壤和作物对污染物积累的相关数量，以确定污染等级和划分污染指数范围，然后再根据不同的方法计算污染指数。

　　这种方法的应用，首先应确定污染等级划分的起始值（表9-8）。土壤污染显著积累起始值是指土壤中污染物含量恰好超过评价标准的数值，以 X_a 表示。土壤轻度污染起始值是指土壤污染超过一定限度，使作物体内污染物质含量相应增加，以致作物开始受污染危害时土壤中该物质的含量，以 X_c 表示。土壤重度污染起始值是指土壤污染物含量大量积累，作物受到严重污染，以至作物体内的某污染物含量达到食品卫生标准时的土壤中该物质含量，以 X_p 表示。

表 9-8　我国土壤中一些重金属指标的建议值（mg/kg）

级别	Hg	Cd	Pb	As
1	0.10	0.15	30	15
2	0.20	0.30	60	20
3	0.50	0.50	100	27
4	1.00	1.00	300～500	30

注：1级为背景值，理想水平；2级为基准值，可接受水平；3级为警戒值，可忍受水平；4级为临界值，超标水平。

　　若土壤污染物含量的实测值（c_i）小于或等于土壤积累起始值（X_{ai}）（$c_i \leqslant X_{ai}$），这时为非污染，即污染指数 $P_i \leqslant 1$。

$$P_i = c_i / X_{ai}$$

　　若土壤中污染物含量实测值大于土壤积累起始值但小于或等于作物中污染物含量显著增加相对应的土壤污染物含量（X_{ci}）（$X_{ai} < c_i \leqslant X_{ci}$），属轻度污染，即 $1 < P_i < 2$。

$$P_i = 1 + \frac{c_i - X_{ai}}{X_{ci} - X_{ai}}$$

　　若土壤污染物含量大于作物中污染物含量显著增加相对应的土壤污染物含量但小于或等于污染临界值（X_{pi}）（例如土壤环境质量标准）（$X_{ci} < c_i \leqslant X_{pi}$），属中度污染，即 $2 < P_i < 3$。

$$P_i = 2 + \frac{c_i - X_{ci}}{X_{pi} - X_{ci}}$$

　　若土壤污染物含量大于污染临界值（$c_i > X_{pi}$），属重度污染，即 $P_i > 3$。

$$P_i = 3 + \frac{c_i - X_{pi}}{X_{pi} - X_{ci}}$$

　　3. 农业农村部的四级评价方法　除上述两种方法外，农业农村部环境保护科研监测所在评价农田环境质量时，采用如下的四级评价方法（单因子评价）。

　　0级（无污染）：$P_i = c_{i\pm} / X_{ai\pm} < 1$（$X_{ai\pm}$ 为污染物的土壤积累起始值），即土壤中 i 污染物实测值小于它的土壤积累起始值。

　　1级（轻度污染，污染物在土壤中有积累）：$P_i = c_{i\pm} / X_{ai\pm} \geqslant 1$，但是，$c_{i粮（菜）} < X_{ai粮（菜）}$。

　　2级（中度污染，土壤受到明显污染，或污染物在农产品食用部分中开始有积累）：$P_i = c_{i粮（菜）} / X_{ai粮（菜）} \geqslant 1$，（$X_{ai粮（菜）}$ 为污染物的粮或菜起始值），但是 $c_{i粮（菜）}$ 小于相应的食品卫生标准。

　　3级（重度污染，土壤受到重度污染，污染物在粮菜等农产品中的含量超过食品卫生标准，或者污染物明显影响农作物生长发育，或导致减产 10% 以上）：$P_i = c_{i粮（菜）} /$ 相应的食品卫生标准 $\geqslant 1$。

　　这种评价方法的优点，在于把土壤监测与粮菜监测结合起来对农田环境质量进行评价、分级，在定量上有更充分的根据。

4. 应用背景值及标准偏差评价法　该方法应用区域土壤环境背景值（X）95％置信度的范围（$X\pm2s$）来评价。若土壤某元素监测值（x_i）为 $x_i<X-2s$，则该元素缺乏或属于低背景土壤。若土壤某元素监测值（x_i）在 $X\pm2s$，则该元素含量正常。若土壤某元素监测值（x_i）为 $x_i>X+2s$，则土壤已受该元素污染，或属于高背景土壤。

（二）污染土壤环境质量现状的多因子评价

在实际情况中，常出现多种污染物同时污染某地区土壤的现象，单因子评价难以表示它们的整体污染水平，因此需要一种同时考虑土壤中多种污染物综合污染水平的多因子评价方法。

为确定土壤环境总体质量，多因子评价一般采用污染综合指数进行评价。

1. 以土壤中各污染物指数叠加作为土壤污染综合指数　该土壤污染综合指数计算模式为

$$P = \sum_{i=1}^{n} P_i = \sum_{i=1}^{n} \frac{c_i}{c_{0i}}$$

式中，P 为土壤污染综合指数，P_i 为土壤中 i 污染物的污染指数，n 为土壤中参与评价的污染物种类数，c_i 为土壤中 i 污染物的实测含量，c_{0i} 为 i 污染物的评价标准。

这种模式计算简便，但是它对各种污染物的作用是等量齐观的，没有强调严重超标的污染物在土壤总体质量中的作用。

根据综合污染物指数的大小，可把土壤环境质量进行分级，以表征污染的程度。北京西郊的土壤环境质量评价中曾用过此法，并根据综合指数（P）的数值把土壤环境质量分为 4 级，见表 9-9。

表 9-9　北京西郊土壤质量分级表

级别	土壤污染综合指数	主要区域
Ⅰ 清洁	<0.2	广大清水灌溉区
Ⅱ 微污染	$0.2\sim0.5$	莲花河污水灌区外 47.5 km²
Ⅲ 轻污染	$0.5\sim1.0$	莲花河污水灌区附近土壤 18 km²
Ⅳ 中度污染	>1.0	莲花河上游主河道两侧污水灌区 1.5 km²

2. 内梅罗综合污染指数　内梅罗（N. L. Nemerow）综合污染指数计算式为

$$P = \sqrt{\frac{1}{2}\left[\left(\frac{1}{n}\sum_{i=1}^{n}P_i\right)^2 + \left(\frac{c_i}{c_{0i}}\right)_{\max}^2\right]}$$

式中，$(c_i/c_{0i})_{\max}^2$ 为土壤中各污染物污染指数的最大值的平方；其他符号同前。

此方法用于强调了最大污染指数，与其他方法相比，其综合指数虽然常常偏高，但是突出了污染较重的污染物的作用（表 9-10）。

表 9-10　土壤内梅罗综合污染指数评价标准

等级	内梅罗综合污染指数	污染等级
Ⅰ	$P\leqslant0.7$	清洁（安全）
Ⅱ	$0.7<P\leqslant1.0$	尚清洁（警戒限）

（续）

等级	内梅罗综合污染指数	污染等级
III	$1.0<P\leqslant2.0$	轻度污染
IV	$2.0<P\leqslant3.0$	中度污染
IV	$P>3.0$	重污染

3. 均方根综合污染指数 均方根综合污染指数计算式为

$$P = \sqrt{\frac{1}{n}\sum_{i=1}^{n}P_i^2}$$

式中，所有符号同前。这种方法考虑了平均分指数的对评价结果的影响。

4. 加权综合污染指数 加权综合污染指数计算式为

$$P = \sum_{i=1}^{n}P_iW_i$$

式中，W_i 为 i 污染物的权重；其他符号同前。

加权综合污染指数反映了各种污染物对土壤环境质量不同的作用，这种不同的作用充分体现在权重上。

四、污染土壤环境质量分级

土壤环境质量的分级，就是对定量的综合质量污染指数赋予环境质量的实际含义，一般采用如下的几种分级方法。

1. 根据综合质量指数（P）划分质量等级 一般 $P\leqslant1$ 为未受污染；$P>1$ 为已污染，P 值越大，土壤污染越严重。可根据 P 变化的幅度，结合作物受害程度和污染物积累状况，进一步划分轻度污染、中度污染、重度污染等级。

2. 根据土壤和作物中污染物积累的相关数量划分质量等级 这种分级仅表示土壤中各个污染物的污染程度，还不能表示土壤总的质量状况。

3. 根据系统分级法划分质量等级 首先根据土壤污染物含量和作物生长的相关关系以及作物中污染物的积累与超标情况，对各污染物浓度进行分级，然后将污染物浓度转换为污染指数，将污染指数加权综合为土壤质量指数，据此划分土壤质量的级别。建立土壤污染物积累和土壤容量模式，计算不同年限污染物的积累数量，预测土壤污染发展趋势。

第四节 污染土壤环境质量影响预测

污染土壤环境质量影响预测的主要任务，是根据建设和实施项目所在地区的土壤环境现状，对建设和实施项目可能带来的污染物在土壤中迁移与积累，应用预测模型进行预测，判断未来土壤环境质量状况和变化趋势。

一、污水灌溉土壤影响预测

当利用拟议项目排放各种污染物的污水灌溉时，污染物在土层中被土壤吸附，被微生物分解和被植物吸收，同时还可能发生一系列化学变化；此外，地表径流及渗透也将之迁移。

土壤灌溉几年后，污染物 i 在土壤中的累积残留量（W_i）有下式的关系。

$$W_i = \Phi_i + X_i K_i \frac{1 - K_i^n}{1 - K_i}$$

式中，Φ_i 为污水灌溉前污染物 i 在土壤中的背景值（mg/kg）；X_i 为单位质量被污水灌溉土壤每年接纳该污染物的量（mg/kg）；K_i 为污染物 i 在被污水灌溉土壤中的年残留率（％）；n 为污水灌时间（年）。

$$X_i = (Q/M) c_i$$

式中，Q 为污水灌水量 $[m^3/hm^2]$；M 为耕作层土壤质量（t/hm^2）；c_i 为灌溉水中 i 污染物的浓度（mg/L）。

根据北京西郊实地调查结果：$K_{酚} = 0.6\%$，$K_{氰} = 0.9\%$，$K_{镉} = 0.82\%$；$\Phi_{酚} = 0.038$ mg/kg；$\Phi_{氰} = 0.05$ mg/kg。

二、土壤中农药残留量预测

农药输入土壤后，在各种因素作用下，会产生降解或转化，其最终残留量可以按下式计算。

$$R = ce^{-kt}$$

式中，R 为农药残留量（mg/kg）；c 为农药施用量（mg/kg）；e 为自然对数的底；k 为降解常数；t 为时间（d）。

从上式可以看出，连续施用农药，如果农药能不断降解，土壤中的农药积累量有所增加，但达到一定值以后便趋于平衡。

假定 1 次施用农药，施用时土壤中农药的浓度为 c_0，1 年后的残留量为 c，则农药残留量（f）可以用下式表示。

$$f = c/c_0$$

如果每年施用 1 次，连续施用，则数年后农药在土壤中的残留总量为

$$R_n = (1 + f + f^2 + f^3 + f^4 + \cdots + f^{n+1}) c_0$$

式中，R_n 为残留总量（mg/kg）；f 为残留率（％）；c_0 为 1 次施用农药在土壤中的浓度（mg/kg）；n 为连续施用时间（年）。

当 $n \to \infty$ 时，则有

$$R_n = c_0 / (1 - f)$$

式中，R_n 为农药在土壤中达到平衡时的残留量。

三、土壤中常见污染物残留量预测

（一）土壤中常见污染物残留量预测公式

土壤污染物在土壤中年残留量（年积累量）计算式为

$$W = K (B + R)$$

式中，W 为污染物在土壤中年残留量（mg/kg）；B 为区域土壤背景值（mg/kg）；R 为土壤污染物对单位土壤的年输入量（mg/kg）；K 为土壤污染物年残留率（年积累率，％）。

若污染年限为 n，每年的 K 和 R 不变，则污染物在土壤中 n 年内的积累量（W_n）为

$$W_n = BK^n + RK \frac{1-K^n}{1-K}$$

从上式可知，年残留率（K）对污染物在土壤中年残留率的影响很大，而年残留率的大小因土壤特性而异。根据上式，只需掌握 5 个参数中的 4 个，进行平衡计算，即可求得任何一未知项。

年残留率（K）的推求一般是通过盆栽试验进行的。在盆中加入某区域土壤 m kg，厚度为 20 cm 左右，先测定出土壤中试验污染物的背景值，然后向土壤中加入该污染物 n mg，其年输入量为 n/m（mg/kg）。栽上作物，以淋灌模拟天然降雨，灌溉用水及施用的肥料均不应含该污染物，倘若含有，需测定其含量，计算在输入量当中。经过 1 年时间，抽样测定土壤中该污染物的残留含量（实测值减背景值求得），该区域土壤的年残留率按下式计算。

$$K = \frac{残留含量}{年输入量} \times 100\%$$

（二）应用实例

1. 重金属残留量的计算　计算某污灌区灌溉 20 年来土壤中镉（Cd）的累积残留量。已知，土壤中镉的背景值（B）为 0.19 mg/kg，年残留率（K）为 0.9，年输入土壤中的镉（R）为 630 g/hm²。设每公顷耕作土层质量为 2 250 t，将上述数据代入公式得

$$W_{20} = 0.19 \times 0.9^{20} + \frac{0.63 \times 10^6}{2.25 \times 10^6} \times 0.9 \times \frac{1-0.9^{20}}{1-0.9} = 2.236 \ (mg/kg)$$

2. 有机污染物残留量的计算　若土壤中石油类污染物背景值（B）为 250 mg/kg，年残留率（K）为 0.7，年输入量（R）为 100 mg/kg，试计算石油类污染物在土壤中 20 年来的累积残留量。

将上述数据代入式公式得

$$W_{20} = 250 \times 0.7^{20} + 100 \times 0.7 \times \frac{1-0.7^{20}}{1-0.7} = 233.5 \ (mg/kg)$$

根据上述计算式及有关调查资料和土壤环境质量标准，还可以计算土壤污染物达到土壤环境质量标准时所需的污染年限，也可以求出污水灌溉的安全污水浓度和施用污泥中污染物的最高容许浓度。

3. 施用污泥中重金属的最高容许浓度计算　将上述计算式稍加改变，即可用于计算施用污泥中重金属的最高容许浓度，计算式为

$$W = BK^n + \frac{XM}{G} \times K \times \frac{1-K^n}{1-K}$$

$$X = \frac{W - BK^n}{\frac{M}{G} \times K \times \frac{1-K^n}{1-K}}$$

式中，W 为土壤中污染物残留总量（积累总量，mg/kg）；B 为土壤中污染物的背景值（mg/kg）；X 为污泥中污染物最高容许含量（mg/kg）；G 为耕作层土壤质量（kg/hm²）；M 为污泥年施用量（kg/hm²）；K 为污染物年残留率（%）；n 为污泥施用时间（年）。

四、土壤环境容量的计算

土壤中污染物的含量，在未超过一定浓度之前，不会在作物体内产生明显的积累，也不

会危害作物生长。只有超过一定浓度之后，才有可能生产出超过食品卫生标准的农产品，或使作物减产。因此土壤容纳污染物的量是有限的。一般将土壤在环境质量标准的约束下所能容纳污染物的最大数量，称为土壤环境容量。其计算式为

$$Q=(c_0-B)\times 2\,250$$

式中，Q 为土壤环境容量（g/hm²）；c_0 为土壤环境标准值（g/t）；B 为区域土壤背景值（g/t）；2 250 为土地的表土质量（t/hm²）。

从上式可知，在一定区域的土壤特性和环境条件下（B 的数值是一定的），土壤环境容量（Q）的大小取决于土壤环境质量标准的大小。土壤环境质量标准大，土壤环境容量也大；标准严，则容量小。因此制定土壤环境质量标准是极为重要的。

上述各式中，土壤背景值是通过调查获得的；土壤污染物年输入量（R）可以通过土壤污染物调查获得。

第五节　污染土壤环境质量影响评价

影响是一个事物对其他事物所发生的作用，环境影响则强调人类活动对环境产生的作用和环境对人类的反作用。对土壤环境产生的影响可以是有害的，也可以是有利的；可以是长期的，也可以是短期的；可以是潜在的，也可以是现实的。通常按影响的来源可以分成原发性影响和继发性影响。原发性影响是人类活动的直接结果，例如农药的农田施用就会直接引起土壤的污染。原发性影响一般比较容易分析和确定。继发性影响往往是原发性影响诱发的结果，是一种间接的影响，例如农田的工业占用，使原来的农作物和绿色植被消失是原发性影响。随后，工厂和居民区的发展，人口的增加，可能会造成对大气、水环境的影响，这就成为了继发性接影响。在生物（土壤）环境中，继发性影响特别重要。

《中华人民共和国环境影响评价法》规定，环境影响评价，是指对规划和建设项目实施后可能造成的环境影响进行分析、预测和评估，提出预防或者减轻不良环境影响的对策和措施，进行跟踪监测的方法与制度。

在土壤环境影响评价工作中，开发活动或建设项目的土壤环境影响评价是从预防性环境保护的目的出发，依据建设项目的特征与开发区域土壤环境条件，通过监测了解情况，识别各种污染和破坏因素对土壤可能产生的影响；预测影响的范围、程度及变化趋势，然后评价影响的含义和重大性；提出避免、消除和减轻土壤侵蚀与污染的对策，为行动方案的优化提供依据。

一、环境影响的识别和监测调查

（一）开发项目对土壤环境影响的识别

1. 对土壤环境有重大影响的人类活动　土壤系统是在漫长的地球演变过程中形成的，它受自然和人类活动的双重影响，特别是近百年来人类的影响是巨大的。

（1）全球气候变暖和人工改变局地小气候　例如人工增雨、改变风向、农田灌溉补水和排水等对土壤的影响是有利的；而气温升高、土壤被曝晒和风蚀影响加大则是不利的。

（2）改变植被和生物分布状况　例如合理控制土地上动植物种群，松土犁田增加土壤中的氧，施加粪便和各种有机肥，休耕和有控制去除有害的昆虫和杂草等的影响是有利的；过

度放牧和种植减少土壤有机物含量，施用化学农药杀虫、除草，用含有有害污染物的废水灌溉则产生不利影响。

（3）改变地形　例如土地平整并重铺植被，营造梯田，在裸土上覆盖或种植植物等是有利的；湿地排水、开矿和地下水过量开采引起地面沉降和加速土壤侵蚀，以及开山、挖土生产建筑材料是不利的。

（4）改变成土母质　例如在土壤中加入水产和食品加工厂的贝壳粉、动物骨骸，清水冲洗盐渍土等是有利的；将含有有害元素矿石和碱性粉煤灰混入土壤，农业收割带走的矿物养分超过了补给量等则有不利影响。

（5）改变土壤自然演化的进程　例如通过水流的沉积作用将上游的肥沃母质带到下游，对下游的土壤是有利的；过度放牧和种植作物会快速移走成土母质中的矿物营养，造成土壤退化，将土壤埋于固体废物之下则其影响很不利。

在考虑土壤影响时，必须与地区的地质信息联系起来。

2. 各种建设项目对土壤环境的影响　多种建设项目会对土壤和地质环境造成破坏性影响，而这些影响又能反过来影响项目功能的正常发挥。主要影响有以下几方面。

①地下水过量开采、油或天然气资源开采或者是露天地下采掘等活动，都会造成当地的地面沉降。

②大型工程施工需要大量的建筑材料，供应这些材料的地区由于砂、石开采会引起地表水的水力条件和土壤的侵蚀样式的改变。

③在工程施工区域一般会引起或提高当地土壤侵蚀程度。为了防止或减轻侵蚀，需要采取建泥沙沉积池、种植速生的树种和地被植物等措施。沉积池内的淤泥应返回原来的土地上。

④在一些地貌特别的地区，土方过量或不适当开挖，会引起滑坡、塌方。例如在陡坡的台地上建设厂房极易造成滑坡。

⑤在地质不稳定和地震频发地区建核电厂、化工厂、废物处理设施和大型油品与溶剂储存槽，可能会在地震时造成大面积的土壤污染灾害。在这些项目选址、建设和运行阶段，必须考虑其影响大小。

⑥露天采矿时，表土被剥离并被移别处，在矿山服务期满后应恢复原来的地形，否则会造成大面积水土流失和风蚀。

⑦沿海岸线建防波堤以控制侵蚀和漂移，会改变沿岸土壤环境条件。

⑧与军事训练相关的项目，例如在坦克驾驶训练时会造成土壤过度压实，不利于植被恢复，会使土壤遭受侵蚀和排水样式变坏。

⑨可能产生局地酸雨的项目，例如燃烧高含硫煤的发电厂，会对土壤的化学组分造成影响，并对地下水造成潜在影响。

⑩那些把选址地土壤和地貌作为选址条件的项目，例如城市废物和污泥填埋场，河、港的疏浚、淤泥堆放场等项目，会造成场地及周围土壤及地下水污染。

⑪沿海岸区域开发的项目可能增加海岸线侵蚀，也可能因海岸线侵蚀影响项目本身。这类项目包括海边空地开发和与此相关联的后续发展的项目、与港口和船舶锚地设施相关的项目以及与港口和码头发展有关的项目。

⑫单一蓄洪或多目标拦蓄水资源（蓄洪、供水、发电等）等项目的建设和运行期，对土

壤和地质环境会造成重大影响，引起泥沙沉积和蓄水后库区底下的地下水层、土壤和地貌等的变化。

⑬在合同承包或租用的土地上种植庄稼或放牧，往往缺少对土壤的保养，造成土壤化学性质和侵蚀程度加大。

⑭大型管道工程在施工中用重型设备会将土壤压结实，降低土壤透气性和渗水性，使植物不易生长，造成强的地表径流和侵蚀作用；施工机械使土壤颗粒破碎和除去表面植被，使土壤易被水流侵蚀。土壤侵蚀的速度和数量与坡度、土质的易侵蚀性、植被恢复的时间以及降雨强度有关。在管沟中特别容易侵蚀，因为回填土一般较松散，管沟会成为天然的排水沟，管沟上的堆土会不断沉降，在表层形成一个径流的天然渠道。管道施工造成土壤侵蚀的后果有两方面，其一是表土肥分的流失，其二是受纳地表径流的河水中悬浮物质浓度的提高和底泥沉积量增加。迅速恢复植被是最有效缓解侵蚀的措施。

（二）土壤环境和污染源的监测调查与评价

1. 土壤环境调查　土壤环境调查资料可从有关管理、研究和行业信息中心以及图书馆和情报所收集，内容包括：①自然环境特征，例如气象、地貌、水文、植被等资料；②土壤及其特性，包括成土母质（成土母岩和成土母质类型）、土壤类型（土类名称、面积及分布规律），土壤组成（有机质、氮、磷、钾及主要微量元素含量）、土壤特性（土壤质地、结构、pH、氧化还原电位、土壤离子代换量及盐基饱和度等）；③土地利用状况，包括城镇、工矿、交通用地面积，农、林、牧、副、渔业用地面积及其分布；④水土侵蚀类型、面积及分布和侵蚀模数等；⑤土壤环境背景资料，可查阅《中国土壤元素背景值》；⑥当地植物种类，分布及生长情况。

2. 土壤环境监测

（1）土壤环境监测内容　土壤环境监测内容与土壤环境调查内容相同。

（2）土壤环境监测布点　土壤环境监测布点原则上应因时、因地而定。一般情况下，应考虑下列原则。

①为了保证工作精度，应合理确定土壤环境监测布点的密度及均匀性。对于一级评价和二级评价，因为需要制作污染影响评价图，所以多采用网络布点法；对于三级评价，可按要求散点布设。

②在受排放污水影响而导致土壤污染的地段，应注意污染物散播的方式与途径。其布点方法通常是沿着纳污河两侧，并按水流方向呈带状布点，布点密度自排污口起由密渐稀。

③在受大气污染物沉降而导致土壤污染的地段，则应以高架点源为中心，沿四周各方位呈放射状布点。布点密度自中心起由密渐稀。此外，应考虑在主导风向一侧，适当增加监测距离和布点数量。

④在由固体废物堆场导致土壤污染的地段，其布点方法应以堆场为中心，按地表径流和地下水流方向呈放射状向外布设。布点密度也是近密远稀。地下水流上游布点较疏，下游较密。

（3）植物监测调查　植物监测调查，主要是观察研究自然植物和作物等在评价区内不同土壤环境条件下，各生育时期的生长状况及产量、质量变化。植物样品应在土壤样点处多点采取，采样的部位可分别为植物的根、茎、叶、花、果以及混合样。

3. 土壤侵蚀和污染源调查

（1）土壤侵蚀源调查　主要调查现有的各种破坏植被和地貌造成土壤侵蚀的活动。

（2）工业污染源调查　重点是调查"三废"排放进入土壤的污染物种类、途径和数量。

（3）农业污染源调查　重点是调查化肥、农药、污泥和垃圾肥料的来源、成分及施用量（包括自身所含污染物）。

（4）污水灌溉调查　主要调查污水来源、污水灌溉量、主要污染物种类、浓度、灌溉面积及灌溉年限。

4. 土壤环境现状描述和评价　通过上述监测调查，可以对土壤环境现状定性描述，说明评价区域土壤的背景和基线状况。当资料和数据充分时可以用土壤指数法对土壤状况进行定量评价。

（1）土壤环境评价因子的确定　土壤环境评价的因子，一般是根据监测调查掌握的土壤中现有污染物和拟建项目将要排放的主要污染物，按毒性大小与排放量多少进行筛选确定。筛选方法通常采用等标污染负荷比法。

（2）土壤环境现状评价的方法　用指数法评价土壤环境现状，具体方法见本章第三节。

二、土壤环境影响评价

土壤环境影响评价可分为定性分析、半定量评价和定量化预测 3 个层次。对于大多数项目而言，定性分析或半定量评价即可，仅少数极其重大、敏感的建设项目适用于定量化预测。定性分析应将污染源类型、污染物类别、污染途径、污染受体等描述清楚。半定量评价应在定性分析基础上，进一步给出物料平衡图，明确可能进入土壤环境的污染物指标、渗漏量、污染物浓度等。条件充分时，可采用简单公式进行预测评价。定量化预测则要求给出进入土壤环境的污水、废气、废渣的具体通量，建立可能造成土壤污染的概念模型，给定预测所需的计算参数，采用合理的计算方法，在一定保证率、工作精度和情景条件下，根据识别的污染特征因子，选取具有代表性的特征指标，预测可能对土壤环境造成的影响。

（一）评价拟建项目对土壤影响的重大性和可接受性

1. 将影响预测的结果与法规和标准进行比较

（1）由拟建项目造成的土壤侵蚀或水土流失明显违反了国家的有关法规　例如建设矿山造成水土流失十分严重，但水土保持方案不足以显著防治土壤流失，则该项目的负面影响是重大的，在环境保护方面是不可行的。

（2）将影响预测值加上背景值后与土壤标准做比较　例如一个拟建化工厂排放有毒废水使土壤中的重金属含量超过土壤环境质量标准，则可判断该废水的影响是重大的。

（3）用分级型土壤指数对土壤的实测值与预测拟建项目影响后算得的两指数值进行比较　如果土质级别降低（例如基线值为轻度污染，受影响后为中度污染），则表明该项目的影响是重大的；如果仍维持轻度污染，则表示影响不显著。

2. 历史上已有污染源和（或）土壤侵蚀源进行比较　请专家判断拟建项目所造成新的污染和增加侵蚀程度的影响的重大性。例如土壤专家一般认为在现有的土壤侵蚀条件下，如果一个大型工程的兴建将使年侵蚀率提高的值不大于 11 t/hm^2 则是允许的。但在做这类判断时，必须考虑区域内多个项目的积累效应。

3. 拟建项目环境可行性的确定　根据土壤环境影响预测与影响重大性的分析，指出工程在建设过程中和投产后可能遭到污染或破坏的土壤面积和经济损失状况。通过费用-效益分析和环境整体性考虑，判断土壤环境影响的可接受性，由此确定拟建项目的环境可行性。

（二）避免、消除和减轻负面影响的对策

1. 提出拟建工程应采用的控制土壤污染源的措施

①重视建设项目选址，选择对土壤环境影响最小，占用农、林、牧业土地最小的地区进行建设项目开发。

②加强清洁生产意识，工业建设项目应首先通过工艺流程、施工设计、生产经营方式的优化或废物最少化措施减少或消除废水、废气和废渣的排放量，同时在生产中不用或少用在土壤中易积累的化学原料。其次是采取排污管终端治理方法，控制废水和废气中污染物的浓度，保证不造成土壤的重金属和持久性危险有机化学品（例如多环芳烃、有机氯、石油类等）的积累。

③危险性废物堆放场地和城市垃圾等固体废物填埋场应有严格的隔水层设计、施工，确保工程质量，使渗漏液影响减至最小。同时做好渗漏液收集和处理工程，防止土壤和地下水污染。

④施工过程中开挖出的弃土应堆置在安全的场地上，防止侵蚀和流失。如果弃土中含污染物，应防止流失、污染下层土壤和附近河流。在工程完工后，这些弃土应尽可能地返回原地。

⑤加强土壤与作物或其他植物的管理，在建设项目周围地区加快森林和植被的生长。

⑥加强土壤环境的监测和依法管理，遵循土壤保护的有关法规和条例，设置环境决策机构，完善监测制度，加强事故或灾害风险的及时监测，制订应急预案和措施。在监测的基础上，开展土壤环境质量的回顾评价、后评估等跟进工作。

2. 方案选址　任何开发活动或拟建项目必须有多个选址方案，应从整体布局上进行比较，从中选择出对土壤环境的负面影响较小的方案。

土壤污染是土壤环境的突出问题，但不是唯一问题。土壤次生盐渍化、沼泽化、荒漠化等也是土壤环境影响的重要内容，是影响国家粮食安全乃至生态环境健康的重要因素。仅从建设项目环境管理层面难以有效加以预防，建议从区域管理、规划设计等层面尽快制定相应技术规范进行控制。

复习思考题

1. 土壤环境质量监测有哪些特点？土壤环境质量监测应遵循的原则是什么？
2. 土壤环境质量的评价原则和评价内容各是什么？
3. 我国的土壤环境质量标准与绿色食品土壤环境质量标准有何区别？
4. 土壤环境质量评价方法可以分为哪几类？常用的评价方法是什么？
5. 土壤环境影响预测包括哪些内容？
6. 人类的哪些活动对土壤环境会造成影响？如何避免或减轻负面影响？

第十章 污染土壤修复技术

本章提要 本章根据国内外污染土壤修复技术发展的趋势，介绍当前国内外污染土壤修复技术的主要类型、基本原理、技术要点及其应用实例，并扼要说明污染土壤修复技术选择的主要原则。本章将污染土壤的主要修复技术归纳为物理修复技术、化学修复技术、植物修复技术和生物修复技术4大类。

污染土壤修复的目的在于降低土壤中污染物的浓度、固定土壤污染物、将土壤污染物转化成毒性较低或无毒的物质、阻断土壤污染物在生态系统中的转移途径，从而减小土壤污染物对环境、人体或其他生物体的危害。欧美等发达国家已经对污染土壤修复技术做了大量研究，建立了适合于遭受各种常见有机和无机污染物污染的土壤的修复方法，并已不同程度地应用于污染土壤修复的实践中。我国在污染土壤修复技术方面的研究从20世纪70年代就已经开始，当时以农业修复措施的研究为主。随着时间的推移，其他修复技术的研究（例如化学修复技术和物理修复技术）也逐渐展开。进入21世纪以来，国家高度重视土壤环境保护和污染土壤的修复，有力地推动了污染土壤修复的研究与实施。国务院于2016年颁布了《土壤污染防治行动计划》，土壤污染状况的进一步调查、污染土壤的安全利用与修复等工作在全国各地逐步展开。迄今为止，我国不仅在土壤污染研究方面取得了显著进展，在农用地土壤安全利用和污染土壤的修复治理的实践也在逐步增多。总体而言，我国在土壤修复技术研究和实践方面已经取得了可喜的进展，与国际发达国家的差距迅速缩小，有些领域已经处在国际引领地位。

第一节 污染土壤修复技术的分类

从不同的角度出发，可以对污染土壤修复技术进行不同的分类。

一、按修复位置分类

污染土壤修复技术可以根据其位置变化与否分为原位修复技术（in-situ remediation）和异位修复技术（ex-situ remediation，又称为易位或非原位修复技术）。原位修复技术指不挖掘土壤、直接在污染场地进行修复的过程，对土壤没有什么扰动。异位修复技术指将污染土壤挖掘出来再进行修复的过程。异位修复又包括原地（on site）修复和异地（off site）修复两种。所谓原地修复，指在污染场地上对挖掘出的土壤进行修复的过程。异地修复指将挖掘出的土壤运至另一地点进行修复的过程。原位修复对土壤结构和肥力的破坏较小，需要进一步处置的残余物少，但对修复过程产生的废气和废水的控制比较困难，容易引起二次污染，且修复效果一般较差。异位修复的优点是对修复过程的条件的控制较好，与污染物的接触较好，容易控制修复过程产生的废气和废物的排放，二次污染风险小，且修复效果一般较好；缺点是在修复之前需要挖土和运输，修复过程对土壤的结构和肥力性质影响较大，费用一般较高。

二、按操作原理分类

污染土壤修复技术还可以依其操作原理进行分类。不同的学者的分类很不相同。Ian Martin 等（1996）将污染土壤修复技术分为生物修复技术、化学修复技术、物理修复技术、固定化技术、热处理技术等。这些类别之间的界限通常是模糊的，有些是互相交叉的。这些技术的大部分都包括原位修复和异位修复之中。例如玻璃化技术既可以依其过程中的高温和熔融被归为热处理技术，又可以依其对重金属的物理固定而被归为固化技术。Iskandar 等（1997）、Adriano（1997）将治理技术分为 3 大类：物理修复技术、化学修复技术和生物修复技术。由于物理修复技术和化学修复技术之间的界限通常不明显，故也常将物理修复技术和化学修复技术合在一起，称为物理化学修复技术。

经过修复的污染土壤，有的可以继续用于农业生产，有的则不能继续用于农业生产。能够使土壤保持生产力并被持续利用的修复技术，称为可持续性修复技术。经处理后固定了污染物但使土壤丧失生产力的修复技术，称为非可持续性修复技术。对于农用地而言，应该尽可能地采用可持续性修复技术，以保护有效的农用地土壤资源。

在本章中，将污染土壤修复技术分为物理修复技术（physical remediation）、化学修复技术（chemical remediation）、生物修复技术（bioremediation）和植物修复技术（phytoremediation）4 大类。物理修复技术包括土壤蒸气提取技术、固化/稳定化技术、玻璃化技术、热处理技术、电动力学修复技术、稀释和覆土技术等。化学修复技术包括土壤淋洗技术、原位化学氧化技术、化学脱卤技术、溶剂提取技术、农业安全利用等。植物修复技术包括植物提取作用、根际降解作用、植物降解作用、植物稳定化作用和植物挥发作用等。生物修复技术包括泥浆相生物反应器、生物堆制法、土地耕作法、翻动条垛法、生物通气法和生物注气法等。

第二节　污染土壤修复技术分述

一、物理修复技术

（一）土壤蒸气提取技术

土壤蒸气提取技术（soil vapor extraction，SVE）是一种通过布置在不饱和土壤层中的提取井，利用真空向土壤导入空气，空气流经土壤时，挥发性和半挥发性有机物随空气进入真空井而排出土壤，土壤中的污染物浓度因而降低的技术。土壤蒸气提取技术有时也被称为真空提取技术（vacuum extraction）或气提技术，属于原位修复技术，但在必要时，也可以用于异位修复。该技术适合于挥发性有机物和一些半挥发性有机物污染土壤的修复，也可以用于促进原位生物修复过程。

在基本的土壤蒸气抽取系统（图 10-1）设计中，要在污染土壤中设置竖直井或水平井（通常采用 PVC 管）。水平井适合于污染深度较浅的土壤（小于 3 m）或地下水位较高的地方。气提抽提装置用于从污染土壤中缓慢地抽取空气，安置在地面上，与一个气水分离器和废物处理系统（off-gas treatment system）连接在一起。从土壤孔隙中抽取的空气携带了挥发性污染物的蒸气。由于土壤孔隙中的挥发性污染物分压不断降低，原来溶解于土壤溶液中或被土壤颗粒吸附的污染物持续挥发出来以维持孔隙中污染物的平衡。

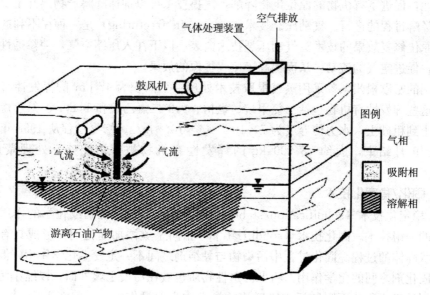

图 10-1　土壤蒸气提取系统
(引自 USEPA)

　　土壤蒸气提取技术的特点是：可操作性强，设备简单，操作容易；对处理场地和土壤的破坏很小；处理时间较短；可以与其他技术结合使用；可以处理固定建筑物下的污染土壤。该技术的缺点是：很难达到 90% 以上的去除率；在低渗透土壤和有层理的土壤上其效果不确定；只能处理不饱和带的土壤。欧美国家处理每吨土壤的费用在 5～50 英镑。

　　土壤蒸气提取技术能否用于具体污染点的修复及其修复效果取决于两方面的因素：土壤的渗透性和有机污染物的挥发性。

　　土壤的渗透性与质地、裂隙、层理、地下水位和含水量都有关系。细质地的土壤（黏质土）的渗透性较低，而粗质地土壤的渗透性较高。土壤蒸气提取技术用在砾质土和砂质土上效果较好，用在黏质土和壤质黏土上的效果不好，用在粉砂土和壤土上的效果中等。裂隙多的土壤的渗透性较高。有水平层理的土壤会使蒸气侧向流动，从而降低蒸气提取效率。土壤蒸气提取技术一般不适合于地下水位较高的土壤，因为较高的地下水位，可能导致部分污染土壤和提取井被淹没，降低提取效率。在提取过程中，地下水位有可能局部上升，因此地下水位最好在地表 3 m 以下。当地下水位在 1～3 m 时，需要采取空间控制措施。高的土壤含水量会降低土壤的渗透性，从而影响蒸气提取的效果。有机质含量高的土壤对挥发性有机物的吸附很强，不适合于应用土壤蒸气提取技术。有机化合物的挥发性可以用蒸气压、沸点和亨利常数来衡量。土壤蒸气提取技术适用于那些蒸气压高于 66.661 Pa（0.5 mmHg）或沸点低于 250 ℃或亨利常数大于 10.132 5 MPa（100 atm）的有机化合物。

　　土壤蒸气提取技术可以与其他技术联合使用，去除效果更好。空气注入技术（air sparging）是一种原位修复技术，包含将空气注入亚表层饱和带土壤、气流向不饱和带流动时移走亚表层污染物的过程。在空气注入过程中，气泡穿过饱和带和不饱和带，相当于一个可以去除污染物的剥离器。当空气注入法与蒸气提取法一起使用时，气泡将蒸气态的污染物带进蒸气提取系统而被去除，提高了污染物去除效率。生物通气技术（bioventing）提高了土著细菌的活性，促进了有机物的原位生物降解，气提技术可以加速降解产物离开土壤，从而有利于生物降解过程的进行。气动压裂技术（pneumatic fracturing）是一种在不利的土壤条件下，增强原位修复效果的技术。气动压裂技术向表层以下注入压缩空气，使渗透性低的土层出现裂缝，促进空气的流动，从而提高了蒸气提取的效果。

在美国的密歇根州，曾采用蒸气提取技术处理一个面积为 47 hm^2 的挥发性有机物污染的土壤。这些挥发性有机物包括二氯甲烷、氯仿、1,2-二氯乙烷和1,1,1-三氯乙烷。土壤质地从细砂土到粗砂土，水力传导度为 $7 \times 10^{-5} \sim 4 \times 10^{-4}$ m/s。修复过程从 1988 年 3 月开始到 1999 年 9 月结束，大约 18 000 kg 的挥发性有机物被提取出来，处理费用大约是 30 英镑/m^3。

（二）固化/稳定化技术

固化/稳定化技术（solidification/stabilization）是指通过物理的或化学的作用以固定土壤污染物的一组技术。固化技术（solidification）指向土壤添加固化剂而形成具有一定机械强度的块状固体的过程。固化过程中污染物与黏结剂之间不一定发生化学作用，但有可能伴随土壤与固化剂之间的化学作用。将低渗透性物质包被在污染土壤外面，以缩小污染物暴露于淋溶作用的表面积从而限制污染物迁移的技术称为包囊作用（encapsulation），也属于固化技术范畴。在细颗粒废物表面的包囊作用称为微包囊作用（microencapsulation），而大块废物表面的包囊作用称为大包囊作用（macroencapsulation）。稳定化技术（stabilization）指通过化学添加剂与污染物之间的化学反应使污染物转化成为溶解性和移动性较低的形态的过程。经过稳定化处理后，土壤依然呈疏松状态，但是土壤中的污染物的溶解性和移动性降低。在实践上，固化技术包括了某种程度的稳定化作用，而稳定化技术也包括了某种程度的固化作用，二者有时候是不容易截然区分的。

固化/稳定化技术采用的黏合剂主要是水泥、石灰、粒化高炉矿渣粉、粉煤灰、热塑塑料等，也包括一些专利的添加剂。水泥可以和其他黏合剂〔例如飞灰、溶解的硅酸盐、亲有机物的黏粒（organophilic clay）、活性炭等〕共同使用。有的学者又基于黏合剂的不同，将固化/稳定化技术分为水泥和混合水泥（pozzolan）固化/稳定化技术、石灰固化/稳定化技术和玻璃化固化/稳定化技术 3 类。污染土壤的钝化技术（immobilization）也属于稳定化技术的范畴，采用的钝化剂种类较多，例如含钙材料、含磷材料、含硅材料、有机材料、黏土矿物等。

固化/稳定化技术可以被用于处理大量无机污染物，也可应用于部分有机污染物。固化/稳定化技术的优点是：可以同时处理被多种污染物污染的土壤，设备简单，操作容易，费用较低。固化/稳定化技术最主要的问题在于它不破坏土壤污染物，不去除土壤污染物，而仅仅是限制污染物对环境的有效性。随着时间的推移，被固定的污染物有可能重新释放出来，重新对环境造成危害。因此固化/稳定化处理后的土壤必须得到长期的监测。

固化/稳定化技术可以用于污染土壤的原位修复也可以用于污染土壤的异位修复。进行原位修复时，可以用钻孔装置和注射装置，将修复物质注入土壤，而后用大型搅拌装置进行混合（图 10-2）。处理后的土壤留在原地，其上可以用清洁土壤覆盖。有机污染物不易固化和稳定化，所以原位固化/稳定化技术不适合于有机污染的土壤。美国在 20 世纪 70 年代对一个占地为 7 hm^2 的曾作为污水池的土壤进行了处理。该土壤铅含量在 300～2 200 mg/kg，挥发性有机化合物（VOC）含量在 0～150 mg/kg，半挥发性化合物含量在 12～534

mg/kg，多氯联苯（PCB）含量在 1～54 mg/kg。挖出的土壤先过 75 mm 筛以除去粗颗粒，然后将土壤装入移动的混合装置之中。所采用的黏合剂是波特兰水泥和一种专利的黏合剂。土壤∶水泥为 1∶1，专利黏合剂∶土壤为 1∶10。处理过的土壤被归还原地。水泥固定化技术对那些阴离子和形成可溶的氢氧化物的金属（例如 Hg）是无效的。水泥水化时会使土壤的温度升高，有可能造成汞和挥发性有机物的挥发。

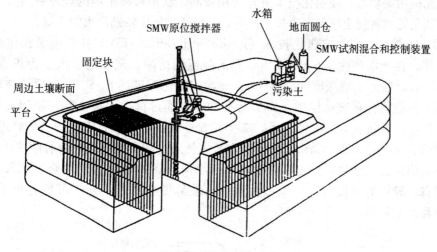

图 10-2　原位固化过程

（引自 Pierzynski G. M. ，1997）

异位固化/稳定化技术指将污染土壤挖掘出来与黏合剂（胶结物质）混合，使污染物固定化的技术。处理后的土壤可以回填或运往别处进行填埋处理。许多物质都可以作为异位固化/稳定化技术的黏合剂，例如水泥、火山灰、沥青和各种多聚物等。其中水泥及其相关的硅酸盐产品是最常用的黏合剂。异位固化/稳定化技术主要用于无机污染的土壤。水泥异位固化/稳定化技术曾被用于处理加拿大安大略省一个沿湖的多氯联苯污染的土壤。该地表层土壤多氯联苯含量达到 50～700 mg/kg。处理时使用了两类黏合剂，10% 的波特兰水泥与 90% 的土壤混合，12% 的窑烧水泥灰加 3% 的波特兰水泥与 85% 的土壤混合。黏合剂和土壤在中心混合器中被混合，然后转移到弃置场所（图 10-3），处理成本是 92 英镑/m³。

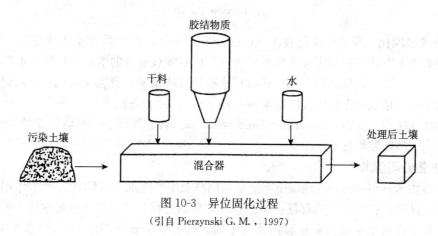

图 10-3　异位固化过程

（引自 Pierzynski G. M. ，1997）

（三）玻璃化技术

玻璃化技术（vitrification）指使用高温熔融污染土壤使其形成玻璃体或固结成团的技术。从广义上说，玻璃化技术属于固化技术范畴。玻璃化技术既适合于污染土壤的原位修复，也适合于污染土壤的异位修复。土壤熔融后，污染物被固结于稳定的玻璃体中，不再对其他环境产生污染，但土壤也完全丧失生产力。玻璃化技术对砷、铅、硒和氯化物的固定效率比其他无机污染物低。玻璃化技术处理费用较高，欧美每吨土壤的处理费用为300～500美元。玻璃化处理将使土壤彻底丧失生产力，一般适用污染特别严重的土壤。

1. 原位玻璃化 原位玻璃化技术（in-situ vitrification，ISV）指将电流经电极直接通入污染土壤，使土壤产生1 600～2 000 ℃的高温而熔融。现场电极大多为正方形排列，间距约0.5 m，插入土壤深度为0.3～1.5 m，玻璃化深度约6 m。经过原位玻璃化处理后，无机金属被结合在玻璃体中，有机污染物可以通过挥发而被去除。处理过程产生的水蒸气、挥发性有机物和挥发性金属，必须设置排气管道加以收集并进一步处理（图10-4）。美国的Battelle Pacific Northwest实验室最先使用这种方法处理被放射性核素污染的土壤。原位玻璃化技术修复污染土壤需要6～24个月。影响原位玻璃化修复效果及修复过程的因素有：导体的埋设方式、砾石含量、易燃易爆物质的积累、可燃有机质的含量、地下水位和含水量等。

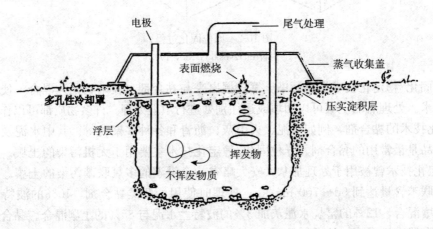

图10-4　原位玻璃化过程

(引自 Iskandar 等，1997)

2. 异位玻璃化 异位玻璃化技术（ex-situ vitrification）指将污染土壤挖出，采用传统的玻璃制造技术以热解和氧化或融化污染物以形成不能被淋溶的熔融态物质。加热温度大多为1 600～2 000 ℃。有机污染物在加热过程中被热解或蒸发，有害无机离子被固定。熔化的污染土壤冷却后形成惰性的坚硬的玻璃体（图10-5）。除传统的玻璃化技术外，还可以使用高温液体墙反应器（high temperature fluid-wall reactor）、等离子弧玻璃化技术（plasma-arc vitrification）和气旋炉技术（cyclone furnace）等使污染土壤玻璃化。

（四）热处理技术

热处理技术（thermal treatment）就是利用高温所产生的一些物理或化学作用，例如挥发、燃烧、热解，将土壤中的有毒物质去除或破坏的过程。热处理技术最常用于处理有机物污染的土壤，也适用于部分重金属污染的土壤。挥发性金属（例如汞），尽管不能被破坏，

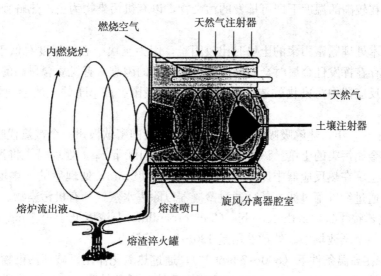

图 10-5 异位玻璃化过程

(引自 Pierzynski G. M.，1997)

但可能通过热处理技术而被去除。最早的热处理技术是一种异位处理技术，但原位的热处理技术也在发展之中。其他修复过程（例如玻璃化技术）也包括了热处理技术。

热处理技术通常被描述成单阶段（one stage）或双阶段（two stage）的破坏过程。然而，二者之间的确切区别是难以分辨的。例如焚烧通常被描述为单阶段过程，高温使土壤中的有机污染物燃烧。然而，这样的系统经常包括一个次生燃烧室以处理废气中的挥发性污染物。在双阶段系统（例如热解吸）中，土壤中的有机污染物在低温（约 600 ℃）时就挥发，而后在第二燃烧室中燃烧。一些挥发性的无机污染物（特别是汞）可以通过热解吸技术而被去除。焚烧（incineration）指那些产生炉渣或炉灰等残余物的过程。热解吸（thermal desorption）产生的残余物依然是土状的。热处理技术对大多数无机污染物是不适用的。

热处理技术使用的热源有多种：加热的空气、明火、可以直接或间接与土壤接触的热传导液体。在美国，处理有机污染物的热处理系统非常普遍，有些是固定的，有些是可移动的。在荷兰也建立了热处理中心。在英国，热处理工厂被用于处理石油烃污染的土壤。美国对移动式热处理工厂的地点有一些要求：要有 $1\sim2\ hm^2$ 的土地安置处理厂和相关设备、存放待处理的土壤和处理残余物以及其他支持设施（例如分析实验室）、交通方便、水电和必要的燃油有保证。热处理技术的主要缺点是：黏粒含量高的土壤处理困难、处理含水量高的土壤耗电多。

1. 热解吸技术 热解吸技术（thermal desorption）包括两个过程：污染物通过挥发作用从土壤转移到蒸气中；以浓缩污染物或高温破坏污染物的方式处理第一阶段产生的废气中的污染物。使土壤污染物转移到蒸气相所需的温度取决于土壤类型和污染物存在的物理状态，通常为 $150\sim540$ ℃。

典型的热解吸技术包括预处理、解吸、固相后处理（solid post-treatment）和气体后处理（gas post-treatment）等过程。预处理过程包括过筛、脱水、中性化、混合等步骤。中性化的目的在于降低待处理土壤的酸性，减少酸性废气的产生。热解吸技术适用于那些在常温下不易挥发而在较高的温度下即可挥发的污染物，以有机污染物为主。热解吸技术在泥炭土上不适用。

热解吸技术处理紧密团聚的土块时比较困难，因为土块中心的温度总低于表面的温度。待处理土壤中存在挥发性金属时会引起废气污染控制的困难。有机质含量高的土壤处理也比较困难，因为反应器中污染物的浓度必须低于爆炸极限。高 pH 的土壤会腐蚀处理系统的内部。

在 1992—1993 年，热解吸吸技术曾被用于处理美国密歇根州一个被氯代脂肪族化合物、多环芳烃和重金属污染的土壤。该土壤锰的含量高达 100 g/kg。处理时先将污染土壤挖掘、过筛、脱水。土壤在热反应器中以 245～260 ℃ 处理 90 min，处理后的土壤堆置于堆放场，排出的废气先通过纤维筛过滤，然后通过冷凝器以除去水蒸气和有机污染物。处理后的 4,4-亚甲基双-2-氯苯胺 [4,4-methylene bis (2-chloroaniline)] 浓度低于 1.6 mg/kg。处理后的土壤被堆放于一个堆放场中。处理费用是 130～230 英镑/t。

2. 焚烧 在高温条件下（800～2 500 ℃），通过热氧化作用以破坏污染物的异位热处理技术称为焚烧技术（incineration）。典型的焚烧系统包括预处理、一个单阶段或二阶段的燃烧室、固体和气体的后处理系统。可以处理土壤的焚烧器有：直接点火和间接点火的 Kelin 燃烧器、液体化床式燃烧器和远红外燃烧器。其中 Kelin 燃烧器是最常见的。焚烧的效率取决于燃烧室的 3 个主要因素：温度、废物在燃烧室中的置留时间和废物的紊流混合程度。大多数有机污染物的热破坏温度为 1 100～1 200 ℃。固体废物的置留时间为 30～90 min，液体废物的置留时间为 0.2～2.0 s。紊流混合十分重要，因为它使废物、燃料和燃气充分混合。焚烧后的土壤要按照废物处置要求进行处置。

焚烧技术适用的污染物包括挥发和半挥发有机污染物、卤化或非卤化有机污染物、多环芳烃、多氯联苯、二噁英、呋喃、农药、氰化物、炸药、石棉、腐蚀性物质等，不适合于非金属和重金属。所有土壤类型都可以采用焚烧技术处理。

（五）电动力学修复技术

向土壤施加直流电场，在电解、电迁移、扩散、电渗透、电泳等作用的共同作用下，使土壤溶液中的离子向电极附近富集从而被去除的技术，称为电动力学修复技术（electrokinetic technology）。

所谓电迁移，就是指离子和离子型络合物在外加直流电场的作用下向相反电极的移动。电迁移的效率主要受孔隙水的电传导性和在土壤中传导途径长度的制约，对土壤液体通透性的依赖性较小。由于电迁移不取决于孔隙大小，它同样可以适用于粗质地和细质地土壤。当湿润的土壤中含有高度溶解的离子化无机组分时，会发生电迁移现象。电动力学修复技术是去除土壤中这些离子化污染物的有效办法，因为该技术对透性很低的土壤也具有修复能力。

当施加一个直流电场于充满液体的多孔介质时，液体就产生相对于静止的带电固体表面的移动，即电渗透。当表面带负电荷时（大多数土壤都带负电荷），液体移向阴极（图 10-6）。这个过程在饱和的、细质地的土壤上进行得很好，溶解的中性分子很容易地随电渗流而移动，因此可以利用电渗透作用去除土壤中非离子化的污染物。往阳极注入清洁液体或清洁水，可以改善污染物的去除效率。影响土壤中污染物电渗透移动的因素是：土壤水中离子和带电颗粒的移动性和水化作用、离子浓度、介电常数（取决于孔隙中有机和无机颗粒的数量）和温度。

所谓电泳，就是指带电粒子或胶体在电场的作用下的移动，结合在可移动粒子上的污染物也随之而移动。在电动力学过程中最重要的发生在电极的电子迁移作用是水的电解作用。

$$H_2O \longrightarrow 2H^+ + 1/2O_2\ (g) + 2e^- \qquad 阳极反应$$

$$2H_2O + 2e^- \longrightarrow 2OH^- + H_2\ (g) \qquad 阴极反应$$

电极反应分别在阴极和阳极分别产生了大量的 H^+ 和 OH^-。在电场作用下，H^+ 和 OH^- 又以电迁移、电渗透、扩散、对流等方式向阴极和阳极移动，在二者相遇的区域产生 pH 突变。重金属离子在电场的作用下向阴极方向移动，在土柱中的某点与向阳极移动的 OH^- 相遇，形成重金属沉淀。该过程不利于重金属的去除，因此必须控制阴极区的 pH，通常可以通过添加酸来消除电极反应产生的 OH^-。

富集于电极附近的污染物，可以通过沉淀共沉淀、泵出、电镀或采用离子交换树脂等方法去除。

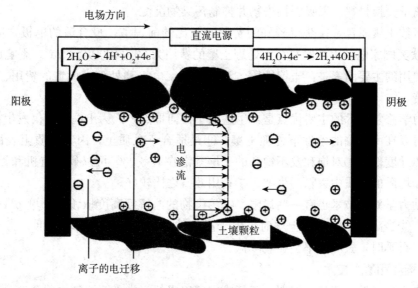

图 10-6　离子的电渗作用和电迁移作用

电极是电动力学修复中最重要的设备。适合于实验室研究的电极材料包括石墨、白金、黄金和银。但在田间试验中，可以使用一些由较便宜的材料制成的电极，例如钛电极、不锈钢电极。可以直接将电极插入湿润的土体中，也可以将电极插入一个电解质溶液中，由电解质溶液直接与污染土壤或通过膜与土壤接触。美国国家环境保护局（1998）推荐使用单阴极多阳极体系，即在 1 个阴极的四周安放多个阳极，以提高修复效率。较大的电流和较高的电压梯度会促进污染物的迁移速度，一般采用的电流密度是 $10 \sim 100\ mA/cm^2$，电压梯度是 0.5 V/cm。

电动力学修复技术可以影响的污染物包括：重金属、放射性核素、有毒阴离子（例如硝酸盐、硫酸盐）、高密度非水相液体（DNAPL）、氰化物、石油烃（柴油、汽油、煤油、润滑油）、炸药、有机-离子混合污染物、卤代烃、非卤化污染物、多环芳烃。但最适合电动力学修复技术处理的污染物是金属污染物。

由于对于砂质污染土壤而言，已经有几种有效的修复技术，所以电动力学修复技术主要是针对低渗透性的、黏质的土壤。适合于电动力学修复技术的土壤应具有如下特征：水力传导度较低、污染物水溶性较高、水中的离子化物质浓度较低。黏质土在正常条件下，离子的迁移很弱，但在电场或水压的作用下得到增强。电动力学修复技术对低透性土壤（例如高岭土等）中的砷、镉、铬、钴、汞、镍、锰、钼、锌、铅的去除效率可以达到85%～95%。但并非所有黏质土的去除效率都很高，对阳离子交换量高、缓冲容量高的黏质土的去除效率就会下降。要在这些土壤上达到较好的去除效率，必须使用较高的电流密度、较长的修复时间、较高的能耗和较高的费用。

可以添加增强溶液以提高络合物的溶解度，或改善重金属污染物的电迁移特征。例如为了处理土壤中难溶的汞化合物，Cox 等（1996）在阴极区加入 I_2-KI 溶液，使难溶的汞化合物转化为 HgI_4^{2-} 络合离子并向阳极移动，结果土壤中 99% 以上的汞被去除。但增强溶液的使用必须十分小心，以免引入次生污染、因电化学反应而形成废物或副产物，反而加剧原有的污染。如果电渗透流速度太低，可以用清洁剂或清洁水冲洗电极。此外，还可以在电极表面包一层离子交换材料，以吸引污染物并抑制污染物沉淀。

对大多数土壤而言，在获得较好的费用效益比的前提下，最合适的电极之间的距离是 $3\sim6$ m。欧美国家电动力学修复技术处理土壤的费用为 $50\sim120$ 美元/m^3。影响原位电动力学修复的费用的主要因素是：土壤性质、污染深度、电极和处理带设置的费用、处理时间、劳力和电费。

电动力学修复技术的主要优点是：①适用于任何地点，因为土壤处理仅发生在两个电极之间；②可以在不挖掘的条件下处理土壤；③最适合于黏质土，因为黏质土表面带有负电荷，水力传导度低；④对饱和及不饱和的土壤都潜在有效；⑤可以处理有机和无机污染物；⑥可以从非均质的介质中去除污染物；⑦费用效益之比较好。

但电动力学修复技术也有一些局限：①污染物的溶解度高度依赖于土壤 pH；②要添加增强溶液；③当高电压使用到土壤时，由于温度的升高，处理的效率降低；④土壤含碳酸盐、岩石、石砾时，去除效率会显著降低。

（六）稀释和覆土技术

将污染物含量低的清洁土壤混合于污染土壤以降低污染土壤污染物的含量，称为稀释作用（dilution）。稀释作用可以降低土壤污染物浓度，因而可能降低作物对土壤污染物的吸收，减小土壤污染物通过农作物进入食物链的风险。在田间，可以通过将深层土壤犁翻上来与表层土壤混合，也可以通过客入清洁土壤而实现稀释。

覆土（covering with clean soil）也是客土的一种方式，即在污染土壤上覆盖一层清洁土壤，以避免污染土层中的污染物进入食物链。清洁土层的厚度要足够，以使植物根系不会延伸到污染土层，否则有可能因为促进了植物的生长、增强了植物根系的吸收能力反而增加植物对土壤污染物的吸收。另一种与覆土相似的改良方法就是换土，即去除污染表土，换上清洁土壤。

稀释和覆土措施的优点是技术性比较简单，操作容易。但缺点是不能去除土壤污染物，没有彻底排除土壤污染物的潜在危害；它们只能抑制土壤污染物对食物链的影响，并不能减少土壤污染物对地下水等其他环境的危害。这些措施的费用取决于当地的交通状况、清洁土壤的来源、劳动力成本等。

二、化学修复技术

（一）土壤淋洗技术

土壤淋洗技术（soil flushing/washing）是指在淋洗剂（水或酸或碱溶液、螯合剂、还原剂、络合剂以及表面活化剂）溶液的作用下，将土壤污染物从土壤颗粒去除的一种土壤修复技术。土壤淋洗技术包括原位淋洗技术和异位淋洗技术两种。

1. 原位淋洗技术　原位淋洗技术（in-situ soil flushing）是指在田间直接将淋洗剂加入污染土壤，经过必要的混合，使土壤污染物溶解进入淋洗溶液，而后使淋洗溶液往下渗透或水平排出，最后将含有污染物的淋洗溶液收集、再处理的技术。原位淋洗技术是为数不多的可以从土壤中去除重金属的技术之一。影响原位淋洗技术有效性的重要因素是土壤的性质，其中最重要的是土壤质地和阳离子交换量。原位淋洗技术适合于粗质地的、渗透性较强的土壤。一般地说，原位淋洗技术最适合于砂粒和砾石占 50% 以上的、阳离子交换量低于10 cmol/kg 的土壤。在这些土壤上，容易达到预期目标，淋洗速度快，成本低。质地黏重的、阳离子交换量高的土壤，对多数污染物的吸持较强烈，淋洗技术的去除效果较差，难以达到预期目标，且成本高。原位淋洗技术既适合于无机污染物，也适合于有机污染物。但迄今为止采用原位淋洗技术处理重金属污染土壤的例子较少，大多数应用例子涉及有机物污染的土壤。

淋洗剂对于促进污染物从土壤的解吸并溶入溶液是不可缺少的。淋洗剂应该是高效的、廉价的、二次污染风险小的。常用的淋洗剂有水和化学溶液。单独用水可以去除某些水溶性高的污染物，例如有机污染物和六价铬。化学溶液的作用机制包括调节土壤 pH、络合重金属污染物、从土壤吸附表面置换有毒离子以及改变土壤表面和污染物的表面性质从而促进溶解等方面。溶液通常包括稀的酸、碱、螯合剂、还原剂、络合剂以及表面活化剂溶液等。酸和络合剂溶液有利于土壤重金属的溶解，因而对重金属污染的土壤的淋洗效果较好。碱性溶液的应用较少，它对于石油污染土壤的处理可能效果较好。表面活性剂可以改进憎水有机化合物的亲水性，提高其水溶性和生物可利用性。表面活性剂适合于石油烃和卤代芳香烃类物质污染的土壤。常用的表面活性剂有阳离子型表面活性剂、阴离子型表面活性剂、非离子型表面活性剂、生物表面活性剂等。

采用原位淋洗技术时应考虑土壤污染物可能产生的环境负效应并加以控制。由于可能造成对地下水的二次污染，因此最好是在水文学上土壤与地下水相对隔离的地区进行。原位淋洗技术操作系统主要由 3 个部分组成：淋洗剂加入设备、下层淋出液收集系统和淋出液处理系统。土壤淋洗剂的加入方式包括漫灌、喷撒、沟、渠、井浸渗等。淋出液收集和处理系统一般包括屏障、收集沟和恢复井。含有污染物的淋出污水必须进行必要的处置。如果要使处理过的土壤可以返回原地，要对处理过的土壤做进一步处理。例如对于用酸性溶液处理过的土壤，要添加碱性溶液以中和土壤中多余的酸。原位淋洗技术的缺点是在去除土壤污染物的同时，也去除了部分土壤养分离子，还可能破坏土壤的结构，影响土壤微生物的活性，从而影响土壤整体的质量。如果操作不当，还可能对地下水造成二次污染。

1987—1988 年，在荷兰曾采用原位淋洗技术对一个镉污染土壤进行了处理。他们用0.001 mol/L 的 HCl 对 6 000 m^2 的土地上大约有 30 000 m^3 的砂质土壤进行了处理。经过处理，土壤镉浓度从原来的 20 mg/kg 以上降低到 1 mg/kg 以下。处理费用大约为 50 英镑/m^3。

2. 异位淋洗技术 异位淋洗技术（土壤清洗技术，soil washing）是指将污染土壤挖掘出来，用水或其他化学溶液进行清洗使污染物从土壤分离开来的一种化学处理技术。土壤性质严重影响该技术的应用。质地较轻的土壤适合于本技术，黏重的土壤处理起来比较困难。一般认为，黏粒含量在30%～50%或以上的土壤就不适合本技术。有机质含量高的土壤处理起来也很困难，因为很难将污染物分离出来。土壤异位淋洗技术适用于各种污染物，例如重金属、放射性核素、有机污染物等。憎水的有机污染物难以溶解到清洗水相中。清洗液可以是水，也可以是各种化学溶液（例如酸和碱的溶液、络合剂溶液、表面活性剂溶液等）。酸溶液通过降低土壤 pH 而促进重金属的溶解。络合剂溶液则通过形成稳定的金属络合物而促进重金属的溶解。碱性溶液和表面活性剂溶液可以去除土壤的有机污染物（例如石油烃化合物）。土壤淋洗已经成为一个广泛采用的、修复效率较高的重金属和有机污染物污染土壤的修复技术。

土壤异位淋洗技术大都起源于矿物加工工业。在矿物加工工业中，人们可以从低品位的杂矿中分离有价值的矿石。最新的加工方法可以从含量低于 0.5% 的原材料中提取金属。典型的土壤异位淋洗过程包括如下几个步骤：①用水将土壤分散并制成浆状；②用高压水龙头冲洗土壤；③用过筛或沉降的方法将不同粒径的颗粒分离；④利用密度、表面化学、磁敏感性等方面的差异进一步将污染物浓缩在更小的体积内；⑤利用过滤或絮凝的方法使土壤颗粒脱水。在实践中，人们将污染土壤挖掘起来，在土壤处理厂中进行清洗。清洗土壤用的土壤处理厂有两类：移动式土壤处理厂和固定式土壤处理厂。

移动式土壤处理厂的优点是设备小，可以随地移动，但由于移动性大，较难控制处理过程产生的二次污染（例如对地下水的渗透污染和对大气的污染）。处理的第一个步骤是过筛，分离出不必处理的粗的组分。然后，土壤被送往混合桶，淋洗水和其他清洗剂被添加到桶中，进行化学反应。必要时可以提高温度以促进有机污染物的氧化分解。化学反应结束后，土壤开始被淋洗。在干燥筛的帮助下将水和土壤分离。如果清洗后的土壤符合有关标准，就可以被回填到地里。淋洗污水含有污染物和细土壤颗粒。淋洗污水进入沉积桶（池）时，若有必要，还可以加入酵母和柠檬酸，以对污染物进行氧化、还原或水解降解。与此同时，非降解物质（例如重金属）被酵母吸附。此后，所有固体物质在石灰浆的作用下被沉淀。经过处理的清洗水可以回到淋洗过程循环使用。最后，高度污染的残余物应该以恰当的方式被处置（例如填埋、焚烧）。

固定式土壤处理厂厂址固定，有利于控制处理过程的污染物的排放。所有污染点的污染土壤都必须运往固定式土壤处理厂进行处理。处理不同类型污染土壤的程序有所不同，固定式土壤处理厂的处理程序比较复杂。下面是德国一个土壤修复中心固定式土壤处理厂的处理例子。处理过程的干处理阶段包括两个磁性分离器和一个滚动栅栏（rolling bar），以分离铁磁性金属和直径大于 40 mm 的石块。随后在清洗桶中进行第一步湿释放处理（wet liberation），以将污染物从土壤粗颗粒上解离出来。借助于振动筛，最初被净化的直径 4～40 mm 的石砾和粗颗粒，可以被分离出来。更小的颗粒被送进水旋流器，进行进一步的颗粒分离。上升流分离器可以将密度较小的物质（例如木片）分离出来。然后，土壤悬液进入处理厂的中心部位研磨清洗单元（attritor unit），在此污染物从土壤颗粒表面被解离出来。为了提高淋洗效率，可以添加一些化学试剂，例如酸、碱、过氧化氢、表面活性剂等。利用水旋流器和上升流分离器可以将污染物和残余土壤细颗粒与干净的土壤颗粒分离开来。干净的土壤颗粒（粒径在 0.063～4.000 mm）经过脱水后即可回用。每吨土壤的清洗成本为 100～160英镑。

已经有不少成功的修复例子。例如美国的新泽西州，曾对 19 000 t 重金属严重污染的土壤和污泥进行了异位清洗处理。处理前铜、铬、镍的浓度超过 10 000 mg/kg，处理后土壤中镍的平均浓度是 25 mg/kg，铜的平均浓度是 110 mg/kg，铬的平均浓度是 73 mg/kg。

（二）原位化学氧化技术

原位化学氧化技术（in-situ chemical oxidation）是通过混入土壤的氧化剂与污染物发生氧化反应，使污染物降解成为低毒、低移动性产物的技术。在污染区的不同深度钻井，然后通过泵将氧化剂注入土壤。进入土壤的氧化剂可以从另一个井抽提出来。含有氧化剂的废液可以重复使用。原位化学氧化技术适用于被油类、有机溶剂、多环芳烃、农药以及非水溶性氯化物污染的土壤。常用的氧化剂是高锰酸钾（K_2MnO_4）、过氧化氢（H_2O_2）和臭氧（O_3），溶解氧有时也可以作为氧化剂。在田间最常用的是 Fenton 试剂，是一种加入铁催化剂的过氧化氢氧化剂。加入催化剂，可以提高氧化能力，加快氧化反应速率。进入土壤的氧化剂的分散是原位化学氧化技术的关键环节。传统的分散方法包括竖直井、水平井、过滤装置、处理栅栏等。土壤深层混合、液压破裂等方法也能够对氧化剂进行分散。

原位化学氧化技术可以用于处理水、沉积物和土壤。从粉砂质到黏质的土壤都适合于原位化学氧化技术。原位化学氧化技术已经被用于处理挥发性和半挥发性有机污染物污染的土壤。对于遭受高浓度有机污染物污染的土壤，这是一种很有前景的修复技术。

从 1997 年开始，在美国的阿拉巴马州，曾采用原位化学氧化技术对一个受到高密度非水相液体（DNAPL）污染的（黏质）土壤进行修复。污染土壤中，三氯乙烯、二氯乙烯、氯甲撑、苯、甲苯、乙基苯和二甲苯含量高达 31%。大量污染物出现在 2.4 m 或更深处。地下水位变化在 7.5～9.0 m。在污染地上建立了 3 个不同深度的注入井。采用具有专利的 Geo-Cleanse 注入技术以注入过氧化氢、少量硫酸亚铁和酸溶液。化学氧化过程持续了120 d。处理后的土壤的有机污染物浓度显著降低。三氯乙烯的浓度从原来的高达 1 760 mg/kg 降低到检测限以下。污染物没有明显地向周围土壤和地下水转移。

（三）化学脱卤技术

化学脱卤技术（chemical dehalogenation）又称为气相还原技术（gas-phase reduction），是一种异位化学修复技术。处理过程包括使用特殊还原剂，有时还使用高温和还原条件，使卤化有机污染物还原的过程结合了热处理和化学作用的热还原过程。

热脱卤作用在高于 850 ℃的温度下进行，包括了卤化物在氢气中的气相还原作用。氯化烃，例如多氯联苯和二噁英在燃烧室中被还原成为氯化氢和甲烷。土壤和沉积物通常先在热解吸单元中预处理以使污染物挥发，然后由循环气流将挥发气体带入还原室进行还原。

化学脱卤技术适用于挥发和半挥发有机污染物、卤化有机污染物、多氯联苯、二噁英、呋喃等，不适合于非卤化有机污染物和重金属、炸药、石棉、氰化物、腐蚀性物质等。化学脱卤技术对多种氯化烃是确实有效的。脱卤过程使用的化学试剂可能有毒，必须仔细清除。脱卤过程可能会形成潜在易爆的气体。

典型的化学脱卤工厂所需的设备包括：筛子、研磨器、混合器、土壤存储容器、脱卤反应器、脱水和干燥设备、试剂处理设备。气相还原系统还需要热解吸单元、废气燃烧器、气体洗涤器等。

在美国纽约州，曾采用化学脱卤加热处理技术对一个多氯联苯污染的土壤进行处理。土壤中多氯联苯的含量在 0.18～1 026 mg/kg。一般来说，污染延伸到 15～30 cm 的土层。多氯联苯含量超过 10 mg/kg 的土壤被挖掘起来，在一个厌氧的、装有碱性的聚乙二醇试剂的处理器中进行处理。土壤先与作为脱卤试剂载体的油进行预处理。土壤先被预加热至 100～315 ℃ 以挥发水分和挥发性有机污染物，并促进脱卤反应。在主反应室中，温度大约达到 600 ℃，低分子有机污染物开始发生热裂解作用。在燃烧阶段，温度达到 650～815 ℃，可将任何残留的有机物分解。典型的处理单元每小时可以处理 9.0～13.5 t 土壤。处理后的土壤中多氯联苯含量降低到 0.043 mg/kg，但土壤原有的物理性质、化学性质和生物学性质也遭到彻底破坏。

（四）溶剂提取技术

溶剂提取技术（solvent extraction）是一种异位修复技术。在溶剂提取过程中，污染物转移进入有机溶剂或超临界流体（SCF），而后溶剂被分离以进一步处理或弃置。

溶剂提取技术使用的是非水溶剂，因此不同于一般的化学提取和土壤淋洗。处理之前首先准备土壤，包括挖掘和过筛；过筛的土壤可能要在提取之前与溶剂混合，制成浆状。是否预先混合取决于具体处理过程。溶剂提取技术不取决于溶剂和土壤之间的化学平衡，而取决于污染物从土壤表面转移进入溶剂的速率。被溶剂提取出的有机物连同溶剂一起从提取器中被分离出来，进入分离器进行分离。在分离器中由于温度或压力的改变，有机污染物从溶剂中分离出来。溶剂进入提取器中循环使用，浓缩的污染物被收集起来进一步处理，或被弃置。干净的土壤被过滤、干化，可以进一步使用或弃置。干燥阶段产生的蒸气应该收集、冷凝，进一步处理。典型的有机溶剂包括一些专利溶剂，例如三乙基胺。

溶剂提取技术适用于挥发性和半挥发性有机污染物、卤化或非卤化有机污染物、多环芳烃、多氯联苯、二噁英、呋喃、农药、炸药等，不适合于氰化物、非金属和重金属、腐蚀性物质、石棉等。黏质土和泥炭土不适合于该技术。

在含水量高的污染土壤上使用非水溶剂，可能会导致部分土壤区域与溶剂的不充分接触。在这种情况下，要对土壤进行干燥。使用二氧化碳超临界流体要求干燥的土壤，此法对小分子有机污染物最为有效。研究表明，多氯联苯的去除取决于土壤有机质含量和含水量。高有机物含量会降低滴滴涕的提取效率，因为滴滴涕被有机物强烈地吸附。处理后会有少量溶剂残留在土壤中，因此溶剂的选择是十分重要的。最适合于处理的土壤条件是黏粒含量低于 15%，水分含量低于 20%。

在美国加利福尼亚北部的一个岛上，曾采用此法对多氯联苯含量高达 17～640 mg/kg 的污染土壤进行了处理。该处理系统采用了批量溶剂提取过程（batch solvent extraction process），使用的溶剂是专利溶剂，以分离土壤的有机污染物。整个提取系统由 5 个提取罐、1 个微过滤单元、1 个溶剂纯化站、1 个清洁溶剂存储罐和 1 个真空抽提系统组成。处理每吨土壤需要 4 L 溶剂。处理后的土壤中多氯联苯含量从 170 mg/kg 降到大约 2 mg/kg。

（五）农业安全利用

污染土壤上的农业安全利用（agricultural safe use）指采用土壤钝化、水分调控、选种低富集作物品种等综合农艺措施以保障农产品质量安全的农业利用方式。安全利用的主要特点是：以农艺措施为主，不包含工程化的土壤修复技术；以农业上常用、农民易操作的措施为主；以农产品中污染物不超标为目标，不追求土壤污染物的降低或去除；采用的措施不显著破坏土壤肥力性状。安全利用由于具有价格低、易操作的优点，已经成为国内乃至国外轻度和中度污染的农用地土壤首选的修复措施。我国的《土壤污染防治行动计划》中明确要求将土壤环境质量分为优先保护类、安全利用类和严格管控类，其中安全利用类要求采用安全利用措施以保障农产品质量安全。

1. 土壤钝化技术　土壤钝化技术（immobilization）指通过向土壤中施加钝化剂，降低土壤污染物的溶解性和生物有效性，减少农作物对土壤污染物的吸收，从而达到降低农产品中污染物含量的技术。钝化剂种类很多，通常包含钙基钝化剂（例如石灰、白云石、壳灰等）、磷基钝化剂（例如磷灰石、羟基磷灰石、磷酸盐等）、硅基钝化剂（例如硅酸钠、硅酸钙等）、碳基钝化剂（例如生物炭、泥炭等）、铁基钝化剂（例如硫酸亚铁、零价铁等），以及矿物材料、纳米材料和其他合成材料等。不同钝化剂的作用机制不同，直接作用机制主要包含提高土壤 pH、吸附作用、沉淀作用等，间接作用机制包含对土壤溶液性状（例如溶解态有机碳浓度、铁锰氧化物的还原溶解、土壤氧化还原电位等）的影响。钝化不同的污染物通常要求施加不同的钝化剂，例如镉、铅等重金属污染的土壤，施用石灰等可以提高土壤 pH 的材料就会产生钝化效果；而对于砷污染的土壤，施加含铁的钝化剂（例如硫酸亚铁、零价铁等）可以有效地钝化土壤中的砷；而磷基钝化剂对土壤铅的钝化效果较好。在实践中，应根据土壤污染物的种类及污染程度、土壤现状等选择合适的钝化剂。

在酸性土壤上，通过施用石灰等碱性物质提高土壤的 pH，就可以降低土壤部分重金属（例如镉、铅等）的有效性，这类技术也被称为中性化技术（neutralization）。中性化技术在酸性土壤改良方面已有悠久的应用历史，在重金属污染的酸性土壤的治理方面也已有十分广泛的应用。该法属于原位处理方法，其主要优点是：费用低、取材方便、见效快、可接受性和可操作性都比较好。主要缺点就是不能从污染土壤中去除污染物，而且其钝化效果会随时间的推移而弱化。如图 10-7 所示，土壤钝化作用使土壤 pH 升高，而土壤 pH 升高使土壤有效镉降低，从而降低春小白菜地上部镉的含量。由于土壤钝化技术通常要求将土壤 pH 提高到中性附近，所以有可能对土壤质量带来负面影响，如土壤结构劣化、土壤板结、降低部分土壤养分的有效性、加速有机质的分解、影响部分作物的正常生长及其品质等。

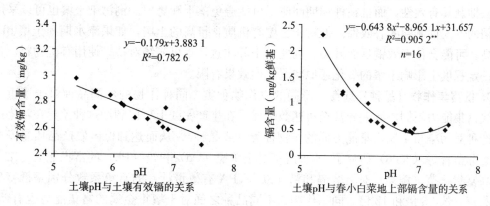

图 10-7　土壤 pH 的改变对土壤有效镉和春小白菜地上部镉含量的影响

（引自陈晓婷，2001）

土壤钝化作用的本质在于通过提高酸性土壤的 pH，促使一些金属污染物产生沉淀，降低有效性。因此土壤钝化作用属于沉淀作用的一种，但沉淀作用还包括土壤钝化作用以外的作用。土壤中的重金属除因 pH 的升高而产生沉淀以外，还可能与其他物质形成沉淀，例如与钙、镁产生共沉淀、与磷酸根和碳酸根形成沉淀、与土壤硫离子（S^{2-}）形成硫化物沉淀等。在实践中也可以利用这些沉淀作用来抑制土壤重金属的有效性。在利用沉淀作用降低土壤重金属的有效性时，要慎重使用在不含土壤的溶液中得到的 pH-溶解度数据，因为在土壤中，由于受到溶液中的其他离子、矿物表面和有机配位体等的影响，重金属的溶解度状况会发生很大的变化。Czupyrna 等报道了应用不溶性淀粉黄原酸盐（insoluble starch xanthate，ISX）以沉淀重金属。黄原酸盐沉淀比硫化物或氢氧化物处理更有优点。黄原酸盐的溶解度几乎不随 pH 的变化而变化。在螯合剂存在的条件下，黄原酸盐也能很好地起作用。黄原酸盐处理的缺点是这种物质在常温下会分解，从而失去其功能。黄原酸盐是以淀粉黄原酸盐的形式存在的。实验室中已经用黄原酸盐对污泥和废水的处理效果进行了研究。这一技术可以作为重金属污染土壤原位修复方法之一。然而，还需要进一步研究这种溶液在土壤上的使用方法，以使其在常温下免遭分解并得到最佳效果。

2. 水分调控 水分调控就是通过调节土壤的水分状况（淹水、落干、干湿交替等）改变土壤的氧化还原电位，从而达到降低污染物有效性的目的。该技术又称为氧化还原技术。土壤有些重金属元素（例如砷、铬、汞等）本身会发生氧化态和还原态的转变，不同的氧化态有不同的溶解性以及不同的生物有效性和毒性。有些重金属虽然本身不具有氧化还原状态的变化，但在不同的氧化还原环境中，其溶解性和生物有效性不同。因此在农业上可以利用这种性质，调控土壤重金属的有效性。土壤中 Cr^{3+} 绝大部分以固态存在，有效性很低；而 Cr^{6+} 则大部分溶解于土壤溶液中，有效性较高，毒性也较高。因此对铬而言，促进还原过程的发展，可以减少毒性较强的 Cr^{6+} 的比例，降低土壤铬的有效性。土壤砷常以 +5 价或 +3 价存在，在氧化条件下，以砷酸盐占优势。从氧化条件转变为还原条件时，亚砷酸逐渐增多，对作物的毒性增强。因此促进氧化过程的发展，可以促使 As^{3+} 向毒性和溶解度更小的 As^{5+} 转化，从而减轻砷害。还原条件下土壤中所产生的硫化物，有可能使多种重金属离子（例如 Cu^{2+}、Cd^{2+}、Pb^{2+}、Zn^{2+} 等）形成难溶性的硫化物，从而降低其有效性。土壤氧化还原状态的控制，一般可以通过水分管理来实现。一般认为，镉污染土壤可以采用淹水种稻的方法抑制其有效性，而且在种稻期间应尽可能避免落干和烤田。铜污染土壤也可以采用淹水种稻的方式抑制铜的有效性。但对于土壤有机质含量高的土壤，如果淹水期间土壤 pH 升得过高，可能会使有效铜反而升高，因此要十分注意，不可笼统对待。使用有机物料，也可以在一定程度上影响土壤的氧化还原状况，但效果有限。

3. 低富集作物（品种）选育 不同的农作物种类、同种作物的不同品种对土壤重金属的吸收富集能力不同，其差异甚至可达数十倍。在生产实践上可以利用这种差异在污染的土壤上选种对污染重金属富集能力低的作物种类（或品种），从而达到保障农产品质量安全的目的。苏苗育等（2006）研究了 14 种蔬菜对土壤镉（Cd）和铅（Pb）的富集能力，结果表明，高富集蔬菜（蕹菜）对土壤镉和铅（以 DTPA 有效量计）的富集系数分别是低富集蔬菜（葫芦）的 38 倍和 12 倍。同一作物的不同品种之间对土壤重金属的富集能力也有差异。冯莲莲等研究了 7 个不同水稻品种对土壤镉和铅的富集能力，结果表明，其对土壤镉和铅的富集能力最大分别相差 2.4 倍和 3.3 倍。对轻度至中度镉或铅污染的土壤，如果种植富集能力较低的葫芦而不是富集能力较强的蕹菜，则其产品中镉或铅的含量会大幅度降低，这对于镉或铅污染土壤上的农业安全利用十分有意义。低富集作物选种与土壤钝化和水分调控结合起来，可以有效降低农产品中重金属的含量。

三、植物修复技术

植物修复技术指利用植物及其根际微生物对土壤污染物的吸收、挥发、转化、降解、固定的作用而对污染土壤进行修复的技术。广义的植物修复技术不仅指土壤的植物修复，还包括污水植物净化和植物对空气的净化。植物修复属于生物修复的一部分，生物修复包括植物修复和微生物修复。植物修复这一术语大约出现于 1991 年。总体而言，植物修复技术具有如下优点：①利用植物提取、植物降解、根际降解、植物挥发等作用，可以将污染物从土壤中去除，永久解决土壤污染问题。②植物修复不仅对土壤的破坏小，对环境的扰动小，而且还具有绿化环境的作用。③植物修复一般会改变土壤的肥力，而一般的物理修复和化学修复或多或少会损害土壤肥力，有的甚至使土壤永久丧失肥力。④植物修复成本低，超富集植物所积累的重金属还可以回收，具有一定的经济效益。⑤操作简单，便于推广应用。

由于植物修复技术具有上述优点，因此被认为是一种绿色的修复技术，引起人们的极大兴趣和关注，是污染土壤修复技术中发展最快的领域。污染土壤的植物修复机制包括植物提取作用（phytoextraction）、根际降解作用（rhizodegradation）、植物降解作用（phytodegradation）、植物稳定化作用（phytostabilization）和植物挥发作用（phytovolatilization），下面分别介绍。

（一）植物提取作用

植物提取就是指通过植物根系吸收污染物并将污染物富集于植物体内，而后将植物体收获、集中处置的过程。适合于植物提取技术的污染物主要包括金属［银（Ag）、镉（Cd）、钴（Co）、铬（Cr）、铜（Cu）、汞（Hg）、钼（Mo）、镍（Ni）、铅（Pb）、锌（Zn）、砷（As）、硒（Se）］、放射性核素（^{90}Sr、^{137}Cs、^{239}Pu、^{238}U、^{234}U）和非金属［硼（B）］。植物提取修复技术也可能适合于有机污染物，但尚未得到很好的检验。虽然各种植物都可能或多或少地吸收土壤中的重金属，但作为植物提取修复用的植物必须对土壤的一种或几种重金属具有特别强的吸收能力，即所谓超富集植物（也称为超积累植物，hyperaccumulator）。金属超富集植物最早发现于 20 世纪 40 年代后期。但直到 1977 年，才由 Brooks 等提出超富集植物这一概念。对于大多数金属（例如铜、铅、镍、钴、硒）而言，超富集植物叶片或地上部（干物质）金属含量的临界值是 1 000 mg/kg，但镉超富集植物叶片或地上部（干物质）镉的临界含量仅为 100 mg/kg。到 1998 年为止，世界上共发现金属超富集植物 430 余种，其中镍超富集植物最多，达 317 种，铜超富集植物有 37 种，钴超富集植物有 28 种，铅超富集植物有 14 种，镉超富集植物仅 1 种。其中部分超富集植物可以同时富集多种金属。我国在超富集植物的研究方面也取得了可喜的进展，相继报道了在我国发现的砷超富集植物蜈蚣草（陈同斌等，2003）、锌超积累植物东南景天（杨肖娥等，2002）和锰超富集植物商陆（薛生国等，2003）。

植物提取土壤重金属的效率取决于植物本身的富集能力、植物可收获部分的生物量，以及土壤条件（例如土壤质地、土壤酸碱度、土壤肥力、金属种类及形态等）。超富集植物通常生长缓慢，生物量低，根系浅。因此尽管植物体内金属含量可以很高，但从土壤中吸收走的金属总量却未必高，这影响了植物提取修复的效率。1991—1993 年，英国洛桑试验站的 McGrath 等人在重金属污染土壤上进行了植物提取修复的田间试验。其结果表明，在含锌

444 mg/kg 的土壤上种植遏蓝菜属的 *Thlaspi caerulescens*，可以从土壤中吸收锌 30.1 kg/hm²，吸收镉 0.143 kg/hm²。假定每季植物都能吸收等量的金属，则要将该土壤的锌降低到背景值（40 mg/kg），要种植 *Thlaspi caerulescens* 18 次。但在同一块土地上，每季植物吸收的金属量不可能是相同的，而应该是递减的，因为随着土壤金属总量的降低，其有效性也降低。因此为了达到预期的净化目标，实际需要种植的次数必定更多。所以寻找超富集植物资源、通过常规育种和转基因育种筛选优良的超富集植物，就成为植物提取修复的关键环节。优良的超富集植物，不仅体内重金属含量要高，生物量也要高，抗逆、抗病虫害能力要强。通过转基因技术培育新的超富集植物也许是今后植物提取修复技术的重要突破点。

下列因素限制植物提取技术的修复效率和应用：①目前发现的超富集植物所能积累的元素大多较单一，而土壤污染通常是多元素的复合污染。②超富集植物生长缓慢、生物量低，而且生长周期长，因此从土壤中提取的污染物的总量有限。③目前发现的超富集植物几乎都是野生植物，人们对其农艺性状、病虫害防治、育种潜力以及生理学等方面的了解有限，难以优化栽培和培育。④超富集植物的根系比较浅，只能吸收浅层土壤中的污染物，对较深层土壤中的污染物则无能为力。

也可以通过土壤增强措施来提高超富集植物的富集效率。这些增强措施包括降低土壤pH、调节土壤氧化还原电位、施用络合剂等。

基于上述原因，有人认为植物提取修复技术主要适用于表层污染的、污染程度不太严重的土壤。就目前情况看，将植物提取修复技术作为一种"修饰性修复技术"可能更合理，即将植物提取修复与物理-化学修复技术配合使用，这样既能加快修复的速度，又能减少修复过程对土壤的负面影响。

（二）根际降解作用

1. 根际降解作用的概念 根际降解就是指土壤中的有机污染物通过根际微生物的活动而被降解的过程。根际降解作用是一个植物辅助并促进的降解过程，是一种原位生物降解作用。植物根际是由植物根系和土壤微生物之间相互作用而形成的独特的、距离根仅几毫米到几厘米的圈带。根际中聚集了大量的细菌、真菌等微生物和土壤动物，在数量上远远高于非根际土壤。根际土壤中微生物的生命活动也明显强于非根际土壤。根际中既有好氧环境，也有厌氧环境。植物在其生长过程中会产生根际分泌物。根系分泌物可以增加根际微生物群落并增强微生物的活性，从而促进有机污染物的降解。根系分泌物的降解会导致根际有机污染物的共同代谢。植物根系会通过增加土壤通气性和调节土壤水分条件而影响土壤条件，从而创造更有利于微生物生物降解作用的环境。

2. 根际降解作用的优点 污染物在原地被分解；与其他植物修复技术相比，植物根际降解过程中污染物进入大气的可能性较小，二次污染的可能性较小；有可能将污染物完全分解、彻底矿化；建立和维护费用比其他措施低。

3. 根际降解作用的缺点 分布广泛的根系的发育需要较长的时间；土壤物理的或水分的障碍可能限制根系的深度；在污染物降解的初期，根际降解的速度高于非根际土壤，但根际和非根际土壤中的最后降解速度或程度可能是相似的；植物可能吸收许多尚未被研究的污染物；为了避免微生物与植物争夺养分，植物需要额外的施肥；根际分泌物可能会刺激那些不降解污染物的微生物活性，从而影响降解微生物的活性；植物来源的有机质，而不是污染物，也可以作为微生物的碳源，这样可能会降低污染物的生物降解量。

4. 根际降解作用的过程　从机制来说，根际降解包括如下几个过程。

（1）好氧代谢　大多数植物生长在水分不饱和的好氧条件下。在好氧条件下，有机污染物会作为电子受体而被持续矿化分解。

（2）厌氧代谢　部分植物生长在厌氧条件下（例如水稻），即使生长在好氧条件下的植物，其根际也可能在部分时间内因积水而处于厌氧环境（例如灌溉和降雨的时候）；即使在非积水时期，根际的局部区域也可能由于微域条件而处于厌氧条件。厌氧微生物对环境中难降解的有机物（例如多氯联苯、滴滴涕等）有较强的降解能力。一些有机污染物（例如苯）可以在厌氧条件下完全被矿化。

（3）腐殖质化作用　有毒有机污染物可以通过腐殖化作用转变为惰性物质而固定下来，达到脱毒的目的。研究结果证实，根际微生物加强了根际中多环芳烃与富里酸和胡敏酸之间的联系，降低了多环芳烃的生物有效性。腐殖化被认为是总石油烃（TPH）最主要的降解机制。

5. 根际降解作用的对象　根际降解可以对下列污染物产生作用。

（1）总石油烃　原油、柴油、重油和其他石油产品污染的土壤，利用植物根际降解作用的修复技术，可以使总石油烃降低到对植物无影响的含量以下。

（2）多环芳烃　研究表明，植被覆盖加速了多环芳烃类化合物（PAH）的降解和消失。

（3）BTEX（苯、甲苯、乙苯、二甲苯）　杨树根际土壤中含有较多的能够分解苯、甲苯、乙苯、O-二甲苯的细菌。

（4）农药　研究发现，根际土壤加速了阿特拉津的降解速度、硝苯硫磷脂和二嗪农的矿化速度，加速了 2,4-滴、2,4,5-涕的降解速度。

（5）含氯溶剂　在植被覆盖的土壤中，四氯二苯乙烷（TCE）的矿化速度高于非植被覆盖的土壤；根际生物降解作用可能促进了四氯二苯乙烷和三氯乙酸（TCA）的消失。

（6）五氯苯酚　在栽种植物条件下，五氯苯酚（PCP）的矿化速度较高。

（7）多氯联苯　特定植物根的淋溶液中发现的化合物（例如类黄酮，香豆素）刺激了多氯联苯（PCB）降解细菌的生长。

（8）表面活性剂　存在根际微生物条件下，线状烷基苯磺酸盐（LAS）和线状乙醇乙氧基盐（LAE）的矿化速度较高。

根际降解研究首先在农业土壤中的农药生物降解中进行，一些田间研究也已经开展。根际降解可以考虑作为其他修复措施之后的修饰手段或在最后处理步骤进行。

（三）植物降解作用

植物降解作用（又称为植物转化作用）指被吸收到植物体内的污染物通过植物体内的代谢过程而被降解的过程，或污染物在植物产生的化合物（例如酶）的作用下在植物体外降解的过程。其主要机制是植物吸收和代谢。

要使植物降解作用得以发生，污染物首先要被吸收到植物体内。研究表明 70 多种有机化合物可以被 88 种植物吸收。已经有人建立了可以被吸收的化合物和相应的植物种类的数据库。化合物的吸收取决于其憎水性、溶解性和极性。中等疏水的化合物（$\lg K_{ow}$ 在 0.5～3.0）最容易被吸收并在植物体内运转，溶解度很高的化合物不容易被根系吸收并在体内运转，疏水性很强的化合物可以被根表面结合，但难以在体内转运。植物对有机化合物的吸收还取决于植物的种类、污染物存在的年限以及许多土壤的物理和化学特征，很难对某一种化合物下一个确切的结论。

各种化合物都可能在植物体内进行代谢，包括除草剂阿特拉津、含氯溶剂四氯二苯乙烷、三硝基甲苯（TNT）。其他可被植物代谢的化合物包括杀虫剂、杀真菌剂、增塑剂和多氯联苯。植物体内有机污染物降解的主要机制包括羟基化作用、酶氧化降解过程等。

植物降解作用的优点是植物降解有可能出现在微生物降解无法进行的土壤条件中。其缺点是：可能形成有毒的中间产物或降解产物；很难测定植物体内产生的代谢产物，因此污染物的植物降解也难以被确认。

植物降解的主要对象是有机污染物。一般地说，lgK_{ow}在 0.5～3.0 的有机污染物可以在植物体内被降解。植物降解作用适合于含氯溶剂四氯二苯乙烷、除草剂（阿特拉津、苯达松）、杀虫剂（有机磷农药）、火药（三硝基甲苯）等有机污染物。

（四）植物稳定化作用

1. 植物稳定化作用的概念和原理 植物稳定化作用指通过根系的吸收和富集、根系表面的吸附或植物根圈的沉淀作用而产生的稳定化作用，或利用植物或植物根系保护污染物使其不因风、侵蚀、淋溶以及土壤分散而迁移的稳定化作用。

植物稳定化作用通过根际微生物活动、根际化学反应、土壤性质或污染物的化学变化而起作用。根系分泌物或根系活动产生的二氧化碳会改变土壤 pH，植物稳定化作用可以改变金属的溶解度和移动性或影响金属与有机化合物的结合，受植物影响的土壤环境可以将金属从溶解状态变为不溶解状态。植物稳定化作用可以通过吸附、沉淀、络合或金属价态的变化来实现。结合于植物木质素之上的有机污染物可以通过植物木质化作用（phytolignification）而被植物固定。在严重污染的土壤上种植抗性强的植物可以减少土壤的侵蚀，防止污染物向下淋溶或往四周的扩散。这种固定作用常被用于废弃矿山的植被重建和复垦。

2. 植物稳定化作用的优点 应用土壤稳定化作用，不需要移动土壤，费用低，对土壤的破坏小，植被恢复还可以促进生态系统的重建，不要求对有害物质或生物体进行处置。

3. 植物稳定化作用的缺点 ①污染物依然留在原处，可能要长期保护植被和土壤以防止污染物的再释放和淋洗；②植被维护可能需要大量施肥或土壤改良；③要避免植物对金属的吸收并将金属转移到地上部；④根际分泌物、污染物和土壤改良物质必须得到监测，以避免因提高土壤重金属溶解度和淋溶性而增加污染风险；⑤植物稳定化作用不太适合作为最终修复措施，而适合作为一个临时措施。

4. 植物稳定化作用的研究进展 有机污染物的植物稳定化作用的研究还不多见。关于土壤重金属的植物稳定化作用的研究较多。植物可能对土壤的砷、镉、铬、铜、汞、铅、锌等金属起固定作用。草本植物和木本植物都可以用于植物稳定化作用。剪股颖属植物已被用于酸性采矿废物中的铅和锌，也被用于铜矿废物；红色羊茅草被用于石灰性采矿废物中的铅和锌。植物稳定化作用特别适合于质地黏重的或有机质含量高的土壤。植物稳定化作用可以在其他措施之后应用。一些金属含量很高的土壤应该挖去，采用其他技术进行处理或填埋。土壤改良剂也可以同时使用，以促进土壤重金属的植物稳定化作用。

5. 植物稳定化作用的应用 下面是一些典型的植物稳定化作用的例子。

①采用潜在有效的植物恢复了受采矿影响的土地，例如英国在金属污染的采矿废物上已

经成功地建立了稳定的植被。

②一个超级场地的大面积的镉、锌污染土壤上，已经研究建立了金属忍耐性高的草本植物的植物稳定化作用。在另一个超级场地上，已经进行了杨树稳定化作用的小区试验。

③在一个重金属污染的土壤中，已经采用植物进行物理固定，以减少污染物的移动。

（五）植物挥发作用

植物挥发作用指污染物被植物吸收后，在植物体内代谢和转运，然后将污染物或改变了形态的污染物向大气释放的过程。在植物体内，植物挥发过程可能与植物提取和植物降解过程同时进行并互相关联。植物挥发作用对某些金属污染的土壤有潜在修复效果。目前研究最多的是汞和硒的植物挥发作用。砷也可能产生植物挥发作用。某些有机污染物（例如一些含氯溶剂）也可能产生植物挥发作用。

在土壤中，Hg^{2+}在厌氧细菌的作用下可以转化为毒性很强的甲基汞。一些细菌可以将甲基汞和离子态汞转化成毒性小得多的可挥发的单质汞，这是降低汞毒性的生物途径之一。研究证明，将细菌体内对汞的抗性基因导入拟南芥等植物之中，植物就可能将吸收的汞化合物还原为单质汞（Hg），从而挥发掉。许多植物可从土壤中吸收硒并将其转化成可挥发状态（二甲基硒和二甲基二硒）。根际细菌不仅能促进植物对硒的吸收，还能提高硒的挥发率。现已经发现海藻可以将$(CH_3)_2AsO_2^-$挥发出体外，但在高等植物中尚未见砷挥发的报道。

目前已经发现的可以产生植物挥发的植物有：杨树（含氯溶剂）、紫云英（四氯二苯乙烷）、黑刺槐（四氯二苯乙烷）、印度芥（硒）、芥属杂草（汞）。

植物挥发作用的优点是：污染物可以被转化成为毒性较低的形态，例如单质汞和二甲基硒；向大气释放的污染物或代谢物可能会遇到更有效的降解过程而进一步降解，例如光降解作用。植物挥发作用的缺点是：污染物或有害代谢物可能积累在植物体内，随后可能被转移到其他器官（例如果实）中；污染物或有害代谢物可能被释放到大气中。

植物挥发作用的适用范围很小，并且有一定的二次污染风险，因此它的应用有一定限制。

四、生物修复技术

（一）生物修复技术概述

污染土壤的生物修复指利用天然存在的或特别培养的微生物将土壤中有毒污染物转化为无毒物质的处理技术。生物修复技术取决于生物过程或因生物而发生的过程，例如降解、转化、吸附、富集、溶解。大部分建立的生物修复技术主要取决于生物降解，以破坏土壤污染物。污染物的分解程度取决于它的化学组成、所涉及的微生物和土壤介质的主要物理化学性质。

简单地说，生物降解就是指化合物在生物的作用下分解成为更小的化学单元的过程。因此，生物降解最适合于有机污染物。好氧降解和厌氧降解都可能存在，有些化合物在好氧条件下的降解产物与厌氧条件下的降解产物有所不同。好氧条件下有机物降解的最终产物是包括二氧化碳和水的简单化合物。这也被称为终极生物降解。然而可以被接受的生物降解是指将污染物分解为无毒的产物。

在文献中，生物修复有时又被称为生物处理（biological treatment）。生物技术对污染土壤的修复能力主要取决于污染物种类和土壤类型。目前已经建立起来的生物修复技术只限于处理易分解的污染物，例如单核芳香烃、简单脂肪烃和比较简单的多环芳烃。然而，随着技术的发展，可处理的有机污染物也将更复杂。生物修复最初用于有机污染物的治理，近年来也开始扩展到无机污染物的治理。

1. 生物修复技术的分类　根据修复过程中人工干预的程度，生物修复技术可以分为自然生物修复和人工生物修复。

（1）自然生物修复　自然生物修复指完全在自然条件下进行的生物修复过程，在修复过程中不采取任何工程辅助措施，也不对生态系统进行调控，靠土著微生物发挥作用。自然生物修复要求被修复土壤具有适合微生物活动的条件（例如微生物必要的营养物、电子受体、一定的缓冲能力等），否则将影响修复速度和修复效果。

（2）人工生物修复　当在自然条件下，生物降解速度很低或不能发生时，可以通过补充营养盐、电子受体、改善其他限制因子或微生物菌体等方式，促进生物修复，即人工生物修复。人工生物修复技术依其修复位置情况，又可以分为原位生物修复和异位生物修复两类。

①原位生物修复：原位生物修复是不人为挖掘、移动污染土壤，直接在原污染位向污染部位提供氧气、营养物或接种，以达到降解污染物目的的技术。原位生物修复可以辅以工程措施。原位生物修复技术形式包括生物通气法（bioventing）、生物注气法（biosparging）、土地耕作法（land farming）等。

②异位生物修复：异位生物修复是人为挖掘污染土壤，并将污染土壤转移到其他地点或反应器内进行修复的技术。异位生物修复更容易控制，技术难度较低，但成本较高。异位生物修复技术包括生物反应器（bioreactor）技术和处理床（treatment bed）技术两类。处理床技术包括异位土地耕作、生物堆制法（biopile）和翻动条垛法（windrow turning）等。反应器技术主要指泥浆相生物降解技术（slurry phase biodegradation）等。

2. 生物修复技术的特点

（1）生物修复技术的优点　与物理修复技术或化学修复技术相比，生物修复技术具有如下优点：①可使有机污染物分解为二氧化碳和水，永久清除污染物，二次污染风险小；②处理形式多样，可以就地处理；③对土壤性质的破坏小，甚至不破坏或可以提高土壤肥力；④降解过程迅速，费用较低，据估计，生物修复技术所需的费用只是物理修复技术或化学修复技术的 $30\%\sim50\%$。

（2）生物修复技术的缺点　生物修复技术的缺点为：①只能对可以发生生物降解的污染物进行修复，但有些污染物根本不会发生生物降解，因此生物修复技术有其局限性；②有些污染物的生物降解产物的毒性和移动性比母体化合物更强，因此可能导致新的环境污染风险；③其他污染物（例如重金属）可能对生物修复过程产生抑制作用；④修复过程的技术含量较高，修复之前的可处理性研究和方案的可行性评价的费用较高；⑤修复过程的监测要求较高，除了化学监测，还要进行微生物监测。

（二）生物修复技术分述

1. 泥浆相生物反应器

（1）泥浆相生物反应器概述　溶解在水相中的有机污染物容易被微生物利用，而吸附在固体颗粒表面的有机污染物不容易被利用。因此将污染土壤制成浆状更有利于污染物的生物降解。泥浆相处理在泥浆相生物反应器（slurry phase bioreactor）中进行。泥浆相生物反应器可以是专用的反应器，也可以是一般的经过防渗处理的池塘。挖出的土壤加水制成泥浆，然后与降解微生物和营养物质在泥浆相生物反应器中混合。添加适当的表面活性剂或分散剂可以促进吸附的有机污染物的解离，从而促进降解速度。降解微生物可以是原来就存在于土壤的微生物，也可以是接种的微生物。要严格控制条件以利于泥浆中有机污染物的降解。处理后的泥浆被脱水。脱出的水要进一步处理以除去其中的污染物，然后可以被循环使用。

（2）泥浆相生物反应器的工艺　泥浆相处理过程的主要步骤概括如下。

①土壤的预处理，以除去其中的橡胶、石块、金属物品等。土壤颗粒一般应小于 4 mm，以便制成泥浆。

②将原料与水混合，制成泥浆（含水量一般在 20%～50%）。

③在反应器中对泥浆进行机械搅拌，保证污染物和微生物的密切接触。

④补充无机和有机养分及氧，并调节 pH。有些泥浆相生物反应器还使用氧化剂（如过氧化氢），使有机污染物更容易被降解。

⑤在最初或在处理过程中多次添加微生物，以维持最佳生物浓度。

⑥处理结束后将泥浆脱水，并进一步处理残余的液态废物。

（3）泥浆相生物反应器的优点　与固相修复系统相比，泥浆相生物反应器的主要优点在于：促进有机污染物的溶解，增加微生物与污染物的接触，加快生物降解速度。例如菲在固相修复系统修复 32 d 的效果只相当于泥浆反应器 8 d 的修复效果。

（4）泥浆相生物反应器的缺点　泥浆相生物反应器的缺点是：能耗较大、过程较复杂，因而成本较高；处理过程彻底破坏土壤结构，对土壤肥力有显著影响。

（5）泥浆相生物反应器的适用对象　泥浆相生物反应器适用于挥发性和半挥发性有机污染物、卤化或非卤化有机污染物、多环芳烃、二噁英、农药、炸药等。泥炭土不适合于该技术。

（6）泥浆相生物反应器应用实例　在 1992—1993 年，美国的得克萨斯州，曾采用泥浆相生物反应器处理了一个被多环芳烃、多氯联苯、苯和氯乙烯污染的土壤。共处理了大约 3.0×10^5 t 土壤和污泥，每吨土壤的处理费用大约是 60 英镑。处理系统包括通气（泵）系统、液态氧供应系统、化学物质供应系统（供应氮、磷等营养物质和调节酸碱度的石灰水）、清淤和混合设备及生物反应器。经过 11 个月的处理以后，苯含量从 608 mg/kg 降低到 6 mg/kg，氯乙烯含量从 314 mg/kg 降低到 16 mg/kg。

2. 生物堆制法　生物堆制法（biopile）又称静态堆制法（static pile），是一种基于处理床技术的异位生物处理过程。通过使土堆内的条件最优化而促进污染物的生物降解。挖出的污染土壤被堆成一个长条形的静态堆（没有机械的翻动），添加必要的养分和水分于污染土堆中，必要时加入适量表面活性剂。必要时可以在土堆中布设通气管网以导入水分、养分和空气。管网可以安放在土堆底部、中部或上部。最大堆高可以达到 4 m，但随堆高的增加，通气和温度的控制会变得困难。土堆上还可以安装喷淋营养物的管道。处理床底部应铺设防渗垫层以防止处理过程从床中流出的渗滤液往地下渗漏，可以将渗滤液回灌于预制床的土层上。如果会产生有害的挥发性气体，在土堆上还应该有废气收集和处理设施。温度对生物降解速率有影响，因此季节性气候变化可能降低或提高降解速率。将土堆封闭在温室状的结构中或对进入土堆的空气或水进行加热，可以控制堆温。生物堆制法适用于挥发性和半挥发性、非卤化、有机污染物和多环芳烃污染土壤的修复。黏质土和泥炭土不适用此法。生物堆制法的优点在于对土壤的结构和肥力有利，可以限制污染物的扩散，缩小污染范围；缺点是费用高，处理过程中的挥发性气体可能对环境有不利影响。

　　加拿大魁北克省曾采用此法对有机污染的土壤进行示范性处理。污染点为黏质土，土壤中矿物油和油脂含量为 14 000 mg/kg。约 500 m³ 的污染土壤被转移到一个沥青台上。定期添加养分。由于土壤质地较黏，所以混入泥炭和木屑以改善通透性和结构。经常加入水分以保持 14％的含水量。冬天用电加热器以保持温度 20 ℃左右。34 周的处理以后，72％以上的石油烃被降解，添加泥炭和木屑显著提高了降解率。处理费用大约为每立方米土壤 3 英镑。

　　3. 土地耕作法　土地耕作法（land farming）又称为土地施用（land application），包括原位和异位两种类型。

　　（1）原位土地耕作法　原位土地耕作法指通过耕翻污染土壤（但不挖掘和搬运土壤），补充氧和营养物质以提高土壤微生物的活性，促进污染物的生物降解。在耕翻土壤时，可以施入石灰、肥料等物质，质地太黏重的土壤可以适当加入一些沙子以增加孔隙度，尽量为微生物降解提供一个良好的环境。原位土地耕作法氧的补充靠空气扩散。原位土地耕作法简单易行，成本也不高。其主要问题是污染物可能发生迁移。原位土地耕作法适合于污染深度不大的表层土壤的处理。

　　（2）异位土地耕作法　异位土地耕作法指将污染土壤挖掘搬运到另一个地点，将污染土壤均匀撒到土地表面，通过耕作方式使污染土壤与表层土壤混合，从而促进污染物生物降解的方法。必要时可以加入营养物质。异位土地耕作法需要根据土壤的通气状况反复进行耕翻作业。用于异位土地耕作的土地，要求土质均匀，土面平整，有排水沟或其他控制渗漏和地表径流的方式。可以根据需要对土壤 pH、湿度、养分含量等进行调节，并要进行监测。异位土地耕作法适合于污染深度较大的污染土壤的处理。

　　（3）土地耕作法有效性的影响因素　土地耕作法的有效性取决于 3 类因素：土壤特征、有机物组分的特征和气候条件。要使土壤氧气的进入、养分的分布和水分含量维持在合适的范围内，就必须注意土壤质地。黏质土和泥炭土不适合于土地耕作法。土地耕作法可以用于挥发性、半挥发性、卤化和非卤化有机污染物、多环芳烃、农药等污染土壤的处理。典型的土地耕作场地都是不覆盖、对气候因素开放的。降雨易使土壤的水分超过必需的水分含量，而干旱又易使土壤水分低于所需的最小含水量。寒冷的季节不适于土地耕作的进行，如要进行可以对场地进行覆盖。温暖的地区一年四季都可以进行土地耕作修复。

　　土地耕作法可以有效地降低在地下储油罐附近发现的几乎所有的石油组分。在土地耕作的通气时期内（如耕翻），较轻的、挥发性强的组分（例如汽油）主要通过蒸发作用而去除，只有小部分通过微生物分解。考虑到大气环境质量的限制，可能有必要对有机物的挥发进行控制。对于那些以中等分子质量化合物为主的石油产品（例如柴油、煤油），生物降解就比蒸发作用更重要。更重的石油产品（例如加热用的燃油和润滑油）在土地耕作期间不会蒸发，其降解主要依靠微生物进行。重的石油组分的降解需要更长的时间。

（4）土地耕作法的优点 设计和设施相对简单，处理时间较短（在合适的条件下，通常需要 6 个月到 2 年），费用不高（处理每吨污染土壤 30～60 美元），对生物降解速度小的有机组分有效。

（5）土地耕作法的缺点 很难达到 95％以上的降解率，很难降解到 0.1 mg/kg 以下，当污染物含量过高（例如石油烃含量超过 50 000 mg/kg）时效果不佳，当重金属含量超过 2 500 mg/kg 时会抑制微生物生长，挥发性组分会直接挥发出来而不是被降解，需要较大的土地面积进行处理，处理过程产生的尘埃和蒸气可能会引发大气污染问题，淋溶比较强烈时需要进行下垫处理。

（6）土地耕作法的应用实例 在德国莱茵河附近的一个炼油厂污染的土壤曾采用土地耕作法进行修复。该污染点上石油烃污染深度达 6 m。地表 2 m 内的石油烃含量在 10 000～30 000 mg/kg 的污染土壤被挖掘出来，铺在一个高密度聚乙烯下垫面上，形成一个长 45 m、宽 8 m、厚 0.6 m 的处理床。处理床上覆盖了聚乙烯以保持土堆的温度和湿度。34 周以后，土壤中石油烃的含量从 12 980 mg/kg 降低至 1 273 mg/kg（降低了 90％以上）。

4. 翻动条垛法 翻动条垛法（windrow turning）是一种基于处理床技术的异位生物处理过程。将污染土壤与膨松剂混合以改善结构和通气状况，堆成条垛。条垛可以堆在地面上，也可以堆在固定设施上。垛高为 1～2 m。条垛地面要铺设防渗底垫以防止渗漏液对土壤产生污染。通常往土垛中添加一些物质，例如木片、树皮或堆肥，以改善垛内的排水和孔隙状况。可以设置排水管道以收集渗漏液并控制垛内土壤含水量使其维持在最佳含水量。用机械进行翻堆，翻堆可以促进均匀性，为微生物活动提供新鲜表面，促进排水，改善通气状况，从而促进生物降解。翻动条垛法可以用于挥发性、半挥发性、卤化和非卤化有机污染物、多环芳烃等污染土壤的处理。

在美国的俄勒冈州，曾采用此法处理了被炸药（包括三硝基甲苯）污染的土壤。在 1992 年 5—11 月，共处理了大约 240 m³ 污染土壤，土壤的质地从细砂土到壤质砂土。挖出的污染土壤先被过筛，然后与添加物混合。混合物中污染土壤占 30％，牛粪占 21％，紫云英占 18％，锯屑占 18％，马铃薯占 10％，鸡粪占 3％。每周翻堆 3～7 次，水分含量在 30％～40％，pH 为 5～9。40 d 以后，三硝基甲苯含量从原来的 1 600 mg/kg 降低至 4 mg/kg。同时还比较了通气垛与非通气垛的处理效果。尽管通气垛的温度较高，但非通气垛对污染物的去除效果却比较好。

5. 生物通气法 生物通气法（bioventing）是一种利用微生物来降解吸附在不饱和土层的土壤上的有机污染物的原位修复技术。生物通气法通过将氧气流导入不饱和土层中，增强土著细菌的活性，促进土壤中有机污染物的自然降解。在生物通气过程中，氧气通过垂直的空气注入井进入不饱和层。具体措施是向不饱和层打通气井，用真空泵使井内形成负压，让空气进入预定区域，促进空气的流通。与此同时，还可以通过渗透作用或通过水分通道向不饱和层补充营养物质。处理过程中最好在处理地面上加一层不透气覆盖物，以避免空气从地面进入，影响内部的气体流动（图 10-8）。生物通气发生在土壤内部的不饱和层中，可以通过人为降低地下水位的方法扩大处理范围。据报道，生物通气法最大的处理深度达到了 30 m。生物通气主要促进燃油污染物的降解，也可以土壤的生物活化作用促使挥发性有机物以蒸气的形式缓慢挥发。

生物通气的目的在于产生最大化的好氧降解。操作过程中空气的流速比较低，目的在于限制污染物的挥发作用。生物降解和挥发作用之间的最佳平衡取决于污染物的种类、地点条件和处理时间。但无论如何，收集从土壤挥发出来的空气依然是必要的。收集装置通常包括气水分离器和一个气体处理系统（例如活性炭、生物滤器、催化氧化作用等）。大多数不饱和土壤对气体的传导性大于对水的传导性，但原位处理究竟能在多大程度上对亚表层污染物起作用依然有疑问。营养物通常以液体加入，它可能与通入的气体争夺孔隙。生物通气法的效果对于土壤含水量的依赖很强。饱和带土壤的处理首先必须降低地下水位。

生物通气系统通常用于那些蒸气挥发速度低于蒸气提取系统要求的污染物。生物通气可以处理所有可好氧生物降解的化合物。然而事实表明，生物通气最适合于那些中等分子质量的石油污染物，例如柴油和喷气燃油。分子质量小的化合物（例如汽油），趋向于迅速挥发并可以通过更快的蒸气提取法而去除。生物通气法不太适合于对分子质量大的化合物，例如润滑油，因为这些化合物的降解时间很长，生物通气不是一种有效的方法。

美国犹他州的一个空军基地，曾采用生物通气法处理被喷气燃油污染的 5 000 m³ 的土壤。石油烃含量高达 10 000 mg/kg。处理从 1988 年开始，到 1990 年结束。首先进行蒸气提取，而后进行生物通气。在实施生物通气修复时，设立了 4 个深约 16 m、直径约 0.2 m 的井。土壤的含水量控制在 9%～12%，并添加必要的养分。在生物通气部分的地面上盖上了塑料覆盖物以防止废气的散发。处理后土壤石油烃的含量降低到 6 mg/kg，总费用约 60 万美元。

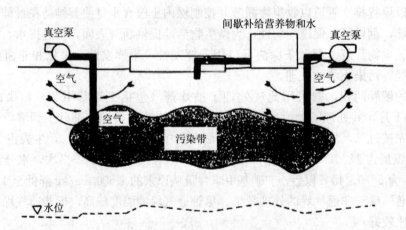

图 10-8　生物通气法修复不饱和层污染
（引自沈德中，2002）

6. 生物注气法　生物注气法（biosparging）又称为空气注气法（air sparging），是一种原位修复技术，通过空气注气井将空气压入饱和层中，使挥发性污染物随气流进入不饱和层进行生物降解，同时也促进饱和层的生物降解。在生物注气过程中，气泡以水平的或垂直的方式穿过饱和层及不饱和层，形成了一个地下的剥离器，将溶解态的或吸附态的烃类化合物变成蒸气相而转移（图 10-9）。空气注气井通常间歇运行，即在生物降解期大量供应氧气，而在停滞期通气量最小。当生物注气法与蒸气提取法联合使用时，气泡携带蒸气相污染物进入蒸气提取系统而被除去。生物注气法适用于被挥发性有机污染物和燃油污染土壤的处理。生物注气法更适用于处理被小分子有机物污染的土壤，对大分子有机物污染的土壤较不适宜。

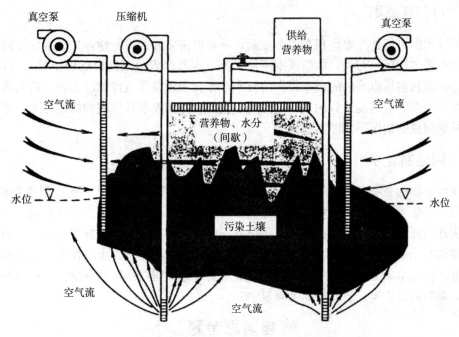

图 10-9　生物注气法修复土壤和地下水污染
(引自沈德中，2002)

第三节　污染土壤修复技术选择的原则

在选择污染土壤修复技术时，必须考虑修复目的、社会经济状况、修复技术的可行性等方面。就修复目的而言，有的修复是为了使污染土壤能够再安全地被农业利用；而有的修复则只是为了限制土壤污染物对其他环境组分（例如水体和大气等）的污染，而不考虑修复后能否再被农业利用。不同的修复目的可以选用的修复技术不同。就社会经济状况而言，有的修复工作可以在充足的修复经费支持下进行，此时可以选择的修复技术就比较多；有的修复工作只能在很有限的经费支持下进行，这时候可供选择的修复技术就很有限。土壤是一个高度复杂的体系，任何修复方案都必须根据当地的实际情况来制定，不可完全照搬其他国家、其他地区或其他土壤的修复方案。因此在选择修复技术和制定修复方案时必须考虑如下原则。

一、耕地资源保护原则

我国地少人多，耕地资源短缺，保护有限的耕地资源是头等大事。在进行修复技术的选择时，应尽可能地选用对土壤肥力负面影响小的技术，例如植物修复技术、生物修复技术、有机-中性化技术（在酸性重金属污染土壤上施用石灰等碱性材料，将土壤 pH 提高到接近中性，同时配施有机材料以改良土壤物理性状的综合措施）、电动力学技术、稀释、客土、冲洗技术等。有些技术治理后使土壤完全丧失生产力，例如玻璃化技术、热处理技术、固化技术等，只能在污染十分严重、迫不得已的情况下采用。

二、可行性原则

修复技术的可行性主要体现在两个方面，一是经济方面的可行性，二是效应方面的可行性。所谓经济方面的可行性，即指成本不能太高，在我国农村现阶段能够承受，可以推广。一些发达国家目前可以实施的成本较高的技术，在我国现阶段也许难以实施。所谓效应方面的可行性，即指修复后能达到预期目标，见效快。一些需要很长周期的修复技术，必须在土地能够长期闲置的情况下才能实施。

三、因地制宜原则

土壤污染物的去除或钝化（immobilization）是一个复杂的过程。要达到预期的目的，又要避免对土壤本身和周边环境的不利影响，对实施过程的准确性要求就比较高。不能简单地搬用国外的或者国内不同条件下同类污染处理的方式。在确定修复方案之前，必须对污染土壤做详细的调查研究，明确污染物种类、污染程度、污染范围、土壤性质、地下水位、气候条件等。在此基础上制定初步方案。一般应对初步方案进行小区预备研究。根据预备研究的结果，调整修复方案，再实施面上修复。

复习思考题

1. 污染土壤的修复技术可以分为哪几类？

2. 重金属污染土壤可以选择的修复技术有哪几种？各有什么特点？

3. 有机污染土壤可以选择的修复技术有哪几种？各有什么特点？

4. 什么是原位修复技术？什么是异位修复技术？各种修复技术中，哪些属于原位修复技术？哪些属于异位修复技术？

5. 各种修复技术对土壤肥力有何影响？哪些技术实施后会彻底破坏土壤肥力？

6. 不少技术都可以同时属于不同的类别（例如同时属于化学修复技术和物理修复技术）。请列出同时属于不同类别的修复技术。

第十一章 工矿区污染土壤的
合理利用和复垦

本章提要 本章主要介绍工矿区的概念及范围，我国工矿区土壤污染状况，矿区土壤污染的控制与修复技术；污染土壤利用的原则及不同污染程度土壤的土地利用方式。

第一节 工矿区土壤污染状况

一、工矿区的概念

工矿区是工程建设区、工厂和矿区的总称，是指国土范围内修筑公路、铁路、水利工程、开办矿山、电力、化工、石油等工业企业以及取石、挖沙等建设活动的场地。

工矿区按行业特征可分为：采矿系统（煤炭开采业、铁矿山、铝土矿、石膏矿、金矿、铜矿、石棉矿、锡矿等，开采方式分为露天开采和地下开采两大类）、交通运输业（现有的和正在修建的铁路、公路、码头、海港、大型汽车站、火车站、飞机场等）、电力系统（火力发电厂、变电站等）、冶金系统（钢铁联合企业、特殊钢厂、炼铁厂、其他金属工业企业、炼焦厂等）、化工系统（硫酸厂、烧碱厂、纯碱厂、磷肥厂、橡胶厂、造纸厂、有机化工厂、农药厂、化肥厂等）、建材系统（水泥厂、陶瓷厂、石料厂、挖沙场、石灰场、砖瓦窑等）、水电工程（水库、水电站、输水工程）、城市建设及其他系统（市政建设、居民区建设、风景旅游区开发、名胜古迹恢复重建等）。

二、采矿对土壤环境的影响

随着科学技术的快速发展，人类各种生活、生产及工程建设活动规模空前扩大，在人类活动的影响下，自然平衡受到严重破坏。其中对生态环境破坏程度和强度最大的是采矿业。据有关组织统计，按质量计，矿物原料在各种工业原料中占 75%～80%；90%的工业品和 17%的日用品是用矿物资源生产出来的。

矿产资源开采给人类带来了巨大财富。但采矿过程中所引起的环境污染与破坏，以及采矿后留下的尾矿、废弃地、废渣等也带来了许多生态问题。据统计，我国每年排放的工业固体废物 85%以上来自矿山。每年金属矿山排放的尾矿量在 $3×10^8$ t 以上，约占当年工业固体废物的 30%，累计堆存量已达 $5.0×10^9$～$6.0×10^9$ t，占地约 500 km²。

（一）采矿对环境的影响

1. 生态破坏 采矿对生态的破坏表现为：①地下采矿引起地面塌陷，且随着开采的持续，塌陷面积、塌陷深度不断扩大，可能引发滑坡、崩塌等地质灾害问题。②矿山开采会产生大量固体废物，占用农田，破坏地表植被和生态平衡。③矿产开发过程改变原生态的水文地质条件，诱发水文地质灾害，还可能改变地下水的径流和排泄条件，造成地下水水位下降、水文环境恶化等。

2. 环境污染　　矿产开发还会造成环境污染，主要表现为大气污染、水污染及土壤污染等。采矿过程产生的粉尘、废气，会造成大气污染，进而危害矿区及周边地区人民的身体健康；伴随着干湿沉降，这些粉尘、有害气体到达地表，进一步污染矿区及周边地区的地表水、地下水、土壤、农作物、植被等。

（二）矿区土壤环境污染

环境保护部和国土资源部 2014 年公布的《全国土壤污染调查公报》显示，我国耕地点位超标率达 19.4%，主要污染物为镉、镍、铜、砷、汞等重金属以及多环芳烃等有机污染物，耕地土壤环境质量堪忧，而工矿业废弃地土壤环境问题突出。矿区土壤污染主要来自包括开采、选矿与运输过程中产生的粉尘、废气和废水，以及选矿后堆积的尾矿和废矿渣。在采矿造成的各种土壤环境污染中，重金属和有机物污染成为近年来被关注的焦点问题。

1. 矿区土壤重金属污染

（1）矿区土壤重金属污染状况　　目前，我国多地矿区土壤均被报道受到重金属污染。孙锐等曾研究了湖南水口山铅锌矿区及其周围地区土壤中重金属的污染特征，发现受铅锌选矿和冶炼活动影响，表层土壤已经明显受到重金属污染。徐友宁等曾对小秦岭金矿区农田土壤中重金属污染展开研究，发现该矿区矿业活动导致土壤、地下水、农作物中重金属元素均出现不同程度的积累或超标，且存在重金属导致的不可接受的人体健康高非致癌风险和致癌风险。房辉等的研究表明，云南会泽废弃铅锌矿复垦土壤中镉、锌和铅 3 种重金属的总含量分别为国家三级标准的 35.00 倍、28.00 倍和 11.30 倍，3 种重金属均达到重污染级。赖燕平等的研究表明，粤西某硫铁矿采矿区及利用硫铁矿生产硫酸厂区周边菜地土壤的铅含量为 43.2～177.1 mg/kg，对附近居民的身体健康有潜在危害。孙贤斌和李玉成发现安徽淮南大通煤矿废弃地土壤中重金属含量超标，化工厂和煤矸石堆区域重金属复合污染严重。

（2）矿区土壤重金属污染的来源　　自然界，重金属在岩石或土壤中通常以痕量形式存在。随着矿产的开采、洗选、运输及冶炼加工等，将重金属释放出来并进入土壤，造成土壤重金属污染。矿区土壤污染主要由以下原因造成。

①采矿、矿物运输、矿物冶炼等过程中产生的废气和粉尘沉降：工业生产过程排放的废气中含有有毒的重金属，这些重金属最终会降落到土壤中，引起土壤重金属污染。矿山、工矿附近以及公路两边是其主要分布地。例如美国蒙大拿州某有色冶金企业每年排入大气中的锌约 5 t，镉约 250 kg，其周围地区土壤表层 0～2.5 cm 内锌的含量很高，离厂 1.8 km 处达 1 090 mg/kg，离厂 3.6 km 处为 233 mg/kg，离厂 7.2 km 处为 48 mg/kg；在上述距离土壤中镉的含量分别为 37 mg/kg、17 mg/kg 和 4 mg/kg。可见冶金企业排放的废气对周围环境有明显的污染，而且离厂越近，污染越严重。孙雪娇等对艾维尔沟矿区道路两侧土壤和叶片中铅（Pb）、锌（Zn）、镉（Cd）、砷（As）、铜（Cu）、铬（Cr）含量的测试分析表明，较背景区而言，艾维尔沟矿区雪岭云杉叶片和土壤中砷和铅含量均较高，达中度污染水平以上；随距离增加，道路两侧叶片和土壤中铅含量均表现为线性递减，砷和铜含量则表现出先升高后降低的趋势。

②采矿废渣、尾矿、煤矸石等固体废物排放：采矿固体废物中含有不同程度的有毒有害重金属物质，在日晒、雨淋和风吹等自然条件下，造成矿石的风化、淋溶等，从而使重金属污染物进入土壤。

我国现有的国管矿山企业 8 000 多个，个体矿山达 23 万多个，由于种种条件的限制，国内许多矿山废物未经任何处理就任意排放与堆置，造成了较为严重的环境污染问题，且以金属矿区更为严重。例如对江西各钨矿附近地区土壤研究发现，土壤钼、镉、铜、铁污染严重。该区反刍动物钼中毒的现象较为普遍，耕牛发生白皮白毛、腹泻消瘦等综合征，家畜的营养状况和繁殖力均较低，常年生活在这里的人癌症特别是肝癌发病率很高。

　　煤矿开采活动亦会造成矿区周边土壤中重金属不同程度的富集，重金属含量表现为表层含量较深层含量高、随着离煤矿距离的增大而递减的特征，且多来源于堆放的煤矸石及其粉尘。例如对陕西白水煤矿 2 号矸石堆及其周边 300 m 范围内耕作层土壤中铬（Cr）、铜（Cu）、镉（Cd）和锌（Zn）4 种重金属全量和有效态含量的研究表明，煤矸石堆放使得周边耕作层受到了不同程度的重金属污染，随着距煤矸石堆距离的增大，土壤中重金属含量逐渐降低，且下风向区域重金属含量高于等距离上风向区域。僮祥英、吉玉碧对贵州省百里杜鹃矿区附近土壤中重金属进行了测定，研究结果表明，矿区附近土壤已遭受不同程度的重金属综合污染（主要为镉、汞和砷），距矿区较近位置达到了重污染水平。现场调查发现，重金属元素主要污染源来自矿区大量堆放的煤矸石及其粉尘。李洪伟、颜事龙等人通过系统采集、分析淮南新集煤矿区的土壤样品中的钴、铬、铜、铅和锌的含量，研究结果表明，尽管研究区只有 10 多年开采历史，但煤矸石和粉煤灰长期风化、淋溶已导致其周边土壤中重金属积累性污染。

　　③采矿废水排放：采矿产生的废水中含各种不同的金属元素，例如镉、汞、铅、砷等，可能会通过灌溉、溢流、渗漏等不同途径进入土壤，使土壤受到污染。

　　对矿石及围岩有较高溶解性和侵蚀性的煤矿酸性废水可加剧矿石及围岩中重金属的溶解，并携带大量重金属等有害化学物质进入水体，污染灌溉土壤。

　　（3）矿区土壤重金属污染的生态效应　重金属元素一旦进入土壤环境，便很难去除，而且会对土壤结构和功能产生不利影响，同时对土壤生物系统产生不良影响，影响土壤的生态系统。土壤中的有害重金属积累至某种程度就会对土壤、农作物产生毒害，不仅致使土壤退化、农作物减产及品质下降，而且还会通过食物链对人的生命与健康产生危害。

　　①矿区土壤重金属污染对植物生长、产量品质的影响：重金属在土壤-植物系统中的迁移直接影响植物的生理生化和生长发育，从而影响作物的产量和品质。研究表明，植物受汞毒害后表现为植株矮化，根系发育不良。受汞蒸气毒害的植物，叶片、茎和花瓣可变为棕色或黑色。当镉含量超过一定限度时，对叶绿素有破坏作用，并促进抗坏血酸分解，抑制硝酸还原酶活性。另外，镉能减少根系对水分和养分的吸收，抑制根瘤菌对氮的固定。成都东郊污水灌区内，镉在稻米中积累，播种前为 0.098 2 mg/kg，收获时达到 1.647 mg/kg，年富集量为 1.549 mg/kg，有的形成镉米，不能食用。过量的砷对植物生长有明显的抑制作用。水稻受砷害后根系呈铁黄色，生长受到抑制，抽穗期延迟，结实率降低，严重者造成死亡。

　　张德刚等 2014 年对云南个旧某锡矿山主要农作物采样分析发现，采样区农作物中铅、镉、铬、铜和锌含量分别是国家食品安全标准的 9.70～89.70 倍、1.15～9.10 倍、0.20～5.40 倍、0.08～2.66 倍和 0.13～1.27 倍，研究区农作物中铅、镉和铬污染严重。彭敏等 2009 年对兰坪铅锌矿周边地区农作物重金属随机抽样分析发现，农作物中铅、镉、锌超标率分别为 100.0%、92.0% 和 37.0%。

　　②重金属污染对土壤微生物生物量和群落结构的影响：土壤微生物生物量是指土壤中体积小于 $5 \times 10^3 \ \mu m^3$ 的生物量。它能代表参与调控土壤中能量和养分循环以及有机质转化的

对应微生物的数量，且土壤微生物的碳和氮转化速率较快，可以很好地表征土壤总碳或总氮的动态变化，是比较敏感的生物学指标。

大量研究表明，重金属污染的土壤，其微生物生物量存在不同程度的差异，E. Kandeler等人研究发现，铜、锌、铅等重金属污染矿区土壤的微生物生物量受到严重影响，矿区附近土壤的微生物生物量明显低于远离矿区土壤的微生物生物量。研究表明，不同重金属及其不同含量对土壤微生物生物量的影响效果也不一致。K. Chander 研究了不同重金属含量对土壤微生物生物量的影响，结果表明，只有当重金属含量达到欧洲联盟制定的标准土壤重金属环境容量的 2～3 倍，才能表现出对微生物生物量的抑制作用。土壤环境因素也影响重金属污染对土壤微生物生物量的大小。E. Baath 等研究表明，重金属污染对不同质地土壤的微生物生物量的影响不同，对砂土、砂壤土的微生物生物量的抑制作用比壤土、黏土大得多。总体而言，有些重金属元素在含量较低时对微生物有一定的刺激作用，但超过一定限度时对土壤微生物则有毒害效应。

土壤微生物种群结构特征是表征土壤生态系统群落结构稳定性的重要参数之一。通常情况下，重金属污染对微生物有两个明显效应，一是不适应生长的微生物种数量的减少或绝灭，二是适应生长的微生物数量的增大与积累。E. Baath 等人用碳素利用法研究了铜、镍、锌等重金属污染土壤的微生物组成，结果表明，高铜污染土壤中微生物群落比镍和锌污染的土壤中微生物群落少，重金属严重污染会减少能利用有关碳底物的微生物量的数量，降低微生物对单一碳底物的利用能力，减少土壤微生物群落的多样性。T. Duxbury 和 B. Bichnell研究了自然土壤与重金属污染土壤中的细菌种群，发现重污染土壤比轻污染土壤中耐性细菌的数量多 15 倍。T. Yamamoto 等发现对照土壤（铜含量低于 100 mg/kg）有 35 种真菌，中等污染土壤中（铜含量为 1 000 mg/kg）有 25 种真菌，高度污染土壤（铜含量为 10 000 mg/kg）只有 13 种真菌。

2. 矿区土壤有机物污染 研究表明，我国受各种有机物污染或化学污染的农田共计达 6.0×10^{11} m^2，而每年出产的主要农产品中多环芳烃（PAH）残留高达 20％以上。多环芳烃是一类在环境中普遍存在的持久性有机污染物，由 2 个或 2 个以上的苯环构成。由于多环芳烃具有很强的致癌、致畸、致突变性，美国环境保护局建议将 16 种多环芳烃列为优先控制的污染物，其中的 7 种［包括苯并(a)蒽、䓛、苯并(b)荧蒽、苯(k)荧蒽、苯并(a)芘、二苯并(a，h)蒽以及茚并(1,2,3-c，d)芘］被国际防癌研究委员会认定为毒性极强。多环芳烃等持久性有机污染物具有半挥发性、远距离传输性、疏水性和亲脂性，它们可以通过大气传输到偏远地区，通过各种各样的路径到达土壤环境，并经食物链在生物体内进行进一步积累和放大，进而影响人体健康。

矿区土壤中多环芳烃主要来自煤炭等化石燃料的不完全燃烧、油田开采利用过程中石油及其精炼产品的泄露、采矿"三废"以及矿产运输过程中机动车尾气的排放等。多地矿区土壤中均发现有多环芳烃检出。刘静静等曾对安徽淮北芦岭矿区土壤进行多环芳烃的污染调查研究，发现部分土壤受到多环芳烃中度到重度污染；潘峰等曾对中原油田开采区土壤中多环芳烃的残留量进行调查，发现苯并(a)芘的检出率达 100％，运行中和停产时间较短的油田周围土壤的生态风险较高；王新伟等研究了煤矸石堆放对土壤环境多环芳烃污染的影响，发现煤矸石山堆积区土壤已受到多环芳烃的严重污染，且土壤中 16 种优先控制多环芳烃的总量与煤矸石山距离呈负相关关系，主要来自煤矸石山扬尘沉降、煤矸石燃烧、原煤煤尘降落与燃烧。

3. 粉尘污染、无机物污染及土壤盐渍化等　矿产开采、矿物运输及尾矿堆积过程中亦会引起粉尘污染。煤矿开采过程中，不但使煤矿本地尘土飞扬，公路、铁路运煤线路将粉尘传播到远离产区的地方。例如山西省 5 000 km 运煤公路两侧 $5×10^4$ hm^2 农田遭受煤尘影响严重，粮食减产。

煤或煤矸石中含 1‰～12‰的硫时，当废渣、煤粉在空气中氧化时，遇水即产生酸性废水。日本原松尾矿坑水中 SO_4^{2-} 含量高达 $3×10^3$ mg/L，pH 为 1.8。我国南方多高硫煤，煤矿井水大部分呈酸性。某些硫铁矿含量较高的煤矿，pH 可低至 2.5～3.0，SO_4^{2-} 含量高达 3 500 mg/L，使附近水域水质酸化。当用来灌溉时，易引起土壤的硫酸盐盐渍化。

第二节　工矿区土壤污染的控制和修复

一、工矿区土壤污染的控制

为了预防工矿区土壤的污染，首先要控制和消除土壤污染源，加强对工业"三废"的治理，合理施用化肥和农药。污染源的控制是避免土壤污染最根本和最重要的措施。预防工矿区土壤污染主要有以下途径。

（一）控制含有重金属等的有害气体和粉尘的超标排放

土壤环境是一个开放的生态系统，与大气环境紧密相连，排入大气的污染物通过降水、降尘最终会进入土壤环境，许多重金属、有机污染物就是通过工业排放的有害气体和粉尘进入土壤环境的。工矿企业应按照《中华人民共和国环境保护法》的规定，大力推进先进的无污染和少污染的生产设备和生产工艺，使有害气体和粉尘不进入大气，并严格执行工业行业大气有害物质的排放标准。

针对煤矿粉尘产生的特点，针对性地采取措施，减少煤矿粉尘排放量。露天煤矿开采过程中，要经常洒水抑制粉尘的产生。煤矿采用封闭式储煤仓、筒仓、防风抑尘网及洒水等措施，减少煤炭储存过程中排放的粉尘量。煤炭采取封闭的皮带走廊进行输送，火车运输时在煤炭表面喷洒封尘剂，车辆运输时要采用苫布遮盖等措施，减少煤炭运输过程中粉尘的排放量。

（二）探索采矿固体废物的综合利用途径及复垦绿化技术

矿山固体废物中常常含有重金属、硫和其他有毒有害元素。控制矿山固体废物污染关键在于提高矿山固体废物综合利用率，减少固体废物的堆放。对不能综合利用的固体废物选择合理的位置进行堆放，堆放过程中要对已经满足堆放高度的尾矿库、煤矸石山等采取覆土绿化等措施减少有害有毒元素溶解对土壤的影响。煤矸石是我国工业排放量最大的固体废物。在煤矸石的综合处置方面，煤炭科学研究总院唐山分院、西安分院及杭州环境保护研究所等进行了发电、建材、煤矸石肥料、地基处理、井下采空区充填等综合利用研究。在煤矸石山复垦绿化方面，以山西农业大学、中国矿业大学为代表的研究机构，已研究筛选出适宜我国干旱、半干旱区煤矸石山的植物品种以及煤矸石山整形技术、加速风化熟化技术、直接种植、穴状带土球种植、黄土薄层覆盖种植技术等煤矸石山复垦绿化种植技术。

在国外，采取的方法有：①在设计生产阶段就制定出不生产或尽量少产生煤矸石的生产工艺技术；②对少量排放的煤矸石，进行综合利用，其利用途径与我国相差不大，但利用率可达 50%～80%，远远超过我国水平，并逐渐走向工业固体废物集约化、产业化、资源化，这与政府有效的倾斜政策有很大关系；③对堆放在露天的煤矸石山，采取分层压实、灌石灰乳、覆盖、挖掘隔离等措施防止其自燃；④对不自燃的煤矸石山或已自燃完毕的煤矸石山采取传统的复垦技术，一是迅速建立植被，以减少侵蚀，吸收镉、铅、砷、汞等有毒有害元素；二是施用石灰，中和废石酸性。而新近的复垦技术主要有两个：①微生物技术，主要是利用菌肥或微生物活化剂改善植物生长的营养条件，从而促进植物迅速生长，加速矸石风化成土；②矿山尾矿的多层覆盖技术，即在矿山废物的上面加 3 层覆盖材料，并在覆盖材料中间加薄的滤网以阻止材料的上下混合，这种覆盖技术可使尾矿酸化最小或污染迁移最小。

（三）严格控制污水超标排放，积极开展矿山废水处理、循环利用的技术研究

据专家们分析预测，目前全国一年大致缺水 $5.0×10^{10}$～$1.0×10^{11}$ m^3。就煤炭行业而言，全国有 70% 的矿区缺水，其中 40% 矿区严重缺水。然而，每年全国煤矿区采矿外排矿井水约 $2.2×10^9$ m^3，选煤外排煤泥水 $2.8×10^7$ m^3，外排其他工业废水 $3.0×10^7$ m^3。这些废水 60% 左右有悬浮污染物，30% 左右是高矿化度、高硬度的矿井水。因传统的化学处理设施的建造和维护运行费较高，中国科学院应用生态研究所在霍林河露天煤矿采用林灌草多种生态结构的污水慢速渗滤土地处理系统，实现了污水闭路循环利用。

世界许多采矿大国对酸性矿水（acid mine drainage，AMD）的处理十分重视。酸性矿水 pH 大多在 2～4，硫酸根离子含量常达每升数百至数千毫克，重金属离子含量高，严重损害矿区生态系统。在美国一些矿区，将湿地应用于酸性矿水处理，已经是全部或部分取代了传统处理法。

用于酸性矿水处理的湿地系统大多为人工湿地，即在采矿区没有湿地的地区按一定的工程设计方法建造湿地，或在原有类似的湿地区域进行人工改造（平整、筑堤、栽种植被等），使之形成具有进出水设施的处理系统。

湿地系统对酸性矿水的净化，不仅对悬浮物、生物需氧量有很好的去除效果，对氮、磷的去除效果也较好。湿地中不同植物对氮的去除率不同，蔗草为 94%，芦苇为 78%，香蒲为 28%。一般铁去除率可达 80% 以上。处理后的 pH 和锰也有明显改善。加利福尼亚用湿地可去除 99% 的铜、97% 的锌、99% 的铬，但对锰的去除作用不太明显。G. A. Brodie（1988）的试验表明，湿地法年运行费仅为传统化学法的 13%；湿地系统中沿水流方向的无脊椎动物在建造后的 6 个月内由 2 种增加至 20 种。因此湿地处理不仅有净化酸性矿水的功能，还恢复了矿区动植物生态，具有美学方面的价值。

（四）发展清洁工艺

清洁工艺就是不断地、全面地采用环境保护战略以降低生产过程和产品对人类和环境的危害。清洁生产技术包括节约原料和能源、消除有毒原料、减少所有排放物的数量和毒性。清洁工艺的战略主要是在从原料到产品最终处理的全过程中减少"三废"的排放，以减轻对环境的影响。

二、矿区污染土壤修复技术

为了实现土壤的可持续利用，保障人类的食品安全，对于已经受到污染的土壤，迫切需要研究并提出经济、可行、高效的土壤污染修复技术对其进行治理。目前，污染土壤治理方法主要包括物理修复、化学修复及生物修复，即采用物理方法、化学方法、生物方法使土壤

中的污染物被降解、转化和稀释至可接受的含量水平或者将有毒有害物质转化为无害的过程。

（一）客土、换土和翻土

1. 客土 客土就是向污染土壤加入大量的干净土壤，覆盖在表层或混匀，使污染物含量降低或减少污染物与植物根系的接触，从而达到减轻危害的目的。若客入的土壤与原污染土壤混匀，则应使污染物含量低于临界危害含量，才能真正起到治理的作用。对于浅根作物（例如水稻等）和对移动性较差的污染物（例如铅），采用覆盖法较好，客入的土壤应尽量选择比较黏重或有机质含量高的土壤，以增加土壤环境容量，减少客土量。用于种草的最少覆盖厚度为 10 cm，最适宜的厚度为 20～30 cm。如用于种树，覆盖物的厚度需达 2 m。覆盖物可用自然土和土壤替换物，但它能使水分通过毛细管作用将底层的有毒金属盐带到表层。因此在富含金属的基质上种植的地被植物，除非肯定叶片中吸收和积累的金属未达到潜在致毒量，一般不能用于喂养牲畜。

2. 换土 换土就是把污染土壤取走，换入新的干净的土壤。该方法对小面积严重污染且污染物又易扩散难分解的土壤是必需的，以防止扩大污染范围，危害人畜健康。对散落性放射性污染的土壤应迅速剥去其表层。但是对换出的土壤应妥善处理，以防二次污染。

3. 翻土 翻土就是深翻土壤，使聚积在表层的污染物分散到更深的层次，达到稀释的目的。

（二）隔离法

隔离法就是用各种防渗材料（例如水泥、黏土、石板、塑料板等）把污染土壤就地与未污染土壤或水体分开，以减少或阻止污染物扩散到其他土壤或水体的做法。隔离法应用于污染严重、易于扩散且污染物又可在一段时间后分解的情况，例如较大规模事故性农药污染的土壤。

（三）清洗法

清洗法就是用清水或加有某种化学物质的水把污染物从土壤中洗去的方法。若污染物会给水体带来不可忽视的污染，则洗出液应加以集中和处理。加入某些特用的化学物质通常能大大增加清洗效果，例如重金属污染的土壤加入适合的络合剂能增加重金属的水溶性。清洗法较适合于轻质土壤，例如砂土、砂壤土、轻壤土等。

洪淤则是把带有泥土的洪水淹灌污染土壤，既起清洗的作用，又客入一定量的新土，在有条件的地方不失为一种比较经济有效的方法。

（四）热处理

热处理就是把已经隔离或未隔离的污染土壤加热，使污染物受热分解的方法。该法多用于能够热分解的有机物污染，例如石油污染。产生热的方法有多种，主要从经济实用方面考虑，例如红外线辐射加热、管道输入水蒸气等。

（五）电化法

美国路易斯安那州立大学研究出一种净化污染土壤的电化法，即在水分饱和的黏土中插入一些电极，通过低强度直流电（1～5 mA）。通电后，阳极附近产生的 H^+ 便向土壤毛细管孔隙移动，并把污染物释放到毛细管溶液中。水溶液以电渗透的方式移到阳极附近，并被吸到土壤表层，再清除。

该法采用的电极最好是石墨，电极间距和深度根据需要确定。此法可将土壤中铅含量从 100 mg/kg 降至 5～10 mg/kg，且可回收多种金属。

（六）生物修复

生物修复是指以生物为主体，利用生物吸收、降解、转化污染物，治理污染土壤的修复技术。利用生物修复可以将污染物的含量降低到一定水平，或将有毒有害的污染物转化为无害的物质，包括植被修复、微生物修复和植物-微生物及动物的协同修复。

据研究，蚯蚓能降解土壤中的农药，吸收土壤或污泥中的重金属。

分离和培育对污染物具有较高分解能力的微生物则是一种有应用前景的方法。美国分离出能降解三氯丙酸或三氯丁酸的小球状反硝化细菌；意大利从土壤中分离出某些菌种，其酶系能降解 2,4-滴除草剂；日本发现土壤中的红酵母和蛇皮藓菌能有效地降解剧毒性聚氯联苯。

（七）施用抑制剂降低污染物的活性

在某些污染土壤中加入一定的化学物质能有效地降低污染物的水溶性、扩散性和生物有效性，从而降低它们进入植物体、微生物体和水体的能力，减轻对生态环境的危害。

对于重金属污染的土壤施用石灰、高炉灰、矿渣、粉煤灰等碱性物质能提高土壤 pH，降低重金属的溶解性，从而有效地降低植物体内的重金属含量。例如施石灰使土壤 pH 大于 6.5 时，汞能形成氢氧化物和碳酸盐沉淀，而且钙离子又具拮抗作用，使作物吸收汞量明显减少。

第三节 污染土壤利用的原则及工矿区污染土壤利用的方法

一、污染土壤利用的原则

1. 坚持依法治理的原则 在严格遵循《土地复垦条例》的前提下，坚持"谁破坏、谁治理"，"谁投资开发、谁使用受益"的原则。

2. 坚持综合治理的原则 根据土壤污染轻重或治理程度，因地制宜，多种渠道、多种形式、发展多种经营，处理好综合治理与单项治理的关系。每个治理区必须按照立体农业模式，实行水、渠、路综合治理，种、养、加工协调发展。

3. 利用后污染物绝不可进入食物链 人是食物链的最高消费者，因此也是污染的最终受害者。因为人以动植物为食，居食物链顶端，食物中的毒物可以经过食物链而逐渐富集，使其危害程度增加。例如美国加利福尼亚州的一个湖泊，湖水中含有 0.2 mg/kg 的滴滴涕，被湖中的藻类吸收后，浓度浓缩到 51 mg/kg，比水体增加了 255 倍；而吃藻类的鱼又积累滴滴涕，在小鱼体内的含量再增大 500 倍；以小鱼为食的大鱼，其脂肪中的滴滴涕含量达 2 500 mg/kg，比湖水中的浓度高 12 500 倍。

因此在确定污染土壤的利用种植方式时，必须搞清其污染状况，然后再确定利用方式。利用后污染物绝不可进入食物链。

4. 科学性原则 坚持冲天干劲与科学分析精神相结合，处理好科学性、可行性和实用性三者之间关系。

5. 自力更生原则 坚持自力更生，充分调动各个层次的积极性，处理好方方面面利益的关系。

二、工矿区污染土壤利用的方法

对污染土壤复垦利用前，必须通过详细的调查检测，探讨土壤退化的原因、类型、过程、阶段和程度，尤其和原地貌土壤有什么不同；并对复垦土壤的母质来源进行详细的分析化验，特别是对植物生长有影响的汞、铬、镉、铅、砷、铜等污染元素与氮、磷、钾、硼、铁、钼等营养元素进行分析；搞清土壤来源及背景值，结合总体规划，再确定其复垦的目标（优质耕地、林地、牧地等）。

（一）重污染区土壤的概念

重污染区土壤包括有机和无机化学废物、含放射性的废物、农药、含金属废物（包括金属矿污染物、熔炼后的废物、粉末状矿石尾渣）污染的土壤。重污染区土壤若不加以治理或改良到可利用标准，是不能利用为耕地的，因为不是植物无法生长，就是会造成植物产品污染。为防止有毒物进入生物链，重污染区只能改变利用方式。

（二）重污染区土壤的利用模式

1. 可作建筑用地　污染严重的土地若达到建房标准，可以考虑批准进行工业、房地产开发，例如常州怡康花园住宅小区是原常州市染料化工厂所在地，该厂在此生产经营的 40 年内，先后使用过苯酚、苯胺、硝基苯等有毒有害物质，土质对人体极为有害。南京大学王连生教授等受托对该小区进行土地修复，对污染土地采取换土、翻晒、清洗、埋设地下渗水暗管等方法，使土地污染大大减轻。经鉴定，已达到国家规定的居住区环境保护标准。

2. 发展用材林　为了防止污染物进入食物链，最终危害人类，对那些污染严重、无法农用的土地，可用来发展用材林。某些植物对土壤中某种或某些污染物具有特别强的吸收能力，我国地域辽阔，气候环境条件差异大，各地可根据当地的具体情况选用适合本地条件的抗性品种。

3. 种植超富集植物　在污染土壤上也可针对性地种植一些超富集植物，利用它们来降低土壤污染物含量。例如羊齿类铁角蕨属植物对土壤镉的吸收能力很强，吸收率可达 10%（一般植物为 1%～2%）。又如香蒲对铅、锌具有强的忍耐和吸收能力，可以用于净化铅、锌矿废水污染的土壤。因植物根系通常含较高含量重金属，割除植物时应尽量连根收走。同时对收获的植物应妥善处理，最好焚烧后回收重金属，从而降低土壤或水体中重金属的含量，实现治理目标。此法具有投资和维护成本低、操作简便、不造成二次污染、具有潜在或显在经济效益等优点。

4. 用于绿化林、草地，发展花卉、草皮等产业　对工矿区特别是生活区四周的重污染土壤，可用于绿化，改善环境，或者发展花卉、草皮、苗圃等种植业。表 11-1 是适宜工矿区防尘和抗有害气体绿化植物的种类。

表 11-1　主要的防尘和抗有害气体绿化植物
（引自杨丽芬等，2001）

防污染种类	绿　化　植　物
防尘	构树、桑树、广玉兰、刺槐、蓝桉、银桦、黄葛榕、槐树、朴树、木槿、梧桐、泡桐、悬铃木、女贞、臭椿、乌桕、桧柏、楝树、夹竹桃、丝棉木、紫薇、沙枣、榆树、侧柏

（续）

防污染种类		绿 化 植 物
二氧化硫	抗性强	夹竹桃、日本女贞、厚皮香、海桐、大叶黄杨、广玉兰、山茶、女贞、珊瑚树、栀子、棕榈、冬青、梧桐、青冈栎、栓皮槭、银杏、刺槐、垂柳、悬铃木、构树、瓜子黄杨、蚊母、华北卫矛、凤尾兰、白蜡、沙枣、加拿大白杨、皂荚、臭椿
	抗性较强	樟树、枫香、桃、苹果、酸樱桃、李、杨树、槐树、合欢、麻栎、丝棉木、山楂、桧柏、白皮松、华山松、云杉、朴树、桑树、玉兰、木槿、泡桐、梓树、罗汉松、楝树、乌桕、榆树、桂花、枣树、侧柏
氯气	抗性强	丝棉木、女贞、棕榈、白蜡、构树、沙枣、侧柏、枣、地锦、大叶黄杨、瓜子黄杨、夹竹桃、广玉兰、海桐、蚊母、龙柏、青冈栎、山茶、木槿、凤尾兰、乌桕、玉米、茄子、早熟禾、冬青、辣椒、大豆等
	抗性较强	珊瑚树、梧桐、小叶女贞、泡桐、板栗、臭椿、麻栎、玉兰、朴树、樟树、合欢、罗汉松、榆树、皂荚、刺槐、槐树、银杏、华北卫矛、桧柏、云杉、黄槿、蓝桉、蒲葵、蝴蝶果、黄葛榕、银桦、桂花、楝树、杜鹃、菜豆、黄瓜、葡萄等
氟化氢	抗性强	刺槐、瓜子黄杨、蚊母、桧柏、合欢、棕榈、构树、山茶、青冈栎、蒲葵、华北卫矛、白蜡、沙枣、云杉、侧柏、五叶地锦、接骨木、月季、紫茉莉、常春藤等
	抗性较强	槐树、梧桐、丝棉木、大叶黄杨、山楂、海桐、凤尾兰、杉松、珊瑚树、女贞、臭椿、皂荚、朴树、桑树、龙柏、樟树、玉兰、榆树、泡桐、石榴、垂柳、罗汉松、乌桕、白蜡、广玉兰、悬铃木、苹果、大麦、樱桃、柑橘、高粱、向日葵、核桃等
氯化氢		瓜子黄杨、大叶黄杨、构树、凤尾兰、无花果、紫藤、臭椿、华北卫矛、榆树、沙枣、柽柳、槐树、刺槐、丝棉木
二氧化氮		桑树、泡桐、石榴、无花果
硫化氢		构树、桑树、无花果、瓜子黄杨、海桐、泡桐、龙柏、女贞、桃、苹果等
二硫化碳		构树、夹竹桃等
臭氧		樟树、银杏、柳杉、日本扁柏、海桐、夹竹桃、栎树、刺槐、冬青、日本女贞、悬铃木、连翘、日本黑松、樱花、梨等

一般来说，工程措施和生物措施能去除土壤中的污染物，效果较好。但工程措施费用较高，某些生物措施费工费时，主要用于重污染土壤。其余的治理利用方法不直接去除土壤污染物，主要使它们加速分解，降低活性，减少植物吸收等。

5. 重污染区土壤的农业利用　如果重污染区土地确实需作为农用，污染土壤上覆盖物的厚度也较大，农作物的根系不会下扎到污染土层时，也可恢复为农业用地。但应格外谨慎，为防止污染物随地下水上升，再度产生危害，必须对农产品品质进行监控分析。

（三）中轻度污染区土壤的利用模式

中轻度污染区土壤最好以改变耕作制度或改为非农业用地的方式加以利用，条件许可的中度污染土壤也可采取覆土或深埋污染土层的方式加以利用。例如露天采矿的排土场、井工开采的塌陷区可结合排土、造地将无污染的表土、好土或底土覆盖在新造地或周围污染土地的表层。

1. 中轻度污染区土壤的农业利用　在中轻度污染的土壤上，费用较低的利用方式是与常规农事操作结合起来，通过增施有机肥、控制土壤水分、选择合适形态的化肥、选种抗污染作物品种等农业措施，加以利用。

（1）控制土壤水分　土壤的氧化还原状况影响污染物的存在状态，通过控制土壤水分可达到降低污染物危害的作用。

据研究，在水稻抽穗到成熟期，无机成分大量向穗部转移，此时减少落干、保持淹水可明显减少水稻籽实中镉、锌、铜、铅的含量。在淹水还原状况下，这些金属元素可与 H_2S 反应形成硫化物沉淀，特别是在氧化还原电位降到 $-150~mV$ 以下时。但砷与上述金属相反，在还原条件下以亚砷酸的形式存在，增加砷溶出量，加重植物砷污染，因此砷污染的稻田应增加落干，最好改为旱作。汞在还原状况下可能与甲烷形成甲基汞，增强汞的毒性，也应注意。

（2）选择合适形态的化肥　由于不同形态的氮、磷、钾化肥对土壤理化性质和根际环境具有不同的影响，某些形态的化肥更有利于降低植物体内污染物的浓度。据研究表明，有利于降低作物体内重金属（镉）浓度的肥料形态，氮肥是 $Ca(NO_3)_2 > NH_4HCO_3 > NH_4NO_3$、$CO(NH_2)_2 > (NH_4)_2SO_4$、$NH_4Cl$，磷肥是钙镁磷肥 $> Ca(H_2PO_4)_2 >$ 磷矿粉、过磷酸钙，钾肥是 $K_2SO_4 > KCl$。这些肥料的不同形态对土壤重金属的溶解度，特别是在根际土壤中的溶解度具有明显的影响。可以利用这种差异，减少重金属对植物体的污染。而且化肥是现代农作物种植业不可缺少的，只要选购合适形态的化肥用于污染土壤，便能实现减少污染的目的，比较经济易行。

（3）选种抗污染作物品种　同种作物的不同品种或变种对污染物的吸收积累也不相同。国外研究表明，种植于同一污染土壤上的大麦、生菜、玉米、大豆、烟草的不同品种对重金属的吸收具有明显差异。我国华南地区种植的水稻、豆角、油菜的不同品种对镉的吸收积累也有明显差异。因此可以筛选出在食用部位积累污染物较少的品种，用于进一步选育抗污染品种，或直接种植在中轻度污染的土壤上，可显著降低农产品中污染物的含量。因此应加强这方面的研究工作。

（4）增施磷肥、硅肥等提高土壤的缓冲能力　增施磷肥、硅肥等也可降低植物体中重金属含量。通过离子间的拮抗作用来降低植物对某种污染物的吸收在某些情况下也是经济有效的。据法国农业科学院波尔多试验站的研究结果，在镉、锌污染的土壤上施用含铁丰富的物质（铁渣、废铁矿）能明显降低植物镉、锌含量。用锌来拮抗镉的试验也有报道，但只适用于含锌水平较低的土壤，否则可能造成锌污染。

（5）增施有机肥提高土壤环境容量　施用堆肥、厩肥、植物秸秆等有机肥，增加土壤有机质，可增加土壤胶体对重金属和农药的吸附能力。有机质又是还原剂，可促进土壤中的镉形成硫化镉沉淀，促进高价铬变成毒性较低的低价铬。施用有机肥，还能促进微生物和酶系的活性，加速有机污染物的降解。

（6）种植经济作物　在不同污染程度的土地上均可种植非食用的经济作物，例如棉花、麻、桑等。

（7）作为良种繁育基地　可将污染区作为不直接食用的作物良种（例如水稻、玉米等）繁殖基地。

2. 中轻度污染区土壤的非农业利用　由于我国土壤资源匮乏，中轻度污染土壤能为农业利用的土地尽量进行农业利用，如果要作他用，也可参考重度污染土壤的利用方式和改良措施。

复习思考题

1. 工矿区土壤污染状况如何？
2. 如何预防工矿区土壤污染？
3. 可采用哪些技术修复工矿区污染土壤？
4. 工矿区污染土壤的利用原则有哪些？
5. 工矿区污染土壤可采用哪些利用方式？

第十二章 土壤环境保护政策法规

内容提要 我国环境保护最早重视的是水、大气、噪声等环境要素，对土壤环境保护的关注是近几年才开始的。本章从政策、法规和标准 3 个方面回顾我国土壤环境保护相关的政策、法规以及标准规范制定的历程与进展、执行情况及存在问题。

第一节 我国土壤环境保护政策演变

我国早在 20 世纪 70 年代末 80 年代初就制定了《环境保护法(试行)》，并把环境保护上升为基本国策，90 年代大力实施可持续发展战略。进入新世纪以来，党和国家提出树立和落实科学发展观，加快转变经济发展方式，特别是党的十九大以来生态文明建设提到更高的战略高度，这一系列政策与战略的演进，为防治环境污染、改善生态环境质量提供了有力的制度保障。

一、土壤环境保护政策的回顾

土壤环境保护是整个环境保护工作的组成部分，早期的一系列环境保护政策与法规，虽然并未针对土壤环境保护，但从客观上减少了对土壤环境有影响的污染物排放。1979 年，全国人民代表大会常务委员会通过了《环境保护法(试行)》。1982 年宪法中新增"国家保护和改善生活环境和生态环境，防治污染和其他公害"的规定。有关水污染防治、大气污染防治、海洋环境保护等法律也于 20 世纪 80 年代初相继问世。

回顾 2000 年以前我国环境保护事业的发展历程，以 1973 年、1983 年和 1989 年我国相继召开的 3 次全国性环境保护会议为标志，经历了以下 3 个发展阶段。

(一)起步阶段——老三项制度的建立

在起步阶段，我国环境问题的主要表现为：工业盲目发展，城市布局混乱，环境急剧恶化；生态破坏日益加剧，滥伐林木、超载放牧、围湖造田等降低了自然生态调节功能，导致水灾、旱灾、风灾频繁；人口剧增对环境带来巨大冲击和压力。随着人口急剧增长，人均耕地不断减少，对森林、草原、矿产资源、水资源、能源供给、环境质量等都带来巨大的冲击和压力。

1973 年国务院在《关于保护和改善环境的若干规定》中提出"三同时"制度：新建、改建、扩建项目的防治污染措施必须同主体工程同时设计、同时施工、同时投产。继"三同时"之后，又相继建立了排污收费制度(即谁污染谁治理原则)和环境影响评价制度(即对工程建设项目可能给周围环境造成的影响进行评定)，这就是我国的老三项制度。1978 年 2 月，环境保护首次纳入我国《宪法》，规定："国家保护环境和自然资源，防治污染和其他公害。"这是中华人民共和国成立后第一次对环境保护做出的明确规定，为环境法制建设和环境保护事业发展奠定了基础。1978 年 12 月 31 日，中共中央批转了国务院环境保护领导小组的《环境保护工作汇报要点》，这是历史上第一次以中共中央名义对环境保护工作做出指示，引起了各级党委政府的重视，对推动全国环境保护工作发挥了重要作用，具有里程碑意义。

（二）开拓阶段——三大环境保护政策体系的建立

1983 年底，国务院召开了第二次全国环境保护会议，"宣布环境保护政策是一项基本国策"，提出"经济建设、城乡建设和环境建设要同步规划、同步实施、同步发展，实现经济效益、社会效益、环境效益的统一"这一战略方针，从而标志我国环境保护事业来进入了一个新的阶段。

开拓阶段的主要贡献是制定了"预防为主""谁污染谁治理"以及强化环境管理三大环境保护政策，从而确定了我国环境保护工作的政策体系。这三大政策的根本出发点和目的就是要谋求以当今环境问题的基本特点和解决环境问题的一般规律为基础，以我国的基本国情，尤其是多年来我国环境保护工作的经验和教训为条件，以强化环境管理为核心，以实现经济、社会与环境的协调发展为目的的具有中国特色的环境保护道路。但在这个阶段，各种环境保护的指导思想和方针尚未充分有效地融合到国家的总体经济战略和政策中去。

（三）发展阶段——新五项制度

1989 年 4 月，国务院召开第三次全国环境保护会议，在原有三项制度的基础上，又推出了新的五项制度：环境保护目标责任制、城市环境综合整治定量考核制度、污染集中控制制度、排污许可证制度、污染限期治理制度，这标志着我国环境管理和环境经济政策进入了一个新的发展阶段。1989 年底，首部《中华人民共和国环境保护法》正式颁布。

二、进入新世纪我国土壤环境保护政策

进入新世纪，土壤污染问题开始引起国家的高度重视，土壤环境保护继大气污染防治和水污染防治之后开始摆上重要议事日程，具体表现在以下几方面。

（一）开展土壤环境污染状况调查

2005 年 4 月至 2013 年 12 月，我国开展了首次全国土壤污染状况调查。调查范围为中华人民共和国境内（未含香港特别行政区、澳门特别行政区和台湾地区）的陆地国土，调查点位覆盖全部耕地，部分林地、草地、未利用地和建设用地，实际调查面积约 6.3×10^6 km^2。调查采用统一的方法、标准，基本掌握了全国土壤环境质量的总体状况。

2014 年 4 月 17 日，环境保护部与国土资源部联合发布的《全国土壤污染状况调查公报》显示，全国土壤环境状况总体不容乐观，部分地区土壤污染较重，耕地土壤环境质量堪忧，工矿业废弃地土壤环境问题突出。工矿业、农业等人为活动以及土壤环境背景值高是造成土壤污染或超标的主要原因。全国土壤总的超标率为 16.1%，其中轻微、轻度、中度和重度污染点位比例分别为 11.2%、2.3%、1.5% 和 1.1%。污染类型以无机型为主，有机型次之，复合型污染比重较小，无机污染物超标点位数占全部超标点位的 82.8%。

从污染分布情况看，南方土壤污染重于北方；长江三角洲、珠江三角洲、东北老工业基地等部分区域土壤污染问题较为突出，西南、中南地区土壤重金属超标范围较大；镉、汞、砷和铅 4 种无机污染物含量分布呈现从西北到东南、从东北到西南方向逐渐升高的态势。

（二）部署近期土壤环境保护工作

为切实保护土壤环境，防止和减少土壤污染，2013 年国务院办公厅印发了《近期土壤环境保护和综合治理工作安排的通知》（简称国发 7 号文）。

1. 工作目标　到 2015 年，全面摸清我国土壤环境状况，建立严格的耕地和集中式饮用水水源地土壤环境保护制度，初步遏制土壤污染上升势头，确保全国耕地土壤环境质量调查点位达标率不低于 80％；建立土壤环境质量定期调查和例行监测制度，基本建成土壤环境质量监测网，对全国 60％的耕地和服务人口 50 万以上的集中式饮用水水源地土壤环境开展例行监测；全面提升土壤环境综合监管能力，初步控制被污染土地开发利用的环境风险，有序推进典型地区土壤污染治理与修复试点示范，逐步建立土壤环境保护政策、法规和标准体系。力争到 2020 年，建成国家土壤环境保护体系，使全国土壤环境质量得到明显改善。

2. 主要任务　主要任务包括以下几个方面。

①严格控制新增土壤污染。

②确定土壤环境保护优先区域。

③强化被污染土壤的环境风险控制。

④开展土壤污染治理与修复。

⑤提升土壤环境监管能力。

⑥加快土壤环境保护工程建设。

3. 保障措施

（1）完善法规政策　研究起草土壤环境保护专门法规，制定农用地和集中式饮用水水源地土壤环境保护、新增建设用地土壤环境调查、被污染地块环境监管等管理办法。建立优先区域保护成效的评估和考核机制，制定并实施"以奖促保"政策。完善有利于土壤环境保护和综合治理产业发展的税收、信贷、补贴等经济政策。研究制定土壤污染损害责任保险、鼓励有机肥生产和使用、废旧农膜回收加工利用等政策措施。

（2）强化科技支撑　完善土壤环境保护标准体系，制定（修订）土壤环境质量、污染土壤风险评估、被污染土壤治理与修复、主要土壤污染物分析测试、土壤样品、肥料中重金属等有毒有害物质限量等标准；制定土壤环境质量评估和等级划分、被污染地块环境风险评估、土壤污染治理与修复等技术规范；研究制定土壤环境保护成效评估和考核技术规程。加强土壤环境保护和综合治理基础和应用研究，适时启动实施重大科技专项。研发推广适合我国国情的土壤环境保护和综合治理技术和装备。

（三）印发《土壤污染防治行动计划》

1. 出台背景　各地区、各部门积极采取措施，在土壤污染防治方面进行探索和实践，取得一定成效。但由于我国经济发展方式总体粗放，产业结构和布局仍不尽合理，污染物排放总量较高，土壤作为大部分污染物的最终受体，其环境质量受到显著影响。

由于土壤圈处在大气圈、水圈、生物圈和岩石圈 4 大圈层的交接地带，因此土壤污染不仅影响水环境和大气环境的质量，而且通过食物链危害人体健康，过去经济高速发展对土壤环境的污染已经到了非治不可的地步，因此国家从保障人民群众身体健康的高度，在 2013 年和 2015 年相继出台《大气污染防治行动计划》和《水污染防治行动计划》之后，就把《土壤污染防治行动计划》的制定提上议程。

2. 编制过程　针对土壤污染防治工作面临的严峻形势，在国务院领导同志亲自主持下，按照科学管用、积极稳妥、有力有序、改革创新的要求，深入各地开展调查研究，组织多次专题研讨，充分吸收国内外成熟经验和做法，反复讨论研究目标可达性、资金筹措、经济影响、政策措施等内容，并与《国民经济和社会发展第十三个五年规划纲要》《生态文明体制改革总体方案》及系列配套文件、《关于加快推进生态文明建设的意见》等进行充分衔接。起草工作自 2013 年 5 月起，主要经历了准备、编制、征求意见和报批 4 个阶段，先后 5 次征求中央及国务院有关部门和单位意见，3 次征求各省、自治区、直辖市人民政府意见，50 次易稿。2016 年 4 月 27 日，国务院第 131 次常务会议讨论并原则通过了《土壤污染防治行动计划》（简称为"土十条"）。2016 年 5 月 19 日，中央政治局常务委员会会议审议并原则通过了《土壤污染防治行动计划》。根据会议精神和领导同志重要指示要求，《土壤污染防治行动计划》作了进一步修改完善。2016 年 5 月 31 日，国务院正式向社会公开《土壤污染防治行动计划》全文。

3.《土壤污染防治行动计划》主要内容

（1）工作目标　到 2020 年，全国土壤污染加重趋势得到初步遏制，土壤环境质量总体保持稳定，农用地和建设用地土壤环境安全得到基本保障，土壤环境风险得到基本管控。到 2030 年，全国土壤环境质量稳中向好，农用地和建设用地土壤环境安全得到有效保障，土壤环境风险得到全面管控。到本世纪中叶，土壤环境质量全面改善，生态系统实现良性循环。

（2）主要指标　到 2020 年，受污染耕地安全利用率达到 90% 左右，污染地块安全利用率达到 90% 以上。到 2030 年，受污染耕地安全利用率达到 95% 以上，污染地块安全利用率达到 95% 以上。

《土壤污染防治行动计划》主要内容包括 10 个方面：①开展土壤污染调查，掌握土壤环境质量状况；②推进土壤污染防治立法，建立健全法规标准体系；③实施农用地分类管理，保障农业生产环境安全；④实施建设用地准入管理，防范人居环境风险；⑤强化未污染土壤保护，严控新增土壤污染；⑥加强污染源监管，做好土壤污染预防工作；⑦开展污染治理与修复，改善区域土壤环境质量；⑧加大科技研发力度，推动环境保护产业发展；⑨发挥政府主导作用，构建土壤环境治理体系；⑩加强目标考核，严格责任追究。

（四）出台配套的土壤环境管理办法

1.《污染地块土壤环境管理办法》　为配合国家《土壤污染防治行动计划》的实施，2016 年 12 月 31 日，环境保护部出台《污染地块土壤环境管理办法》，共分 7 章，分别是：第一章总则，第二章各方责任，第三章环境调查与风险评估，第四章风险管控，第五章治理与修复，第六章监督管理，第七章附则，该办法自 2017 年 7 月 1 日起施行。《污染地块土壤环境管理办法》总体要求包括以下 4 个方面。

（1）明确监管重点　由于污染地块类型复杂和底数不清，相关监督管理工作任务重，基础薄弱，必须突出重点，抓住当前环境风险高的污染地块进行优先管理，以便积累经验。按照《土壤污染防治行动计划》规定，《污染地块土壤环境管理办法》将拟收回、已收回土地使用权的有色金属冶炼、石油加工、化工、焦化、电镀、制革等行业企业用地，以及土地用途拟变更为居住和商业、学校、医疗、养老机构等公共设施的上述用地作为重点监管对象。

（2）突出风险管控　按照《土壤污染防治行动计划》具体要求，在土壤环境调查的基础上，对拟开发利用的土地用途变更为居住用地和商业、学校、医疗、养老机构等公共设施的污染地块用地，重点开展人体健康风险评估和风险管控；对暂不开发的污染地块，开展以防治污染扩散为目的的环境风险评估和风险管控。

（3）落实各方责任　依据《环境保护法》有关规定和《土壤污染防治行动计划》有关要求，《污染地块土壤环境管理办法》明确了土地使用权人、土壤污染责任人、专业机构及第三方机构的责任。

（4）强化信息公开　借鉴国际通行做法，建立污染地块管理流程，规定了全过程各个环节的主要信息应当向社会公开。包括疑似污染地块土壤环境初步调查报告、污染地块土壤环境详细调查报告、风险评估结果、风险管控方案、治理与修复方案、效果评估结果等。

2. 《农用地土壤环境管理办法》　2017 年 9 月 25 日环境保护部联合农业部出台《农用地土壤环境管理办法（试行）》，自 2017 年 11 月 1 日起施行。《农用地土壤环境管理办法》共 6 章 13 条，要求县级以上地方环境保护主管部门应将农用地环境保护工作纳入环境保护规划，在编制本地区土壤污染防治专项规划时，会同农业、国土资源部门明确农业用地土壤污染防治的要求。环境保护部负责建立土壤污染状况定期调查制度，每 10 年开展 1 次；会同国土资源、农业等部门制订调查工作方案。《农用地土壤环境管理办法》强调，原则上不得在优先保护类耕地集中区域新建有色金属冶炼、石油加工、化工、焦化、电镀、制革等土壤污染重点监管行业企业。《农用地土壤环境管理办法》规定，县级以上地方环境保护主管部门应对拟开发为农用地的未利用地组织开展土壤环境质量状况评估，不符合相应标准的，不得种植食用农产品。县级以上地方环境保护主管部门应依法严查向沙漠、滩涂、盐碱地、沼泽地等非法排污、倾倒有毒有害物质的环境违法行为。造成农用地土壤污染的单位或者个人应当承担农用地污染调查、监测、风险评估、风险管控或者治理与修复的责任。

《农用地土壤环境管理办法》指出，需要对农用地土壤进行治理与修复的，污染责任人应当委托有能力的技术单位根据土壤污染调查和风险评估结果，编制农用地土壤污染治理与修复方案，并报当地环境保护等相关部门备案。治理与修复活动过程中应采取必要措施防止产生二次污染，不得对被修复的土壤造成新的污染。

第二节　土壤环境保护的法律法规

一、土壤环境保护立法概况

（一）国外土壤环境保护立法情况

从世界范围来看，土壤环境保护立法始于 20 世纪 70 年代。各个国家土壤环境保护的立法背景和法律设计有所不同，从立法体例上看，既有专项立法模式，也有分散立法模式。专项立法模式将土壤环境保护和污染防治的相关内容作为单行法规进行立法。一些国家虽然没有制定专门的土壤环境保护或土壤污染防治的法律，但多在其环境保护法中设专章规定土壤环境保护或土壤污染防治的问题。

日本是世界上土壤污染防治立法较早的国家。20 世纪 60 年代，日本的"痛痛病"等公害事件诉讼的胜利推动了日本政府在环境治理方面的立法。为应对 1968 年发生的"痛痛病"事件所反映的农用地土壤污染问题，日本政府于 1970 年颁布了针对农用地保护的《农用地土壤污染防治法》，并分别于 1971 年、1978 年、1993 年、1999 年、2005 年和 2011 年进行了修订。随着日本工业化进程的不断加速，以六价铬等重金属污染为特点的城市型土壤污染日益显现。为进一步满足社会对城市型土壤污染的防治要求，日本于 2002 年颁布了《土壤污染对策法》，弥补了城市用地土壤污染防治法律方面的空白，成为日本土壤污染防治的主要法律依据。《土壤污染对策法》也分别于 2005 年、2006 年、2009 年、2011 年和 2014 年进行了修订，进一步完善了相关制度。

美国最主要的土壤污染防治立法是 1980 年颁布的《综合环境反应、赔偿与责任法》（又名《超级基金法》）。该法是受到拉夫运河填埋场污染事件的直接推动而出台的。该法实施后，被列入《国家优先名录》中 67% 的污染地块得到了治理修复，5.26×10^5 hm² （1.3×10^6 acre）的土地恢复了生产功能，多数污染地块在修复后达到了商业交易的要求。此后，美国国会为缓解该法严厉的责任制度带来的影响，通过以下法案进行 4 次修订完善：1986 年的《超级基金修正及再授权法》、1996 年的《财产保存、贷方责任及抵押保险保护法》、2000 年的《超级基金回收平衡法》和 2002 年的《小规模企业责任减免和综合地块振兴法》。虽然《超级基金法》也存在一些不足，但该法对于快速有效地解决美国污染地块的治理与修复问题起到了非常明显的作用，震慑了土壤的可能污染者，也为其他国家土壤污染防治提供了借鉴。

荷兰 1982 年制定了《暂行土壤保护法》，1986 年制定了《土壤保护法》。由于《暂行土壤保护法》是针对莱克尔克土壤污染事件而制定的暂行法律，它在土壤修复体制上存在着不能充分应对土壤污染的问题。1994 年 5 月，荷兰将 1986 年的《土壤保护法》和《暂行土壤保护法》两部法律合并为新的《土壤保护法》。由于土壤污染防治的需要，该法又分别于 1996 年、1997 年、1999 年、2000 年、2001 年、2005 年、2007 年、2013 年进行了修订，2013 年修订后的《土壤保护法》的最大特点在于其整合了此前制定的各种零散的土壤保护法案、决议和判决等，形成了较为系统、全面的《土壤保护法》。

从各国土壤环境保护立法的模式来看，专项立法已经成为世界土壤污染防治立法的潮流。从立法的过程看，由于认识和经济水平等多方面的原因，各国土壤环境保护立法不追求一步到位，而是循序渐进，采用逐步修订的方式不断强化土壤污染控制，使法律始终与时代同步。在土壤环境保护法的修订过程中，完善对土壤污染控制的具体环节，同时培育与立法进程相适应的土壤污染修复产业。

（二）我国土壤环境保护立法碎片化特征明显

与发达国家和地区相比，我国土壤污染防治立法工作起步较晚。从总体上看，目前有关土壤环境保护的法律法规尚不健全，《中华人民共和国土壤污染防治法》虽然已有草案，但至今尚未正式颁布实施，与土壤环境保护相关的内容分散在不同的法律之中，碎片化特点明显。例如在《环境保护法》《农业法》《土地法》《基本农田保护条例》等已经出台并实施的法律中，都涉及一些保护土壤环境、防治土壤污染的内容，但这些规定过于分散，系统性、针对性和操作性明显不足，有些规定甚至明显滞后，难以满足当前和今后土壤污染防治的迫切要求。

由于缺少土壤污染防治法律法规，缺乏土壤污染防治的工作体制、具体标准和防治依据，所以发生了土壤污染事件不知道该由谁来承担责任，这些问题若没经法律明确规定，土壤污染防治工作的碎片化、临时性将在所难免。而这种碎片化的弊端，不仅仅对土壤污染防治有影响，它还关乎整体的生态环境保护。由于缺乏有效法律支撑，土壤污染防治工作中职责不清的问题也十分突出，其中土壤污染防治的责任主体、管理主体和管理流程等均没有明确规定，这不利于土壤污染防治工作有效落实。

二、我国土壤污染防治法草案内容

实际上我国土壤污染状况已经影响到耕地质量、食品安全甚至人体健康，因此开展土壤污染防治立法已迫在眉睫。好在有关土壤污染防治法的制定已经列入全国人民代表大会常务委员会的立法计划，2017年《中华人民共和国土壤污染防治法(草案)》[以下简称《土壤污染防治法(草案)》]已提请全国人大常委会审议通过并面向公众公开征求意见，这是我国第一部土壤污染防治领域的专门法律。根据草案内容，国务院标准化主管部门、环境保护主管部门会同国务院其他有关部门建立和完善国家土壤污染防治标准体系。

基于土壤污染的特点和我国土壤污染的主要来源，此次提请审议的《土壤污染防治法(草案)》单设"预防和保护"一章，对重点监管类的企业、矿产资源开发、生活垃圾和固体废物处置、农业面源污染等可能对土壤造成污染的，做出了相应规定。

具体包括：对于土壤中的有毒有害物质，国务院环境保护主管部门会同工业和信息化主管部门，根据重点控制的土壤有毒有害物质名录和土壤有毒有害物质生产、使用、储存、运输、回收、处置过程对环境影响的状况，确定并发布土壤污染重点监管行业名录和相应的管理办法。其中土壤污染重点监管企业应当：①控制有毒有害物质排放；②防止有毒有害物质泄漏、渗漏、遗撒、扬散；③制定并执行年度监测方案；④报告有毒有害物质向环境介质的年度排放与转移情况。列入土壤污染重点监管企业名录的企业因关停、搬迁、技术改造或者其他原因需要拆除设施、设备或者构筑物的，应当制定土壤污染防治工作方案及应急预案，防止造成新的污染，并报当地人民政府环境保护、工业和信息化主管部门备案。

对于重金属污染方面，《土壤污染防治法(草案)》中禁止采用重金属超标的降解产品改造土壤。禁止将重金属或者其他有毒有害物质超标的工业固体废物、生活垃圾或者污染土壤用于土地复垦。复垦土地拟开垦为耕地的，应当进行土壤污染状况调查，依法进行分类管理。

对与人们食品安全息息相关的农业用地土壤污染方面，《土壤污染防治法(草案)》规定，禁止在农用地排放重金属、有机污染物等含量超标的污水、污泥、清淤底泥、尾矿(渣)等；禁止在农用地施用重金属、持久性有机污染物等有毒有害物质含量超标的畜禽粪便、污水、沼渣、沼液等。在永久基本农田集中区域，不得新建可能造成土壤污染的建设项目。

"土壤污染以后，真正治理修复是很难的，且投入成本巨大。从国际经验来看，污染预防可能只要花费1元钱，风险管控可能要花费10元钱，在末端治理时要花费100元钱。"环境保护部土壤环境管理司强调，坚持预防为主，最重要的就是实行风险管控。风险管控正是《土壤污染防治法(草案)》坚持的一条原则，也是《土壤污染防治行动计划》的要求之一。

《土壤污染防治法(草案)》对农用地和建设用地的风险管控措施分别做出了规定。例如安全利用类耕地集中地区的地方人民政府农业主管部门，应当结合安全利用类耕地主要作物及品种和种植习惯等具体情况，采取下列风险管控措施：①制定并实施安全利用方案；②进行农艺调控、替代种植等；③定期开展耕地土壤和农产品协同监测与评价；④加强对农民、农民合作社及其他新型农业经营主体的技术指导和培训。

对于污染更为严重的严格管控类农用地，农用地所在地区的地方人民政府农业主管部门，应当对严格管控类农用地采取以下风险管控措施：①依法划定特定农产品禁止生产区；

②对影响地下水、饮用水水源安全的，制定预防污染的方案。

在建设用地方面规定，列入土壤污染风险管控和修复名录的污染地块，县级以上地方政府国土资源、规划、住房城乡建设等有关主管部门不得批准其作为住宅、公共管理与公共服务等用地。

三、土壤污染防治的地方法规

这里以湖北省为例介绍。

（一）地方法规

2016年2月1日，在湖北省第十二届人民代表大会第四次会议上，《湖北省土壤污染防治条例》获得审议通过，2016年10月1日起正式实施。该条例是湖北省在2014年《湖北省水污染防治条例》和2015年《湖北省人民代表大会关于农作物秸秆露天禁烧和综合利用的决定》之后，继续加强生态领域立法，提请湖北省人民代表大会审议表决的又一部地方性法规。该条例共8章，由总则、土壤污染防治的监督管理、土壤污染的预防、土壤污染的治理、特殊土壤环境的保护、信息公开与社会参与、法律责任和附则组成。

（二）对土壤保护的要求

《湖北省土壤污染防治条例》中规定，县级以上人民政府环境保护主管部门对本行政区域内的土壤污染防治工作实施统一监督管理，具体履行下列职责：①实施土壤污染防治的法律、法规和政策措施；②会同有关部门编制土壤污染防治规划；③组织开展土壤环境质量状况调查；④建立土壤环境监测制度和监测数据共享机制，定期发布土壤环境质量信息；⑤批准污染地块的土壤污染控制计划或者修复方案，并监督实施；⑥编制土壤污染突发事件应急预案，调查处理土壤污染事件；⑦依法开展土壤环境保护督查、执法；⑧法律、法规规定的其他职责。禁止直接向土壤环境排放有毒有害的工业废气、废水和固体废物等物质。

从事工业生产活动的单位和个人应当采取下列措施，防止土壤污染：①优先选择无毒无害的原材料，采用消耗低、排放少的先进技术、工艺和设备，生产易回收、易拆解、易降解和低残留或者无残留的工业产品；②及时处理生产、储存过程中有毒有害原材料、产品或者废物的扬散、流失和渗漏等问题；③防止在运输过程中丢弃、遗撒有毒有害原材料、产品或者废物；④定期巡查维护环境保护设施的运行，及时处理非正常运行情况。

对清洁农产品产地实行永久保护，除法律规定的国家重点建设项目选址确实无法避让外，其他任何建设不得占用。对中轻度污染的农产品产地，应当采取下列措施：①对周边地区采取环境准入限制，加强污染源监督管理；②加强土壤环境监测和农产品质量监测；③采取农艺调控等措施控制重金属进入农产品；④实施轮耕、休耕。

对重度污染的农产品产地，应当采取下列措施：①禁止种植食用农产品和饲料用草；②不适宜农产品生产的，由政府依法调整土地用途；③调整种植结构或者退耕还林（还草）；④实行土壤污染管控或者修复。

（三）所起作用

《湖北省土壤污染防治条例》设专门的章节重点在农产品产地以及人居建设用地的特殊土壤环境方面加强保护，保证了百姓米袋子、菜篮子安全和居住环境安全。对农产品产地实行分级管理。划分为清洁、中轻度污染和重度污染3级，分别实行不同的保护措施。根据土壤环境保护的实际，规定政府可以在农产品产地外围划出一定范围的隔离带，采取植树造林、湿地修复等生态保护措施，预防和控制土壤污染，保护农产品产地安全。该条例还重视化肥、农药在农业生产过程中的合理使用，禁止违法生产、销售、使用剧毒、高毒、高残留农药，有毒有害物质超标的肥料、土壤改良剂或者添加剂以及不符合标准的农用薄膜。

此外，《湖北省土壤污染防治条例》的实行还起到了建立土壤环境信息发布制度，完善社会参与程序；保障公众知情权；维护公众的监督权；调动公众参与土壤环境保护的积极性；支持土壤环境公益诉讼和维权行为；任何单位和个人有权举报污染土壤环境的行为等作用。

第三节　土壤环境保护的标准规范

土壤环境标准是实施土壤环境管理的重要依据，制定和执行科学的土壤环境标准，对于预防土壤污染、控制土壤污染风险至关重要。一般对于农用地和自然保护区等未受污染土壤，应实施严格的保护制度，执行严格的土壤环境标准值，遏制土壤中污染物积累量的增加，保障农产品品质和产量。对于历史遗留、遗弃工业场地等已经受污染的土壤，可充分考虑土地利用方式和潜在风险，执行基于风险的土壤环境标准值，根据需要实施治理修复工程的具体情况，保障工业场地等再利用时的环境安全。

一、土壤环境质量国家标准

（一）环境标准与土壤质量的内涵

1. 环境标准　环境标准（environmental standard）是为防治环境污染，维护生态平衡，保护人体健康，国务院环境保护行政主管部门和省、自治区、直辖市人民政府依据国家有关法律规定，对环境保护工作中需要统一的各项技术规范和技术要求所做的规定。环境标准是保护社会物质财富和促进生态良性循环，对环境结构和状态，在综合考虑自然环境特征、科学技术水平和经济条件的基础上，由国家按照法定程序制定和批准的技术规范，是国家环境政策在技术方面的具体体现，是执行各项环境法律的基本依据。同时环境标准是监督管理的最重要的措施之一，是行使管理职能和执法的依据，也就是处理环境纠纷和进行环境质量评价的依据，是衡量环境质量状况的主要尺度。就标准的制定时间而言，与大气环境质量标准、水环境质量标准相比，土壤环境质量标准制定要晚得多。

2. 土壤质量　土壤质量的定义为：综合表征土壤维持生产力、环境净化能力以及保障动植物健康能力的量度。土壤质量主要包括土壤肥力质量、土壤环境质量和土壤健康质量。土壤肥力质量是土壤提供植物养分和生产生物物质的能力，是保障粮食生产的根本。土壤环境质量是土壤容纳、吸收和降解各种环境污染物质的能力。土壤健康质量是土壤影响和促进人类和动植物健康的能力。土壤健康质量与土壤环境质量密切相关，是土壤环境质量在人类和动植物体上的反映。

土壤既是重要的自然资源，又是重要的环境要素，从保障土壤资源的可持续利用角度，国家应针对以农用地为代表的大面积未受污染土壤，建立和施行严格的土壤环境保护制度，制定和执行严格的土壤环境质量标准，防止人为活动造成土壤环境质量的恶化。同时，针对部分因历史原因造成的受污染土壤，从保障农产品品质和产量、人居环境安全角度，国家应制定实施基于风险的管理制度，研究制定基于风险的土壤环境标准值，保障受污染土壤的环境质量适合于特定土地利用方式的要求。已有研究提出，我国土壤环境质量标准应包括土壤环境质量目标值、土壤环境质量指导值和土壤环境质量干预值 3 类标准值。土壤环境标准值制定应以保护人体健康和保护陆生生态安全为原则，针对陆生生态和人体健康等不同的保护目标，分别制定土壤环境质量标准值。研究者普遍认为，应针对不同土地利用方式分别制定土壤环境标准值。综合我国已有研究和当前国家土壤环境监管的迫切需求，我国土壤环境标准值应当包括：①土壤环境质量标准；②土壤环境风险管控标准；③污染土壤治理修复标准。

土壤环境质量标准旨在遏制人为活动造成土壤环境质量恶化，防止污染物进入并在土壤中积累，保护土壤环境质量处于初始状况（背景、本底值水平）的土壤中污染物的含量限值。土壤环境质量标准是可持续土壤环境保护与监管的目标。

土壤环境质量标准适用于未受污染土壤环境质量的可持续利用与保护，包括国家土壤环境保护区域的建设与评估、农用地等土壤环境质量状况评价、土壤环境功能区划和规划、土壤环境保护目标考核等土壤环境保护与监管活动。土壤环境质量标准采用统计学方法制定，标准值制定主要依据土壤环境背景值调查数据和研究成果，并尽可能考虑不同地区或行政单元土壤环境背景值的空间分异性。土壤环境质量标准的最终定值，可以统计学方法外推获得限值为参考，同时综合考虑标准值的技术、经济可行性以及土壤环境监管的实际需要。

（二）国家土壤环境质量标准

1. 土壤环境质量分类　根据土壤应用功能和保护目标，土壤环境质量划分为Ⅰ、Ⅱ、Ⅲ共 3 类。

（1）Ⅰ类　Ⅰ类主要适用于国家规定的自然保护区（原有背景重金属含量高的除外）、集中式生活饮用水源地、茶园、牧场和其他保护地区的土壤，土壤质量基本保持自然背景水平。

（2）Ⅱ类　Ⅱ类主要适用于一般农田、蔬菜地、茶园、果园、牧场等土壤，土壤质量基本上对植物和环境不造成危害和污染。

（3）Ⅲ类　Ⅲ类主要适用于林地土壤及污染物容量较大的高背景值土壤和矿产附近等地的农田土壤（蔬菜地除外）。土壤质量基本上对植物和环境不造成危害和污染。

2. 土壤环境质量标准分级　土壤环境质量标准分为一级、二级、三级共 3 级。

（1）一级标准　一级标准为保护区域自然生态，维持自然背景的土壤环境质量的限制值。

（2）二级标准　二级标准为保障农业生产，维护人体健康的土壤限制值。

（3）三级标准　三级标准为保障农林业生产和植物正常生长的土壤临界值。

3. 各类土壤执行的标准　各类土壤环境质量执行标准的级别规定如下：Ⅰ类土壤环境质量执行一级标准；Ⅱ类土壤环境质量执行二级标准；Ⅲ类土壤环境质量执行三级标准。

（三）土壤环境质量国家标准的标准值

1. 现行土壤环境质量标准的内容　我国政府颁布的第一个土壤环境质量国家标准是《土壤环境质量标准》（GB 15618—1995），由环境保护局南京环境科学研究所负责起草，参加单位有中国科学院地理研究所、南京土壤研究所、北京农业大学等单位，由国家环境保护局和国家技术监督局联合发布。其最大的意义在于实现我国土壤环境质量标准从无到有的突破，为我国土壤环境质量评价提供了科学的判别依据和标尺。该标准在质量级别分一级、二级、三级，标准污染项目包括镉、汞、砷、铜、铅、铬、锌和镍 8 个重金属元素和六六六、滴滴涕两种农药。根据水田和旱地土壤特性的差异，砷、铜和铬 3 种元素针对旱地和水田给出不同的标准限值。

2. 现行土壤环境质量标准的不足　1995 年版《土壤环境质量标准》实施已经 20 多年，实践证明现行标准存在一定不足，具体表现在以下几个方面。

（1）标准过于统一化　我国地域辽阔，不同的土壤类型、气候条件下重金属在土壤中的迁移转化规律不同，用一种标准来界定土壤中某种污染元素的临界值，其科学性比较缺乏。部分地区土壤的背景值含量比国家标准值高，在实际操作中可能会出现本身没有污染的土壤被评价为重金属元素含量超标，而实际污染严重的土壤可能会因背景值含量比国家标准低而被定性为没有污染。

（2）标准仅用重金属总量不能反映污染风险　现行的标准以污染物的总量表示，而土壤性质复杂，重金属存在形态较多，全量指标很难反映植物真正的受害效应。土壤重金属污染的环境风险和食物链风险与土壤中重金属的有效态或可交换态关系更为密切。

（3）重金属标准限值不尽合理　综合世界各国的土壤环境质量标准值发现，铅的范围在 $50 \sim 550$ mg/kg，中位值为 100 mg/kg，而我国铅的二级标准值在 $250 \sim 350$ mg/kg，明显高于其他国家标准。我国《土壤环境质量标准》中镉的二级标准值仅以 pH 为 7.5 时作了划分，pH$<$7.5 时标准值为 0.30 mg/kg，pH$>$7.5 时标准值为 0.60 mg/kg。已有大量研究表明，土壤中镉的形态与 pH 有显著的相关性，因此简单把 pH 分为大于 7.5 和小于 7.5，显得太粗。

3. 最新版土壤环境质量标准　2018 年颁布试行的土壤环境质量标准在标准名称和内容都做了较大的调整，其中代替《土壤环境质量标准》（GB 15618—1995）的标准名称为《农用地土壤污染风险管控标准（试行）》，标准编号为 GB 15618—2018。该标准规定了农用地土壤污染风险筛选值和管制值，适用于耕地土壤污染风险筛查和分类，对于园地和牧草地可以参照执行。同时更新了土壤监测规范还依据新环境保护法提出了实施和监督要求。结合《土壤污染防治行动计划》和《土壤污染防治法（草案）》的规定，将农用地按污染程度分为 3 类：小于风险筛选值属于优先保护类、介于筛选值与风险管制值之间划为安全利用类、大于风险管制值的土壤属于严格管控类。

按照分类监管的原则，新增了《建设用地土壤污染风险管控标准（试行）》（GB 36600—2018）适用于建设用地土壤污染风险的筛查和风险评估，标准规定了保护人体健康的建设用地 85 种土壤污染物的风险筛选和管制值，特别将建设用地根据保护对象暴露情况不同分为两类。第一类用地包括居住用地、中小学用地、医疗卫生用地、社会福利用地、社区公园或儿童公园用地。第二类用地包括工业用地、物流仓储用地、商业服务设施用地、道路与交通设施用地、公共设施用地、公共管理与公共服务设施用地以及绿地与广场用地。

《农用地土壤环境质量标准》草案是对 1995 年版《土壤环境质量标准》直接修改，适用于农田、果园、茶园、牧草地等农用地土壤环境质量评价与管理。修订草案按照土壤 pH 条件将原标准规定的镉（Cd）限值两档细化为 4 档，收严了铅、六六六、滴滴涕 3 项污染物限值，增加了总锰、总钴等 10 项污染物选测项目，更新了监测规范。标准草案还依据新的《环境保护法》提出了实施和监督要求。

《建设用地土壤污染筛选指导值》规定的 118 种土壤污染物的风险筛选指导值，依据《污染场地风险评估技术导则》确定，适用于建设用地土壤污染风险的筛查和风险评估的启动。鉴于土壤环境问题具有区域差异性、污染积累性、治理修复成本高且难度大等特点，两项标准均强调土壤环境反退化原则，即土壤中污染物含量低于标准限值的，应以控制污染物含量上升为目标，不应局限于达标；对于超标的土壤，应启动土壤污染详细调查，进一步开展风险评估，准确判断关键风险点及其成因，采取针对性管控或修复措施。

二、土壤环境保护行业标准

（一）环境保护部相关标准

环境保护部作为土壤环境保护的监督管理部门，先后制定了一系列与土壤环境保护相关的行业标准。这些标准规范可分为以下3大类。

1. 规范导则　代表性的规范导则有《污染场地修复技术导则》和《土壤环境监测技术规范》等。

（1）《污染场地修复技术导则》　《污染场地修复技术导则》（HJ 25.1—2014）与以下标准同属污染场地系列环境保护标准：《场地环境监测技术导则》（HJ 25.2—2014）、《污染场地风险评估技术导则》（HJ 25.3—2014）和《污染场地土壤修复技术导则》（HJ 25.4—2014）。自以上标准实施之日起，《工业企业土壤环境质量风险评价基准》（HJ/T 25—1999）废止。本标准规定了场地环境调查的原则、内容、程序和技术要求。

（2）《土壤环境监测技术规范》　《土壤环境监测技术规范》主要由布点、样品采集、样品处理、样品测定、环境质量评价、质量保证及附录等部分构成。每个部分规范了土壤环境监测的步骤和技术要求，附录均为资料性附录。

2. 监测方法　监测方法主要包括土壤中各种污染物的分析监测方法，代表性的有《土壤和沉积物中有机物的加压流体萃取法》《土壤和沉积物中汞、砷、硒、铋、锑的测定微波消解-原子荧光法》等。

3. 评价标准　涉及评价标准类的行业标准有《展览会用地土壤环境质量评价标准》《温室蔬菜环境质量评价标准》《食用农产品产地环境质量评价标准》等。

（1）《展览会用地土壤环境质量评价标准（试行）》　《展览会用地土壤环境质量评价标准（试行）》，于2007年6月15日正式发布，按照不同的土地利用类型，规定了展览会用地土壤环境质量评价的项目、限值、监测方法和实施监督。本标准选择的污染物共92项，其中无机污染物14项，挥发性有机物24项，半挥发性有机物47项，其他污染物7项。本标准适用于展览会用地土壤环境质量评价。本标准为暂行标准，待国家有关土壤环境保护标准实施后，按有关标准的规定执行。

（2）《温室蔬菜环境质量评价标准》　《温室蔬菜环境质量评价标准》规定了以土壤为基质种植的温室蔬菜产地温室内土壤环境质量、灌溉水质量和环境空气质量的各个控制项目及其浓度（含量）限值和监测、评价方法。

（3）《食用农产品产地环境质量评价标准》　《食用农产品产地环境质量评价标准》规定了食用农产品产地土壤环境质量、灌溉水质量和环境空气质量的各个项目及其浓度（含量）限值和监测、评价方法。本标准适用于食用农产品产地，不适用于温室蔬菜生产用地。

（二）国土资源部相关标准

基于土壤资源管理的交叉性，国土资源部也围绕行业发展需求开展相关标准制定工作。最新的行业标准《土壤地球化学测量规程》（DZ/T 0145—2017），已通过全国国土资源标准化技术委员会审查，正式批准发布，于 2017 年 5 月 1 日起实施。2014 年国家质量监督检验检疫总局、国家标准化管理委员会批准发布了由国土资源部和农业部牵头制定的国家标准《高标准农田建设　通则》（GB/T 30600—2014），该标准于 2014 年 6 月 25 日起正式实施。此外，国土资源部先后制定了与土壤环境保护相关的一系列行业标准和规范，代表性的有：《高标准基本农田建设标准》（TD/T 1033—2012）、《土地复垦质量控制标准》（TD/T 1036—2013)、《土地质量生态地球化学评价规范》（DZ/T 0295—2016）等。

三、土壤环境保护地方标准

土壤环境质量标准的建立是一个相当复杂的系统工程，我国地域辽阔，土壤环境不同于大气环境和水环境，不仅东部与西部、南方与北方土壤类型分布不同，即使是同类土壤在不同区域的性质也有差异。总之土壤区别于水环境和大气环境的最大差异就是其空间异质性明显，因此各地土壤的基本性质（质地、pH、有机质含量）等差异较大，国家制定统一的土壤环境质量标准很难客观反映各地土壤的实际情况。因此研究制定地方标准就显得十分必要。

我国最早的土壤环境地方标准是山西农业厅于 1994 年提出、山西省农业环境保护监测站张乃明等负责起草、1995 年 2 月由山西省技术监督局颁布的《山西省农田土壤主要污染物环境质量标准》（DB14/T 400—95），该标准采用地球化学背景法与生态效应法相结合的方法，规定了土壤中重金属等污染物的标准限值。进入新世纪，2009 年福建省农业厅提出、福建省质量技术监督局发布了由福建农林大学王果教授牵头起草的《福建省农业土壤重金属污染分类标准》（DB35/T 859—2008）。该标准将土壤重金属污染分为清洁、尚清洁、中度污染、严重污染 4 类，标准限值采用了有效态是该地方标准的最大亮点，元素除传统的 8 种外还增加了硒元素。

国家《土壤污染防治行动计划》颁布以来，各省都及时制定了本省的土壤污染防治工作方案，其中广东在方案中明确要推动《广东省土壤污染防治条例》制定工作，协助推进相关立法程序。启动制定广东省典型重金属污染耕地分级风险管控、重金属污染耕地治理、土壤污染环境损害评估、污染地块治理与修复环境监理、污染地块治理与修复效果评估、污染土壤修复后再利用、土壤环境监测网络管理等技术指南。天津市在工作方案中也明确，按照国家土壤污染防治相关法律法规和相关标准的要求，推动《天津市土壤污染防治条例》等土壤环境保护地方性法规立法工作和相关标准研究。相关部门结合自身职能适时制定修订城乡规划、土地管理、农产品质量安全、土壤环境保护等地方性法规、规章和标准。山东省在工作方案中要求系统构建标准体系，适时制定山东省农用地、林地、建设用地土壤环境质量标准，山东省肥料、灌溉用水中有毒有害物质限量以及农用污泥中污染物控制等标准；研究制定加厚地膜和可降解农膜等地方标准。

复习思考题

1. 简述我国《土壤污染防治行动计划》的出台背景及主要内容。
2. 《中华人民共和国土壤污染防治法》有哪些亮点？
3. 我国与土壤污染防治相关的标准规范制定存在哪些不足？

主 要 参 考 文 献

白瑛，张祖锡，1988. 灌溉水污染及其效应. 北京：农业大学出版社.

白由路，2017. 我国肥料产业面临的挑战与发展机遇. 植物营养与肥料学报，23（1）：1-8.

白中科，2000. 工矿区土地复垦与生态重建. 北京：中国农业科技出版社.

鲍陈燕，顾国平，徐秋桐，等，2014. 施肥方式对蔬菜地土壤中 8 种抗生素残留的影响. 农业资源与环境学报，31（4）：313-318.

卞有生，2001. 生态农业中废弃物的处理与再生利用. 北京：化学工业出版社.

蔡彦明，刘凤枝，王跃华，等，2006. 我国土壤环境质量标准之探讨. 农业环境科学学报，25（增刊1）：403-406.

曹胜男，梁玉婷，易良银，等，2017. 施粪肥土壤中抗生素的提取条件优化及残留特征. 环境工程学报，11（11）：6169-6176.

曹志洪，1998. 科学施肥与我国粮食安全保障. 土壤，2：57-69.

曾绍金，2001. 矿产、土地与环境. 北京：地震出版社.

陈怀满，2004. 我国土壤环境保护的研究进展：面向农业与环境的土壤科学：综述篇. 北京：科学出版社.

陈怀满，等. 1996，土壤-植物系统中的重金属污染. 北京：科学出版社.

陈怀满，郑春荣，周东美，等，2006. 土壤环境质量研究回顾与讨论. 农业环境科学学报，25（4）：821 827.

陈怀满，等，2002. 土壤中化学物质的行为与环境质量. 北京：科学出版社.

陈晶中，陈杰，谢学俭，等，2003. 土壤污染及其环境效应. 土壤，35（4）：298-303.

陈同斌，等，2002. 砷超富集植物蜈蚣草及其对砷的富集特征. 科学通报，40（3）：207-210.

陈维新，1993. 农业环境保护. 北京：农业出版社.

陈玉芳，2017. 土壤环境质量监测的现状及发展趋势. 中国资源综合利用（03）：67-69.

仇荣亮，董汉英，吕越娜，1997. 南方土壤酸沉降敏感性研究二盐基解吸机理. 环境科学，18：23-27.

崔德杰，张玉龙，2004. 土壤重金属污染现状与修复技术研究进展. 土壤通报，35（3）：366-370.

催龙哲，李社锋，2016. 污染土壤修复技术与应用. 北京：化学工业出版社.

戴树桂，1997. 环境化学. 北京：高等教育出版社.

董保澍，1999. 固体废物的处理与利用. 北京：冶金工业出版社.

董克虞，杨春惠，林春野，1994. 北京市污水利用区划的研究. 北京：中国环境科学出版社.

方玲，2000. 降解有机氯农药的微生物菌株分离筛选及应用效果. 应用生态学报，11（1）：249-252.

傅柳松，吴杰民，1994. 酸化土壤活性铝溶出及形态变化的初步研究. 农村生态环境学报，10：6，52-55.

高军，骆永明，2009. 滕应多氯联苯污染土壤的微生物生态效应研究. 农业环境科学学报，228（2）：228-233.

高长春，1992. 土地利用管理与复垦技术. 北京：冶金工业出版社.

葛红莲，陈龙，张军令，等，2009. 长期污水灌溉对小麦根际土壤微生物区系的影响. 节水灌溉（5）：14-16.

国家环境保护局，中国环境监测总站，1993. 中国土壤元素背景值. 北京：中国环境科学出版社.

国家环境保护局自然生态保护司，2002. 全国规模化畜禽养殖业污染情况调查及防治对策. 北京：中国环境科学出版社.

国家环境保护总局，2001.2000 年中国环境状况公报．环境保护（7）：3-9.

韩宝平，2002.固体废物处理与利用．北京：煤炭工业出版社．

何德文，李铌，柴立元，2008.环境影响评价．北京：科学出版社．

何品晶，2003.城市污泥处理与利用．北京：科学出版社．

何遂源，金云云，何方，2001.环境化学．3 版．上海：华东理工大学出版社．

何振立，等，1998,污染及有益元素的土壤化学平衡．北京：中国环境科学出版社．

何忠俊，梁社往，洪常青，2004,等．土壤环境质量标准研究现状及展望．云南农业大学学报（6）：700-704.

侯军宁，1987.硒的土壤化学研究进展．土壤学进展（15）：1.

胡振琪，李鹏波，张光灿，2005.煤矸石山复垦．北京：煤炭工业出版社．

胡振琪，2008.土地复垦与生态重建．北京：中国矿业大学出版社．

黄昌勇，徐建明，2013.土壤学．2 版．北京：中国农业出版社．

黄昌勇，谢正苗，徐建民，1997.土壤化学研究与应用．北京：中国环境科学出版社．

黄瑞农，1994.环境土壤学．北京：高等教育出版社．

黄婷，段星春，陶雪琴，等，2017.2, 2', 4, 4'-四溴联苯醚高效好氧降解菌的鉴定及其降解路径．环境科学学报，31（12）：4705-4714.

黄玉芬，刘忠珍，魏岚，等，2018.无定形氧化铁对土壤中阿特拉津吸附解吸的影响．土壤学报，55（01）：148-158.

黄玉焕，2001.矿山开采对环境的影响及防治措施．冶金矿山设计与建设，33（6）：32-34.

蒋建国，2008.固体废物处置与资源化．北京：化学工业出版社．

蒋新明，蔡道基，1987.农药在土壤中的吸附与解吸．生态与农村环境学报（4）：11.

焦燕，黄耀，宗良纲，等，2008.氮肥水平对不同土壤 N_2O 排放的影响．环境科学，29（8）：2094-2098.

雷宏军，潘红卫，韩宇平，等，2015.溶解性有机物对土壤中农药残留与分布影响的光谱学研究．光谱学与光谱分析，35（7）：1926-1932.

李波，荣湘民，谢桂先，等，2013.不同有机无机肥配施对双季稻田 CH_4 排放的影响．生态环境学报，22（2）：276-282.

李传统，J D Herbell，2008.现代固体废物综合处理技术．南京：东南大学出版社．

李鸿江，顾莹莹，赵由才，2010.污泥资源化利用．北京：冶金工业出版社．

李晋川，白中科，2000.露天煤矿土地复垦与生态重建．北京：科学出版社．

李梦云，崔锦，郭金玲，等，2017.河南省规模化猪场饲料及粪便中氮磷、重金属元素及抗生素含量调查与分析．中国畜牧杂志，53（7）：103-106.

李森照，等，1995.中国污水灌溉与环境质量控制．北京：气象出版社．

李天杰，1995.土壤环境学．北京：高等教育出版社．

李秀金，2003.固体废物工程．北京：中国环境科学出版社．

李学垣，2001.土壤化学．北京：高等教育出版社．

李颖，2012.固体废物资源化利用技术．北京：机械工业出版社．

梁新强，陈英旭，李华，等，2006.雨强及施肥降雨间隔对油菜田氮素径流流失的影响．水土保持学报，20（6）：14-17.

廖自基，1989.环境中微量重金属元素的污染危害与迁移转化．北京：科学出版社．

廖宗文，1996.工业废物的农用资源化：理论、技术和实践．北京：中国环境科学出版社．

林成谷，1996.土壤污染与防治．北京：中国农业出版社．

林强，2004.我国的土壤污染现状及其防治对策．福建水土保持（3）：25-30.

林玉锁，等，2000.农药与环境生态保护．北京．化学工业出版社．

刘凤枝，李玉浸，2015.土壤监测分析技术．北京：化学工业出版社．

刘桂建，袁自娇，周春财，等，2017. 采矿区土壤环境污染及其修复研究. 中国煤炭地质，29（9）：37-40，48.

刘海春，2008. 固体废物处理处置技术. 北京：中国环境科学出版社.

刘俊华，王文华，彭安，2000. 土壤性质对土壤中汞赋存形态的影响. 环境化学，19（5）：474-477.

刘莉，李晓红，周志明，等，2007. 模拟酸雨对三峡库区4种典型土壤酸化及盐基离子淋溶释放的影响. 重庆大学学报，30（8）：63-70.

刘培桐，王华东，薛纪渝，1995. 环境科学概论. 2版. 北京：高等教育出版社.

刘钦普，2014. 中国化肥投入区域差异及环境风险分析. 中国农业科学，47（18）：3596-3605.

刘亚力，刘俊华，等，1999. 外源稀土在土壤中的形态转化研究. 环境化学，18（5）：393-397.

鲁艳红，廖育林，聂军，等，2016. 长期施用氮磷钾肥和石灰对红壤性水稻土酸性特征的影响. 土壤学报，53（1）：202-212.

陆文聪，刘聪，2017. 化肥污染对作物生产的环境惩罚效应. 中国环境科学，37（5）：1988-1994.

骆永明，滕应，2006. 我国土壤污染退化状况及防治对策. 土壤（5）：505-508.

骆永明，滕应，李清波，等，2005. 长江三角洲地区土壤环境质量与修复研究Ⅰ：典型污染区农田土壤中多氯代二苯并二噁英/呋喃（PCDD/F）组成和污染的初步研究. 土壤学报，42（4）：570-576.

骆永明，滕应，李志博，等，2006. 长江三角洲地区土壤环境质量与修复研究Ⅱ：典型污染区农田生态系统中多氯代二苯并二噁英/呋喃（PCDD/F）的生物积累及其健康风险. 土壤学报，43（4）：563-569.

骆永明，等，2009. 土壤环境与生态安全. 北京：科学出版社.

马太玲，张江山，2009. 环境影响评价. 武汉：华中科技大学出版社.

马祥爱，秦俊梅，冯两蕊，2010. 长期污水灌溉条件下土壤重金属形态及生物活性的研究. 中国农学通报，26（22）：318-322.

宁建凤，徐培智，杨少海，等，2011. 有机无机肥配施对菜地土壤氮素径流流失的影响. 水土保持学报，25（3）：17 21.

宁平，2007. 固体废物处理与处置. 北京：高等教育出版社.

彭安，朱建国，2003. 稀土元素的环境化学及生态效应. 北京：中国环境科学出版社.

彭胜，陈家军，王红旗，2001. 挥发性有机污染物在土壤中的运移机制与模型. 土壤学报，38（3）：315-323.

彭应登，等，2000. 北京氨源排放及其对二次粒子生成的影响. 环境科学，21（6）：101-103.

钱汉卿，徐怡珊，2007. 化学工业固体废物资源化技术与应用. 北京：中国石化出版社.

乔春连，布仁巴音，2018. 合成氮肥对中国茶园土壤养分供应和活性氮流失的影响. 土壤学报，55（1）：174-181.

乔显亮，2000. 污泥土地利用及其环境影响. 土壤，33（2）：79-85.

邱立萍，李静，郭俊宽，2017. 微生物降解七氯的研究进展. 水处理技术，43（5）：11-15.

曲向荣，2010. 土壤环境学. 北京：清华大学出版社.

全国科学技术名词审定委员会，土壤学名词审定委员会，1998. 土壤学名词. 北京：科学出版社.

任祖淦，邱孝煊，蔡元呈，等，1998. 氮肥施用与蔬菜硝酸盐积累的相关研究. 生态学报，18（5）：523-528.

阮琼平，2002. 我国金属矿山开采与环境保护的思考. 采矿技术（2）：9-11.

单英杰，章明奎，2012. 不同来源畜禽粪的养分和污染物组成. 中国生态农业学报，20（1）：80-86.

沈德中，2002. 污染环境的生物修复. 北京：化学工业出版社.

沈仕洲，王风，薛长亮，等，2015. 施用有机肥对农田温室气体排放影响研究进展. 中国土壤与肥料（6）：1-8.

史海娃，宋卫国，赵志辉，2008. 我国农业土壤污染现状及其成因. 上海农业学报，24（2）：122-124.

苏苗育，罗丹，陈炎辉，等，2006.14 种蔬菜对土壤 Cd 和 Pb 富集能力的估算．福建农林大学学报（自然科学版），35（2）：207-211.

苏允兰，莫汉宏，杨克武，等，1999. 土壤中结合态农药环境毒理研究进展．环境科学进展，7（3）：45-51.

孙清，陆秀君，梁成华，等，2002. 土壤的石油污染研究进展．沈阳农业大学学报，33（5）：390-393.

孙铁珩，宋玉芳，2002. 土壤污染的生态毒理诊断．环境科学学报，11（3）：132-135.

孙雪娇，常顺利，张毓涛，等，2018. 矿区道路两侧雪岭云杉叶片重金属富集效应．生态学报，38（9）：1-10.

孙占祥，邹晓锦，张鑫，等，2011. 施氮量对玉米产量和氮素利用效率及土壤硝态氮累积的影响．玉米科学，19（5）：119-123.

汪雅谷，张四荣，2000. 无污染蔬菜生产的理论与实践．北京：中国农业出版社．

王敦球，2015. 固体废物处理工程．北京：中国环境科学出版社．

王国庆，林玉锁，2014. 土壤环境标准值及制订研究：服务于管理需求的土壤环境标准值框架体系．生态与农村环境学报，30（05）：552-562.

王红旗，刘新会，李国学，2007. 土壤环境学．北京：高等教育出版社．

王洪涛，陆文静，2006. 农村固体废物处理处置与资源化技术．北京：中国环境科学出版社．

王焕校，2002. 污染生态学．北京：高等教育出版社．

王敬国，2001. 农用化学物质的利用与污染控制．北京：北京出版社．

王连生，2008. 有机污染化学．北京：高等教育出版社．

王沛然，2015. 蒙脱石对多氯联苯吸附的热力学及分子动力学模拟研究．芜湖：安徽师范大学．

王绍文，2003. 固体废物资源化技术与应用．北京：冶金工业出版社．

王绍文，秦华，2007. 城市污泥资源利用与污水土地处理技术．北京：中国建筑工业出版社．

王涛，2015. 中国城镇污水厂污泥成分分析及处理路线评述．西南给排水，37（5）：58-65.

王铁媛，窦森，刘录军，等，2015a. 油水淹地土壤的性质和污染机理研究．农业环境科学学报，34（1）：58-64.

王铁媛，窦森，胡永哲，等，2015b. 施用生物菌剂对油水淹地污染土壤的修复研究．农业环境科学学报，34（2）：388-296.

王铁媛，窦森，胡永哲，等，2016. 油水淹地石油降解菌群的筛选和鉴定及高效菌群的构建．吉林农业大学学报，38（6）：716-722.

王雯，李曼，王丽红，等，2017. 酸雨对全生育期水稻叶绿素荧光的影响．南方农业学报，48（7）：1167-1172.

王晓娟，李博文，刘微，等，2012. 不同配比肥料对叶菜元素积累和土壤硝态氮残留的影响．水土保持学报，26（1）：85-89.

王旭琴，李立军，2014. 煤矿区周边土壤重金属污染研究进展．环境与发展，26（4）：49-51.

王云，魏复盛，等，1995. 土壤环境元素化学．北京：中国环境科学出版社．

王振海，都荣智，2016. 某城市垃圾填埋场周围土壤重金属污染状况分析．山东化工，45（17）：157-161.

温晓倩，梁成华，姜彬慧，等，2010. 我国土壤环境质量标准存在问题及修订建议．广东农业科学，37（3）：89-94.

温志良，莫大伦，2000. 土壤污染研究现状与趋势．重庆环境科学，22（3）：55-57.

吴迪梅，张丛，2003. 河北省污水灌溉对农业环境的影响及经济损失评估．北京：中国农业大学．

吴建军，李娟，李荣斌，等，2015. 施肥措施及灌木缓冲带对雷竹林不同形态磷流失及雷笋产量的影响．水土保持学报，29（6）：53-58.

吴箐，仇荣亮，1998. 南方土壤酸沉降敏感性研究Ⅲ：Si 的释放与缓冲作用．中国环境科学，18（4）：

302-305.

吴小莲，向垒，莫测辉，等，2017. 广州市典型有机蔬菜基地土壤中磺胺类抗生素污染特征及风险评价. 中国环境科学，37（3）：1154-1161.

奚旦立，孙裕生，2010. 环境监测. 北京：高等教育出版社.

奚振邦，2003. 现代化学肥料学. 北京：中国农业出版社.

夏北成，2002. 环境污染物生物降解. 北京：化学工业出版社.

夏家淇，1994. 土壤环境质量标准详解. 北京：中国农业出版社.

夏立江，王宏康，2001. 土壤污染及其防治. 上海：华东理工大学出版社.

夏增禄，1992. 中国土壤环境容量. 北京：地震出版社.

肖锦，2002. 城市污水处理及回用技术. 北京：化学工业出版社.

肖佩林，陆胜勇，王奇，等，2012. 杭州城区土壤中的二噁英分布特性. 浙江大学学报（工学版），46（4）：20-28.

萧月芳，等，1997. 啤酒厂废水灌溉对土壤性质的影响. 农业环境保护，16（4）：149-152.

谢正苗，黄昌勇，2000. 砷的环境质量//吴求亮等. 微量元素与生物健康. 贵阳：贵州科技出版社.

熊楚才，1988. 环境污染与治理. 北京：北京理工大学出版社.

徐钰，江丽华，林海涛，等，2011. 不同氮肥运筹对玉米产量、效益及土壤硝态氮含量的影响土壤通报，42（5）：1196-1199.

徐惠忠，2004. 固体废物资源化技术. 北京：化学工业出版社.

徐晓军，管锡君，羊依金，2007. 固体废物污染控制原理与资源化技术. 北京：冶金工业出版社.

徐钰，江丽华，孙哲，等，2015. 玉米秸秆还田和施氮方式对麦田 N_2O 排放的影响. 农业资源与环境学报，（32）6：552-558.

薛强，陈朱蕾，2007. 生活垃圾管理与处理技术. 北京：科学出版社.

薛生国，陈英旭，等，2003. 中国首次发现的锰超积累植物——商陆. 生态学报，23（5）：935-937.

严春丽，2016. 浅谈土壤环境质量监测. 环境科学导刊（S1）：217-220.

杨朝飞，2012. 我国环境法律制度与环境保护. 北京：中国人民大学出版社.

杨国清，2000. 固体废物处理工程. 北京：科学出版社.

杨惠娣，2000. 塑料农膜与生态环境保护. 北京：化学工业出版社.

杨建设，2007. 固体废物处理处置与资源化工程. 北京：清华大学出版社.

杨景辉，1995. 土壤污染与防治. 北京：科学出版社.

杨丽芬，李友琥，2001. 环保工作者实用手册. 2 版. 北京：冶金工业出版社.

杨林章，冯彦房，施卫明，等，2013. 我国农业面源污染治理技术研究进展. 中国生态农业学报，21（1）：96-101.

杨林章，施卫明，薛利红，等，2013. 农村面源污染治理的"4R"理论与工程实践：总体思路与"4R"治理技术. 农业环境科学学报，32（1）：1-8.

杨题隆，2014. 新型杀菌剂唑菌酯在淹水土壤中的转化规律研究. 杭州：浙江大学.

杨肖娥，龙新宪，等，2002. 东南景天（*Sedum alfredii* H.）———一种新的锌超积累植物. 科学通报，47（13）：1003-1006.

杨新华，2012. 生活垃圾堆肥对土壤重金属含量及玉米产量、品质的影响. 新疆农业科学，49（11）：2096-2101.

叶文虎，栾胜基，2000. 环境质量评价学. 北京：高等教育出版社.

尹军，等，2003. 城市污水的资源再生及热能回收利用. 北京：化学工业出版社.

于国光，张致恒，叶雪珠，等，2010. 关于我国土壤环境标准的思考. 现代农业科技（9）：291-293.

于健，2016. 土壤环境化学调控技术研究与应用. 北京：科学出版社.

余森，李瑜，2014. 天津市农区地下水硝酸盐污染现状调查与评价. 中国农学通报，30（20）：219-222

余涛，杨忠芳，唐金，等，2006. 湖南洞庭湖区土壤酸化及其对土壤质量的影响. 地学前缘，13（1）：98-104.

宇鹏，赵树青，黄魁，2016. 固体废物处理与处置. 北京：北京大学出版社.

袁建新，王云，2000. 我国土壤环境质量标准现存问题及建议. 中国环境监测，16（5）：41-44.

臧文超，王琪，2013. 中国持久性有机污染物环境管理. 北京：化学工业出版社.

詹杰，魏树和，2015. 四环素在土壤和水环境中的分布及其生态毒性与降解. 生态学报，35（9）：2819-2825.

张爱云，蔡道基，1990. 除草剂对土壤微生物活性、土壤氨化作用和硝化作用的影响. 农村生态环境（3）：61-66.

张从，2003. 环境评价教程. 北京：中国环境科学出版社.

张从，夏立江，2000. 污染土壤生物修复技术. 北京：中国环境科学出版社.

张大弟，张晓红，2001. 农药污染与防治. 北京：化学工业出版社.

张福锁，2008. 协调作物高产与环境保护的养分资源综合管理技术研究与应用. 北京：中国农业大学出版社.

张福锁，等，2008. 我国肥料产业与科学施肥战略研究报告. 北京：中国农业大学出版社.

张高萍，2004. 第二届土壤污染和修复国际会议综述. 中国科技网，2004-11-18.

张坤民，2010. 中国环境保护事业 60 年. 中国人口、资源与环境，20（6）：1-5.

张锂，韩国才，陈慧，等，2008. 黄土高原煤矿区煤矸石中重金属对土壤污染的研究. 煤炭学报，33（10）：1141-1146.

张乃明，2013，环境土壤学. 北京：中国农业大学出版社.

张乃明，2017. 重金属污染土壤修复理论与实践. 北京：化学工业出版社.

张乃明，冯志宏，2000. 农业可持续发展研究. 北京：中国农业科学技术出版社.

张乃明，等，1999. 污水灌溉损益分析. 农业环境保护，18（4）：149-152.

张乃明，等，2002. 土壤环境保护. 北京：中国农业科学技术出版社.

张萍华，申秀英，许晓路，等，2004. 模拟酸雨对中药基质土壤微生物的影响. 农业环境科学学报，23（2）：281-283.

张维理，田哲旭，张宁，等，1995. 我国北方农田氮肥造成地下水硝酸盐污染的调查. 植物营养与肥料学报（2）：80-87.

张维理，武淑霞，冀宏杰，等，2004. 中国农业面源污染形势估计及控制对策 I：21 世纪初期中国农业面源污染形势估计. 中国农业科学，37（7）：1008-1017.

张维理，徐爱国，冀宏杰，等，2004. 中国农业面源污染形势估计及控制对策Ⅲ：中国农业面源污染控制中存在问题分析. 中国农业科学，37（7）：1026-1033.

张文明，巢建国，谷巍，等，2017. 酸雨胁迫下茅苍术的光合及生理响应. 南方农业学报，48（7）：1167-1172.

张小平，2010. 固体废物污染控制工程. 北京：化学工业出版社.

张亦涛，王洪媛，刘宏斌，任天志，2016. 基于大型渗漏池监测的褐潮土农田水、氮淋失特征. 中国农业科学，2016，49（1）：110-119.

张颖，伍钧，2012. 土壤污染与防治. 北京：中国林业出版社.

赵其国，1998. 土壤与环境问题国际研究概况及其发展趋向：参加第 16 届国际土壤学会专题综述. 土壤，30（6）：281-290.

赵其国，2003. 赵其国院士谈：净土洁食问题. 科学时报，2003-06-19.

赵其国，2004. 土壤资源大地母亲：必须高度重视我国土壤资源的保护、建设与可持续利用问题. 土壤，36（4）：337-339.

赵庆祥，2002. 污泥资源化技术. 北京：化学工业出版社.

赵振华，1993. 多环芳烃的环境健康化学. 北京：中国科学技术出版社.

郑鹤龄，等，2001. 不同污水对土壤重金属作物产量及品质的影响. 天津农业科学，7（2）：17-12.

中国环境监测总站，1990. 中国土壤元素背景值. 北京：中国环境科学出版社.

中国科学院地学部，2003. 东南沿海经济快速发展地区环境污染及其治理对策. 地球科学进展，18（4）：493-496.

中国农业百科全书总编辑委员会土壤卷编辑委员会，1996. 中国农业百科全书：土壤卷. 北京：中国农业出版社.

中华人民共和国国土资源部，2013. 土地复垦质量控制标准（TD/T 1036—2013）. 北京：中国标准出版社.

中华人民共和国国务院，2011. 土地复垦条例.

中华人民共和国国务院，2013. 近期土壤环境保护和综合治理工作安排（国办发〔2013〕7 号）.

中华人民共和国国务院，2016. 土壤污染防治行动计划（国发〔2016〕31 号）.

中华人民共和国环境保护部，2011. 国家环境保护"十二五"科技发展规划（环发〔2011〕69 号）.

中华人民共和国环境保护部，2013. 国家环境保护标准"十二五"发展规划（环发〔2013〕22 号）.

中华人民共和国环境保护部，2008. 关于加强土壤污染防治工作的意见（环发〔2008〕48 号）.

周东美，邓昌芬，2003. 重金属污染土壤的电动修复技术研究进展. 农业环境科学学报，22（4）：505-508.

周俊，2017. 我国土壤环境影响评价技术导则设计探析. 环境保护（12）：29-32.

周立祥，2007. 固体废物处理处置与资源化. 北京：中国农业出版社.

周启星，宋玉芳，2004. 污染土壤修复原理与方法. 北京：科学出版社.

周全，朱学林，志平，1988. 水的回用. 北京：中国建筑工业出版社.

周宜开，2012. 土壤污染防治刻不容缓. 环境保护（4）：13-14.

周瑜，2009. 水-土环境中农药迁移富集规律研究：以江汉平原为例. 武汉：中国地质大学.

周元军，2003. 畜禽粪便对环境的污染及治理对策. 医学动物防治，19（6）：350-354.

朱世云，林春绵，2007. 环境影响评价. 北京：化学工业出版社.

朱荫湄，周启星，1999. 土壤污染与我国农业环境保护的现状、理论和展望. 土壤通报，30（3）：132-135.

朱永官，朱永懿，2002，土壤中放射性核素的行为与环境质量//陈怀满. 土壤中化学物质的行为与环境质量. 北京：科学出版社.

朱兆良，孙波，杨林章，等，2005. 我国农业面源污染的控制政策和措施. 科技导报，23（4）：47-51.

朱兆良，2003. 合理使用化肥，充分利用有机肥，发展环境友好的施肥体系. 中国科学院院刊，（2）：89-93.

朱祖祥，1983. 土壤学：上册. 北京：农业出版社.

邹鲤岭，程先锋，周志红，等，2015. 我国矿区土壤污染对农作物污染的研究现状. 北京农业（7）：167-169.

左玉辉，2002. 环境学. 北京：高等教育出版社.

Yindong Tong，Wei Zhang，Xuejun Wang，et al，2017. Decline in Chinese lake phosphorus concentration accompanied by shift in sources since 2006. Nature Geoscience（10）：507-511.

Aas W，Shao M，Lei J，et al，2007. Air concentrations and wet deposition of major inorganic ions at five non-urban sites in China，2001-2003. Atmospheric Environment，41：1706-1716.

Adriano D C，et al，1997. Remediation of soils contaminated with metals and radionuclide-contaminated soils// I KIskandar，D C Adriano. Remediation of soils with metals. Northwood：Science Reviews.

Donald L Sparks，2003. Environmental soil chemistry. 2nd ed. Pittsburgh：Academic Press.

Iskandar I K，D C Adriano. Remediation of soils contaminated with metals-a review of current practices in USA//I K Iskandar，D C Adriano. Remediation of soils with metals. Northwood：Science Reviews.

James M McNeal，Arthur W Rose，1974. The geochemistry of mercury in sedimentary rocks and soils in Pennsylvania. Geochimica et Cosmochimica Acta，38（12）：1759-1784.

Jin Ma，Libo Pan，Xiaoyang Yang，et al，2016. DDT，DDD and DDE in soil of Xiangfen county，China：residues，sources，spatial distribution，and health risks. Chemosphere，163：578-583.

Jin Ma，Xinghua Qiu，Di Liu，et al，2014. Dechlorane Plus in surface soil of North China：levels，isomer profiles，and spatial distribution. Environmental Science and Pollution Research，21：8870-8877.

Lelieveld J，Pöschl U，2017. Chemists can help to solve the air-pollution health crisis. Nature，551（7680）：291.

Pierzynski G M，1997. Strategies for remediating trace-element contaminated sites//I K Iskandar，D C Adriano. Remediation of soils with metals. Northwood：Science Reviews.

Robert R Brooks，1997. Plant hyperaccumulators of metals and their role in mineral exploration，archeology，and land remediation//I K Iskandar，D C Adriano. Remediation of soils with metals. Northwood：Science Reviews.

Shiyang Tao，Buqing Zhong，Yan Lin，et al，2017. Application of a self-organizing map and positive matrix factorization to investigate the spatial distributions and sources of polycyclic aromatic hydrocarbons in soils from Xiangfen County，northern China. Ecotoxicology and Environmental Safety，141：98-196.

van Breemen N，1984. Acidic deposition and internal proton in acidification of soils and water. Nature，307：599-604.

van Breemen N，1982. Soil acidification from atmospheric ammonium sulphate in forest canopy through fall. Nature，299：548-550.

William F Bleam，2012. Soil and environmental chemistry. 4th ed. Pittsburgh：Academic Press.